C++游戏编程入门
(第3版)

[英] 约翰·霍顿(John Horton)　　著
王志强　王远鹏　　　　　　　译

清華大學出版社

北　京

北京市版权局著作权合同登记号 图字：01-2024-5232

图书在版编目(CIP)数据

C++游戏编程入门：第 3 版 / (英) 约翰·霍顿(John Horton) 著；王志强，王远鹏译.

北京：清华大学出版社, 2025. 6. -- ISBN 978-7-302-69399-4

I. TP317.6

中国国家版本馆 CIP 数据核字第 2025C507C1 号

责任编辑：王　军
封面设计：高娟妮
版式设计：恒复文化
责任校对：成凤进
责任印制：宋　林

出版发行：清华大学出版社
　　网　　址：https://www.tup.com.cn，https://www.wqxuetang.com
　　地　　址：北京清华大学学研大厦 A 座　　　　邮　　编：100084
　　社 总 机：010-83470000　　　　　　　　　　邮　　购：010-62786544
　　投稿与读者服务：010-62776969，c-service@tup.tsinghua.edu.cn
　　质 量 反 馈：010-62772015，zhiliang@tup.tsinghua.edu.cn
印 装 者：小森印刷（天津）有限公司
经　　销：全国新华书店
开　　本：170mm×240mm　　　印　　张：28　　　字　　数：753 千字
版　　次：2025 年 7 月第 1 版　　　印　　次：2025 年 7 月第 1 次印刷
定　　价：128.00 元

产品编号：109389-01

本书贡献者

关于作者

John Horton 是英国的一位程序及游戏发烧友。

谨以此书献给 Ray 与 Barry 两位兄弟，感谢他们的指引、示范与支持。

——John Horton

关于审阅者

Yoan Rock 虽然只有 26 岁，但已拥有 4 年游戏行业的从业经验。Yoan 具有 C++软件工程方面的背景，对 C++游戏产业有独到的见解，尤其是在 Unreal Engine 的使用以及通过**设计图**(blueprint)创建沉浸式体验方面。

Yoan 在 Limbic Studio 工作期间主要参与 Park Beyond 的研发工作，这是一款 AAA 级游戏，玩家可以在其中创建并管理自己的主题公园。他专精于玩法开发与缺陷修复，以及提升团队成员间的交流体验。

Yoan 随后与 Chillchat 工作室就 Primorden 达成合作，后者是基于 Unreal Engine 5 和 Gameplay Ability System 的一个多玩家项目。在此项目中，Yoan 在实现游戏机制、怪兽能力及 AI 行为树等方面做出了重要贡献。

Yoan 在 Game Atelier 的一个内部项目中领导 UI 开发，这充分体现出他在使用 Unreal Engine 5.3、Common UI 与 UMG 等工具创建沉浸式玩家体验的丰富经验。

目前，Yoan 在 Blacksheep 参与开发一个令人激动的大型项目。他勇于创新，时刻把握着产业的趋势，并探索利用 Unreal Engine 5.3 开发个人项目的方法。

前　　言

你是否一直梦想着去创建自己的游戏？在第 3 版《C++游戏编程入门》的帮助下，你便能够实现这个梦想！这本初学者教程经过了修订，展示最新的 **VS 2022**、**SFML** 以及现代 **C++20** 编程技术，其中我们将构建 Timber!!!、Pong、Zombie Arena 与 Run 这 4 个复杂度递增的游戏，从而引导你踏上妙趣横生的游戏编程入门之旅。

本书始于对编程基础的讨论，你将学习 C++的若干重点主题，如 **OOP**(Object-Oriented Programming，**面向对象编程**)与 C++指针等，并逐渐熟悉 **STL**(Standard Template Library，**标准模板库**)的用法。本书随后将通过构建 Pong 游戏来介绍碰撞检测技巧等游戏物理学知识。在构建游戏的过程中，你同样会学到顶点数组、方向性(空间化)音效、OpenGL 可编程着色器、对象创建等技术，这些都是非常有用的游戏编程概念。同时，你还将能够深入挖掘游戏机制，并实现输入处理、角色升级等过程与简单的敌方 AI。最后，你将探索一些游戏设计模式来强化游戏编程技巧。

读罢本书，你将能掌握自主创建炫酷游戏所需要的全部知识。

本书读者对象

如果你没有 C++编程经验，并因此需要一本针对初学者的启蒙教程，或者希望学习如何构建游戏，或者仅仅将游戏编程视为一种学习 C++的手段，那么本书就非常适合你。

无论是有意发布一款游戏(例如，在 Steam 上)，还是仅仅希望用自己偷偷努力的成果惊艳友人，你都能从本书中获益。

本书各章的主要内容

第 1 章，"欢迎阅读《C++游戏编程入门》(第 3 版)"：本章概述我们将要踏上的、使用 OpenGL 驱动的 **SFML** 库和 C++为 PC 编写精彩游戏的旅程。本书已全面升级至第 3 版，在深度和广度上进行了显著提升与扩展。新版内容丰富，涵盖了从 C++基础(如变量、循环)到面向对象编程、**标准模板库**、SFML 特性，乃至 C++的新功能等知识。完成这段学习之旅后，你不仅将掌握 4 款可玩性高的游戏的制作技巧，还将奠定深厚而坚实的 C++基础。

第 2 章，"变量、运算符与决策——让精灵动起来"：本章将完成许多绘制任务，为背景图上的云朵以及前景中的蜜蜂分别赋予随机移动的能力(包括高度随机与速度随机)，而这需要用到更多 C++知识。我们将学习如何利用变量来存储数据，也会学习如何通过运算符来操作这些变量，以及如何根据变量的值来制定决策，有选择地执行若干分支路径中的一种。所有这些知识与本章所介绍的 SFML Sprite 与 Texture 这两个类的信息相结合，便能让我们实现云朵和蜜蜂的动画效果。

第 3 章，"C++字符串、SFML 时间、玩家输入与 HUD"：本章将用一半的篇幅来介绍文本操作以及在屏幕上显示文本的方法，另一半篇幅则针对计时功能，学习通过使用更形象的时间棒来向玩家提醒剩余时间并制造紧迫感。

第 4 章，"循环、数组、switch、枚举与函数——实现游戏机制"：与本书其他各章相比，本章所含的 C++信息应该是最多的。这些信息被组织为一些基础的概念，并进而大大拓展我们对这门语言的理解。此外，本章同样将详述函数、游戏循环以及循环结构等之前被有意略去的一些模糊内容。

第 5 章，"碰撞、音效及终止条件：让游戏能玩起来"：这是我们首个游戏项目的最后一章，结束后便将得到自己的第一个完整游戏 Timber!!!。而真正玩起来之后，别忘了阅读本章最后一节，该节提供了对游戏的一些改进意见。具体而言，本章涵盖以下内容：添加剩余精灵(即 Sprite 对象)、处理玩家输入、让木料飞起来、处理角色之死、增加音效与其他功能、改进 Timber!!!。

第 6 章，"面向对象编程——开启 Pong 游戏"：本章将简要介绍一些有关 OOP(即面向对象编程)的理论知识，这些理论是我们开始应用 OOP 的基石。OOP 有助于我们将代码组织成人类可识别的结构，并有效控制代码的复杂性。我们不会让理论束之高阁，而是会立即将其应用于实践，通过开发一个 Pong 游戏来展示 OOP 的作用。我们将深入探索如何在 C++中创建可用作对象的新类型，并通过编写我们的第一个类来实现这一过程。本章首先将介绍一个简化的 Pong 游戏场景，以学习类的基础知识，随后将运用所学的知识，从头开始编写一个真正的 Pong 游戏，将理论转化为实践。

第 7 章，"AABB 碰撞检测与物理学——完成 Pong 游戏"：本章将编写第二个类。在这个过程中，我们体会到，虽然球明显异于球拍，但可以使用相同的技术将球的外形以及功能封装在 Ball 类中，这正是球与 Bat 类之间的关系。随后我们为碰撞检测与记分功能编程，从而完成 Pong 游戏的收尾工作。虽然这两种功能听起来有些复杂，但按照之前的趋势，使用 SFML 将大大简化其实现过程。

第 8 章，"SFML View 类——开启僵尸射手游戏"：这个项目会令我们更频繁地践行 **OOP** 思想，初步体会其强大效果。我们也将探索 SFML 中的一个多用途的 View 类，该类允许我们将游戏按照不同的视角分层。在 Zombie Arena 项目中，我们会把 HUD 与主游戏各划为一层，而之所以这样，是因为玩家每清空一批僵尸后都会拓展游戏世界，最终会让游戏世界远大于屏幕，玩家因而需要滚动摄像头。借助于 **View** 类，我们能让 HUD 文本不与背景一同滚动。

第 9 章，"C++引用、精灵表单与顶点数组"：我们曾在第 4 章介绍过作用域的概念，如果变量定义在函数中或某内层区块中，则此变量的作用域仅限于该函数或区块内部(换句话说，仅在该函数或区块内可见/使用)。在目前所学的 C++知识范围内，这可能带来问题，例如，我们可能无法处理 main 函数所需要的复杂对象，毕竟强行实现意味着全部代码均应位于 main 函数中。

本章将探索的 C++**引用**允许在变量或对象的作用域之外对其进行操作。此外，引用同样有助于避免在函数间直接传递大对象，由于这种传递每次均需要创建变量或对象的副本，因此非常缓慢。

掌握了引用这项新技能之后，我们会学习 SFML 中的 **VertexArray** 类，该类允许使用图像文件内的多个图片单元来高效地构建大型图像。本章结束时，通过引用机制以及一个 VertexArray 对象便可构建可缩放、可滚动的随机背景图片。

第 10 章，"指针、标准模板库与纹理管理初探"：本章将介绍许多知识，并完成游戏中的大量内容。首先，我们会学习**指针**这一基本 C++主题，这是保存内存地址的一种变量，且通常会保存另一变量的内存地址。虽然这听起来与引用类似，但后文将说明指针的功能更加强大，并会实际使用指针来处理规模持续扩张的僵尸群。

我们还将学习**标准模板库**，其中整合了许多类，能够用来轻松实现一些常见的数据管理技术。

第 11 章，"编写 TextureHolder 类并构建僵尸群"：至此，我们所理解的 STL 基础知识足以管理游戏所需的一切纹理资源，毕竟不必为上千僵尸而反复给 GPU 加载图片。

随后，我们将进一步钻研 OOP 思想并使用静态函数。静态函数虽然也属于某个类，但在调用时不需要借助于该类的具体实例。同时，我们还会学习如何设计类，以令其仅存在一个实例，这种技巧非常适合确保某实例在程序不同位置上使用相同的内部数据。

第 12 章，"碰撞检测、拾取包与子弹"：现在，我们已经实现了游戏的主要视觉内容，让玩家能够控制角色在竞技场中跑动，其中充斥着正在追逐他的僵尸。但现在的问题是，其中没有任何交互，玩家能够直接穿越僵尸而毫发无损。为此，我们需要在僵尸与玩家之间进行碰撞检测。

另一方面，如果僵尸能够伤害并最终杀死玩家，那么为保持公平性，我们需要为玩家手中的枪械提供子弹，并保证子弹能够击中并杀死僵尸。

此外，由于本章需要实现子弹、僵尸与玩家三者之间的碰撞检测，因此同样需要将医疗包与弹药包抽象为类。

以上都是本章的任务，具体而言，包括子弹射击、增加准星、隐藏鼠标指针、创建拾取包以及碰撞检测。

第 13 章，"借助分层视图实现 HUD"：本章将揭示 SFML View 类的实际效果。我们会增加一组 SFML Text 对象，并参照 Timber!!!与 Pong 这两个项目来操作它们。此外，本章还将引入第二个 View 实例来绘制 HUD，这样，无论背景、玩家、僵尸或其他游戏对象如何行止，视角如何移动，HUD 均将作为所有游戏动作的最顶层而出现。

第 14 章，"音效、文件 I/O 操作与完成游戏"：行文至此，本游戏项目即将完成。当前这个短章将演示如何使用 C++标准库来简单地操作硬盘上的文件，也会介绍为游戏添加音效的方法。当然，我们知道如何添加音效，但本章将详细介绍 play 函数在代码中的具体位置。随后在为游戏完成一些辅助性功能后，本游戏便大功告成。具体而言，本章将介绍通过文件输入与文件输出操作来加载并保存高分纪录、添加音效、允许玩家升级、创建下一波僵尸等操作。

第 15 章，"Run！"：欢迎来到最终的项目。Run 是一个无限跑酷游戏，其中玩家脚下的平台会从后向前逐一消失，玩家需要持续向前跑动以避免被追上。我们将学习更多游戏编程技术，而这需要我们进一步学习更多 C++知识才能逐一实现。相比于之前三个项目，也许这个游戏最显著的特点在于其大大强化了面向对象理念。该游戏将使用的类远多于之前的游戏，只是其中大多数类并不复杂，代码也不长。此外，我们将把游戏内部所有对象的功能与外观封装为类，从而在改动对象时维持游戏循环本体不发生变化。我们很快便能意识到这种设计的强大之处：只需设计出描述所需游戏实体的行为与外观的独立组件(类)，便能创建出迥然不同的游戏。这也意味着你在自主设计游戏时完全可以采用这种代码结构。即便如此，这也不是这种设计思路的全部优势，还有更多的细节有待探索。

第 16 章，"声音、游戏逻辑、对象间通信与玩家"：本章将快速实现本游戏的声音效果。之前已经做过类似的工作，所以这不算难，而且通过仅仅几行代码便能为项目添加音乐背景。本项目后面将添加方向性(空间化)音效。

本章负责把与声音有关的全部代码封装为 SoundEngine 类。我们在实现声音效果后便转而实现玩家，而且只需要分别扩展 Update 类与 Graphics 类得到两个新的类结构，便能实现整个玩家角色的功能。我们之后为完成本游戏的全部工作，也基本上是通过扩展既有类来创建新的游戏对象。此外，我们还将介绍通过指针来进行对象间通信的一种简单方法。

第 17 章，"图像、摄像机与动作"：我们有必要深入讨论本项目的图像机制。本章将编写负责绘制工作的摄像机类，所以同样适合讨论图像。打开 graphics 文件夹便可发现，其中只有一个图片文件。此外，我们目前完全没有调用过 window.draw 函数。这里我们将讨论为什么需要尽量避免调用它，并转而实现代替我们完成这项工作的 Camera 结构。本章结束时，我们将能运行游戏并亲身体会摄像机的效果，其中包括主视图、雷达视图与计时器文本。

第 18 章，"编写平台、玩家动画与控制机制"：本章将编写平台、玩家角色动画及其控制操作。在我看来，我们早已完成了其中的困难部分，所以本章大部分工作的投入产出比很高。而且，本章的趣味性很强，将介绍平台如何支撑玩家角色并令其能够跑动，还将演示如何通过循环播放动画帧来实现玩家角色平滑跑动的效果。具体而言，本章将完成编写平台结构、为玩家角色结构添加新功能、实现 Animator 类、实现动画效果、添加玩家角色平滑跑动的动画等工作。

第 19 章，"创建菜单与实现下雨效果"：本章将实现两大重要功能：其一是能够为玩家提供开始、暂停、重新开始与退出游戏等功能选项的游戏菜单界面，其二是营造出简单的下雨效果。可能你会认为下雨效果没有必要，甚至可能不适合 Run 游戏，但这个技巧简单又有趣，很适合学习并掌握。这里更值得期待的是我们如何通过再次编写 Graphics 与 Update 的派生类，并将其组合为 GameObject 实例来完成这两个目标，同时需要保证这两个派生类能与游戏中的其他实体协同工作。

第 20 章，"火球与空间化"：本章将添加所有的音效与 HUD。虽然前几个项目也实现了音效，但这一次稍有不同，因为我们将探索声音**空间化**(spatialization)这个复杂的概念，并学习 SFML 让它变得简单而优雅的方法。

第 21 章，"视差背景与着色器"：本章是 Run 游戏编写过程的最后一章，在添加所有功能后，它便能完整地玩起来了。在整款游戏的收尾过程中，我们将初步学习 **OpenGL**、着色器与**图形库着色语言**(Graphics Library Shading Language，**GLSL**)，并实现可滚动的背景与着色器，以最终完成 CameraGraphics 类，还将使用他人的代码在游戏中使用着色器。最后，我们会运行整个游戏。

如何最大化本书的阅读效果

阅读本书没有任何前置知识要求，不需要知晓任何编程知识，因为本书将带领你从零学起，并最终得到 4 个可玩的游戏。此外，拥有几种电脑游戏的体验并有学下去的决心对阅读本书会有所帮助。

下载示例代码文件与彩图

读者可通过扫描本书封底的二维码下载本书的源代码。我们还提供了一个 PDF 文件，其中含有本书所用的全部屏幕截图与图表素材，读者可以通过网址 https://packt.link/gbp/9781835081747 下载，也可以通过扫描本书封底的二维码下载。

目　录

第1章

欢迎阅读《C++游戏编程入门》
（第3版）

从本章开始，我们将踏上使用 C++和 OpenGL 驱动的 **SFML** 库为 PC 编写精彩游戏的旅程！本书已全面升级至第 3 版，在深度和广度上进行了显著提升与扩展。新版内容丰富，涵盖了从 C++基础(如变量、循环)到面向对象编程、**标准模板库**(Standard Template Library)、**SFML** 特性，乃至C++的新功能等知识。完成这段学习之旅后，你不仅将掌握 4 款好玩的游戏，还将奠定深厚而坚实的 C++基础。

本章将涵盖以下主题：

- 首先，我们将介绍本书中编写的 4 个游戏。第一个游戏与第 2 版中的相同，旨在帮助你掌握 C++基础，如**变量**(variable)、**循环**(loop)和决策制定。第二、三个游戏在第 2 版的基础上进行了增强、修改和优化，而第四个游戏是新增的，在我看来，这个游戏在可玩性和所提供的学习价值方面远远超过了第 2 版中最后两款游戏的总和。

- 接下来的内容至关重要。我们将深入探讨为何应该使用 C++来学习游戏编程，或者其他类型的编程。使用 C++来学习游戏开发可能是最佳选择，原因有很多。

- 最后，我们将探索 **SFML** 库及其与 C++的密切关系。

- 没有人喜欢针对企业的宣传，本书也不会涉及这类宣传，但了解 **Microsoft Visual Studio** 以及我们为什么在本书中使用它的确有充分的理由。

- 接下来，我们可以开始搭建开发环境了。诚然，这是一项稍显乏味的工作，但我们会迅速而有序地一步一步完成它。好在这项工作对于每个项目而言是一次性的，一旦完成便无需再次进行。

- 随后，我们将规划与筹备第一个游戏项目：Timber!!!。

- 紧接着，我们将编写本书的第一段 C++代码，并制作出此游戏的第一个可运行版本，即绘制出游戏的漂亮背景。在下一章中，我们将进一步推进该游戏，让图形动起来。本章所学的知识将为我们的第一个游戏项目取得更快的进展奠定坚实的基础。

- 最后，我们将探讨在学习 C++和游戏编程过程中可能遇到的问题及解决方法，包括配置错误、编译错误、链接错误和缺陷等。

当然，你最想知道的是，在读完这本厚重的书籍后，你会收获哪些知识。下面我们将更深入地了解即将构建的游戏。

本章的源代码可以通过扫描本书封底的二维码下载。

1.1 我们将构建的游戏

这次学习之旅将非常顺畅，因为我们会循序渐进地介绍 C++这一高效编程语言的基础知识，然后通过为即将构建的 4 个游戏添加酷炫功能来运用这些新知识。

下面介绍本书中的 4 个游戏项目。

1.1.1 Timber!!!

Timberman 是一款令人上瘾、节奏紧凑的热门游戏，而我们的第一款游戏是它的翻版。在 Timber!!!这款真正好玩的游戏的构建过程中，我们将了解 C++的所有基础知识。完成该游戏并添加一些增强功能后，我们的游戏版本将如图 1.1 所示。

图 1.1　Timber!!!游戏

Timberman 可以在 http://store.steampowered.com/app/398710/找到。

1.1.2 Pong

Pong 是最早的几款电子游戏之一，非常适合演示游戏对象动画、玩家输入、碰撞检测等常见游戏机制的基本原理。本书将在第 6 章与第 7 章中制作一个简化版的 Pong 游戏，同时探索类与面向对象编程的概念，其最终效果如图 1.2 所示。

图 1.2　Pong 游戏

在该游戏中，玩家需要控制屏幕底端的球拍，把球重新打回屏幕上端。另外，如果有兴趣，可以访问 https://en.wikipedia.org/wiki/Pong 了解 Pong 的历史。

1.1.3　Zombie Arena

接下来，我们会构建一款疯狂的射击游戏，它很接近于 Steam 上的一款僵尸射击游戏 Over 9000 Zombies!，其地址为 http://store.steampowered.com/app/273500/。在我们的游戏中，玩家需要用一顶机枪，在一个随机生成的游戏世界中击退逐批次增加的僵尸。这个游戏的最终效果如图 1.3 所示(可惜静态图并未演示出我们的滚屏效果)。

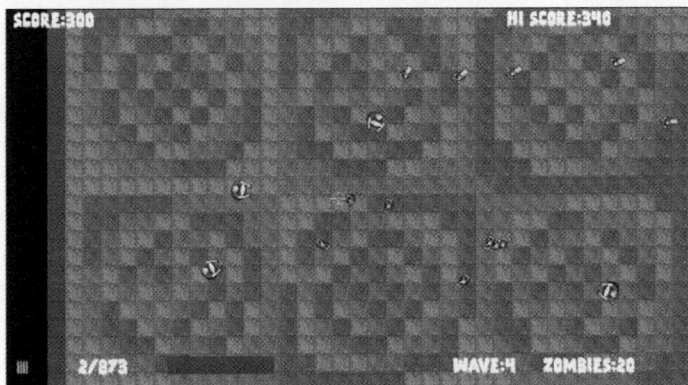

图 1.3　Zombie Arena 游戏

在实现期间，我们会进一步接触面向对象编程思想，学习将代码整理为易于编写和维护的大型**代码基**(code base，意指大量代码)的方法，并实现海量敌人、速射武器、拾取包等经典功能，再令游戏角色在清空每波敌军后升级。

1.1.4　Run

最后的游戏属于**平台游戏**(platform game)，叫作 **Run**。这款游戏的玩法丰富多样，是完全凭借我们自己的 C++技能，在强大的 SFML 库的辅助下逐步实现的，其最终效果图如图 1.4 所示。

图 1.4　平台游戏

这款游戏具备仿真着色器背景、平行滚动的城市风光、空间化(指向性)音效、小地图、动画化游戏角色、天气(下雨)效果、音乐、弹出菜单等众多功能。同时，Run 堪称 4 个游戏之最，其中的很多代码具备优秀的重用价值，完全可以供你自行实践游戏编程。

以上是我们将制作的 4 款游戏。接下来探讨第二个话题，即 C++游戏编程。

1.2 为什么要学习 C++游戏编程

这个标题也可以理解为"为什么要通过游戏编程来学习 C++"。这是因为(在我[1]看来)，C++、游戏编程和初学者是一个完美的组合。让我们更深入地探讨 C++，同时依然专注于游戏和初学者。

- **运行速度**：C++因其高性能、高效率而著称。在游戏开发过程中，性能是一个重要因素，而 C++代码的运行效率几乎能与 CPU 或 GPU 内部所用的语言相媲美，因此 C++对高度依赖于性能的程序非常有吸引力，而游戏正属此列。而且，C++可以被转化为内部执行的机器指令[2]，这成就了其高效率，也满足了游戏编程的需求：很多游戏动辄带有千百甚至数十万实体内容，因此必须顾及运行效率。我们在第 21 章会看到 C++通过使用着色器程序与 GPU 直接交互的方法。
- **跨平台开发**：C++不限定平台环境，无需伤筋动骨地修改代码，便能在多种平台上编译和运行。虽然本书基于 Windows 编写，但其中的代码只需要稍加改动，即可运行在 MacOS 或 Linux 上。此外，下一代的控制台游戏乃至移动端游戏的开发过程中更是在大量使用 C++。这里的"编译"是一个过程，负责为 CPU 将 C++代码转化为机器指令。
- **丰富的游戏引擎和游戏库**：很多游戏引擎与游戏库要么用 C++编写，要么提供 C++ API，所以具备坚实 C++基础的开发人员可以利用大量的游戏开发工具，例如，大名鼎鼎的 **Unreal Engine** 便主要使用 C++进行开发。再如，**Vulcan**、**OpenGL**、**DirectX**、**Metal** 等都是性能优异的 C++图形库，物理库 **Box2D**、UI 工具 **IMGUI** 同属 C++资源。此外，还有 **RakNet**、**Enet** 等用于支持协同操作和多玩家的网络库资源，SFML 同样具有这些网络功能。
- **底层控制**：C++提供对硬件的底层控制，这对于优化游戏性能至关重要。在游戏开发中，程序员可能需要管理内存、优化渲染流水线(又称为"渲染管线")，还需要临时管理运行游戏的系统，而功能强大且灵活的 C++完全能够胜任这些任务。如果"内存管理"与"渲染流水线"显得有些高深莫测，请放心，本书将透彻介绍这两个概念，让初学者也能理解，本书第 10 章和第 21 章将分别详述它们。此外，在面对它们的时候，你不必犹豫不前，因为这些机制无论多么复杂，都是可控的，掌握它们不仅可以让你亲身感受到这门语言的强大，也能增进对编程生涯的认同感。
- **文档与支持**：围绕着 C++游戏开发有着非常活跃的社区，有丰富的教程与论坛资源可供答疑解惑。如果你遇到了某个 C++问题，我可以保证你不是第一个有此疑问的人，所以一次轻松的网络搜索，基本上就能够找到解决方法。ChatGPT 也是解决 C++问题的顶尖高手。

---

1 本书中的"我"代指原作者而非译者。另外，除非有明确的标注，否则脚注来自译者。

2 C++代码本身不能直接运行，能够直接运行的是机器指令，而可执行程序可以理解为一系列 CPU 机器指令的组合。但 C++代码可以被转换为机器指令，并进一步组成可执行程序来运行，这一步骤也是 C++高效率的原因。这个转换操作涉及很多步骤，编译便是其中之一，由编译器完成，后文还会提到其余步骤。

- 学习 C++确实会遇到一些挑战，但只要脚踏实地，掌握它并不难。不要畏惧，请大胆迎接挑战，因为它最终能够解决并成为游戏内的一抹亮色，这显然是非常令人欣慰的。虽然游戏开发经常需要使用一些复杂的算法以及数据结构，并需要遵循一定的经验法则，但 C++有**标准模板库**(Standard Template Library，**STL**)，也有各种各样的类工具，这是**面向对象编程**(Object-Oriented Programming，**OOP**)思想在 C++中的直接体现，它把那些复杂的技术分解为若干可复用的结构，从而降低了学习压力。本段中提到的 OOP 将在本书中的第 6 章介绍，而 STL 则会在第 10 章介绍。

关于 OOP 还需要多提一点。现代 C++编程离不开 OOP 思想，这也许是它最大的优势。人们所接触的每份 C++新手教程都会传授 OOP 思想并加以实践，而且 OOP 是现代编程的主流思想，基本上也是编程语言的未来趋势。所以，如果希望从头开始学习 C++，为什么要绕开 OOP 呢？

- **C++行业标准**：正因为前面所讨论的各项优势，C++得以在目前的游戏开发界广泛使用，所以熟练的 C++技巧有利于与其他开发者合作，上手既有代码基也比较容易，甚至允许在不同工作中使用不同的游戏引擎，从而在业内维持高薪。

但是，持批评意见的人会说，相比于其他语言，C++的学习曲线相对陡峭，而且对于那些从未接触过编程或游戏开发的人而言，与其从 C++上手，不如先学习一些对初学者更友好的语言，如 C#或 Python(C#是 Unity 开发所使用的语言，Python 则针对简单游戏项目)。这些意见原本不无道理，但 C++是一门活跃的编程语言，从未停下演进的脚步，近年来更是引入了很多改进与优化以降低学习成本，并提升开发效率。**auto** 等关键字[1]、**spaceship** 运算符(宇宙飞船运算符)以及 lambda 表达式、协程、智能指针等 C++新技术便是在过去十余年间引入的，这让那些批评意见不再无懈可击。

总而言之，我认为把 C++作为首门编程语言不是一种错误。如果希望提升学习过程的趣味程度，并希望尽快看到效果，通过游戏来学习编程更是当仁不让的选择。最后，如果有意成为一名独立开发者，或就职于顶级游戏工作室，除非有更明确、更直接的办法，否则 C++自然是首选。

既然 C++非常优秀，也有很多资源库，为什么还要选择使用 SFML？

1.2.1　SFML

SFML 全称 "**Simple Fast Media Library**"，它不是为游戏或多媒体而开发的唯一 C++库，还有其他选项，但我总会忍不住想到它。首先，SFML 是用面向对象的 C++编写的，它的诸般优势会在我们推进项目的过程中慢慢体现出来。

同时，SFML 还易于上手，初学者可以放心选用，而行家里手也能利用 SFML 构建出高水平的 2D 游戏，所以通过 SFML 入门，便不用担心其跟不上自身知识储备的速度。同时，2D 游戏是 SFML 主要的贡献领域(本书即为了制作 2D 游戏而使用 SFML)，而 Unreal Engine 则更适合构建 3D 游戏，尝试由 SFML 入门后再转向此 3D 引擎，可能更加顺利。

SFML 库基本涵盖开发 2D 游戏所需要的全部功能。另外，考虑到 SFML 底层是由 OpenGL 实现的，所以使用 SFML 也在使用 OpenGL，但 OpenGL 还能用于构建 3D 游戏和跨平台游戏。

1　关键字(keyword)，又称关键词，指 C++等编程语言内部事先定义的、有特殊意义的标识符。

SFML 提供了以下功能:

- 2D 图形及 2D 动画,并能制作出大型游戏世界(指大于一个屏幕、需要移动视野来观察的游戏世界)。
- 音效与音乐(包括高品质的指向性声音)。
- 处理键盘、鼠标与游戏手柄等输入信号。
- 支持在线多玩家模式。
- 不需要改动,代码便可在所有主流桌面操作系统中编译和运行,甚至包括移动端。

经验证明,即使是资深开发者也没有比使用 SFML 更合适的方法来使用 C++构建 PC 端 2D 游戏,初学者更能从中感受到利用妙趣横生的游戏开发过程来学习 C++的魅力。至此,我们已介绍了 C++,也介绍了 SFML,接下来则需要介绍开发工具了。

1.2.2 Microsoft Visual Studio

Visual Studio 是一种界面清晰而功能强大的**集成开发环境**(Integrated Development Environment,**IDE**),它既能简化游戏开发过程,又不会让人们忽略掉一些高级编程功能,例如,其代码补全与语法高亮等功能便十分有助于 C++学习。在诸多 IDE 中,Visual Studio 几乎被公认为是最先进的免费 IDE,而 Microsoft 公司之所以放弃了这份收益,不是在弥补其过往的过失,而是在放长线钓大鱼,希望吸引人们将来转用付费的版本。所以,目前还是暂且享受这份免费的乐趣吧。

Visual Studio 提供了强大的调试器[1],它支持断点设置与调用栈等功能。在 Visual Studio 中运行游戏时,可以让它停在自定义的断点处,以便审查代码中的具体数值,并可以逐行运行代码。逐行运行非常有助于让初学者理解代码的工作方式,甚至可以尝试自行解决代码中的一些错误。

IntelliSense 是 Visual Studio 的代码提示器,也具有实时勘误功能。此外,其所提供的即时高亮错误与自动补全等功能非常有利于提升学习效率。这不仅仅是初学者的一个绝佳的学习工具,也能极大提升编程老手的工作效率。

Visual Studio 拥有庞大而活跃的社区,具备丰富的教程资源以及能够答疑解惑的论坛,可以让初学者尽快掌握在 Visual Studio 中使用 SFML 来完成 C++项目的方法。

Visual Studio 还提供了很多高级功能。例如,Visual Studio 整合了常见的**版本控制系统**(Version Control System,VCS),如 **Git**,以便管理由多名程序员参与的大型项目,提升团队效率。此 IDE 同样提供性能监视功能,以便监测游戏的内存与 CPU 使用率,进而优化游戏。而且,Visual Studio 没有故步自封,仍在持续开发,正如你那日益增长的知识技能。

Visual Studio 几乎形成了行业标准。作为 C++开发最常用的 IDE,Visual Studio 的用户数量非常庞大,所以初学者在遇到困难时可以找到针对性的在线指导。此外,如果果面对某困境确实束手无策,还可以求助于 Microsoft 公司。不要畏惧麻烦,因为对 Visual Studio 了如指掌也是一种价值。

Visual Studio 把预处理、编译与链接[2]的复杂操作封装在一键式操作之下,并提供了华丽的用户界面供用户输入代码,而且无论项目中的代码文件以及其他资源有多少,Visual Studio 都能够轻松管理它们。

---

1 调试器是用来调试的;关于调试及其意义,请参见本章最后的 1.12 节。

2 除编译外,预处理和链接同样参与把 C++代码转化为可执行程序的过程,参见后文。

虽然 Visual Studio 拥有诸多优势，但使用它创建的游戏项目同样可以由其他开源工具代为实现。只是即便如此，以 Visual Studio 入门非常简单，而如果需要使用其他开发工具，从 Visual Studio 迁移过去也往往比直接使用那种工具更加顺畅。

尽管 Visual Studio 也提供了需要花费上百美元的高级版本，但我们仍可使用免费的 Visual Studio 2022 Community 版本来构建游戏。之所以使用 2022 版本，是因为在撰写本书时，这已经是最新版本；但如果有更新，建议使用新版本，因为 Visual Studio 努力让自身成为**向后兼容** (backward compatible)的软件，多年间又尽量不去大幅改动用户界面，所以换用新版既可以享受到新的功能，用起来也更顺畅，本书的示例还能正常运行。

接下来，我们会首先讨论在 Mac 与 Linux 操作系统下使用本书的方式，随后便开始实际搭建开发环境。

1.2.3　在 Mac 或 Linux 操作系统下使用本书的方法

本书中的 4 款游戏在 Windows、MacOS 和 Linux 系统上均可运行。准确地说，运行在不同系统上的游戏具有相同的代码，只是需要各自进行编译与链接操作，而本书针对编译和链接操作的说明仅适合 Windows 系统。

尽管本书并不完全适合 Mac 与 Linux 系统，对初学者尤其如此，但如果你是这两个系统的拥趸，也不希望换用 Windows，那么别担心，这 4 个项目仍旧可以顺利完成。虽然本书针对 Windows，但更换平台所涉及的附加挑战主要出现在搭建开发环境、配置 SFML 以及第一个项目等过程中，此后则将一马平川。

接下来将介绍为 Windows 系统搭建开发环境的方法，直到 1.5 节为止。非 Windows 系统的用户请转用以下教程：

- Linux 用户请遵照 https://www.sfml-dev.org/tutorials/2.6/start-linux.php。
- Mac 用户请遵照 https://www.sfml-dev.org/tutorials/2.6/start-osx.php。

1.2.4　安装 Visual Studio 2022

本书创建游戏的第一步是安装 Visual Studio 2022。此 IDE 的安装过程非常简单：下载一个文件，单击几个按钮，完成。至于其中的难点，最多是在选择下载的软件时需要稍加注意。本小节将引导你下载正确的版本。

虽然多年来，Microsoft 经常改动 Visual Studio 产品的具体名称、外观及下载地址，导致接下来介绍的用户界面的布局以及相应的安装方式存在过期的可能，但据我所知，Microsoft 仍然尽力让不同版本保持一致。此外，为每个项目配置 C++ 及 SFML 非常重要，但版本更迭并不一定会让配置教程彻底失效，只要经过审慎编辑，那么即便新版的 Visual Studio 已经经过了重大升级，为旧版 IDE 编辑的教程同样可能适用于新版产品。

接下来，我们开始安装 Visual Studio。

(1) 首先需要一个 Microsoft 账户的登录信息。Hotmail、Windows、Xbox 或 MSN 等账户都可以用作 Microsoft 账户；如果都没有，可以在 https://login.live.com/中免费注册。

(2) 在撰写本书时(2024 年 5 月)，Visual Studio 2022 是最新版本，也是这本教程所针对的版本。请访问 https://visualstudio.microsoft.com/，向下滚动，找到 Visual Studio 的下载链接。图 1.5 是我在访问这个网址时它的状态。

图 1.5　下载 Visual Studio

(3) 在 Visual Studio 的下载按钮旁边的下拉菜单中选择 **Community 2022**。注意，此菜单中另有两个版本，它们都是需要付费的共享软件，而右边的 Visual Studio Code 则与本书完全无关。单击"**保存**"(Save)按钮，开始下载[1]。

(4) 下载完毕后，双击运行所下载的文件。此时会请求以管理员身份运行，以便对计算机进行修改。请授予 Visual Studio 此权限，等待安装程序自动下载一些额外的文件，随后自动进入安装过程的下一阶段。

(5) 很快，安装程序会询问 Visual Studio 的安装位置，此时需要选择一块至少有 50 GB 可用空间的硬盘分区。虽然大多数教程的建议远小于 50 GB，但一旦开始构建项目，50 GB 一般能保证未来的开发过程不会受限于硬盘空间。选定分区后，找到"**使用 C++的桌面开发**"(Desktop Development with C++)选项并选中它，随即单击"**安装**"(Install)按钮，这一步骤可能需要花费不少时间。

接下来，我们便可以把注意力转移到 SFML 的配置上，并准备开始第一个项目了。

1.3　搭建 SFML 环境

本节这份简明教程将带领读者下载我们需要的 SFML 库。此外，我们还将学习让 SFML 的 DLL 文件与我们的代码协作的方法。以下是搭建 SFML 环境的详细步骤。

(1) 访问 SFML 网站内的 http://www.sfml-dev.org/download.php，单击"**最新稳定版本**"(Latest stable version)按钮，如图 1.6 所示。

---

1 有时，选定"Community 2022"后，不需要单击"保存"按钮即可开始下载。

Download

图 1.6　下载 SFML 2.6

(2) 在阅读本书时，2.6 可能不再是最新版本，但这不影响接下来的操作。这里我们需要下载 32 位的 SFML 库——32 位稍稍有违直觉，毕竟你更可能使用 64 位的电脑(64 位也更常见)，但 32 位的 SFML 库在 32 位与 64 位设备上都能运行，64 位库则不然。还需要选择与 Visual Studio 2022 适配的版本，并单击 Download 按钮，见图 1.7。

Download SFML 2.6.0

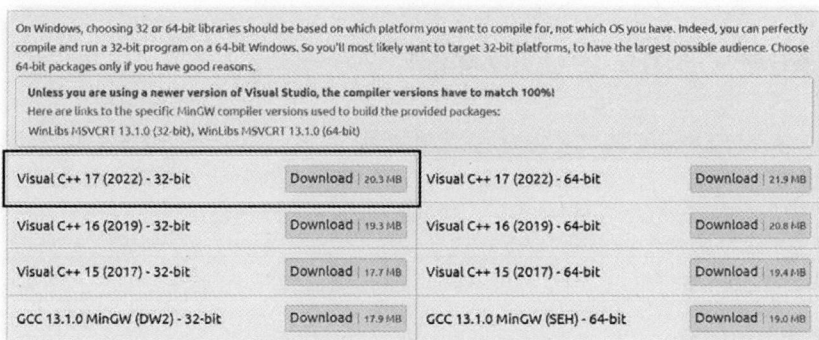

On Windows, choosing 32 or 64-bit libraries should be based on which platform you want to compile for, not which OS you have. Indeed, you can perfectly compile and run a 32-bit program on a 64-bit Windows. So you'll most likely want to target 32-bit platforms, to have the largest possible audience. Choose 64-bit packages only if you have good reasons.

Unless you are using a newer version of Visual Studio, the compiler versions have to match 100%!
Here are links to the specific MinGW compiler versions used to build the provided packages:
WinLibs MSVCRT 13.1.0 (32-bit), WinLibs MSVCRT 13.1.0 (64-bit)

Visual C++ 17 (2022) - 32-bit	Download 20.3 MB	Visual C++ 17 (2022) - 64-bit	Download 21.9 MB
Visual C++ 16 (2019) - 32-bit	Download 19.3 MB	Visual C++ 16 (2019) - 64-bit	Download 20.8 MB
Visual C++ 15 (2017) - 32-bit	Download 17.7 MB	Visual C++ 15 (2017) - 64-bit	Download 19.4 MB
GCC 13.1.0 MinGW (DW2) - 32-bit	Download 17.9 MB	GCC 13.1.0 MinGW (SEH) - 64-bit	Download 19.0 MB

图 1.7　下载 SFML 17_22

(3) 下载完毕后，在安装有 Visual Studio 的分区根目录上新建 SFML 与 VS Projects 这两个文件夹。

(4) 最后，在桌面上解压缩所下载的 SFML 文件。我的文件是 SFML-2.6.0-windows-vs17-32-bit.zip，对应 2.6 版，如果 SFML 有更新，其名称也会相应变化。解压缩完毕后，可以删掉解压缩所得的 .zip 文件夹，保留此时桌面上的那个新文件夹，其名称将反映出所下载 SFML 的版本。双击打开此文件夹，从中可以找到子文件夹 SFML-2.6.0，再次双击打开它[1]。

图 1.8 展示了我的文件夹中的内容，你的文件夹内容应该与此类似。

请把此文件夹内的全部内容复制到第(3)步创建的 SFML 文件夹中。本书此后将把这个文件夹称作"你(的)SFML 文件夹"。

现在，我们可以开始在 Visual Studio 中利用 SFML 库来进行 C++编程了。

1　有时解压缩得到的文件夹可能与本段的介绍不符，这与解压方式有关，例如，可能没有这个 .zip 文件夹(那时自然不需要再删除)，或者解压缩后将直接得到原文中的子文件夹，而没有外层文件夹。无论如何，最终需要的文件均位于此 "SFML-<版本号>" 文件夹内。

图 1.8 SFML 文件夹的内容

1.4 新建 Visual Studio 项目

本节会用尽可能简洁的语言逐步介绍新建项目这个容易出错的过程,希望读者能够尽快适应。

(1) 作为一个软件,打开 Visual Studio 的方法同样是在 Windows 开始菜单中单击其图标,它是由默认安装过程添加的。打开此软件后,你将看到图 1.9 所示的窗口。

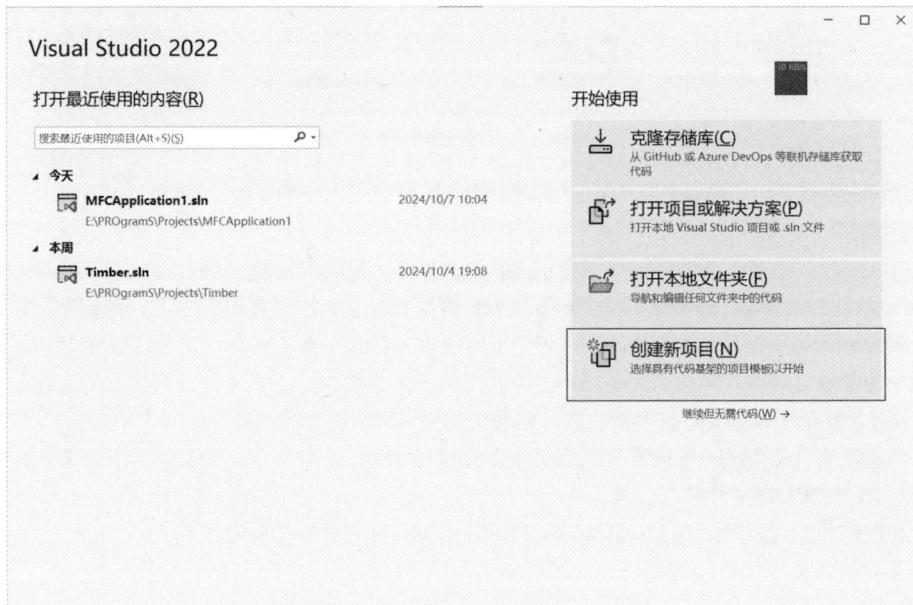

图 1.9 在 Visual Studio 2022 中新建一个项目

(2) 图 1.9 中的方框内是"**创建新项目**"(Create a new project)按钮,单击后会弹出"**创建新项目**"(Create a new project)窗口,见图 1.10。

图 1.10　"创建新项目"窗口

(3) 在"**创建新项目**"窗口中，我们需要选择所创建项目的类型。我们的第一个项目属于控制台应用，它不涉及菜单、复选框等与窗口相关的内容，也没有使用其他 Windows 工具，所以请选择"**控制台应用**"(Console App)，并单击"**下一步**"(Next)按钮，见图 1.10。这会打开如图 1.11 所示的"**配置新项目**"(configure your new project)窗口，该图显示了步骤(6)结束后此窗口的状态。

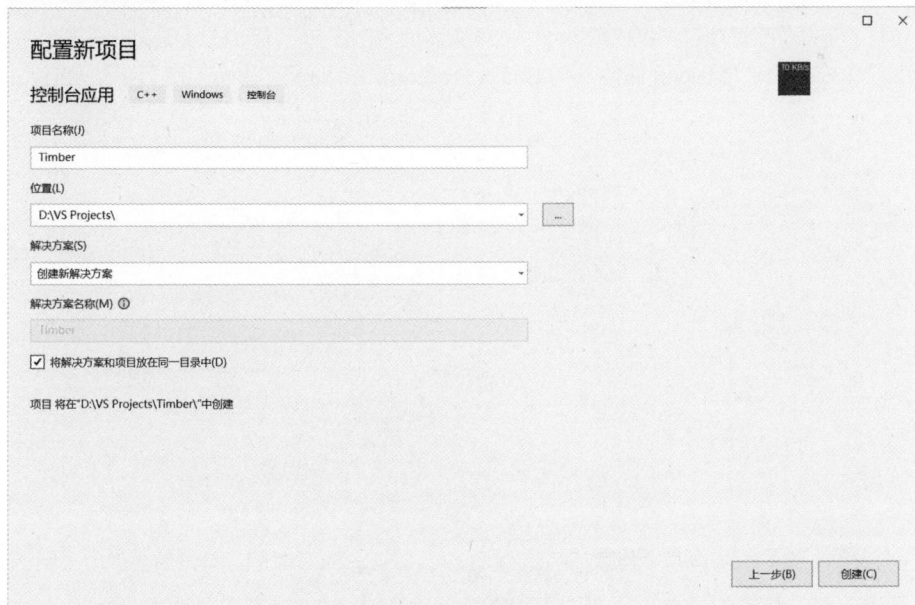

图 1.11　配置新项目

(4) 在**"配置新项目"**窗口内的**"项目名称"**(Project name)一栏填入 Timber。注意，这会让 Visual Studio 把**"解决方案名称"**(Solution name)自动配置为相同名称。

(5) 在**"位置"**(Location)栏，选定上一节创建的 VS Projects 文件夹，这是我们保存所有项目的路径。

(6) 选中**"将解决方案与项目放在同一目录中"**(Place solution and project in the same directory)前的复选框。

(7) 此时，"配置新项目"窗口应呈现出图 1.11 所示的状态，单击**"新建"**(Create)按钮便可创建 Timber!!!项目，其中附有少量 C++代码，见图 1.12，这也是我们的主要编程环境。

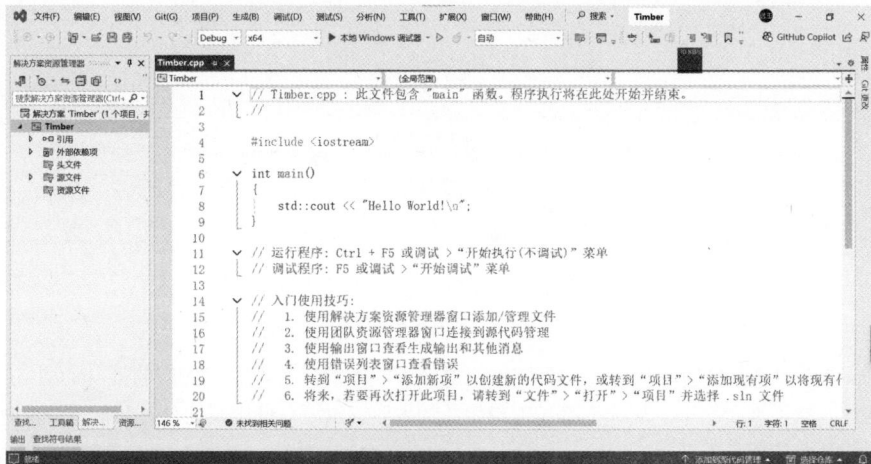

图 1.12 Visual Studio 代码编辑器

(8) 下面需要配置项目，以使用 SFML 文件夹内的 SFML 库。从 Visual Studio 主菜单中选择**"项目"**(Project) -> **"Timber 属性…"**(Timber Properties...)，这将弹出图 1.13 所示的窗口。

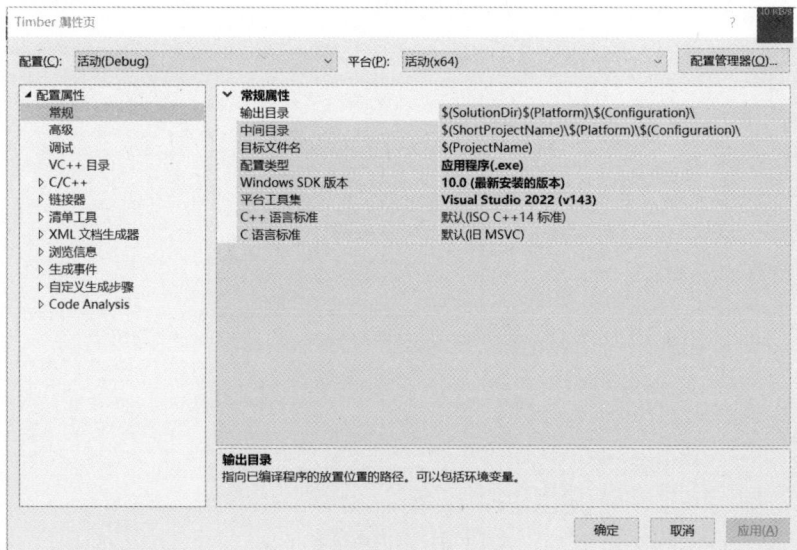

图 1.13 Timber 属性页

说明：此图内的**"确定""取消""应用"**三个按钮并不完整，这可能是 Visual Studio 的一个小故障，即其未能正确适配我的屏幕。虽然你应该不会遇到同样的问题，但即便遇到，也并不影响接下来的操作。

下面，我们将开始配置项目属性。鉴于这些步骤比较琐碎，这里会专门用一小节的篇幅来介绍。

配置项目属性

所有的配置工作都是在上一小节末尾所展示的**"Timber 属性页"**(Timber Property Pages)中进行的，所以在介绍本小节之前，请不要关掉它。由于配置过程涉及很多琐碎的细节，为描述清晰起见，我添加了一些数字标注，见图 1.14。

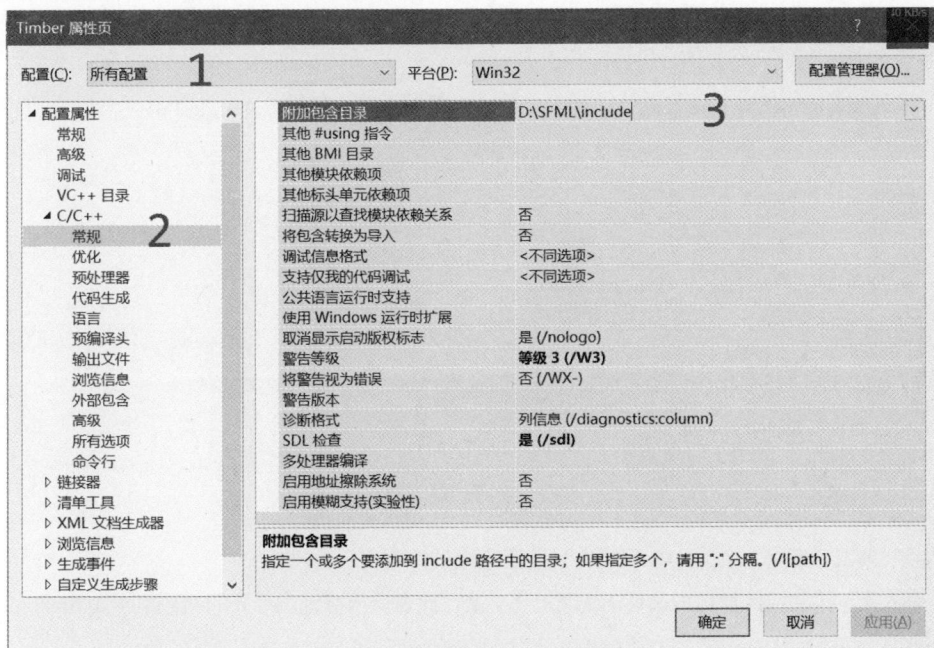

图 1.14　标注后的项目属性配置页面

再次提醒大家，本小节将进行的项目配置虽然很琐碎，却是每个项目能够正常运行的必要条件。所幸每个项目仅需配置一次，而且熟悉后，此配置过程会越做越快，越做越简单。对于我们的项目而言，Visual Studio 需要知道获取第三方 SFML 库的位置，而这些文件可分为两种特殊的类型。其一为头文件，与前面主要的源代码文件不同的是，它们主要包含在扩展名为 .hpp 的文件中(虽然 .h 这个扩展名更常见)，主要负责指导编译器在我们使用 SFML 代码时如何处理那些代码。我们在构建下一个项目时会创建自己的头文件，那时便能更清晰地演示这一点。其二为 SFML 库文件，其位置同样需要告知 Visual Studio。为此，我们需要在**"Timber 属性页"**中加以配置，具体可分为以下三个主要步骤：

(1) 在标注**"1"**处，在**"配置"**(Configuration)下拉菜单中选择**"所有配置"**(All Configurations)，并保证在右边的下拉菜单中已选中**"Win32"**项。

(2) 在标注"**2**"处，从左侧菜单中依次选择"**C/C++**"-> "**常规**"(General)。

(3) 在标注"**3**"处，单击"**附加包含目录**"(Additional Include Directories)编辑框，进入编辑状态，此时填入 SFML 文件夹所在的分区号并继续键入\SFML\include。举例来说，如果 SFML 文件夹位于 D:盘，那么需要键入的完整路径为 D:\SFML\include，见图 1.14；而如果 SFML 位于其他分区，请相应修改路径。

(4) 单击"**应用**"(Apply)按钮保存目前已完成的修改。

(5) 至此，附加包含目录已编辑完毕。接下来，仍在此窗口内，请参照图 1.15 继续编辑。首先，在标记"**1**"附近，依次选择"**链接器**"(Linker) -> "**常规**"(General)[1]。

(6) 其次，找到"**附加库目录**"(Additional Library Directories)编辑框(即"**2**"标记点)，并向其中键入 SFML 文件夹所在的分区号，再键入\SFML\lib。例如，如果你的 SFML 文件夹位于 D 盘，那么所需键入的完整路径是 D:\SFML\lib，见图 1.15；如果 SFML 位于其他分区，请相应修改路径。

配置属性	输出文件	$(OutDir)$(TargetName)$(TargetExt)
常规	显示进度	未设置
高级	版本	
调试	启用增量链接	<不同选项>
VC++ 目录	增量链接数据库文件	$(IntDir)$(TargetName).ilk
▷ C/C++	取消显示启动版权标志	是 (/NOLOGO)
▲ 链接器	忽略导入库	否
常规	注册输出	否
输入	逐用户重定向	否
清单文件	附加库目录	D:\SFML\lib
调试	链接库依赖项	是
系统	使用库依赖项输入	否
优化	链接状态	

图 1.15 附加库目录

(7) 单击"**应用**"(Apply)按钮保存目前所完成的修改。

(8) 接下来完成此窗口内最后的配置任务。请在此窗口内标记"**1**"处的"**配置**"(Configuration)下拉菜单中选择"**Debug**"，见图 1.16。

(9) 在标记"**2**"的区域中依次选择"**链接器**"(Linker)与"**输入**"(Input)。

(10) 定位到"**附加依赖项**"(Additional Dependencies)编辑框("**3**"标记处)，单击此框最左侧，进入编辑状态，并完整添加以下各项：

```
sfml-graphics-d.lib;sfml-window-d.lib;sfml-system-d.lib;sfml-network-d.lib;sfml
-audio-d.lib;
```

---

1 这里我们在"链接器"中再次看到了"链接"这个概念。简单而言，与链接操作相关的正是前面提到的库文件，这些库文件与我们的源代码协作后才能得到可以执行的程序。

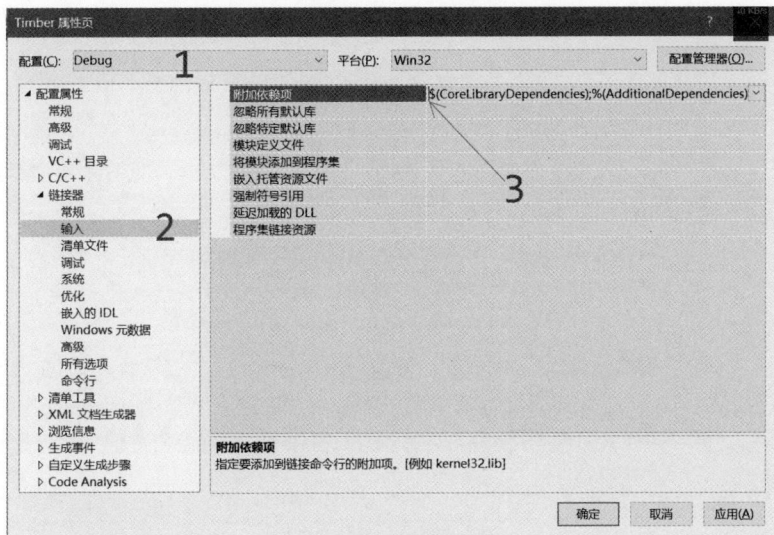

图 1.16　链接输入配置

注意，一定要在最左侧输入这些内容，不要多字少字，最后的分号也是不可或缺的。

(11) 单击"**确定**"(OK)按钮。

(12) 先后单击"**应用**"(Apply)与"**确定**"(OK)按钮。

至此，Visual Studio 的配置工作已全部完成，下面将开始规划 Timber!!!项目。

1.5　规划 Timber!!!项目

每个游戏的创建过程均应始于纸笔——如果不能精确地设计出游戏在屏幕上的呈现效果，何谈用代码实现？

进行规划时，如果完全无从下笔，不妨先一探 Timberman 的运行效果，让自己心中有数。这款游戏在 Steam 的地址是 http://store.steampowered.com/app/398710/Timberman/，而且往往有折扣，一般不到 1 美元，如果感觉自己的预算还撑得住，可以买下并亲身体验一番。

一款游戏的具体玩法由其提供的各种功能和游戏对象所定义，这就是所谓的**游戏机制**(mechanics)。我们游戏的基本机制包括以下几点：

- 时间永远在流逝。
- 砍树可以延长时间。
- 砍树也会导致枝杈掉落。
- 玩家必须躲避下坠的枝杈。
- 时间耗尽或玩家角色被枝杈压扁则游戏结束。

应该说，在这份 C++新手教程第 1 章的这个位置便期望你立刻开始编写 C++代码，并不是什么明智的要求，所以我们首先会展示此游戏最终的功能效果，再浏览其所用的诸般素材，最后才会开始编程。

图 1.17 是我们游戏的截图，其中带有注解。

图1.17　Timber!!!游戏场景

从中可见，我们的游戏具有以下功能。

- **玩家得分**：玩家每砍一棵树，都会得1分。另外，在游戏中，砍树是用左右方向键来完成的。
- **玩家角色**：玩家每次砍树时所使用的方向键也会决定他与树的左右位置关系，所以在砍树后，他可能停在原地，也可能跳到对侧。由于枝杈持续掉落，玩家必须小心选择砍树的位置，以免被压扁。
- 当玩家砍树时，他的手掌上会播放一段简单的斧头动画。
- **持续缩短的时间棒**：玩家每砍一次树，都会让时间棒少量增长。
- **致命的枝杈**：玩家砍得越快，赢得的时间便越多，但也会让枝杈从树上坠落得越快，更容易把玩家压扁。另外，枝杈是在树顶随机生长出来的，并伴随着每次砍树而下落。
- 当玩家角色被压扁时，会播放一段墓碑动画。经验表明，这段动画会经常出现。
- **已砍下的树**：玩家每次砍树，都会砍掉一段木料且木料会飞走。
- **装饰**：界面内有三片云朵，其运动速度与高度均是随机的；同时，这里还有一只肆意飞动的蜜蜂。
- **背景**：我们的游戏有个漂亮的背景，全部操作均位于这个背景之上。

通过简单分析可知，玩家为获取高分，必须疯狂地砍树，这虽然也能避免耗尽时间，但砍得越快，也越容易被压扁。

现在我们初步了解了游戏的场景、玩法及其背后的动机，接下来便准备实现它。为此，请遵循以下步骤。

(1) 把SFML的.dll文件复制到项目的主文件夹内。我的项目主文件夹是D:\VS Projects\Timber，这是Visual Studio在VS Projects文件夹内自动创建的，也是这里的目标文件夹。如果你的VS Projects文件夹位于其他分区，操作是类似的。我们需要的文件位于SFML\bin文件夹中，也即源文件夹。请在两个窗口中分别打开源文件夹与目标文件夹，并参照图1.18选中源文件夹内的全部文件。

图 1.18　选中所需的全部文件

(2) 现在，请复制这些文件，并把它们粘贴到目标文件夹 D:\VS Projects\Timber 中。

(3) 至此，我们可以准备开始编写这个项目。此时，你的屏幕应该如图 1.19 所示，其中包括我的注解，以便你尽快熟悉 Visual Studio 的界面。我们很快会回到这里，正式开始编程。

图 1.19　编写代码的位置

与大部分软件相同，Visual Studio 的窗口也是可定制的，所以你的窗口的布局可能与图 1.19 有所不同。但相比之下，这种布局中**解决方案资源管理器**(Solution Explorer)的位置与大小能让其内容更加清晰，从而提升工作效率，所以值得花些时间来主动调整窗口布局。

接下来，我们首先会遍览本项目所用的各种资源，随后开始实际编程。

1.6　项目资源

项目资源是用于制作游戏项目的全部资源的统称。我们的项目中包含以下资源：

- 用于在屏幕中绘制文字的一个**字体**(font)文件。
- 针对砍树、死亡、时间耗尽等事件的**音频音效**(sound effect)文件。
- 代表人物形象、背景、枝杈等游戏对象的**图片**(graphics)，这些图片又称**纹理**或**纹理图**(texture)。

本游戏所需的图像资源全部位于随书下载的代码包中的 Chapter01\graphics 文件夹内，所有音频文件则位于 Chapter01\sound 中。

为避免版权纠纷，我没有把那份字体文件也放在其中[1]。但这不是问题，因为本章随后会仔细介绍自主获取字体的方法。

1.6.1 定制音效

从 **Freesound**(www.freesound.org)等网站中可以免费下载各种音效(Sound Effects，FX)，但来自免费网站的音效往往不能在收费游戏中使用。除了这些免费素材，开源软件 **BFXR** 可用于自主创建音效文件，而这些文件完全由其制作者支配。**BFXR** 可以从 www.bfxr.net 获取。

1.6.2 在项目中添加资源

一旦确定项目所需要的资源，下一步是将其添入项目内。本小节假定所用的资源全部来自本书代码包，但如果需要使用自己的资源，可以在完成这些操作后，将自定义资源重命名为对应代码包内的资源名，并复制至此以完成替换。

(1) 定位到项目文件夹中，例如，D:\VS Projects\Timber。

(2) 在其中新建三个文件夹，分别命名为 graphics、sound 和 fonts。

(3) 从下载的代码包中，把 Chapter01\graphics 文件夹下的全部内容复制到 D:\VS Projects\Timber\graphics 文件夹内。

(4) 从下载的代码包中，把 Chapter01\sound 文件夹下的全部内容复制到 D:\VS Projects\Timber\sound 文件夹内。

(5) 在浏览器中访问 http://www.1001freefonts.com/komika_poster.font，并下载 **Komika Poster** 字体。

(6) 解压缩所下载的 ZIP 包，并将其中的 KOMIKAP_.ttf 文件复制到 D:\VS Projects\ Timber\fonts 文件夹内。

至此，全部资源已就绪，但我们对其内容以及在代码中的大致用途仍旧一无所知。接下来，让我们看看这些资源，特别是图形资源，以便在 C++代码中使用它们时，能够直观地了解所发生的事情。

1.6.3 浏览项目资源

本项目中一共包含三种资源，其中图像资源是构造游戏场景的组块，而游戏场景基本等同于游戏本身。在此，即便不知道这些图片资源的具体用途，但观其内容便可略知一二，如图 1.20 所示。

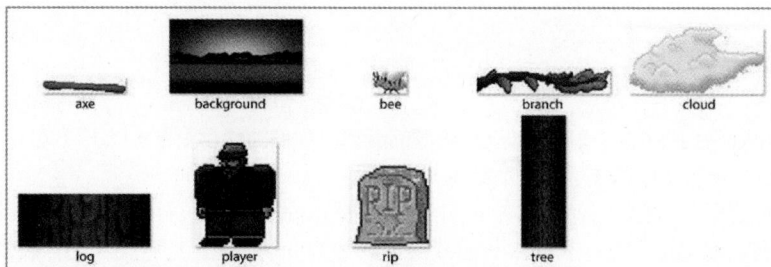

图 1.20　图像资源

---

1 有时，所下载的资源包中也可能包含这份字体文件，这样就不需要重新下载。

第二种资源是音频文件。本项目的音频文件全部采用 .wav 格式，由 **BFXR** 创建，分别对应着游戏中出现特定事件时需要播放的音效，罗列如下：

- chop.wav：模仿用斧头砍树的声音。
- death.wav：接近于复古掌机游戏中失败的声音；在玩家被压扁时播放。
- out_of_time.wav：玩家因时间耗尽而导致游戏失败时播放的音效。

另有字体文件，其效果可见于前面的游戏截图。以上是本项目的全部资源，而接下来，我们会简要讨论屏幕分辨率的话题，其中还会谈到在屏幕中放置图片的方法。

1.7　理解屏幕及内部坐标

在实际开始编写 C++ 代码之前，还需要谈一谈坐标的话题。一般而言，显示在屏幕上的图像是由像素构成的，像素则相当于一个微小的可着色光点，大量光点按照预定方式组合即可构成屏幕上的图像。

屏幕的分辨率是构成屏幕的像素数。虽然具体的分辨率多种多样，但典型的显示器在横向有 1920 像素，在纵向有 1080 像素。屏幕上的像素会被一一编号，而编号会从屏幕的左上角开始。1920 像素×1080 像素屏幕的横轴(x 轴)坐标的范围为 0~1919，纵轴(y 轴)坐标则从 0~1079，见图 1.21。

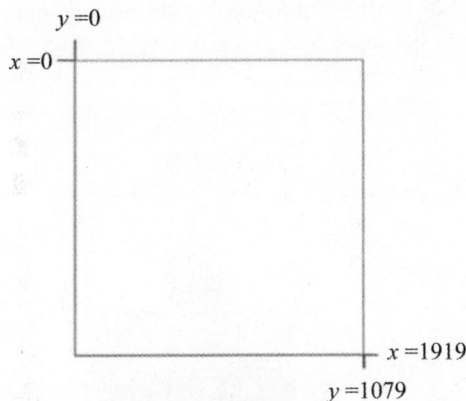

图 1.21　屏幕及其内部坐标

因此，通过 x 与 y 坐标便可实现精确的屏幕定位。在此基础上，如果把背景、游戏形象、子弹及文本等游戏对象按照游戏的逻辑各自摆放在屏幕上，即构成游戏的一个场景。

我们需要通过像素坐标来指定摆放每个游戏对象的具体位置。图 1.22 演示的便是在屏幕中心附近进行绘制的方法。对于 1920 像素×1080 像素分辨率而言，这个中心位置的坐标是(960, 540)。

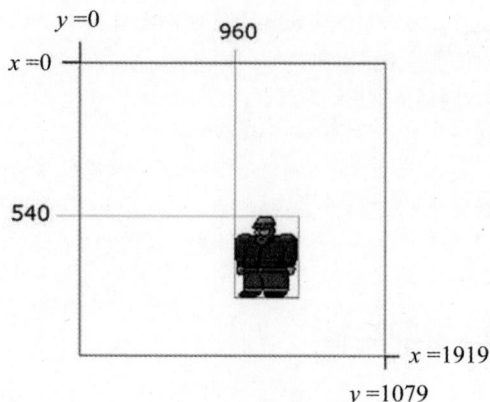

图 1.22   在中央绘制游戏人物

除了这种屏幕坐标，每个游戏对象同样具备属于自身的坐标系统，称为**内部**(internal)坐标或**局部**(local)坐标。这种坐标与屏幕坐标相互独立，但形式类似，而且二者均始于(0, 0)，该点同样位于左上角。

在图 1.22 中，我们把人物形象的(0, 0)内部坐标置于屏幕的(960, 540)处，从而让它呈现在屏幕上。在游戏开发过程中，这种形象以及将来的僵尸等可见的 2D 游戏对象称为**精灵**(sprite)，它们往往由一张图片构成，且各自带有原点。所谓原点，默认情况下其坐标为(0, 0)，相当于精灵的定位点。如果我们把一个精灵绘制于屏幕的特定坐标上，那么出现在该坐标上的正是该精灵的原点，见图 1.23。

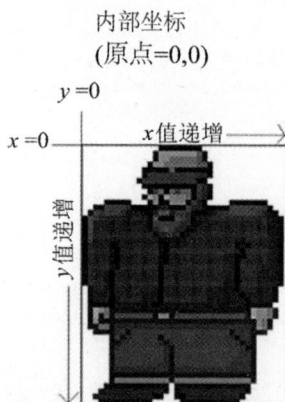

图 1.23   带有原点的精灵

因此，在前面展示的向屏幕中绘制形象的示意图中，虽然我们把图片画在了中心区域(960, 540)，它实际上却向右、向下偏了些许。

了解这些知识很重要，因为这能帮助我们理解用于绘制图片的坐标。

此外，不同玩家实际所用的屏幕分辨率五花八门，所以我们的游戏需要尽可能适应各种分辨率。在本书第三个项目中，我们将学习如何让游戏动态适配任意分辨率，但在这第一个项目中，我们固定使用 1920 像素×1080 像素的分辨率，并假定玩家的分辨率不低于此。

现在，我们开始编写第一段 C++代码并让它运行起来。

1.8　开始编写游戏

如果尚未打开 Visual Studio，请现在打开它。接下来，请在其主界面内的"**打开最近使用的内容**"(Recent)列表中单击"Timber"以打开此项目。

在窗口左侧的**解决方案资源管理器**中，定位到"**源文件**"(Source Files)文件夹内的 Timber.cpp 文件，其扩展名 .cpp 代表"C plus plus"(即 C++)，双击打开它。

接下来，我们需要编辑代码文本。虽然这些操作也能用任何文本编辑器或文档处理器来完成，但仍推荐在 Visual Studio 的代码编辑框中进行。这里，我们需要删除此 Timber.cpp 中的全部内容，并键入以下代码，我们随后会给出解释。虽然可以直接把本书的代码复制过去，但手动键入更令人印象深刻。

```
// 这是游戏的起点
int main()
{
  return 0;
}
```

这段简单的 C++程序是一个不错的开端，让我们逐行加以分析。

1.8.1　注释让代码变得更清晰

代码的第一行是这样的:

```
// 这是游戏的起点
```

每行以两个正斜杠开始的代码均为注释，编译器会忽略它们，所以这些内容完全不参与编译，仅为程序员留下了一些辅助消息。注释会因换行而终止，所以下一行的内容无论为何，均与此注释行无关。此外，还有另一种类型的注释，称为**多行**(multi-line)注释或 **C 风格**(C-style)注释，这种风格可以给出多于一行的注释内容，本章随后会给出例子。本书全部的注释有上百行之多，主要用于解释代码。

1.8.2　main 函数

下一行代码是这样的:

```
int main()
```

首先，这个 int 是一种**类型**(type)。C++有很多类型，对应着不同类型的数据。这里，int 表示一个**整数**(integer)，或称整型数字。请记住这个概念，我们还会遇到它。

随后是 main()，它后面还会有一段代码，且这段代码由一对大括号{}界定，二者分别称为起始大括号({)和终止大括号(})，而 main 可称为此段代码的名称。

换言之，这对大括号内的一切代码均属于 main。我们把这样的代码块称为**函数**(function)。

每个 C++程序都有一个 main 函数，它是整个程序**执行**(execution；又可称为**运行**，running)的开始。在后文中，我们将看到，游戏可以拥有多个代码文件，但其中只能有一个 main 函数，而且无论我们编写什么代码，程序永远会从 main 函数内的第一行代码开始运行。

main 后面的那一对小括号"()"看起来有点奇怪，但目前不必纠结于此，只需知道它代表函数即可，第 4 章将从一个全新的角度来介绍函数的概念。

接下来，让我们仔细看一看 main 函数内部那唯一的一行代码。

1.8.3 代码的形式与语法概览

下面再整体看一看这个 main 函数：

```
int main()
{
    return 0;
}
```

可以看出，在 main 内部只有 return 0;这一行代码。这行代码与其他内容稍有不同，所以在讲述其具体功能之前，可以先研究其形式。经验证明，这能让我们写出的代码更清晰，也更易读懂。

首先注意，此语句向右缩进了一个 *Tab* 键，显然它与 main 并不是并列存在，而位于其内部。虽然目前这段代码读起来一目了然，但随着代码长度的增加，我们只能依赖于合适的代码缩进与留白来避免增加阅读代码的难度。

目前，这里只有一行代码，但任务一般需要由多行代码协作才得以完成。为便于管理，人们会把这些代码合称为一个**代码块**(block)，并通过缩进加以分隔。这里虽然只有一行代码，也可称为块。

接下来还请注意行尾的标点，即半角分号"；"。它用于通知编译器，这是当前代码指令的结束点，其后无论什么内容都属于下一条指令。我们把一个以分号结尾的指令称为**语句**(statement)。

这里需要提醒一点：编译器并不关心某语句末尾的分号与下一语句之间的分隔符，换行、空格或无分隔均可接受；但依然有必要换行，因为忽视分隔符会为阅读代码添加不必要的困难，甚至可能导致忘记添加分号。虽然阅读困难不影响编译，但缺失分号的语句属于语法错误，会让代码无法编译，让游戏无法运行。

至此，我们介绍了 main 函数的概念，并建议通过合适的缩进来对齐代码，也知道了每条语句的末尾要有一个分号。接下来便可以介绍这条 return 语句的真正功能了。

1.8.4 从函数返回一个值

从实际效果来看，这条 return 0;语句基本上没有完成任何工作，然而其背后的理念却非常重要。return 是 C++中的一个关键字，既可以后跟某数值，又能直接以分号结束，但无论有无数值，其皆为针对程序执行流程的一条跳转指令，用于令执行流程跳至(或者说回到)原先启动这个函数的代码。

一般而言，启动一个函数的代码属于另一个函数，被启动的函数在执行完毕后将回归执行那个启动它的函数。只是这里 main 函数是由操作系统启动的，所以在此 return 语句执行完毕后，main 函数退出，并返回操作系统，从而结束程序。

此外，return 后所带有的 0 同样会传给操作系统，其他数字亦然。

在编程语言中，我们把启动某函数的行为称作**调用**(call)该函数，而该函数结束后传回数值的操作称为**返回**(return)某个值。

本小节仅在于介绍函数的概念，不需要掌握函数的全部信息。在实现本书第一个项目的过程中，我们会详细探索这个概念。但在进入下一小节前，我们还需要最后讨论一下关于函数的知识：

还记得前面 int main() 中的 int 吗？其作用是告知编译器，main 函数所返回的值一定属于整型(整数或整型数字)，我们因此可以返回任意整数，如 0、1、999、6358 等，但如果尝试返回某个非整型数字，如 12.76，则将无法编译，游戏自然无法运行[1]。

函数所能返回的数据类型多种多样，而且 C++允许我们自己定义新的类型，只要编译器能够知晓其全部细节，便可由函数返回。

以上我们介绍了函数的一些背景知识，这有助于增进你对于本书后文内容的理解。

1.8.5　运行游戏

我们已经编写了一些代码，现在可以尝试运行游戏了，这可以通过单击 Visual Studio 快速启动栏上的 **"本地 Windows 调试器"** (Local Windows Debugger)按钮来完成，见图 1.24，或者按下快捷键 F5。

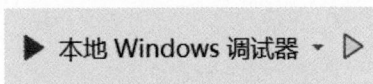

图 1.24　本地 Windows 调试器

运行前，需要把 **"本地 Windows 调试器"** 旁边的按钮设为 **"x86"**，见图 1.25，这意味着我们的程序将是 32 位的，这也与我们下载的 SFML 相配。

图 1.25　确保你正运行在 x86 之下

运行后，你将看到一个黑色窗口一闪而过，而若此窗口停留于屏幕中，按下任意键即可关闭。这个窗口即为 C++控制台，会在运行每个控制台应用时打开，也是我们用于调试程序的工具，虽然暂时无此需要。目前我们的程序之所以一闪而过，是因为它在启动后会从 main 函数的第一行(也即 return 0;)语句开始运行，此后 main 退出，程序结束，返回操作系统，而这些操作都是非常迅速的。

至此，这个最简单的程序就正式完成了。接下来，我们会添加更多代码，启动游戏窗口。

1.9　使用 SFML 启动一个窗口

现在，让我们再添加一些代码。下面的代码将利用 SFML 库启动一个新的窗口，让 Timber!!! 游戏在其中运行。具体而言，此窗口宽 1920 像素、高 1080 像素，并处于全屏运行状态(没有边框，亦无标题)。

以下代码中高亮显示的部分是需要添加的新代码，请按照这里所展示的顺序，通过手动键入或复制粘贴的方式将其添加到你的代码中，同时试着想一想这些代码都做了什么，我们随后会逐行解释。

1　事实上，即使传回的不是整数，只要它能被转化为整数，代码便可编译，但一般会给出警告，这在第 2 章中将有所介绍。只有当代码传回的内容如果完全不能处理为整数(如传回一个汉字等)时，才无法编译。

```
// 在这里包含重要库
#include <SFML/Graphics.hpp>

// 通过此 using 指令让代码的键入更简单些
using namespace sf;

//这是游戏的起点
int main()
{
    // 创建 VideoMode 对象
    VideoMode vm(1920, 1080);

    // 为游戏创建窗口
    RenderWindow window(vm, "Timber!!!", Style::Fullscreen);

    return 0;
}
```

接下来,我们将逐行解释这些代码。

1.9.1 引入 SFML 功能

我们添加的第一行代码是一条#include **指令**(directive)。

这条#include 指令引导 Visual Studio 在编译前,把另一个文件中的全部代码完整地包含(或称添加)到当前位置,从而让其他代码成为程序的一部分。这些代码一般由他人编写,我们实际上是在复用那些代码,避免重造轮子。这种把其他文件中的代码添加到我们代码中的过程称为**预处理**(preprocess)过程,是由所谓的**预处理器**(preprocessor)完成的。.hpp 扩展名意味着所包含的是个**头文件**(header file)。

因此,这条#include <SFML/Graphics.hpp>指令让预处理器寻找 SFML 文件夹内的 Graphics.hpp 文件,并将其全部内容填于此处,从而让我们得以使用一些 SFML 功能。后面我们会自主编写头文件,并通过#include 指令使用它,那时将进一步了解这个过程。

另外,Graphics.hpp 是 SFML 众多头文件中的一个,而通过在代码中用 include 指令引入 SFML 头文件,我们便能使用 SFML 库所提供的全部酷炫游戏功能,这也是本书中最常见的 include 指令。除了 SFML 头文件,我们还会使用#include 访问 **C++标准库**的头文件,这些头文件为我们提供了 C++语言自带的一些核心功能。

目前我们只需要知道,只有在添加这行代码后,我们才能使用 SFML 所提供的功能。

下一条语句是 using namespace sf;。接下来,我们会看一看它的作用。

1.9.2 OOP、类与对象

本书会一直讨论 OOP、类与对象,而本小节则会简要解释目前所遇到的现象。

正如前述,OOP 是面向对象编程的缩写。稍加展开地说,OOP 是一种编程范式,或是一种编程思想。在现今编程界中,OOP 在大多数情况下被认为是最好的一种专业编程思想,有些人甚至排斥其他编程思想——注意我说的是大多数,不乏有例外存在。

虽然 OOP 引入了许多编程概念,但其中最根本的概念在于**类**(class)与**对象**(object)。在编程时,我们总会尽力让代码具备可复用、易于维护、不易出错等特点,而把代码组织为类,一般能够实现这些目标。本书第 6 章将介绍把代码组织为类的方法，但目前关于类，我们只需要知道，类的代码不会直接作为程序的一部分而存在，我们需要使用类来创建可复用的对象。例如，如果希望有 100 个僵尸 **NPC(non-player character, 非玩家角色)**，那么我们可以先仔细编写 Zombie 类，随后利用此类便可创建出任意数量的僵尸对象。每个僵尸对象的功能及其内部数据的类型是一模一样的，但每个僵尸对象是各自独立的实体。

接下来，我们会在不涉及 Zombie 类的具体代码的前提下演示僵尸对象的用法。例如，以下代码使用 Zombie 类新建了僵尸对象 z1:

```
Zombie z1;
```

现在，z1 对象便具备 Zombie 类的所有功能，成为可操作的 Zombie 对象。我们随即写下这样的代码[1]:

```
Zombie z2; Zombie z3; Zombie z4; Zombie z5;
```

至此，我们总计得到 5 个独立的 Zombie 实例[2]，但它们均由 Zombie 类创建。在继续介绍我们的代码之前，还需要再补充一点：这些僵尸对象都具有 Zombie 类的行为(类通过函数来定义对象的行为)，也各自具有数据，而这些数据则代表每个对象自身的血量、速度、位置、移动方向等信息。例如，假定 Zombie 的设计支持以下功能[3]，那么我们便能这样使用这些对象：

```
z1.attack(player); z2.growl(); z3.headExplode();
```

注意，目前这些假想的代码仅供演示，不要把它放入代码文件中，否则只会得到大量的错误。

在设计 Zombie 类的过程中，基本的指导原则是为此类提供控制自身行为以及数据的方法，并使这些方法尽可能服务于游戏的目标。例如，我们可能需要在创建僵尸对象时，便可设定其内部的数据，那么设计时便应该满足此要求。具体而言，假定我们需要在创建僵尸对象时为其命名，并指定运动速度(单位为 m/s)，那么只要仔细设计 Zombie 类，我们便能如此创建僵尸对象：

```
// 戴夫(Dave)在被感染前是奥林匹克百米短跑冠军
// 他每秒能跑 10 米
Zombie z1("Dave", 10);

// 吉尔(Gill)的双腿在被感染前就被吃掉了
// 她只能以 0.01m/s 的速度爬行
Zombie z2("Gill", .01);
```

虽然以上仅限于构思，但其重点在于说明类所具有的那种近乎无限的灵活度，而且一旦设计完毕，我们便能创建对象来使用类的代码。这也是 SFML 的用法。正是通过类与对象，我们才得以享受 SFML 所提供的强大功能。此外，我们也会编写自己的类，包括 Zombie 类。

下面，我们继续解释前面所添加的那些代码。

1　这一行代码中其实含有 4 条语句，根据上一节的介绍，这不是一种好习惯，但这些代码仅用于演示，不是实际的代码，因此勉强可以接受。

2　"实例"是面向对象编程中很常见的一个概念，目前可以把它理解为前面出现过的对象，而对象也是面向对象编程中的重要概念。本节稍后会简要介绍面向对象编程，而详细说明则将出现在本书第 6 章中。此外，仍需说明，在介绍第 6 章前，"实例"字样还会多次出现。

3　指 Zombie 类设计有 attack、growl 和 headExplode 等函数，且 attack 函数还会接受 player 实例作为参数。本书第 4 章将详细介绍函数与函数的参数。这一行包含三条语句，同样不是什么好习惯。

1.9.3 命名空间与 using 语句

你可能已经猜到，VideoMode 与 RenderWindow 是 SFML 提供的两个类，但在具体介绍这两个类之前，我们先要分析那条 using 语句的功能。

命名空间(namespace)是 C++程序中一个可以定义和使用名称的区域，其中的每个名称(包括类名)都具有唯一的含义。无论何时，类均创建于某命名空间内，以便将其与同空间或其他空间中的类进行区别。下面使用 VideoMode 类进一步解释。

VideoMode 类用于定义视频的模式，由宽度、高度与色彩深度(通道)组成，但在 Windows 等环境中，完全可能存在其他 VideoMode 结构，如若不加区分，则必然造成名称冲突，威胁编译过程；但只要这些名称属于不同的命名空间，借助于命名空间便可确保这些名称不会相互冲突。

VideoMode 类所属的命名空间是 sf，此空间由 SFML 定义，所以使用此类的完整语法如下(注意这里的省略号是在偷懒，不是正确的语法)：

```
sf::VideoMode ...
```

前面的那条 using 语句使我们能在代码中省掉 sf:: 前缀，否则即便这第一个项目在完成后也将出现百余 sf::。同时，这条 using 语句也有助于降低我们代码的复杂度，使其更加简短。

1.9.4 SFML VideoMode 类与 RenderWindow 类

在 main 函数内，我们有两行注释和两行可执行代码。其中第一行可执行代码如下所示：

```
VideoMode vm(1920, 1080);
```

这行代码用 VideoMode 类创建了一个 vm 对象，并为其内部设定了 1920 和 1080 这两个数值[1]。这两个数值实际上代表玩家屏幕的分辨率，不是随意指定的。

下一行代码如下：

```
RenderWindow window(vm, "Timber!!!", Style::Fullscreen);
```

这里，window 对象在运行代码后，将对应着屏幕内的一个窗口，而我们使用 SFML 所提供的 RenderWindow 类创建了它，并在随后的括号中为其额外提供了一些值，解释如下。

首先，在构建 window 对象时，需要使用对象 vm。乍看起来，这种嵌套可能让人困惑，但别忘了，类具有无限的灵活性，可以任意按照其设计者的想法而行止，所以类完全可以包含其他类的实例。

对此，目前只需了解并接受用类创建可用对象的过程及其中所涉及的概念即可，不必完全理解背后的机制。如若实在无法接受，可以利用建筑师所绘制的设计图进行类比：家具、粮油和狗无法放入设计图内，但根据这张图可以造出一所房子(或更多房子)来容纳它们——类相当于设计图，而对象则相当于房子。

接下来的"Timber!!!"是用来命名窗口的，随后使用预定义的 Style::Fullscreen 值

1　这里的括号和前面 main 函数后的括号形式相同，本质上也是一次函数调用，但存在两处不同：第一，这里所调用函数的名称不是括号前面的 vm，而是 VideoMode 类的构造函数，详见第 6 章(注意，前面假想代码中创建 Zombie 对象时没有括号，第 6 章中也会给出解释)；第二，1980 与 1080 这两个数值是在调用构造函数时传入其中的两个参数，关于函数参数，请参见第 4 章。

让我们的 window 对象(即游戏主窗口)全屏运行。Style::Fullscreen 是 SFML 定义的一个不变的整数值，代表全屏运行的状态。这种固定不变的数值又称**常量**(constant)，而可以改变的量则称为**变量**(variable)。这两个概念会在下一章详细解释。

下面来看一看这段代码的运行效果。

1.9.5 运行游戏

现在又能运行游戏了，这时将能看到一个更大的黑色屏幕一闪而过，而那正是刚才所编写的 1920 像素×1080 像素的全屏窗口。我们的程序在启动后，首先运行 main 函数内第一行代码，创建出一个更大的游戏窗口，随即很快会再次 return 0;，之后立刻退出 main 函数而回到操作系统中。

下面我们将添加一些代码，以建立基本的游戏循环结构。这不仅是本书中每个游戏的基本结构，也几乎是每个游戏的基本结构。

1.10 游戏循环

作为一款游戏，我们希望其能够持续运行下去，直到玩家主动退出。同时，随着 Timber!!!项目的推进，我们希望能够清晰地标注出代码的不同区段，以便降低管理代码的难度。此外，我们不希望程序在中途退出，所以需要提供一种机制，让玩家在需要时能够顺利退出，否则游戏将永远运行。以上均为本节的目标。

为此，请将以下高亮显示的代码添加到既有代码中：

```
int main()
{
  // 创建 VideoMode 对象
  VideoMode vm(1920, 1080);

  // 为游戏创建窗口
  RenderWindow window(vm,"Timber!!!", Style::Fullscreen);

  while (window.isOpen())
  {
    /*
    *******************************************
    处理玩家输入
    *******************************************
    */
    if (Keyboard::isKeyPressed(Keyboard::Escape))
    {
      window.close();
    }

    /*
    *******************************************
    更新场景
    *******************************************
    */
```

```
    /*
    ******************************************
    绘制场景
    ******************************************
    */

    // 清空上一帧内的全部内容
    window.clear();

    // 在这里绘制我们的游戏场景
    // 展示所绘制的全部内容
    window.display();
    }

  return 0;
}
```

下面我们将逐一解释这些新代码。

1.10.1 while 循环

在新代码中，我们首先可以看到以下结构：

```
while (window.isOpen())
{
```

新代码的最后是个终止大括号"}"，这便是所谓的 while 循环结构。这种结构始于那行 while 代码，包括随后的起始大括号"{"，至终止大括号"}"而结束，其效果为反复执行这对大括号内的所有代码，甚至可以无限执行下去。

while 行中有两对小括号，值得一提：

```
while (window.isOpen())
```

本书第 4 章会介绍循环及循环条件，那时才有关于此代码的详细解释，目前我们只需要知道，循环体内的代码会重复执行，而关闭运行游戏所弹出的窗口意味着关闭了 window 对象，这也将终止 while 循环，随即开始执行循环终止大括号后面的语句。我们很快会介绍关闭窗口的方法。

下一条语句回归 return 0;，可结束游戏程序。

现在我们知道，前面那段 while 循环将周而复始地执行其中的所有代码，直到我们关闭 window 对象。

1.10.2 C 风格代码注释

while 循环内首先映入眼帘的是仿佛 ASCII 艺术般的文字：

```
/*
******************************************
处理玩家输入
******************************************
*/
```

ASCII艺术利用计算机文本来绘图，是一种小众但有趣的工作。更多相关信息请参见 https://en.wikipedia.org/wiki/ASCII_art。

这段代码同样是注释，但属于另一种注释，称为C风格注释。这种注释由"/*"开始，以"*/"结束，其间的一切信息均不参与编译。这种注释风格能够更详尽地说明信息，故可用于详细描述每部分代码的意义，例如，这段注释让你立刻判断出，接下来的代码块将负责处理玩家的输入。

跳过几行代码后即来到另一段C风格注释，说明随后将更新场景。

再下一段C风格注释标注的是负责绘制图形的部分。

下面让我们分别讨论这些代码段的意义。

1.10.3　输入、更新、绘制、重复

麻雀虽小，五脏俱全。虽然目前我们仅仅使用了最简单的游戏循环，但其中仍具备游戏循环的四大典型阶段。

(1) 获取玩家的输入(即使暂时没有输入，也需要提供处理代码)。

(2) 根据游戏AI、物理学原理或玩家输入等因素更新场景。

(3) 绘制当前场景。

(4) 用足够高的频率重复执行以上步骤，从而实现动画效果以及流畅的交互式游戏世界。

接下来，我们会依次分析游戏循环的具体代码。

1.10.4　检测按键动作

首先是注释着"处理玩家输入"的代码：

```
if (Keyboard::isKeyPressed(Keyboard::Escape))
{
    window.close();
}
```

这段代码检查当前有没有按下键盘上的 *Esc* 键，而按下此键后，高亮显示的代码将负责关闭 window 对象。此后，当 while 循环体准备继续执行时，便可发现需要退出循环，从而跳转到 while 循环体之后，进而退出游戏。另外，这段代码中还使用了一条 if 语句，这会在第2章中讨论。

1.10.5　清空并绘制场景

现在，更新场景部分空空如也，所以我们直接跳到绘制场景的部分。这里首先需要通过以下代码来擦除上一帧所绘制的内容：

```
window.clear();
```

接下来原本需要绘制游戏中的每个对象，然而目前无物可绘制。

下一行代码如下：

```
window.display();
```

此行代码背后的机制略显复杂。所有的游戏对象均绘于一个可供呈现的隐藏图层之内，而屏

幕所呈现的是另一个图层。这行代码负责交换这两个图层，从而呈现出原本隐藏但绘有新内容的图层。现在，当看到新图层时，其中已经绘有全部内容，所以玩家永远看不到绘制的过程；这种机制还能保证所绘场景的完备性，有助于避免出现画面**撕裂**(tearing)问题[1]。这便是所谓的**双重缓冲区**(double buffering)技术。

最后请注意，清屏以及诸般绘制工作均由 window 对象完成，而 window 对象又是通过 SFML RenderWindow 类创建的。

1.10.6　运行游戏

此时运行游戏，将得到一个空白的全屏窗口。与前面一闪而过的窗口不同的是，这个窗口永不关闭，除非按下 *Esc* 键。

这是很好的进展：我们得到了一个可执行程序，它会打开一个常亮的窗口，直到按下 *Esc* 键才会退出。现在，我们可以开始绘制游戏的背景图片了。

1.11　绘制游戏背景

接下来，我们将为游戏添加图像，这是通过创建**精灵**(sprite)来实现的。我们首先选择绘制游戏的背景图。根据上一节的介绍，这应该在清屏与显示(指调换图层)之间完成。

1.11.1　让精灵与纹理图协同工作

SFML 的 RenderWindow 类让我们得以创建 window 对象，并提供游戏窗口所需的众多功能，但绘制精灵显然不在此列。

为此，我们需要求助于 SFML 内负责向屏幕绘制精灵的两个类：其一是名副其实的 Sprite 类，其二则是 Texture 类，其中 "Texture" 可译为 "纹理"，是保存在显存中的一张图片，而显存则是 **GPU**(Graphics Processing Unit，**图像处理单元**)内部的存储结构。

Sprite 对象只有在与 Texture 对象配合之后才能显示为屏幕图片，具体操作参见下面高亮显示的代码，请将其添加到你的代码中，同时可以试着猜测其含义。

```
int main()
{
  // 创建 VideoMode 对象
  VideoMode vm(1920, 1080);

  // 为游戏创建窗口
  RenderWindow window(vm,"Timber!!!", Style::Fullscreen);

  // 创建 Texture 对象以便在 GPU 中保存图片
  Texture textureBackground;
  // 向此对象中加载图片
  textureBackground.loadFromFile("graphics/background.png");
```

---

1 画面撕裂问题是由显卡内部图层更新频率与显示器刷新率不匹配造成的，表现为显示器中的画面是由第一幅图的上半部分与第二幅图的下半部分拼接而成，根据具体情况，还可能会出现更多图片拼接甚至左右拼接的效果。很多游戏提供垂直同步选项来避免画面撕裂问题，这里的双重缓冲区同样是一种不错的辅助方式，方法不一。

```
// 创建 Sprite 对象
Sprite spriteBackground;
// 让 Sprite 对象与 Texture 对象建立关联
spriteBackground.setTexture(textureBackground);
// 让 spriteBackground 占据整个屏幕
spriteBackground.setPosition(0, 0);

while (window.isOpen())
{
```

注意，这段代码位于 while 循环之前，因为它们只需要运行一次，其背后的原因随后会有介绍，目前则继续逐行解释代码。这里的第一步是利用 SFML Texture 类创建对象 textureBackground：

```
Texture textureBackground;
```

其次，我们使用此对象加载 graphics 文件夹内的背景图，代码如下：

```
textureBackground.loadFromFile("graphics/background.png");
```

我们仅需要指定 graphics/background.png，因为这里使用的是相对于 Visual Studio **工作目录**(working directory，又称**工作路径**)的路径(即相对路径)，其中的资源早已就绪。

接着，我们用 SFML Sprite 类创建 spriteBackground 对象：

```
Sprite spriteBackground;
```

随即让 Texture 对象 textureBackground 与 Sprite 对象 spriteBackground 建立关联关系：

```
spriteBackground.setTexture(textureBackground);
```

最后，令 spriteBackground 对象在 window 中的位置坐标为(0, 0)，即左上角：

```
spriteBackground.setPosition(0, 0);
```

不难发现，background.png 图像宽 1920 像素，高 1080 像素，这与 vm 对象的设定相符，所以这张图恰好填满整个窗口。另外仍请注意，此时仍未显示出图片，仅仅设定了将来的显示位置。

至此，spriteBackground 对象可用于绘制背景图片了，但在此之前，让我们再看一看 SFML 选择这种绘制机制背后的逻辑。

诚然，SFML 借助纹理来绘制精灵的过程似乎有些多余，这可能会让你感到困惑，但这是由显卡及 OpenGL 的工作机制决定的。纹理会占据显存，但加载后可以一直存在，直至主动释放或程序退出，而显存是一种有限的资源。同时，将图片加载到显存的操作是非常慢的，虽然不至于慢得让人们能察觉逐渐加载的过程，也不会在加载时让 PC 出现明显的卡顿现象，但也慢得不能在游戏循环的每一帧中均加载一次。所以，有必要将加载纹理的代码(这里指操作 textureBackground 对象的代码)放至游戏循环之外。

后文将介绍，我们是通过精灵来移动图片的。每个 Texture 对象都位于 GPU 内部，虽然不会在加载后立刻绘出，但只要其所关联的 Sprite 对象提供绘制位置，它便可呈现在屏幕上。在后面的项目中，我们将让多个 Sprite 对象使用同一个 Texture 对象，这显然提升了 GPU 内存的使用效率。

绘制的全过程可以总结如下:

- 纹理图加载到 GPU 内部的过程很慢。
- 访问位于 GPU 内的纹理是非常快的。
- 可以把 Texture 对象关联到 Sprite 对象上。
- Sprite 对象可以改变其位置和朝向角度(这经常出现在更新场景部分)。
- Sprite 对象在与 Texture 对象建立关联后便可绘制出来(这经常出现在绘制场景部分)。

所以,只需在 window 对象所提供的双重缓冲区机制内绘制出此 Sprite 对象(spriteBackground),我们便能首次实际看到图像。

1.11.2 背景精灵与双重缓冲区

最后,我们需要在游戏循环内合适的位置上绘制精灵及其纹理。

> 注意,我在给出属于同一代码块的代码时并未严格考虑缩进,否则将增加书中换行的次数,干扰正文文本排版。但代码是暗含缩进的,可以参考本书下载资源包中的代码文件来了解完整的缩进形式。

请添加以下高亮显示的代码:

```
/*
*****************************************
绘制场景
*****************************************
*/
// 清空上一帧内的全部内容
window.clear();

// 在这里绘制我们的游戏场景
window.draw(spriteBackground);

// 展示所绘制的全部内容
window.display();
```

这里我们仅在清屏后、绘制新场景前添加了一行代码,负责将 spriteBackground 绘制到 window 内。

我们现在知道了精灵是什么,也知道了可以让一个纹理图片与之关联并绘制到屏幕上。现在游戏再次做好了运行准备,让我们来看一看这些新代码的效果。

1.11.3 运行游戏

此刻运行程序后,我们将首次找到正在制作一个真正游戏的感觉,如图 1.26 所示。

图 1.26　运行游戏

虽然这个游戏目前的状态还拿不到年度游戏的荣誉，但至少我们已经迈出了第一步！

接下来，我们会介绍 C++编程时经常遇到的一些问题。

1.12　处理错误

每一个项目都注定会遇到困难，这是无法回避的事实。但另一方面，问题越棘手，在成功解决后的满足感就越强。试想象，编程时突然遇到了一个问题，但在数小时的挣扎之后终于解决，使之变为一个新的游戏功能，这会让你感觉非常愉快。如果不经历烦恼挣扎，功能实现后反而可能感到不够精彩。

读到这里，虽然尚未接触晦涩难懂的 C++技能，但你依旧可能经历过一些挣扎。此时，请保持冷静，坚信自己能渡过难关，然后继续学习下去。

记住，无论遇到什么问题，你都不大可能是为其所困的第一人，这意味着在线搜索往往是解决编程问题的一种实用而高效的手段。为此，可以用一个简单的句子甚至短语来描述你的问题或遇到的错误，并在 **Google** 或 **ChatGPT** 中搜索，一般立刻便能找到解决的方法，因为经常有人先于你解决了问题。

另外，如果仍然未能顺利运行本章的代码，那么可以从以下角度排查原因。

1.12.1　配置错误

本章最可能遇到的问题是**配置错误**(configuration error)。我们在前面搭建了 Visual Studio 开发环境，并为项目进行了诸如 SFML 等配置，其间显然涉及很多精细操作，大批文件名、文件夹名均须准确设置，一个字符之差亦可能引发若干错误，不少错误信息甚至完全没有解释出错的实际原因。

本章 1.9 节中的以纯黑屏为最终效果的项目基本上是空白项目，如果看不到黑屏，那么可以考虑重新开始。请确保所有的文件与文件夹都按照你自己的安装环境配置完成，并尝试运行那十余行代码(包括注释)。此时,一闪而过的黑色窗口即为配置成功的证明[1]。

1.12.2 编译错误

编译错误(compilation error)应该是最常见的错误,这种错误一般意味着写错了代码。为此,请详加检查,并确保你的代码与本书示例代码严格相同,尤其要保证行尾的分号以及类名与对象名中的大小写格式是正确的。如果无论如何都无法消除错误,可以从下载的代码包中复制代码。

尽管本书中不排除有拼写错误的存在,但下载包中的代码文件来自实际可以运行的项目,绝对能通过编译!

1.12.3 链接错误

链接错误(link error)最可能由缺失 SFML 的 .dll 文件引起。你有没有把全部文件复制到你的项目文件夹中?

1.12.4 缺陷

缺陷(bug)指代码工作得与预期不符。修复缺陷的过程称为**调试**(debug),它有些枯燥,却也能带来快感:所碾压的缺陷越多,你的游戏质量便会越高,也越会对自己当日的工作感到满意。这里只强调一点:解决缺陷的技巧在于提早发现它们,而且越早越好!缺陷发现得越早,其可能的原因在你脑海中就越清晰。所以,我建议只要添加了新内容,就立刻编译和运行,本书便是在完成每阶段的开发后立刻尝试运行。

1.13 本章小结

本章虽然是 C++入门教程的第 1 章,却也富有挑战性。例如,必须承认,配置 IDE 以使用 C++库的过程很是烦琐,很多初次接触编程的人更是难以理解类与对象的概念。

但既然已经读到这里,不妨进一步学习 C++、SFML 与游戏编程的技能。随着阅读继续,我们实现的游戏功能会越来越强大,学到的 C++知识也会越来越丰富,并将深入探索函数、类与对象等编程理念,围绕着它们的神秘面纱终终将为我们所揭去。

而且在本章中,我们同样有所收获,例如,我们逐行分析了一个带有 main 函数的 C++示例程序,学习了其中每行代码的意义。我们还构建了一个简单的游戏循环,其功能在于监听玩家的输入,并在屏幕上绘制一个精灵(及其配套的纹理图片)。

在下一章中,我们将学到更多 C++知识以绘制更多的精灵,并让它们动起来。

---

1 准确地说,本项目在1.8节结束时仅由5行代码与注释组成,此时的运行状态也是纯黑色的窗口,但那5行代码不使用SFML,在进行 1.3、1.4 节的全部配置之前亦可编译和运行,其中甚至可能存在未发现的配置错误(例如,写错了库名),但这5行代码也不失为一种排查的方案。但是,1.8节中的黑色窗口很少存在意外,而一旦出现意外,甚至可能是 Visual Studio 本身的问题,如安装失败等,此时配置项目的帮助有限。

1.14　常见问题

以下是一些你可能感到困惑的问题：

问题 1：本章的内容已经让我挣扎不已，这是不是意味着我不太适合学习编程？

回答：搭建开发环境以及建立 OOP 的概念可能是本书中难度最大的事情。如果你的游戏能够正常工作(指能够呈现出背景图)，那么完全可以继续读下去。

问题 2：我完全无法承受那些关于 OOP、类和对象的讨论，这甚至可能要毁掉我的学习体验。

回答：不必担心。接下来，我们会不时提及 OOP、类和对象这些概念，这样当你读到第 6 章时，很可能已经不再抵触它们，从而能够在该章中深度探索 OOP 思想。目前，你只需了解 SFML 已编写出一整套实用类，我们会通过这些类创建可复用的对象，以此发挥 SFML 的强大功能。熟知 OOP 后，你甚至会感到自己充满力量。

问题 3：我实在理解不了函数的概念。

回答：没关系。我们会经常接触它，第 4 章更会深入展开研究。目前你只需要知道，调用一个函数便会执行其中的代码，而执行完毕后(执行完一条 return 语句)，程序会回到调用此函数(代码)的位置。

第**2**章

变量、运算符与决策——
让精灵动起来

本章将完成许多绘制任务，为背景图上的云朵以及前景中的蜜蜂分别赋予随机移动的能力(包括高度随机与速度随机)，而这需要更多 C++知识。我们将学习如何利用变量存储数据，也会学习如何通过运算符操作这些变量，以及根据变量的值制定决策，进而有选择地执行若干分支路径中的一种。只要结合所有这些知识与前面学到的关于 **SFML**(Simple and Fast Multimedia Library)内的 Sprite 与 Texture 类的知识，我们便能实现云朵和蜜蜂的动画效果。

本章将涵盖以下主题:

- 系统学习 C++变量
- 熟悉操作变量的方法
- 添加云朵和蜜蜂，并添加可供玩家砍伐的树
- 随机数
- 用 if 与 else 制定决策
- 计时功能
- 移动云朵与蜜蜂

2.1 系统学习 C++变量

变量(variable)是 C++游戏保存并操作数值/数据的途径:为了获取玩家当前的生命值，需要变量;为了获取当前攻势中剩余僵尸的数量，需要变量;为了记录获得特定高分的玩家，需要变量;为了获取当前游戏已经结束或仍在运行的状态，依旧需要变量。

变量是某**内存位置**(location in memory)的命名标识符。例如，我们可以定义一个 numberOfZombies 变量，此变量将指代内存中的某个位置，其中保存了当前这次攻势中所剩余僵尸的数量。

计算机系统访问内存位置的机制很复杂，所以各种编程语言使用了变量这种对人类友好的机制来管理相应内存位置上的数据。事实上，这也正是编程语言的真正任务，即用一种对人类友好的方法来管理复杂的系统。不同语言的效率和友好度有所差异。C++一直以高效著称，并且经过半个世纪的发展，这门语言对用户越来越友好。

> C++是由 Bjarne Stroustrup 在 20 世纪 80 年代早期创建的[1]，他为了向原始的 C 语言增加面向对象编程机制而开发了 C++语言，从而让代码更高效且更易于管理。多年来，C++经历了多次修订与改进。

本节伊始蜻蜓点水般地介绍了变量，却已暗示了变量需要存在多种类型。事实上，C++的变量有很多类型，下面我们便会看到本书中用得最频繁的几种。

2.1.1 变量类型

关于 C++变量及其内容的讨论可以轻松地占据一整章的内容，这也是其他众多出版物的一贯做法，但读者选择本书更可能是为了尽快完成游戏制作，所以这里没有墨守成规，而是用表 2.1 来列举本书中最常用的几种类型及其具体用法。

表2.1 变量的类型

类型	示例值	解释
int	-42、0、1、9826	整型数字
float	-1.26f、5.8999996f、10128.3f	单精度浮点值最多包含 7 位有效数字
double	925.83920655234、1859876.94872535	双精度浮点值最多包含 15 位有效数字
char	a、b、c、1、2、3(总计 128 个符号，包括?、~、#等)	即 ASCII 码表中的所有字符(参见关于变量的下一条提示)
bool	true 或 false	bool 代表布尔型(Boolean)，只有 true 与 false 两种值(即布尔值)
string	Hello Everyone! I am a String.	任何文本，可以短至一个字母，长到一整本书的内容

C++属于**强类型**(strongly typed)语言，是一种会严格规定变量类型并限制隐式类型转换的语言系统。对于强类型语言，涉及不同数据类型的操作一般要求显式转换类型，否则可能带来编译错误。这种强制要求有助于降低游戏中的行为不合预期的概率，因为编译器或解释器[2]会保证变量的用法符合其类型。

因此，编译器必须知晓某变量的具体类型，以便为其分配合适的内存空间，且编译器在知晓某变量的类型后，还会检查其使用方式是否存在错误，例如，不能让字符串除以布尔型变量。为每个变量选取最好、最合适的类型是一种良好的编程习惯，但在实践中，人们倾向于过度提升变量的精度，例如，float 变量足以存储最多 5 位有效数字的浮点数值，可惜使用 double 也不会让编译器给出抱怨。然而，一旦代码将 float 或 double 值存入 int 变量，编译器便需要改变(或称转换)此浮点值，以便存入，这将让实际所存入的值异于原值，编译器可能会因此而给出警告。本书为每个变量所选择的类型基本上是最合适的，但同样不排斥主动进行类型转换。

表 2.1 中还有个细节值得一提，那就是每个 float 值的字母后缀 f。此后缀负责告知编译器，

1　1979 年，Bjarne Stroustrup 在 C 语言的基础上完成了一门新的编程语言，称为 "C with Classes"，随后在 1983 年，这门语言正式更名为 "C++"，他也因此被称为 "C++之父"。本章后面还有一条相关的趣闻，可以参考。

2　解释器同属执行 C++代码的工具程序，性质上类似于编译器，但与编译器先将代码编译为可执行程序再执行所不同的是，解释器略过编译过程而直接逐行执行 C++程序，有时也称解释执行。解释执行具有巨大的灵活性，其效率却远低于编译执行。有些程序语言(如 MATLAB、Python 等)更习惯于解释执行，C++虽然不排斥这种方式，但仍以编译执行为主。

相应值的类型是 float 而非 double，因为不带有 f 的浮点值默认属于 double 类型。更多相关细节可参见下一条关于变量的提示。

用户定义类型

与前面诸般类型相比，用户定义类型更加高级。第 1 章曾简单讨论过类(与对象)，而 C++中的用户定义类型正是类及枚举量。很快，我们将会用独立的一个或多个文件来组织代码，进而声明、初始化并使用自主设计的类。具体而言，自主定义(或称创建)类的工作将在第 6 章进行，但在那之前，我们首先会在第 4 章学习枚举量，这种机制可用于自定义一些类型，如僵尸、能力增幅、外星飞船的具体种类等，学会这些类型后有助于理解类的概念。但现在，让我们回到 C++内置类型，它们通常称为**基本类型**(fundamental type)，因为这些类型代表着我们前面所见的非常基础的值。

2.1.2　声明并初始化变量

现在，我们知道变量可用来存储游戏赖以运行的数据值，例如，变量可以代表玩家当前还有多少条命，也能代表玩家的名字。我们也知道，变量所代表的数据可以有非常多的类型，如 int、float、bool 乃至自定义类型等。但是，我们暂未介绍变量的具体用法。

创建并准备一个新的变量分为两个阶段，分别是**声明**(declaration)和**初始化**(initialization)。下面将依次讨论。

1. 声明变量

C++可以这样声明变量：

```
// 玩家得分几何?
int playerScore;
// 玩家名的首字母是什么?
char playerInitial;
// 圆周率是多少?
float valuePi;
// 玩家是死是活?
bool isAlive;
```

在上面这段代码中，我们先后声明了 int 型变量 playerScore、char 型变量 playerInitial、float 型变量 valuePi 与 bool 型变量 isAlive。如果尚未完全掌握这些类型，请复习表 2.1。有了这些声明[1]，便意味着已经在内存中为这些变量预留(即分配)出合适的空间，可供保存并操作相应位置上的值，但那些空间上目前暂未保存任何数据(或者说那些数据没有意义)。为此，我们需要继续学习。

2. 初始化变量

声明了意义明确的变量后，便可用合适的数值来初始化它们：

```
playerScore = 0;
playerInitial = 'J';
```

---

[1] 准确地说，这里的"声明"应作"定义"，因为只有在定义变量时才会分配内存，而严格意义上的变量声明却不会。事实上，非常多的英文资料并不严格区分这两种行为。

```
valuePi = 3.141f;
isAlive = true;
```

执行上面的代码后，计算机内存中便有了实际的数据。这4个变量所保存的值依次是 0、大写字母 J、单精度浮点数值 3.141 与布尔值 true。

3. 声明初始化

事实上，变量声明步骤与初始化步骤完全可以合二为一。如果变量初始值已知，则可以这样写：

```
int playerScore = 0;
char playerInitial = 'J';
float valuePi = 3.141f;
bool isAlive = true;
```

如果只能在程序执行过程中才能确定变量的值，那么上一小节中的写法自然更合适。虽然在C++中，这两种写法都是正确的，但总有一种更适合你的游戏。

> 如果希望查看所有 C++ 类型的完整列表，可以访问 http://www.tutorialspoint.com/cplusplus/cpp_data_types.htm。如果希望更深入地研讨 float、double 及 f 后缀，可以读一读 http://www.cplusplus.com/forum/beginner/24483/。如果希望获取关于 ASCII 字符码的更多信息，可以访问 http://www.cplusplus.com/doc/ascii/。

4. 常量

有时，我们需要保证某个值无法改动，这可以通过使用 const 关键字声明并初始化一个**常量(constant)**来完成。例如，圆周率永远不变，所以此量更适合以常量形式出现：

```
const float PI = 3.141f;
const int NUMBER_OF_ENEMIES = 2000;
```

这段代码保证常量PI的值不会在程序执行期间发生任何变化，常量NUMBER_OF_ENEMIES亦然。声明常量通常使用与声明变量不同的命名格式，例如，本书选择以下画线分隔的全大写词组，而不使用命名变量的骆驼风格[1]。

需要明确的是，这里声称某常量不被修改，应当理解为其不会被程序执行逻辑改动，但在初始化时，其初始值可以被程序员任意修改，只是此后不能通过写代码来改动常量的值：

```
// const int PLANETS_IN_SOLAR_SYSTEM = 9;
// 啊不对! 冥王星在 2006 年被重新归类为矮行星
const int PLANETS_IN_SOLAR_SYSTEM = 8;
```

在第4章中，我们将看到一些常量在实际中的应用，但关于变量初始化，还需要讲解一个知识点。

5. 一致性初始化

一致性初始化(Uniform Initialization)又称列表初始化，是初始化变量的一种新格式。2011 年发

---

[1] 骆驼风格(camel case)是一种变量命名规则，其要点是，在多个英文单词组成的名称中，各单词仅首字母大写(名称的首字母则可小写)，且单词间无需连接符，参见本小节前面介绍的各变量名。考虑驼峰的形象便能够理解这种机制得名的原因。

布了一次对 C++ 语言标准的重大升级，随后将此新标准称为 C++11，而一致性初始化正是 C++11 所引入的。这种机制统一了初始化变量与用户定义类型的对象的格式，允许使用大括号(即"{}")来初始化变量，而界定 main 函数范围的也是这对大括号。以下代码使用这种形式来初始化前面几个变量：

```
int playerScore{0};
char playerInitial{'J'};
float valuePi{3.141f};
bool isAlive{true};
```

这段代码对每个变量用一致性初始化语法替换了赋值运算符"="。这种语法是现代 C++ 中的正式标准，并且在现代商业 API 中最常见。虽然出于一些深层原因，一致性初始化相比于"传统"语法更不易出错，但本书采用的还是后者：

```
int playerScore = 0;
```

这两种语法都是有效的。本书因考虑到"{}"语法可能会在其他 C++ 资料中出现而介绍一致性初始化，第 6 章在讨论类时则会主动回归这种语法。如果有意，你完全可以主动将本书全部代码改用一致性初始化，这并不复杂。此外，虽然传统语法对初学者更友好，但就职于大型企业的员工很可能会使用一致性初始化。

6. 声明并初始化用户定义类型

我们已经学习过声明并初始化一些 SFML 类型的例子。正是因为创建(或称定义)类型(即 C++ 类)的方法非常灵活，所以声明并初始化它们的方法同样是多种多样的。上一章中定义并初始化了一些用户定义类型，下面对比给出若干提示。

创建 VideoMode 类型的一个对象 vm，并以两个 int 型值 1920 与 1080 来初始化它：

```
// 创建 VideoMode 对象
VideoMode vm(1920, 1080);
```

创建一个 Texture 对象 textureBackground，但不做任何(显式)初始化操作：

```
// 创建 Texture 对象以在 GPU 中保存图片
Texture textureBackground;
```

注意，尽管我们没有指定任何用于初始化 textureBackground 的数值，但其内部很可能已经设定了若干变量的值。一般而言，某对象是否需要或能否接受初始值，完全取决于对应类的具体代码，所以这其中具备相当的灵活性。这进而意味着自主编写类可能很复杂，但也意味着自定义类型(即 C++ 类)有足够的设计自由度，所以期望这些类恰好符合我们制作游戏的要求绝非痴人说梦。一旦把 C++ 这种强大的灵活性与 SFML 类相结合，我们的游戏便具备近乎无限的潜力！

本章随后会演示 SFML 所提供的一些用户定义类型，后续章节中还会展示更多用户定义类型。第 6 章在实现 Pong 游戏时更会设计并编写自定义的类型。

2.2　熟悉操作变量的方法

至此，我们已经知晓变量到底是什么、有哪些主要类型以及声明和初始化变量的方法，但仍未学习发挥变量真正功能的方法。为此,我们需要操作变量,例如,执行加法、减法、乘除法等,尤其是条件判断。

首先,我们将尝试学习如何操作变量,随后再研究如何以及为什么要进行条件判断。接下来,请带着这些目标来学习 C++的算术运算符及赋值运算符[1]。

2.2.1 C++算术运算符与赋值运算符

为了操作变量,C++ 提供了大量的**算术运算符**(arithmetic operator)及相应的**赋值运算符**(assignment operator)。大多数运算符的用法一目了然,其余运算符解释起来也不难。下面请先研究表 2.2 中的算术运算符,它们与随后表 2.3 中的赋值运算符是本书中最常用的运算符。

表2.2 算术运算符

算术运算符	名称	功能
+	加法运算符	把两个变量的值或两个值加起来
-	减法运算符	从一个变量的值或一个值中减去另一个变量的值或另一个值
*	乘法运算符	把变量的值或数值相乘
/	除法运算符	变量的值或数值相除
%	**取余**(modulo)运算符	在用一个数值或一个变量的值除以另一个值或变量之后,取此运算的余数

表 2.3 是赋值运算符表。

表2.3 赋值运算符

赋值运算符	解释
=	我们曾介绍过此运算符;它是赋值运算符,用于设置变量的值或初始化变量
+=	把右侧的值加到左侧变量之上
-=	把右侧的值从左侧变量内减去
*=	把右侧的值乘到左侧变量之上
/=	用等号右侧的值除以左侧变量,让左侧变量取其商
++	**自增**(increment)运算符让一个变量自加 1
--	**自减**(decrement)运算符让一个变量减去 1
<=>	宇宙飞船运算符是 C++20 标准[2]向 C++引入的一种新型运算符,用于进行三路比较操作,我们会在下一个项目中使用

> 从技术角度来说,表 2.3 中除=、--、++之外的 5 种运算符又称**复合赋值运算符**(compound assignment operator),因为它们由多种运算符组合而成。

---

1 运算符(operator),简称"算符"或"符"(例如,有时会简称为"赋值符"等),是 C++中一个很有趣但也很重要的概念。运算符需要操作数(operand),可根据所要求的数量分为一元运算符、二元运算符和三元运算符等。运算符的本质为一个函数,操作数则相当于函数的参数。此外,第 3 章中有一条提示与运算符有关,可以参考学习。

2 C++11 是在 2011 年发布的,C++20 是 2020 年所发布的 C++语言新标准。

至此，我们已学习了大量的算术运算符和赋值运算符，接下来便能学习如何通过组合运算符、变量与值来构成**表达式**并操作变量了。

2.2.2　使用表达式完成工作

表达式(expression)是变量、运算符与值的组合，这与英语中的表达式是单词与标点符号的组合是类似的。使用表达式能够得到一个结果。在条件判断中，同样可以使用表达式，而这些判断将决定接下来所运行的代码。

1. 赋值

首先来看能够在我们的游戏代码中见到的一些简单表达式：

```
// 玩家取得新的高分纪录
hiScore = score;
```

或者：

```
// 把 score 设定为 100
score = 100;
```

在第一行代码中，我们把 score 变量所保存的数值赋给 hiScore 变量，按照前面的描述，此后 hiScore 变量将持有 score 的值，无论这个值具体是多少。这行代码可能出现在游戏结束后，玩家的得分比某些乃至全部高分纪录更高的时候。具体而言，在执行语句 hiScore = score; 后，score 的值可能需要重置为 0，以记录下一局的分数，而 hiScore 则仍旧持有 score 变量原先所存储的分数。当然，如果每局游戏都要执行此操作，可能会记录下错误的最高分数，这要求我们进行条件判断以及数值比较。这里先继续介绍赋值的知识，随后再介绍进行判断与比较的方法。

下面看一看与赋值运算符连用的加法运算符：

```
// 击中外星人会得分
score = aliensShot + wavesCleared;
```

或者(注意，变量完全可以同时出现在运算符两侧)：

```
// 直接加上 100 分
score = score + 100;
```

前面第一行代码把 aliensShot 与 wavesCleared 变量的值之和赋予 score 变量，第二行代码则把 score 当前的值加上 100，然后再将结果赋回给它。此例还有个更实用的变体：

```
score = score + pointsPerAlien;
```

此时，pointsPerAlien 的值将加到 score 的既有值上，即用变量代替具体的数值。在运算符两侧使用同一变量的操作其实非常常见，请再次研究这些代码，务必理解其功能。

下面，让我们看一看与赋值运算符连用的减法运算符。下面的代码用减法运算符左边的值减去它右边的值，而减法运算符经常与赋值运算符连用，例如，

```
// 哦好吧，丢了一条命
lives = lives - 1;
```

或者:

```
// 游戏结束时还剩下多少外星人?
aliensRemaining = aliensTotal - aliensDestroyed;
```

以下是除法运算符的一种用法,其中用除法运算符左边的值除以右边的值,并再次与赋值运算符连用:

```
// 用swordLevel压低剩余生命值
hitPoints = hitPoints / swordLevel;
```

还有:

```
// 回收block时需要付出一定的代价
recycledValueOfBlock = originalValue / 1.1f;
```

这里recycledValueOfBlock变量需要为float类型,才能保存这种运算的结果,好在理解其语法很简单。如果读到这里,仿佛有种正在教授学龄儿童算术运算的感觉,那你很可能已经掌握了其中的精髓。在进入下一话题前,关于赋值运算符还有最后一个例子需要演示,我们可以这样使用乘法运算符:

```
// answer显然是100
answer = 10 * 10;
```

或者:

```
// biggerAnswer显然是1000
biggerAnswer = 10 * 10 * 10;
```

这些代码基本上不言自明:我们进行了两个数的乘法,然后是3个10相乘,并分别把乘积赋给answer和biggerAnswer两个变量。

2. 自增与自减

本小节将介绍自增运算符的用法,此运算符能够更清晰地让游戏所用变量的值增加1。此外,还会引用一则与此有关的趣闻轶事。

我们曾读过以下这行代码,这里不再解释:

```
// 为myVariable加1
myVariable = myVariable + 1;
```

有时可以不在运算符两侧写出相同的变量,而避免重复也是一种让代码变得更清晰的方法,还能省去一些敲键盘的时间。以下代码的效果与前面代码完全相同:

```
// 明显更清晰漂亮,敲得也更快
myVariable ++;
```

这里的自增运算符与C++中的"++"是相同的。

> 有个有趣的问题: 你有没有好奇过 C++得名的原因? 实际上, C++可以称得上是 C 语言的一种扩展, 其发明者即 **Bjarne Stroupstrup**, 最初称其为 "带有类的 C(语言)", 但显然这个名字后来有所演进。若有兴趣, 可以访问 http://www.cplusplus.com/info/history/以了解 C++的发展史。

　　你可能已经猜到, 自减运算符 "--" 是让某变量减 1 的捷径。相比于

```
playerHealth = playerHealth -1;
```

　　下面的代码显然更快、更清晰, 而完成的功能也完全相同:

```
playerHealth --;
```

　　以下是运算符的更多实践, 请你在阅读时试着理解每行代码的运行效果。之后, 我们将继续构建 Timber!!!游戏。

```
int someVariable = 10;

// 让变量的值乘以 10, 并将乘积放回此变量中保存
someVariable *= 10;
// someVariable 现在等于 100

// 让变量的值除以 5, 并把商放回其中
someVariable /= 5;
// someVariable 现在等于 20

//让变量的值加上 3, 并将和放回其中
someVariable += 3;
// someVariable 现在等于 23

// 让变量的值减去 25, 并将差放回其中
someVariable -= 25;
// someVariable 现在等于-2
```

　　这段代码通过合并使用加减法运算以及赋值运算而综合利用了这些运算符, 其中我们不再仅仅加减 1。在使用*=、/=、+=、-=等运算符时, 可以乘、除、加、减对应运算符之后变量所保存的任意数值(当然不能除以 0)。例如, 在乘法代码中, someVariable 持有值 10, 而 someVariable *= 10 的代码将把此值乘以 10, 并把乘积赋回 someVariable, 这种语法显然更短、更快、更清晰。

　　你如果已经完全理解了这些示例代码, 便可以利用所学的知识来强化游戏, 并让图像动起来。也就是说, 是时候为游戏添加更多精灵了。

2.3　添加云朵、蜜蜂和树

　　首先, 我们会添加一棵树, 这个操作相对简单, 毕竟树不必移动。我们将重用上一章绘制背景的流程。本节将准备好静态树画面, 以及蜜蜂和云朵这两个可移动的精灵, 随后再考虑让后面两者动起来的方法, 这会用到更多 C++知识。

2.3.1　准备树

请添加以下高亮显示的代码，注意，未高亮显示的代码是我们之前已经编写的代码。这种形式有助于定位新代码的添加位置，而这些新代码需要放在设定背景位置之后，并在开启游戏主循环之前。我们随后会介绍新代码的具体功能效果。

```
int main()
{
  // 创建 VideoMode 对象
  VideoMode vm(1920, 1080);

  // 为游戏创建窗口
  RenderWindow window(vm, "Timber!!!", Style::Fullscreen);

  // 创建 Texture 对象，以便在 GPU 中保存图片
  Texture textureBackground;

  // 向此对象中加载图片
  textureBackground.loadFromFile("graphics/background.png");

  // 创建 Sprite 对象
  Sprite spriteBackground;

  // 让 Sprite 对象与 Texture 对象建立关联
  spriteBackground.setTexture(textureBackground);

  // 让 spriteBackground 占据整个屏幕
  spriteBackground.setPosition(0,0);

  // 构建树精灵
  Texture textureTree;
  textureTree.loadFromFile("graphics/tree.png");
  Sprite spriteTree;
  spriteTree.setTexture(textureTree);
  spriteTree.setPosition(810, 0);

  while (window.isOpen())
  {
```

这 5 行新添加的代码(不算注释)依次完成了以下工作：

- 创建 Texture 类型的对象 textureTree。
- 将图像文件 tree.png 加载到该对象中。
- 声明 Sprite 类型的对象 spriteTree。
- 让 textureTree 与 spriteTree 关联起来，从而在绘制后者时显示纹理 textureTree，即一棵树。
- 设定树的位置，其 x 坐标是 810，而 y 坐标是 0。

之所以设定为(810, 0)，是因为实践证明，此坐标在所选用的分辨率上的显示效果最好。这里直接为代码指定了具体的数值，但真正编程时，更应该使用变量而非具体的值，因为变量能让代码的意义更明显一些。如果这些数值保持不变，则应该使用前面讨论过的常量。为此，可以在游戏循环之外这样声明一些常量：

```
const float TREE_HORIZONTAL_POSITION = 810;
const float TREE_VERTICAL_POSITION = 0;
```

以便在绘制树精灵时这样编程:

```
spriteTree.setPosition(TREE_HORIZONTAL_POSITION,
    TREE_VERTICAL_POSITION);
```

这里,常量的声明位置与其使用位置(即 setPosition 函数)相邻,我认为 setPosition 已经足够清楚地表明了这些值的含义。如果读者认为引入两个常量更有助于厘清代码的意义,并且愿意修改代码,我将其留给读者作为练习。

另外,当我们的代码中直接包含这种数值时,它们往往由于意义不明而被批评为**魔幻数字**(magic number)。相比之下,变量名的意义一般非常明确,其意义远比纯粹的数值清晰。代码规模越大、越复杂,越不应该使用魔幻数字,在与他人协同工作或雇主要求严谨时尤其如此。诚然,本书偶尔会使用魔幻数字,但仅是为简便起见,而且一般也不会引入歧义。

接下来,让我们转而设计蜜蜂,它更有趣。

2.3.2　准备蜜蜂

下面的代码与前面的代码之间的差异不大,却很重要。既然蜜蜂需要移动,那么我们还需要声明另外两个关于蜜蜂的变量。请添加以下高亮显示的代码,同时试着猜测 beeActive 与 beeSpeed 这两个变量的作用。

```
// 构建树精灵
Texture textureTree;
textureTree.loadFromFile("graphics/tree.png");
Sprite spriteTree;
spriteTree.setTexture(textureTree);
spriteTree.setPosition(810, 0);

// 构建蜜蜂精灵
Texture textureBee;
textureBee.loadFromFile("graphics/bee.png");
Sprite spriteBee;
spriteBee.setTexture(textureBee);
spriteBee.setPosition(0, 800);

// 蜜蜂当前能否移动?
bool beeActive = false;

// 蜜蜂的飞行速度
float beeSpeed = 0.0f;

while (window.isOpen())
{
```

在这些新插入的代码中,我们用与背景图和树相同的方法创建了一只蜜蜂,即分别创建 Texture 与 Sprite 对象,并将二者关联起来。

还需注意的是,前面蜜蜂的代码中还有一些在项目中不曾出现过的新代码(虽然在本章前面讨论变量时曾大致提过),其中那个 bool 型变量用于标识蜜蜂是否处于活动状态(别忘了,布尔型变量只能取值为 true 或 false)，目前此 beeActive 变量被初始化为 false。在其下面，我们声明了一个新的 float 变量 beeSpeed，它将保存蜜蜂在屏幕中移动的速度，单位为像素/秒。

很快，我们便能看到如何使用这两个新变量来移动蜜蜂，但在这之前，让我们先用近乎完全相同的方式来设定云朵。

2.3.3 准备云朵

请添加并研究以下高亮显示的代码，尝试分析其功能，我们随后将进行解释。

```cpp
// 构建蜜蜂精灵
Texture textureBee;
textureBee.loadFromFile("graphics/bee.png");
Sprite spriteBee;
spriteBee.setTexture(textureBee);
spriteBee.setPosition(0, 800);

// 蜜蜂当前能否移动?
bool beeActive = false;

// 蜜蜂的飞行速度
float beeSpeed = 0.0f;

// 通过一个纹理对象构建三个云朵精灵
Texture textureCloud;
// 加载新纹理
textureCloud.loadFromFile("graphics/cloud.png");

// 三个纹理相同的新精灵
Sprite spriteCloud1;
Sprite spriteCloud2;
Sprite spriteCloud3;
spriteCloud1.setTexture(textureCloud);
spriteCloud2.setTexture(textureCloud);
spriteCloud3.setTexture(textureCloud);

// 让三个云朵精灵位于屏幕左端不同高度上
spriteCloud1.setPosition(0, 0);
spriteCloud2.setPosition(0, 250);
spriteCloud3.setPosition(0, 500);

// 云朵精灵是否位于屏幕内?
bool cloud1Active = false;
bool cloud2Active = false;
bool cloud3Active = false;

// 云朵精灵的移动速度
```

```
float cloud1Speed = 0.0f;
float cloud2Speed = 0.0f;
float cloud3Speed = 0.0f;

while (window.isOpen())
{
```

在刚刚添加的代码中，唯一可能让人困惑的一点在于其中仅使用了一个 Texture 对象，但事实上，让多个 Sprite 对象共享同一个 Texture 对象是很常见的事情。将 Texture 对象加载到 GPU 内存后，其与 Sprite 对象建立关联的操作是非常快的，最初利用 loadFromFile 函数加载图片文件的操作反而相对缓慢。当然，如果希望使用三种形状的云朵，则还是需要使用三个 Texture 对象。

除了这种略显意外的纹理共享操作，这些新代码与前面蜜蜂段的代码基本类似，仅仅是数量有所差异：三个云朵精灵需要使用三个 bool 变量，分别标识每个云朵精灵是否处在活动状态，还需要三个 float 变量，用于处理每个云朵精灵的运动速度。

2.3.4　绘制树、蜜蜂和云朵

最后，我们可以通过在绘制阶段添加以下高亮显示的代码，把这些精灵全部绘制在屏幕上：

```
/*
****************************************
绘制场景
****************************************
*/
// 清空上一帧内的所有内容
window.clear();

// 在这里绘制我们的游戏场景
window.draw(spriteBackground);

// 绘制云朵
window.draw(spriteCloud1);
window.draw(spriteCloud2);
window.draw(spriteCloud3);

// 绘制树木
window.draw(spriteTree);

// 绘制那只昆虫
window.draw(spriteBee);

// 展示所绘制的全部内容
window.display();
```

绘制三朵云、蜜蜂与树的方法与绘制背景相同，但需要注意的是绘制顺序。由于后绘制的精灵会遮挡先绘制的精灵,因此必须先绘制背景,否则它便会遮挡其余各项,而且需要在树之前绘制云朵,否则云朵将在树前飘荡,这不符合当前场景。此外,无论在树之前还是之后绘制蜜蜂,效果都还不错,但我推荐在树之前绘制蜜蜂,这种蜜蜂可能让我们在砍树时分心,而现实中的蜜蜂便具有这种能力。

运行 Timber!!!游戏,很快便能发现树木、蜜蜂和三朵云根本就一动不动!它们看起来就像是停在起跑线上准备开赛的选手,而在这场比赛中,蜜蜂又需要向后飞。

图 2.1 绘制树、蜜蜂与云朵

基于目前我们对 C++运算符的了解,我们仍旧可以尝试让新加入的图片元素动起来,但这里面仍有一些问题。首先,真实的云朵和蜜蜂都是无规则运动的,它们不可能长期维持同一速度或同一位置,即便这些位置可能由风以及蜜蜂忙碌程度等因素决定。对于不经意的观察者而言,云朵和蜜蜂所选的路径及其速度看起来是随机的。下面我们深入探究随机性。

2.4 随机数

随机数(random number)在游戏中用处多多,例如,决定玩家会拿到哪张纸牌,或在某范围内确定实际给敌方造成的伤害等。这里我们则用随机数来确定蜜蜂和云朵的起始位置及其运动速度。

在 C++中生成随机数

为了生成随机数,需要使用更多 C++函数。本小节只是通过一些示例代码来介绍相关的语法和步骤,请不要将这些代码添加到游戏中。

计算机自身无法创建真正的随机数,而仅能使用一些**算法**(algorithm)来挑出一些数字,使其看起来随机,这一般称为伪随机数。同样,这类算法虽然自身不会一直返回相同的值,但我们仍然需要为**随机数生成器**(random number generator)**提供种子**(seed),而且虽然任何整数均可用作种子,但为保持结果的随机性,每次所提供的种子绝对不能重复。以下代码为随机数生成器提供了种子:

```
// 用当前时刻作为随机数生成器的种子
srand((int)time(0));
```

这段代码通过 time(0) 函数调用从 PC 中获取当前时间,其调用结果将作为参数传入 srand 函数,从而把当前时间用作种子值。其中不算常见的 (int) 语法使得这行代码略显复杂,这种语法的意义在于把 time 函数所返回值的类型转换为 int,这是 srand 函数的类型要求。

> 转换(cast)是个术语,用于描述不同类型之间的转化操作。

总结起来,前面那行代码先后完成了以下工作:

(1) 通过 time 函数获取当前时间。

(2) 把所返回的时间转换为 int 类型。

(3) 把转换所得的 int 结果作为参数发送给 srand 函数,后者将设置随机数生成器的种子。

时间显然一直在变动,从而让 time 函数成为向随机数生成器提供种子的一种绝佳手段,但这仍有例外,例如,在快速推进的场景中,time 函数可能返回相同的时刻,此时若需要多次设置随机数生成器种子,则自然有所重复(time 函数仅能精确到秒)。在为云朵设置动画时,我们将遇到这个问题,那时也会给出解决方案,但目前,我们先要学习在一个区间内创建随机数并存入变量的方法,例如:

```
// 生成随机数并存入 number 变量中
int number = (rand() % 100);
```

这种为 number 赋值的奇怪形式值得额外说明:这里使用了取余运算符(%)和数值 100,从而取得 rand 函数的返回值在除以 100 之后的余数。如果除数是 100,那么最大的余数是 99,最小的余数则是 0,因此这行代码在 0(含)和 99(含)之间生成了一个随机数。这种技巧会在为蜜蜂和云朵生成随机速度与随机初始位置时使用,但在那之前,先要学习如何在 C++ 中进行条件判断。

2.5 用 if 与 else 制定决策

C++ 中的 if 与 else 这两个关键字可用于制定决策,例如,第 1 章在每一帧内判断玩家是否按下 *Esc* 键时使用的正是 if:

```
if (Keyboard::isKeyPressed(Keyboard::Escape))
{
  window.close();
}
```

我们已经学过通过组合使用算术运算符与赋值运算符来创建表达式的方法,下面会再学习一些运算符。

2.5.1 逻辑运算符

有些表达式可以通过测试(例如,大小比较判断)来得到结果值 true 或 false,而**逻辑运算符**(logical operator)通过构建这种表达式来进行决策。乍看时,这种构建过程的选择余地似乎并不丰富,难以模仿大型 PC 游戏所涉及的复杂决策行为,但稍加研究即可发现,仅仅使用少数几种逻辑运算符，便可得到任何判断式。

表 2.4 囊括了最常见的一些逻辑运算符及其示例，请尽快熟悉这些运算符，很快我们将学习其实际用法。

表2.4 逻辑运算符

逻辑运算符	名称与示例
==	(等值)**比较运算符**(comparison operator)进行等值测试，其结果要么为 true，要么为 false。例如，表达式(10 == 9)显然为 false，毕竟 10 不等于 9
!	这是**逻辑非运算符**(NOT operator)。表达式(!(2 + 2 == 5))为 true，因为 2+2 不等于 5
!=	这是另一种比较运算符，但与前面的相等判断不同，它负责检测运算符两侧是否不同。例如，(10 != 9)的表达式为 true，因为 10 不等于 9
>	这又是另一种比较运算符，而且此类运算符还有一些。这个运算符判断某量是否大于另一个量。例如，表达式(10 > 9)即为 true
<	这个运算符判断某量是否小于另一个量。例如，表达式(10 < 9)为 false
>=	这个运算符判断某值是否不小于另一个值，若是则结果为 true。例如，(10 >= 9)与(10 >= 10)这两个表达式皆为 true
<=	与上一运算符类似，此运算符能够判断小于与相等这两种情况；而只要有一种情况成立，判断结果即为 true。例如，(10 <= 9)为 false，但(10 <= 10)为 true
&&	此为**逻辑与**(logical AND)运算符，可判断某表达式中的两个或更多独立的部分，而且只有当这些子表达式均为 true 时，该运算符的结果才为 true。该运算符常用于与其他运算符连用以构建复杂判断式。例如，表达式((10 > 9) && (10 < 11))为 true，因为这两个子表达式都为 true，但表达式((10 > 9) && (10 < 9))为 false，因为仅有第一部分为 true，第二部分为 false
||	此为**逻辑或**(logical OR)运算符，与逻辑与运算符相似，但只要至少存在一个结果为 true 的子表达式，即可令整个表达式结果为 true。如果把上一运算符那个例子中的&&换为||，那么((10 > 9) || (10 < 9))变为 true，因为此表达式的第一部分为 true

接下来，我们将介绍 if 与 else 这两个 C++关键字，它们能让所有逻辑运算符真正发挥功效。

2.5.2 C++的 if 与 else

在以下几小节中，我们会为上一小节中的例子添加一些具体的背景，以方便介绍 C++关键字 if 的用法。我们会构建一个小故事，利用设想中的军事环境来解释 if 与一些运算符的用法，希望这有助于读者理解前面介绍的抽象性。

2.5.3 如果敌军过了桥，就开枪

有一连士兵接到军令，必须固守桥的一侧并等待援军，可惜上尉连长生命垂危。由于手下士兵的经验有限，他决定编写一个 C++程序来传达他的遗命。上尉希望他手下的士兵能够完全理解的第一条命令是：

"如果敌军过了桥，就开枪！"

那么，应该如何在 C++中模拟这种场景？为此，首先需要 bool 变量 isComingOverBridge，而以下代码假定此 isComingOverBridge 变量已经声明完毕，并被初始化为 true 或 false，以便设计出以下 if 结构：

```
if (isComingOverBridge)
{
  // 射击!
}
```

如果变量 isComingOverBridge 等于 true，则大括号{}内的代码将会运行，否则程序便直接跳至 if 结构的终止大括号之后继续运行。

2.5.4　**else** 定义了另一种行为

上尉还希望告诉他的士兵，如果敌军没有过桥，则必须坚守阵地。

为此，我们可以引入另一个 C++关键字 else。如果希望在 if 内的语句为 false 时显式执行一些操作，便可使用 else。例如，为了告知部队在敌军没有过桥时坚守阵地，我们可以编写以下代码：

```
if (isComingOverBridge)
{
  //射击!
}
else
{
  // 坚守阵地
}
```

上尉这时才意识到，问题可没有他想象的那么简单：如果敌军过了桥，但数量太大，那该如何应对？如果仍旧坚持射击，那么远超己方的敌军可能会屠杀他的连队。为此，他设计出了下面这些代码(此时我们还会用到一些变量)：

```
bool isComingOverBridge;
int enemyTroops;
int friendlyTroops;

// 用一定方式初始化以上两个变量

// 以下是if语句
if (isComingOverBridge && friendlyTroops > enemyTroops)
{
  // 射击!
}
else if (isComingOverBridge && friendlyTroops < enemyTroops)
{
  // 炸桥
}
else
{
  // 坚守阵地
}
```

这段代码中可能执行的路径一共有三种。首先，如果敌军正在过桥，而且我方部队人数更多：

```
if (isComingOverBridge && friendlyTroops > enemyTroops)
```

其次，如果敌军正在过桥，但数量超出我方部队：

```
else if (isComingOveBridge && friendlyTroops < enemyTroops)
```

最后的第三种情况将在前两种情况都没有出现时执行，这种情况由 else 引导，不再带有 if 条件。

2.5.5 一次改错挑战

在前一小节的代码中，你能发现什么问题吗？代码没有考虑敌军与我军数量相等的情况。那种情况一旦出现，则只能交给最后的 else 结构处理，但其原意是处理没有敌军的情况。当敌我数量相等时，相信任何有尊严的军人都会让自己的部队交火，为此，上尉可以改变第一条 if 语句来应对这种情况：

```
if (isComingOverBridge && friendlyTroops >= enemyTroops)
```

最后，上尉还需要考虑，如果敌军过了桥，却是举着白旗过桥投降的，而此时他的部队若屠杀了这些俘虏，则将沦为战犯。对此所需的 C++代码并不复杂，他可以通过布尔型变量 wavingWhiteFlag 来进行测试：

```
if (wavingWhiteFlag)
{
  // 接受俘虏
}
```

但需要仔细考虑放置这段代码的位置。上尉最终选择下面这种嵌套的判定方案，并通过逻辑非运算改变了 wavingWhiteFlag 的判定结果：

```
if (!wavingWhiteFlag)
{
  // 不投降时需要进行其他判断
  if (isComingOverTheBridge && friendlyTroops >= enemyTroops)
  {
    // 射击
  }
  else if (isComingOverTheBridge && friendlyTroops < enemyTroops)
  {
    // 炸桥
  }
  else
  {
    // 坚守阵地
  }
}
else
{
  // 此 else 结构与第一个 if 语句配对
  // 接受俘虏
}
```

其中也演示了 if 与 else 语句内部可以相互嵌套，从而构建出深邃详尽的判断式。

尽管利用 if 与 else 还可以构建出更复杂的判断结构，但以上代码已经超出了一般入门介绍的范畴。另外需要注意，某个问题可能有多种解决方案，而正确的方案则是通过最清晰、最简单的方法解决问题。

现在，我们距离掌握让云朵和蜜蜂动起来的全部 C++知识仅剩余一个知识点，学完该知识点后即会回归游戏编程。

2.6　计时功能

在移动蜜蜂与云朵之前，我们还需要考虑计时问题。我们知道，游戏主循环会重复执行，直到玩家按下 *Esc* 键。我们也学过，C++与 SFML 都能运行得非常快，例如，我的普通配置的笔记本电脑每秒钟可以把一个简单的游戏循环(如这里的循环)运行 5000 多次。鉴于此，我们需要讨论一下如何让每帧动画的显示速率保持一致且可预设。

2.6.1　帧率问题

游戏循环每运行一次，便相当于一帧，而帧率是指游戏循环每秒钟所能执行的次数，也即处理玩家输入、更新游戏对象并绘于屏幕的次数。本小节及后文将更多谈及帧率，让读者尽快熟悉起来。

现在考虑蜜蜂的速度。例如，可以假定蜜蜂以 200 像素/秒的速度移动，此时蜜蜂横跨 1920 像素宽的屏幕大约需要 10 秒(1920÷200=9.6≈10)。此外，我们可以通过在 setPosition 函数内设定相应的 *x* 与 *y* 坐标将精灵放在任何位置，还能获取某精灵的当前位置，例如，以下代码便可获取蜜蜂当前的横坐标：

```
float currentPosition = spriteBee.getPosition().x;
```

这行代码把此蜜蜂当前的 *x*(横)坐标保存在变量 currentPosition 中。为了右移蜜蜂，可以先为此变量加上 200(所设定的移动速度)与 5000(笔记本每秒钟大概能运行这么多次循环)的商：

```
currentPosition += 200/5000;
```

再使用 setPosition 函数来实际移动蜜蜂。现在，每过一帧，该蜜蜂将会从左向右平滑地移动 200/5000 像素，但这种做法存在两个问题。首先，我的笔记本的帧率通常不稳定，一旦各帧的执行时间有所差异，蜜蜂横越屏幕的运动将变得有快有慢。而且，我们不希望所做的游戏仅在自己的笔记本电脑上运行，然而不同 PC 的帧率更会有所差异，例如，老旧 PC 上的蜜蜂将负重前行，而最新的游戏本则可能让它成为装有涡扇引擎的旋风蜜蜂。好在每个游戏都会遇到这类问题，SFML 也因此提供了一套很好的 C++解决方案，而理解这个方案的最简单方法是亲手实现它。

2.6.2　SFML 的帧率方案

此方案的核心在于通过测量和使用帧率来控制游戏。实现此方案的第一步是把以下代码添加到游戏主循环前：

```
//云朵的移动速度
float cloud1Speed = 0;
float cloud2Speed = 0;
float cloud3Speed = 0;

// 控制时间的变量
Clock clock;

while (window.isOpen())
{
```

我们在这段代码中声明了 Clock 类型的一个对象 clock。该类的名称首字母大写，而对象的名称则采用小写，同时虽然对象可以任意命名，但 clock 很适合作为计时器的名称。本小节后面会引入与时间相关的更多变量。

接下来，在游戏代码中的更新部分添加以下代码：

```
/*
****************************************
更新场景
****************************************
*/
// 测量时间
Time dt = clock.restart();

/*
****************************************
绘制场景
****************************************
*/
```

函数 clock.restart()有两重功能。首先，顾名思义，该函数将让时钟重新计时。我们希望对每帧都重新计时，以便获取每帧的持续时间，但准确地说，clock 对象是从上次重启时开始计时的。其次，该函数将返回从上次更新场景并重启 clock 到现在所流逝的时间，此返回值属于 Time 类型，并在代码中用于初始化此类型的 dt 对象。至此，你可能已经意识到这些代码的效果了。

我们再向游戏添加一些代码，并研究 dt 真正的意义所在。

> "dt" 是 "delta time" (即 "时间增量") 的缩写，意为两次更新之间的时间。

下面我们会升级游戏引擎的功能，将时间纳入考虑因素。升级前，我们的游戏循环如图 2.2 所示。

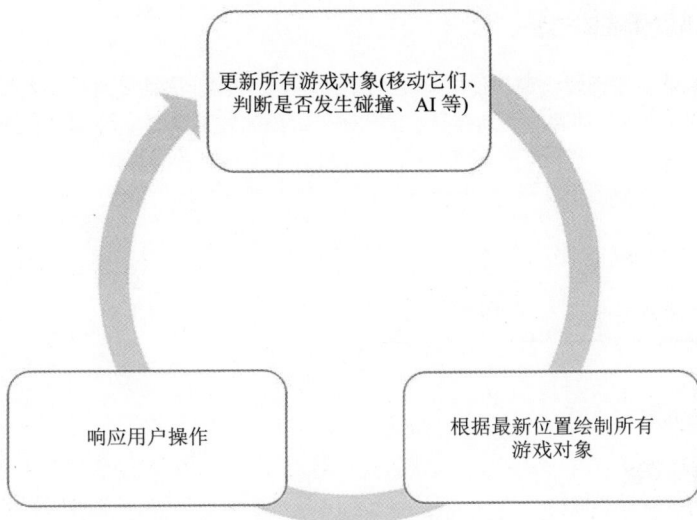

图 2.2　基本的游戏循环

但引入 SFML Clock 类可以优化这个游戏循环，如图 2.3 所示。

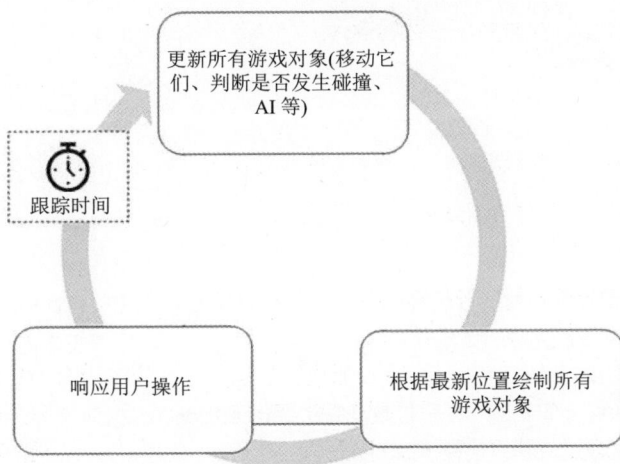

图 2.3　带有计时功能的基本游戏循环

下一节会添加最重要的计时代码，其中包括一些数学计算。我们会根据每帧实际消耗的时间来更新蜜蜂和云朵的位置，借此解决帧率不一致的问题(例如，让蜜蜂在执行较快的一帧中少移动一点距离)。

2.7　移动云朵与蜜蜂

我们将用上一帧的流逝时间让蜜蜂与云朵灵动起来。这种机制也能统一游戏在不同 PC 上的帧率。

2.7.1 为蜜蜂赋予生命

首先，我们需要为蜜蜂设定高度与速度。由于仅需要处理非活动的蜜蜂，因此需要将以下代码封装在一个 if 块内。请将这些高亮显示的代码仔细添加到游戏中，我们随即会进行解释。

```
/*
*****************************************
更新场景
*****************************************
*/
// 测量时间
Time dt = clock.restart();

// 设定蜜蜂
if (!beeActive)
{
  // 蜜蜂的移动速度
  srand((int)time(0));
  beeSpeed = (rand() % 200) + 200;

  // 蜜蜂的移动高度
  srand((int)time(0) * 10);
  float height = (rand() % 500) + 500;
  spriteBee.setPosition(2000, height);
  beeActive = true;
}

/*
*****************************************
绘制场景
*****************************************
*/
```

这里，如果某蜜蜂没有处于活跃状态(如首次启动游戏时)，则 if (!beeActive) 为 true，从而运行这段代码并依次完成以下工作：

(1) 为随机数生成器设定种子。

(2) 在 200 与 399 之间创建一个随机数，并赋给 beeSpeed。

(3) 再次为随机数生成器设定种子。

(4) 在 500 与 999 之间创建一个随机数，并赋给 float 型变量 height。

(5) 把蜜蜂位置的 x 坐标设定为 2000(刚好从右边跳出屏幕)，把 y 坐标设为 height(无论 height 的具体数值为多少)。

(6) 将 beeActive 设为 true，从而使这段代码在再次改动 beeActive 值之前不会运行。

> 注意，height 是我们在游戏循环体内声明的首个变量。由于此变量声明在一个 if 块内，因此在此 if 块之外，可以说它是 "隐形" 的。这不是问题，毕竟一旦蜜蜂的高度设定完毕，此变量即完成了全部使命。这种影响变量可用状态的现象称为**作用域**(scope)，会在第 4 章中详细介绍。

如果现在运行游戏，蜜蜂暂时不会有什么变化，但既然蜜蜂现在已经处于活跃状态，我们便能编写一些只在 beeActive 为 true 时才会运行的代码。

请添加以下高亮显示的代码。只有当 beeActive 为 true 时，这些代码才会执行，毕竟它们位于 if(!beeActive) 之后的 else 块内。

```
// 设定蜜蜂
if (!beeActive)
{
  // 蜜蜂的移动速度
  srand((int)time(0));
  beeSpeed = (rand() % 200) + 200;

  // 蜜蜂的移动高度
  srand((int)time(0) * 10);
  float height = (rand() % 1350) + 500;
  spriteBee.setPosition(2000, height);
  beeActive = true;
}
else
// 移动蜜蜂
{
  spriteBee.setPosition(
      spriteBee.getPosition().x -
          (beeSpeed * dt.asSeconds()),
      spriteBee.getPosition().y);

  // 蜜蜂是否到达屏幕左边界？
  if (spriteBee.getPosition().x < -100)
  {
    // 修改此蜜蜂的状态，使其在下一帧中重新出现
    beeActive = false;
  }
}

/*
****************************************
绘制场景
****************************************
*/
```

这个 else 块会进行两项操作：

首先，我们会按照一定的规律来改变蜜蜂的位置。具体而言，setPosition 函数首先使用 getPosition 函数，通过其返回值来获取蜜蜂当前位置的横坐标，随后从该坐标中减去 beeSpeed * dt.asSeconds() 的乘积；这里 beeSpeed 变量的值约为 200~399(像素/秒)，是在之前的 if 块中随机赋值的，而 dt.asSeconds() 则是一个纯小数，代表了上一帧的持续时间。

取蜜蜂当前的横坐标为 **1000**。此时，假设某 PC 设备每秒钟能循环 5000 帧(这意味着 dt.asSeconds() 将是 **0.0002**)，再假设 beeSpeed 被设为其最大值，即 **399** 像素/秒，那么前面 setPosition 内部用于设定横坐标值的算式将变为：

```
1000 - 0.0002 * 399
```

因此，蜜蜂的新位置的横坐标将是 **999.9202**。现在，我们能够看到蜜蜂将会非常流畅地向左

边移动,每帧都走不完1像素。同时,如果帧率有所波动,那么上方的算式会相应给出新的值,所以,这让蜜蜂在百帧/秒的PC上的移动速度能够与百万帧/秒的PC保持相同。

另外,setPosition函数使用getPosition().y来保证在此循环持续期间,蜜蜂的纵坐标严格相同。

我们新添加的else块中的最后一部分代码是第二项操作,这里重复给出以便讨论:

```
// 蜜蜂是否到达屏幕左边界?
if (spriteBee.getPosition().x < -100)
{
  // 修改此蜜蜂的状态,使其在下一帧中重新出现
  beeActive = false;
}
```

对于(beeActive为true的)每一帧而言,这段代码会测试蜜蜂有没有从左侧飞出屏幕。如果getPosition函数的结果值小于-100,则蜜蜂必然已跳出玩家的视野,此时会将beeActive设定为false,而在下一帧中,一只"新"的蜜蜂将会随机出现在另一个高度,用另一种随机速度飞跃屏幕。

此刻运行游戏便可发现,蜜蜂将任劳任怨地从右飞向左,到达左端后又会以随机高度和随机速度再次飞行,而且每次循环都像是有一只新的蜜蜂。

> 当然,真正的蜜蜂可以绕飞,并在玩家专心砍树时造成干扰,还会变化其飞行高度。别担心,本书中的每个项目都会为其游戏对象添加新的高级功能,但应该尽量重用精灵与纹理,以便降低维护游戏代码的难度,这才是这里的重点。

接下来,我们会用非常相似的方法让云朵也动起来。

2.7.2 吹动云朵

首先,我们需要为云朵设定移动的高度与速度。因为只有非活跃的云朵需要这样处理,所以我们同样把以下代码封装在一个if块内。请审读以下高亮显示的代码,并将其添加到前面蜜蜂的处理代码之后,我们随即加以讨论。显然,这些新代码与蜜蜂的处理代码之间有很多共同点。

```
else
// 移动蜜蜂
{
  spriteBee.setPosition(
    spriteBee.getPosition().x -
      (beeSpeed * dt.asSeconds()),
    spriteBee.getPosition().y);

  // 蜜蜂是否到达屏幕左边界?
  if (spriteBee.getPosition().x < -100)
  {
    // 修改此蜜蜂的状态,使其在下一帧中重新出现
    beeActive = false;
  }
}

// 管理云朵
```

```
// 云朵 1
if (!cloud1Active)
{
    // 云朵的移动速度
    srand((int)time(0) * 10);
    cloud1Speed = (rand() % 200);

    // 云朵的移动高度
    srand((int)time(0) * 10);
    float height = (rand() % 150);
    spriteCloud1.setPosition(-200, height);
    cloud1Active = true;
}

/*
*****************************************
绘制场景
*****************************************
*/
```

这些代码与前面蜜蜂相关的代码之间的主要区别在于，我们使用了不同的精灵，生成随机数的区间也不一样。此外，我们还让 time(0) 的结果乘以 10，从而保证此云朵使用的是不同的随机种子。至于其他两朵云，我们可以分别乘以 20 和 30。

下面我们将处理活跃云朵，这可以通过在 else 块内部编程实现。与 if 块内的代码相同，这里 else 块内的代码与蜜蜂的相关代码几乎完全相同，只是这些代码的处理对象是云朵而非蜜蜂。

```
//管理云朵
if (!cloud1Active)
{
    // 云朵的移动速度
    srand((int)time(0) * 10);
    cloud1Speed = (rand() % 200);

    // 云朵的移动高度
    srand((int)time(0) * 10);
    float height = (rand() % 150);
    spriteCloud1.setPosition(-200, height);
    cloud1Active = true;
}
else
{
    spriteCloud1.setPosition(
        spriteCloud1.getPosition().x +
            (cloud1Speed * dt.asSeconds()),
        spriteCloud1.getPosition().y);

    // 云朵是否到达屏幕右边界?
    if (spriteCloud1.getPosition().x > 1920)
    {
        // 修改此云朵的状态，使其在下一帧中重新出现
        cloud1Active = false;
    }
```

```
    }
    /*
    ***************************************
    绘制场景
    ***************************************
    */
```

既然我们已经知道了应该做什么，那么便能够为第二朵云与第三朵云复制相同的代码。以下代码便可执行这样的操作，可以让其紧跟在第一朵云的处理代码之后。

```
    ...

    // 云朵 2
    if (!cloud2Active)
    {
        // 云朵的移动速度
        srand((int)time(0) * 20);
        cloud2Speed = (rand() % 200);

        // 云朵的移动高度
        srand((int)time(0) * 20);
        float height = (rand() % 300) - 150;
        spriteCloud2.setPosition(-200, height);
        cloud2Active = true;
    }
    else
    {
        spriteCloud2.setPosition(
            spriteCloud2.getPosition().x +
                (cloud2Speed * dt.asSeconds()),
            spriteCloud2.getPosition().y);

        // 云朵是否到达屏幕右边界?
        if (spriteCloud2.getPosition().x > 1920)
        {
            // 修改此云朵的状态，使其在下一帧中重新出现
            cloud2Active = false;
        }
    }

    if (!cloud3Active)
    {
    // 云朵的移动速度
        srand((int)time(0) * 30);
        cloud3Speed = (rand() % 200);

        // 云朵的移动高度
        srand((int)time(0) * 30);
        float height = (rand() % 450) - 150;
        spriteCloud3.setPosition(-200, height);
        cloud3Active = true;
    }
    else
    {
```

```
spriteCloud3.setPosition(
    spriteCloud3.getPosition().x +
        (cloud3Speed * dt.asSeconds()),
    spriteCloud3.getPosition().y);

// 云朵是否到达屏幕右边界？
if (spriteCloud3.getPosition().x > 1920)
{
    // 修改此云朵的状态，使其在下一帧中重新出现
    cloud3Active = false;
}
}

/*
****************************************
绘制场景
****************************************
*/
```

现在运行游戏，其中的云朵将在屏幕上随机飘荡，而蜜蜂则会一直从右向左飞，到达左边界后，又会有一只蜜蜂从左边飞出来。图 2.4 显示了云朵的移动效果。

图 2.4 吹动云朵

云朵与蜜蜂的这些处理方式是不是有些重复？回答是肯定的，后文也会介绍避免重复输入代码并令其更易读懂的方法。稍加展开地说，C++有很多方法可以处理相同类型的多个变量或对象，其中一种机制称为数组，这是第 4 章中将介绍的概念，该章还会介绍使用自主编写的函数来根据不同的值运行相同代码的方法，且那时无需(仿照这里)复制代码，这同样可以提升运行效率。相比于介绍更多 C++特性并使其凌驾于游戏项目的进度，把重点放在实现更多游戏功能之上可能更有意义，这也是本书的选择，所以在学完全书后，你将掌握足够的知识来大幅提升游戏目前的效果。

本章的代码值得反复练习，建议你尝试自主修改，例如，可以把纹理文件换成自己的图片，改变蜜蜂和云朵的移动速度，让蜜蜂按照正弦曲线的形状在屏幕中上下飞舞等。此外，本章的常见问题同样值得借鉴。

2.8 本章小结

在本章中，我们学到，变量是内存中一段命名的存储空间，可以把特定类型的一个值放入其中，这些类型包括 int、float、double、bool、string 与 char 等。

我们可以根据需要来声明并初始化游戏所需的一切变量，并进而使用算术与赋值运算符来操作变量，也能在条件测试中使用逻辑运算符进行判断。如果与 if 和 else 关键字连用，我们还能根据游戏当前的状态，将代码的运行流程划分为不同的分支。

随即，我们利用这些新知识让云朵和蜜蜂动起来。在下一章中，我们将更频繁地使用这些技能来增加**抬头提示信息**(Heads-up Display，HUD)功能，并为玩家添加更多输入选项以及可视化时间显示的时间棒。

2.9 常见问题

问题 1：为什么非要等到蜜蜂移动到-100 时才让它处于非活动状态，而不是归零就让它不再活跃？0 才是窗口的左端点。

回答：我们的蜜蜂素材有 60 像素宽，且其原点位于左上角，所以如果将它绘制在 x 坐标为 0 处，则仍能完整地呈现在屏幕上。若等到 x 坐标变为-100 再修改状态，自然能够确保其位于玩家视野之外。

问题 2：如何知道我自己的游戏循环有多快？

回答：如果使用了新款 NVIDIA 显卡，其自带的 GeForce Experience(即 GFE)应用便能显示当前帧率。但如果需要主动测定自己代码的运行速度，我们还需要再学习一些新知识。本书第 5 章会为游戏添加测量并显示当前帧率的功能。

问题 3：C++中的赋值运算符=与等值运算符==有什么区别？

回答：赋值运算符=用于把某个值赋给某变量，例如，int x = 5 表示把 5 这个值赋给变量 x。而等值比较运算符==则用于对两个值进行相等比较，例如，if (x == 5)将检查 x 的值是否等于 5。

问题 4：C++中的精灵与纹理如何与 SFML 协同工作？

回答：在 SFML 中，Texture 类代表从文件中加载的图片，而 Sprite 则是可绘制在屏幕上的图片。setTexture 函数可以让 Texture 对象与 Sprite 对象关联起来，在屏幕上渲染出图片的效果。你可以主动操作精灵的位置、旋转和放缩尺度，而 SFML 可以负责高效地利用 GPU 渲染出对应的效果。

问题 5：在 C++中生成随机数时，为随机数生成器提供种子有什么目的？

回答：为随机数生成器提供种子是程序在每次运行时，保证生成器能够提供不同随机数序列的必要条件。假如不这样做，那么每次运行程序时将得到完全相同的随机数序列，这显然会让运行结果变得能够预测，降低了随机性。一般而言，当前的时间是典型的随机数种子，这与在 Minecraft(即《我的世界》)等游戏中创建独一无二的全新地图时所使用的方式相似。此外，本书最后一个项目将使用更先进的技术来生成随机数。

第 3 章

C++字符串、SFML 时间、玩家输入与 HUD

基本上每款游戏都要在屏幕上显示分数与人物对话等文字内容。对此，本章将用一半的篇幅介绍文本操作以及在屏幕上显示文本的方法，另一半篇幅则针对计时功能，学习如何通过时间棒这种更形象的可视化方式向玩家提醒剩余时间，并制造紧迫感。

本章将涵盖以下主题：

● 暂停与重新开始游戏
● C++字符串
● SFML Text 类与 Font 类
● 添加分数与提示信息
● 添加时间棒

我们游戏的代码量将在随后的三章中逐渐庞大起来，为避免臃肿，现在应该未雨绸缪，改进代码的组织结构。同时，我们即将添加的这种新结构还能提供暂停与重新开始游戏的功能。

3.1 暂停与重新开始游戏

我们希望添加一些代码，在游戏首次运行时让它处于**暂停**(pause)状态，随后玩家可以按下 *Enter* 键启动游戏。此后，游戏会一直运行，直到游戏角色被击败，或者时间耗尽。此时，游戏会再次暂停，并等待玩家按下 *Enter* 键来重新启动。

接下来，我们将分步骤设置这个功能。首先，请在游戏主循环之外声明一个布尔型变量 paused，并将其初始化为 true：

```
// 控制时间的变量
Clock clock;

// 跟踪游戏是否在运行
bool paused = true;

while (window.isOpen())
{
```

```
/*
*************************************
处理玩家输入
*************************************
*/
```

现在，每当游戏运行时，我们都有一个名为 paused 的变量，其初始值为 true。

接下来，我们要添加另一条 if 语句，该语句的表达式负责判断当前是否按下了 *Enter* 键。如果已按下，则将 paused 设为 false。请在其他键盘处理代码之后，追加以下高亮显示的代码：

```
/*
*************************************
处理玩家输入
*************************************
*/
if (Keyboard::isKeyPressed(Keyboard::Escape))
{
  window.close();
}

// 开始游戏
if (Keyboard::isKeyPressed(Keyboard::Return))
{
  paused = false;
}

/*
*************************************
更新场景
*************************************
*/
```

现在，我们有了一个名为 paused 的 bool 型变量，其初始值为 true，但玩家按下 *Enter* 键将令它变为 false。此时，我们必须让游戏循环根据 paused 变量的当前值做出适当的响应，这正是接下来的任务：把代码的更新部分封装到一个 if 语句中，其中包括上一章所添加的那些移动蜜蜂与云朵的代码。

注意，以下代码中的 if 块仅在 paused 的值为 false 时运行，从而使游戏不会在暂停阶段移动或更新。我们也可以把绘制代码封装在一个 if 语句中，从而不必再把游戏场景绘制在屏幕上。众所周知，大多数游戏在暂停时，虽然动作暂停，但游戏场景依然清晰可见，这才是我们所希望的，所以不必封装绘制部分。

值得仔细思考的是，应该把这条 if 语句及其相应的大括号{}结构放在什么地方。记住，错位放置将使得程序的行为无法按预期执行。

请添加以下高亮显示的代码，将代码的更新部分封装起来，其中需要小心处理已经展示出来的上下文。为避免重复，这里使用省略号 "…" 替代部分原有的代码，请根据周边那些未省略的非高亮代码识别出新代码(即高亮代码)的插入位置(注意，这些省略号不是有效的 C++代码，不应添加到游戏中)：

```
/*
*************************************
更新场景
```

```
**************************************
*/
if (!paused)
{
  // 测量时间
  ...
  ...
  ...
  // 云朵是否到达屏幕右边界?
  if (spriteCloud3.getPosition().x > 1920)
  {
    // 修改此云朵的状态, 使其在下一帧中重新出现
    cloud3Active = false;
  }
} // if(!paused) 结构结束

/*
**************************************
绘制场景
**************************************
*/
```

当你在新的 if 语句块后写下负责闭合的终止大括号时, Visual Studio 往往会自动调整其内部所有代码的缩进状态, 以让代码保持整洁, 但具体是否如此调整, 还取决于 Visual Studio 的设置, 有时也可能不会自动调整缩进。在这种情况下, 可以通过以下步骤来统一缩进 if 语句块内的代码: 首先, 单击并拖动, 以选择 if 语句块内的所有代码; 然后, 按下键盘上的 *Tab* 键, 这将让所选中的代码整体向右缩进一个制表符, 使其看起来更加整齐。现在, 你的代码应该已经整齐地缩进了。

现在可以运行游戏了, 在按下 *Enter* 键之前, 你将发现其中的一切都是静态的。此外, 在向游戏添加新功能之前, 别忘记在游戏主角死亡或时间耗尽后, 需要再把 paused 变量设回 true 值。

在第 2 章中, 我们已初步了解了 C++字符串, 但为了向玩家展示 HUD 消息, 我们仍需要进一步学习它。

3.2　C++字符串

在第 2 章中, 我们简要提及了字符串, 并了解到字符串可以存储任意数量的字母数字数据, 从单个字符到整本书的内容都可以。但当时我们并没有探讨字符串的声明、初始化和操作。现在我们就来详细介绍一下。

3.2.1　声明字符串[1]

声明字符串变量很简单: 先指定类型, 继以变量名。

1　本书使用的 string 是 C++自带的标准字符串类, 属于命名空间 std, 完整语法为 std::string, 来自头文件<string>。SFML 同样提供字符串类 sf::String, 来自头文件<SFML/System/String.hpp>, 但没有为本书所用。另外, 再次提醒, C++是大小写敏感的语言, 所以 string 与 String 不同。

```
string levelName;
string playerName;
```

声明 string 变量后即可为其赋值。

3.2.2　将值赋给字符串变量

与其他变量相似的是，要为 string 赋值，需要先给定变量名，再写赋值运算符，最后给出值：

```
levelName = "Dastardly Cave";
playerName = "John Carmack";
```

注意，这些字符值需要放在半角引号内。同样，声明字符串与赋值的操作可以合并：

```
string score = "Score = 0";
string message = "GAME OVER!!";
```

出于内容的完备性考虑，同样可以使用第 2 章讨论的一致性初始化来声明并初始化字符串：

```
// 字符串的一致性初始化
string playerName{"Rob Hubbard"};
```

在游戏开发过程中，字符串是处理文本类数据的必备工具，无论是展示玩家名，还是显示提示信息或高分纪录，均需要操作字符串。下面将进一步介绍字符串的**连接**(concatenation)操作。

3.2.3　连接字符串

下面的示例代码使用了 C++的 cout 结构向终端窗口中输出/打印/显示文本(这也是 cout 的使命)。你可以把这些代码复制到当前项目的 main 函数的左大括号之后来体验其运行效果，而如果不希望这些代码干扰游戏，也可以新建一个项目。新建项目时，不必参照第 1 章的说明来配置SFML，只需创建控制台程序，名称自定，再将这些代码粘贴到 main 函数内，最后为 string与 cout 等功能添加#include <iostream>与#include <string>这两个头文件即可。这段示例代码如下，请尝试运行，我们随即将展开讨论。

```
// main 函数前
#include <iostream>
#include <string>

// main 函数内
std::string playerName = "Player1";
std::string message = "Welcome to the game, " + playerName + "!";
std::cout << message << std::endl;
```

我们在这段代码中演示了 C++操纵字符串的方法：初始化变量 playerName，构建 string对象 message，其中含有玩家名，随后使用 std::cout 将其显示在屏幕上。注意第二行代码使用+运算符合并/连接了字符串，以初始化 message。

还需注意，与 SFML 中的 sf::类似的是，在 include 指令之后新增这行代码，可以省去所有 std::字段：

```
using namespace std;
```

但字符串的功能依然远不止于此，让我们继续学习。

3.2.4　获取字符串的长度

下面的示例代码进一步深入 string 世界，并使用其 length 函数。虽然这里演示的是通过类的实例调用函数，步子稍大了些，但很快我们便能发现，这种用法其实非常直观：

```
string playerName = "Player1";
int playerNameLength = playerName.length();
cout << "Player name has " << playerNameLength << " characters." <<
endl;
```

这段代码省略了上一例子中出现的 std:: 说明符，所以在 Visual Studio 中运行这段代码前，需要在 include 指令之后加入 using namespace std; 语句。随后，这段代码先后声明并初始化了一个 string 对象与一个 int 变量 playerNameLength，随即使用 length() 函数获取字符串内容中字符的数量，并将其结果保存在 int 变量中。最后，我们用 cout 将结果打印到终端窗口上。这里用于连接共同构成输出内容消息的几个部分的显然是 "<<" 运算符，它实际上是个**按位**(bitwise)运算符。

> <<运算符本意属于一种按位运算符，但 C++允许自主定义类并**重载**(override，可理解为重新定义)某运算符作用于此类对象时的具体功能，而 iostream 类让<<运算符以这种自定义的、输出数据的方式工作，并将其中的复杂原理封装在类中，因此我们可以直接使用这种屏幕打印功能，而无需关注其内部原理。

我们基本上做好向游戏添加更多功能的准备了。首先，让我们看看改变 string 变量的另一种方法。

3.2.5　通过 **stringstream** 操作字符串

我们可以通过使用#include <sstream>指令得到更灵活的字符串操作方式。这条指令让我们能够使用 stringstream 类，它允许我们把一些 string 对象 "加" 到一起(这同样属于字符串连接的范畴)：

```
string part1 = "Hello ";
string part2 = "World";

stringstream ss;
ss << part1 << part2;
// ss 现在变成"Hello World"
```

此外，stringstream 对象还能让字符串与其他类型的变量相连，例如，下面的代码中，字符串的强大功能已初露锋芒：

```
string scoreText = "Score = ";
int score = 0;

// 经过一些代码

score ++;
stringstream ss;
```

```
ss << scoreText << score;
// ss 现在变成"Score = 1"
```

现在，我们介绍了 C++字符串的基本知识，也知道如何使用 sstream，下面将介绍如何使用 SFML 类在屏幕上显示字符串。

3.2.6 SFML 的 **Text** 类与 **Font** 类

在继续向游戏添加代码之前，本小节先用一些假想代码来介绍一下 SFML 的 Text 类与 Font 类。

在屏幕上展示文本的第一个步骤是获取字体。第 1 章向项目文件夹添加了一个字体文件，现在我们把它加载到一个 Font 对象中备用，具体代码如下：

```
Font font;
font.loadFromFile("myfont.ttf");
```

这段代码声明了 Font 对象 font，并加载了实际的字体文件，其中的 myfont.ttf 是假想的字体文件名，可以换用项目文件夹内的任何实际字体文件。

字体加载完毕后，即可构建 Text 对象：

```
Text myText;
```

下面需要配置此 Text 对象，其中包括对文本的大小、颜色、屏幕位置以及消息字符串的设置。当然，还需令其与 font 对象建立关联关系，以指定字体：

```
// 指定消息
myText.setString("Press Enter to start!");
// 指定大小
myText.setCharacterSize(75);
// 选择颜色
myText.setFillColor(Color::White);
// 设定字体
myText.setFont(font);
```

写到这里，我不禁要插些题外话。SFML 是个非常棒的库，能够为我们省下非常多的工作，无论怎么强调这种便捷优势都不为过。在这方面，Font 与 Text 便是两个不错的例子，它们提供了处理字体与文本渲染的简单接口：Font 类代表可用于渲染文本的字体，它提供了很多函数，能从文件、内存缓冲区或系统字体中加载字体；而 Text 类则负责使用指定字体渲染文本，其中封装了需要展示的字符串、字体及众多相关属性。

SFML 基本上封装了用 **OpenGL** 渲染文本的诸多复杂过程，能够在内部完成纹理创建、着色器管理以及其他 **OpenGL** 细节工作。相比于直接使用 **OpenGL** 实现的烦琐过程，SFML 大大简化了渲染文本的操作，比直接使用 **OpenGL** 实现要简单得多，也让我们得以更注重游戏本身，而非 OpenGL 的底层数学原理。

SFML 由 Laurent Gomila 创建，其开发过程大致始于 2006 年，多年来也得到多次升级。无论怎么赞美 Laurent 为 SFML 所付出的近 20 年努力都不为过。诸般描述，只是希望你在屏幕上轻松绘制精灵时，不要忘记 Laurent 那孜孜不倦的默默付出。

我们现在已掌握了足够的知识，可以向游戏增加新功能了，所以下面将为 Timber!!!游戏增加一条 **HUD**。

3.3　增加分数与提示信息

前面我们已经学习了字符串与 SFML 的 Text 类与 Font 类，这些知识足以实现 **HUD** 了。HUD 代表抬头提示信息(heads-up display)，其原意为飞行员无需低头即可看到的驾驶舱仪表读数信息，但在游戏界，电子游戏的用户交互界面，尤其是游戏内的交互界面，也常称作 HUD，因为这种界面的功能与驾驶舱 HUD 相同。

接下来，我们需要在代码文件顶部新增一条 include 指令，以使用前面所学到的 stringstream 类，从而利用它提供的将其他类型变量与字符串合并为新串的便捷功能。为此，请添加下面这行高亮显示的代码：

```cpp
#include <sstream>
#include <SFML/Graphics.hpp>

using namespace sf;

int main()
{
```

接下来，我们需要构建两个 Text 对象，其中一个对象所持有的信息将用于提示游戏当前状态，另一对象则持有分数并需要定期更新。具体的代码声明了 Text 与 Font 对象，加载字体文件，把字体赋给 Text 对象，并设定了相应字符串的信息、颜色与大小——这与上一节的讨论类似。此外，还新增了一个 int 变量 score，用于保存玩家的分数。请添加以下高亮显示的代码，随即我们将着手更新 HUD。

> 如果所选择的字体文件不是第 1 章中的那个 KOMIKAP_.ttf 文件，而是你在 Visual Studio Stuff/Projects/Timber/fonts 文件夹中放入的其他字体，请相应修改这个参数。

```cpp
// 游戏是否在运行？
bool paused = true;

// 绘制一些文本
int score = 0;

Text messageText;
Text scoreText;

// 需要选择字体
Font font;
font.loadFromFile("fonts/KOMIKAP_.ttf");

// 为消息设定字体
messageText.setFont(font);
scoreText.setFont(font);

// 实际设定消息
messageText.setstring("Press Enter to start!");
scoreText.setstring("Score = 0");
```

```
// 让消息大一些
messageText.setCharacterSize(75);
scoreText.setCharacterSize(100);

// 选择颜色
messageText.setFillColor(Color::White);
scoreText.setFillColor(Color::White);

while (window.isOpen())
{

  /*
  ****************************************
  处理玩家输入
  ****************************************
  */
```

以下代码看起来有些晦涩，但在分解后即可发现，这些代码同样简单明了。请审读这些代码并将其添加到项目中，我们随后会进行分析。

```
// 选择颜色
messageText.setFillColor(Color::White);
scoreText.setFillColor(Color::White);

// 放置消息文本
FloatRect textRect = messageText.getLocalBounds();
messageText.setOrigin(
    textRect.left +
        textRect.width / 2.0f,
    textRect.top +
        textRect.height / 2.0f);

messageText.setPosition(1920 / 2.0f,1080 / 2.0f);

scoreText.setPosition(20, 20);

while (window.isOpen())
{

  /*
  ****************************************
  处理玩家输入
  ****************************************
  */
```

我们需要在屏幕上显示两个 Text 对象。首先，我们希望在留些空白后，把 scoreText 放在屏幕的左上角，这基本上易如反掌，scoreText.setPosition(20, 20) 便能令其位于左上角，且在横纵两个方向上均留出 20 像素的空隙。

接下来，我们希望将 messageText 置于屏幕正中心。这个操作虽然乍看不难，其实却内有乾坤：对于任何将绘于屏幕的内容而言，其原点均位于左上角，所以如果选择屏幕的宽与高的一半作为 messageText.setPosition 函数的参数，那么位于屏幕中心的其实是消息的左上角，这会让消息文本向右偏得很难看。为此，我们需要找到一种方法，让 messageText 中心与屏幕中心重合。在前面添加的那段稍显复杂的代码中，我们将 messageText 的原点移至其自身中心之上，下面将其重复一次以便讨论：

```
// 放置消息文本
FloatRect textRect = messageText.getLocalBounds();

messageText.setOrigin(
    textRect.left +
        textRect.width / 2.0f,
    textRect.top +
        textRect.height / 2.0f);
```

这段代码首先声明了一个 FloatRect 对象 textRect(此 SFML 类型将持有一个浮点型坐标的矩形)，随即将其初始化为 messageText.getLocalBounds 函数的返回值，对应着此消息对象的外接矩形，也就是说，矩形 textRect 刚好容纳 messageText。下一条语句因其过长而被拆为 5 行，主要使用 messageText.setOrigin 函数将其原点(即我们用于绘制的起点)移至 textRect 的中心。下一条指令是：

```
messageText.setPosition(1920 / 2.0f,1080 / 2.0f);
```

执行后，messageText 将干净利落地出现在屏幕正中心。事实上，每次改动 messageText 的消息文本后，均需要重复执行这段代码以重新计算原点，因为更改消息一般同样会改变 messageText 的大小，从而改变其原点。

接下来，我们声明了 stringstream 对象 ss。注意，这里我们使用的完整类名包括命名空间，即 std::stringstream。虽然可以在代码文件之首增加一条 using 指令来避免这种完整的语法，但这里并未添加，因为这个类用得不多。请将以下高亮显示的代码添加到游戏中，添加时请注意位置，我们不希望在暂停游戏时运行这段代码，所以需要将这段代码放在 if(!paused) 结构内：

```
else
{

  spriteCloud3.setPosition(
  spriteCloud3.getPosition().x +
  (cloud3Speed * dt.asSeconds()),
  spriteCloud3.getPosition().y);

  // 云朵是否到达屏幕右边界?
  if (spriteCloud3.getPosition().x > 1920)
  {
    // 修改此云朵的状态，使其在下一帧中重新出现
    cloud3Active = false;
  }

  // 更新分数文本
  std::stringstream ss;
  ss << "Score = " << score;
  scoreText.setstring(ss.str());

}// if(!paused)结构结束
```

```
/*
****************************************
绘制场景
****************************************
*/
```

这段代码使用 ss 及其被赋予特殊功能的<<运算符,结合多份内容形成字符串,并存入 ss 对象中。具体而言,ss << "Score = " << score;这行代码首先在 ss 中存入所创建的字符串 Score =,继而将 score 变量的实际值并入其中。举例而言,在首次启动游戏时,score 等于 0,所以 ss 将持有 Score = 0,而若 score 有变,则 ss 的内容也会相应变化。

下一行代码仅仅把 ss 所包含的字符串赋给 scoreText:

```
scoreText.setstring(ss.str());
```

现在,我们可以把它绘制在屏幕上了。

请添加以下高亮显示的代码,其中同时绘制出两个 Text 对象(scoreText 和 messageText),但值得注意的是,绘制 messageText 的代码被封装在一条 if 语句中,从而仅在游戏暂停时才绘制 messageText。

```
// 绘制昆虫
window.draw(spriteBee);

// 绘制分数
window.draw(scoreText);

if (paused)
{
    // 显示信息
    window.draw(messageText);
}

// 展示所绘制的全部内容
window.display();
```

现在运行游戏后,即可在屏幕中看到 HUD。你将能看到"**SCORE = 0**"与"**PRESS ENTER TO START!**"两条消息,而后者在按下 *Enter* 键之后会消失,如图 3.1 所示。

图 3.1　实际的 HUD 图样

如果希望看到分数更新的动态效果,可以在 while(window.isOpen) 循环内部的任意位置临时添加一条 score++;语句,这样在编译和运行代码时,你将看到分数上涨,而且上涨得非常快,如图 3.2 所示。

图 3.2　分数

接下来,如果添加了那条临时语句(score++;),请在将其删除后再继续学习。

3.4　增加时间棒

时间是我们游戏中一个至关重要的因素,有必要让玩家知晓剩余时间的具体值,例如,他们需要知道一局游戏的 6 秒钟是否即将耗尽。游戏即将结束的消息一旦悬于眼前,紧迫感自将不期而至;如果玩家通过优异的表现而让剩余时间不再缩短,甚至有所增加,成就感亦会油然而生。然而剩余时间最好不要直白地在屏幕中显示,因为当玩家更关注于躲避枝杈时,可能无法同时注意到文字信息,而且那种显示也趣味寥寥。

为此,我们需要时间棒。我们的时间棒是一个简单的红色矩形,在屏幕中非常引人注目。游戏开局时,它显得很宽裕,但会随着时间逐渐缩短,并在剩余时间归零时彻底消失。此外,我们还会添加一些代码来记录剩余时间,并在时间耗尽时给出响应。接下来,我们会逐步完成这些工作。

首先请找到前面 clock 对象的声明,并在其后添加以下高亮显示的代码:

```
// 控制时间的变量
Clock clock;

// 时间棒
RectangleShape timeBar;
float timeBarStartWidth = 400;
float timeBarHeight = 80;
timeBar.setSize(Vector2f(timeBarStartWidth, timeBarHeight));
timeBar.setFillColor(Color::Red);
timeBar.setPosition((1920 / 2) - timeBarStartWidth / 2, 980);

Time gameTimeTotal;
float timeRemaining = 6.0f;
float timeBarWidthPerSecond = timeBarStartWidth / timeRemaining;

// 游戏是否在运行?
bool paused = true;
```

这段新代码首先声明了 RectangleShape 类的一个对象 timeBar,随后增加了一对 float 变量,即 timeBarStartWidth 和 timeBarHeight,代表每帧内时间棒的大小,并将二者分别初始化为 400 和 80。这里,RectangleShape 是来自 SFML 的一个类,适合绘制简单矩形。

接下来,则通过 timeBar.setSize 函数设置矩形对象 timeBar 的大小,其中并未直接传入两个 float 型变量,而是先创建了一个 Vector2f 对象。与之前不同的是,此对象没有名称,仅仅在用两个 float 型变量初始化后便直接传入 setSize 函数中。之后,我们通过 setFillColor 函数将 timeBar 涂为红色。

> Vector2f 是一种包含两个 float 变量 x 与 y 的类结构,后文会介绍此类的其他功能。

timeBar 的最后操作是设定坐标位置。为其选定纵坐标很简单,但为其设置横坐标则需要进行一番计算,即首先把 1920 除以 2,然后再把 timeBarStartWidth 除以 2,最后作差,从而令 timeBar 在屏幕内水平居中:

```
(1920 / 2) - timeBarStartWidth / 2
```

前面最后的三行代码先后声明 Time 对象 gameTimeTotal,float 变量 timeRemaining,以及一个有些奇怪的 float 变量 timeBarWidthPerSecond。其中 timeRemaining 被初始化为 6,其意义不言自明,第一个对象亦然,而最后的 timeBarWidthPerSecond 变量被初始化为 timeBarStartWidth 与 timeRemaining 之商,这正是游戏进行过程中时间棒 timeBar 每秒内需要缩短的像素数,所以此变量将用于在游戏循环中的每一帧内重新调整 timeBar 的大小。

显然,每当玩家新开一局游戏时,剩余时间均应重置,而按下 *Enter* 键非常适合触发这种重置操作,而且我们同时还可以让 score 变量归零。所以请添加以下高亮显示的代码,为游戏添加这些功能:

```
// 启动游戏
if (Keyboard::isKeyPressed(Keyboard::Return))
{
  paused = false;

  // 重置时间与分数
  score = 0;
  timeRemaining = 6;

}
```

现在,我们必须在每帧内根据情况扣除一定的剩余时间,并相应缩短 timeBar 的长度。请添加以下高亮显示的代码:

```
/*
****************************************
更新场景
****************************************
*/
if (!paused)
{
  // 测量时间
  Time dt = clock.restart();

  // 扣除所消耗的时间
```

```
timeRemaining -= dt.asSeconds();
// 重设时间棒的大小
timeBar.setSize(Vector2f(timeBarWidthPerSecond *
    timeRemaining, timeBarHeight));

    // 设定蜜蜂
    if (!beeActive)
    {

        // 蜜蜂的移动速度
        srand((int)time(0) * 10);
        beeSpeed = (rand() % 200) + 200;

        // 蜜蜂的移动高度
        srand((int)time(0) * 10);
        float height = (rand() % 1350) + 500;
        spriteBee.setPosition(2000, height);
        beeActive = true;

    }
    else
    // 移动蜜蜂
```

这段代码首先从剩余时间中扣除上一帧所消耗的时间：

```
timeRemaining -= dt.asSeconds();
```

随后我们用这两行代码调整 timeBar 的大小：

```
timeBar.setSize(Vector2f(timeBarWidthPerSecond *
timeRemaining, timeBarHeight));
```

其中 Vector2f 对象的 x 分量是用 timeBarWidthPerSecond 与 timeRemaining 的乘积来初始化的，此宽度正比于剩余时间；而 timeBar 的高度仍为 timeBarHeight，不必修改。

当然，我们必须能够识别出时间耗尽的状态。目前，我们只需在时间耗尽时暂停游戏并更改 messageText 文本即可，后面的章节还会引入更多的操作。为此，请添加以下高亮显示的代码：

```
// 测量时间
Time dt = clock.restart();

// 扣除所消耗的时间
timeRemaining -= dt.asSeconds();

// 重设时间棒的大小
timeBar.setSize(Vector2f(timeBarWidthPerSecond *
timeRemaining, timeBarHeight));

if (timeRemaining <= 0.0f)
{
    // 暂停游戏
    paused = true;

    // 更改显示给玩家的消息
```

```
    messageText.setstring("Out of time!!");

    // 根据新文本重新定位
    FloatRect textRect = messageText.getLocalBounds();
    messageText.setOrigin(
        textRect.left +
            textRect.width / 2.0f,
        textRect.top +
            textRect.height / 2.0f);

    messageText.setPosition(1920 / 2.0f, 1080 / 2.0f);

}

// 设定蜜蜂
if (!beeActive)
{

    // 蜜蜂的移动速度
    srand((int)time(0) * 10);
    beeSpeed = (rand() % 200) + 200;

    // 蜜蜂的移动高度
    srand((int)time(0) * 10);
    float height = (rand() % 1350) + 500;
    spriteBee.setPosition(2000, height);
    beeActive = true;

}
else
// 移动蜜蜂
```

这些代码的功能如下:

- if (timeRemaining <= 0.0f) 语句用于判断是否耗尽时间。
- 时间耗尽时,将 paused 设为 true,这会让代码中的更新部分(在玩家再次按下回车键之前)只会最后运行这一次。
- 修改 messageText 的文本,计算其中心位置并置为原点,最后将文本置于屏幕中心。

这一阶段最后需要补全的是绘制 timeBar 的代码,其中没有需要解释的新知识,只需要注意应在树后绘制 timeBar,从而不让时间棒被树遮挡。请添加以下高亮显示的代码以绘制时间棒:

```
// 绘制分数
window.draw(scoreText);

// 绘制时间棒
window.draw(timeBar);

if (paused)
{
```

```
  // 显示信息
  window.draw(messageText);
}

// 展示所绘制的全部内容
window.display();
```

现在运行游戏时，需要按下 *Enter* 键启动游戏，之后可以观察到时间棒缓慢缩短并最后消失的过程，如图 3.3 所示。

图 3.3 消失的时间棒

时间棒消失后，游戏将暂停，而屏幕中心会出现 **"OUT OF TIME!"** 消息，如图 3.4 所示。

图 3.4 时间结束

当然，还可以再按一下 *Enter* 键，重新体验这个过程。

3.5　本章小结

　　本章介绍了 string 以及 SFML 的 Text 类与 Font 类，使用这些工具类能让我们把文本绘制在屏幕上，以便提供抬头提示信息。本章还使用了头文件 sstream，其中的 stringstream 类能够连接字符串与其他类型的变量，可用于显示分数。

　　我们还看到了可以显示矩形的 SFML RectangleShape 类，在游戏中我们使用此类的一个对象以及一些辅助变量来实现时间棒，为玩家提示剩余时间。一旦实现了砍树动作以及能压扁玩家的可移动枝杈，时间棒自然会营造出紧张激烈的氛围。

　　下一章将介绍一整组 C++的新特性，其中包括循环、数组、switch、枚举类及函数等，随后我们会实现位置可记录的可移动枝杈，并为其赋予压扁玩家的能力。

3.6　常见问题

　　问题 1：我敢说利用精灵的左上角点来定位的方式有时可能不太方便。请问有没有什么替代方案？

　　回答：你是对的。幸运的是，可以自行在精灵上选定一点作为定位点或原点，正如我们在 messageText 对象上用 setOrigin 函数所做的那样。

　　问题 2：代码现在变得越来越长了，我必须加倍努力才能找到某一段具体的代码。这不是什么好现象，请问应该如何改进？

　　回答：没错，这不是好现象。下一章将通过编写 C++函数来整理代码，使其变得更易读，这也是我们首次接触的改进方式。此外，在学习 C++数组时，我们还会学到同类多个对象/变量 (如云朵)的新处理方法。

　　问题 3：我无法加载字体文件。请问应该如何诊断发生了什么？我又该如何判断输入的文件路径是否正确，或者有没有写错字体文件的名称？

　　回答：我们可以把加载字体的代码封装在一个 if 语句中，并借助于 cout 添加一些错误处理代码。例如，

```cpp
if (!font.loadFromFile("arial.ttf"))
{
  // 加载失败时显示错误信息
  cout << "Error loading font!";
}
```

　　现在，当字体加载失败时，虽然程序会在缺少字体的情况下继续执行，但终端中将显示一条错误信息予以提示。在加载纹理图时，同样可以给出提示，例如：

```cpp
if (!texture.loadFromFile("texture.png"))
{
  // 加载失败时显示错误信息
  cout << "Error loading texture!";
}
```

第**4**章

循环、数组、switch、枚举与函数
——实现游戏机制

相较其他各章，本章所含的 C++信息应该是最多的。这些信息被组织为一些基础的概念，并将大大拓展我们对这门语言的理解。此外，本章同样会详细阐述函数、游戏循环以及循环等之前被有意略去而显得模糊的一些内容。

本章将涵盖以下主题：
- 循环
- 数组
- 通过 switch 制定决策
- 枚举类
- 函数初探
- 长出枝杈

一旦掌握所有这些 C++基本技能，便能综合利用所学的知识实现最主要的游戏机制，让树上的枝杈动起来。读罢本章，我们便将迎来 Timber!!!游戏的最后实现阶段，见证其最终的完成效果。

4.1 循环

欢迎来到 C++中循环的世界！**循环**(loop)是一种基本程序结构，并非 C++独有，它允许人们多次重复某些特定的代码块。为了让我们的游戏更高效、更灵活，这种结构是不可或缺的，而且它能够让计算机使用不同的值来执行相同的任务，这可能是计算机那丰富用途的最关键、最基础的原因。C++具有几种不同的循环，其针对的具体任务也略有差异。本章将探索基本的循环结构，并讨论 C++新近的改进与提升中那些影响循环执行过程的内容。我们此前接触过的游戏循环，它们就是有关循环的很好、很明显的例子。剔除全部代码后，游戏循环的主体结构如下：

```
while (window.isOpen())
{

}
```

这种循环的正式名称是 **while** 循环。我们首先介绍这种循环。

4.1.1 **while** 循环

while 循环简单明了。我们在前面介绍了 if 语句,并学到其中表达式的值可以为 true 或 false。在 while 循环中,我们可以使用形式完全相同的条件表达式,即运算符与变量的组合。

对于 if 语句而言,条件表达式为 true 则将执行代码;while 循环的情况基本相似,但略有不同,while 循环中的代码将重复执行,甚至永远执行下去,当条件变为 false 时才会停止执行。请查看以下代码:

```
int numberOfZombies = 100;

while(numberOfZombies > 0)
{
  // 玩家杀死一个僵尸
  numberOfZombies--;

  // 循环每次执行均将减少 numberOfZombies 的值
}

// numberOfZombies 不再大于 0
```

在这段代码中,发生了以下事情:在 while 循环前首先声明了 int 变量 numberOfZombies,并将其初始化为 100,随即 while 循环启动,其条件表达式为 numberOfZombies > 0,所以 while 循环将持续执行其循环体代码,直到条件表达式变为 false。这会让此循环体中的代码执行 100 次,因为在首次顺序执行循环体时,numberOfZombies 等于 100,然后依次是 99、98,以此类推。一旦 numberOfZombies 等于 0,显然 0 不再大于 0,所以代码将跳出 while 循环,并从其终止大括号之后继续执行。

正如 if 语句那样,while 循环同样可能一次都不会执行,参见以下代码:

```
int availableCoins = 10;

while(availableCoins > 10)
{
  // 实际代码
  // 除非 availableCoins 大于 10,否则不会执行这些代码
}
```

在这段代码中,循环条件判别为 false,因为 availableCoins 不大于 10,而由于条件为 false,循环体一次也不会执行。

此外,这里条件表达式的复杂度没有任何限制,循环体内的代码量亦然。实际上,我们已在循环体中写入不少代码。考虑游戏循环的下面这种假想变体:

```
int playerLives = 3;
int alienShips = 10;

while(playerLives !=0 && alienShips !=0 )
{
  // 处理输入
  // 更新场景
  // 绘制场景
}
```

```
// 若playerLives 为 0 或alienShips 为 0，则从这里继续执行
```

这段代码中的 while 循环将一直执行到 playerLives 或 alienShips 归零时，那时条件表达式将变为 false，程序也自然会从 while 循环之后的第一行代码开始继续执行下去。

值得一提的是，一旦进入循环体内部，循环体将至少执行一次，即便在执行期间条件表达式实际上变为了 false 也同样如此。这是因为，条件表达式只有在代码尝试开始下一次迭代时才会进行判断，而不会在执行期间进行判断。以下这段代码便是一个这样的例子：

```
int x = 1;

while(x > 0)
{
  x--;
  // x 现在是 0，所以条件为 false
  // 但此行代码仍旧执行
  // 以及此行
  // 还有这行
}

// 现在到这一行了
```

这段代码中的循环体将执行一次，而非不执行。我们也能写出一个永远执行下去的 while 循环，它有一个非常贴切的名字，叫作**无限循环**(infinite loop)。这种循环可参见如下示例代码：

```
int y = 0;

while(true)
{
  y++; // 越来越大……
  cout << y;
}
```

如果对这段代码感到困惑，完全可以从字面上试着去理解它。当某循环的条件表达式为 true 时，就会执行这个循环，而 true 显然永远为 true，所以这段代码将持续执行下去，因而随着每次循环，y 值都会加 1，然后再打印出来。

> 这里还有个有趣的题外话：虽然永远会打印 y 值，但 y 的值不会变得无穷大，它其实是有上限的。检查一下第 2 章中变量的类型表就能注意到，int 变量其实有所能占据的最大空间。32 位/64 位，乃至编译器的品牌都会影响 int 变量所持有的值，但一个典型的 int 变量具有 16 位数据，所能代表的数值范围是从-3,768 到 32,767。所以，前面的那段代码将一直把 y 加到最大的 32,767，然后下一个值将变为-32,768，此后在 32,738 次循环后，y 的值又会变为 0。创建一个空白的控制台应用，并把这段代码复制到 main 函数中，便能直接体验这个过程。这个应用程序无需任何复杂的 SFML 配置，只是不要忘记在代码第一行代码上添加#include <iostream>指令，并在 main 函数前加上 using namespace std;，以便使用 cout 结构。

有时，无论一个循环是不是无限循环，我们均需要一种能在条件表达式失效之前就跳出循环

的方法。例如,持续监测游戏角色与外星人是否死绝的游戏循环本身能够正常工作,但如何处理玩家主动提前退出的指令?接下来就展示该处理方法。

4.1.2　跳出循环

我们也许不会通过循环的条件表达式判定何时退出循环,而会使用无限循环,并在循环体内决定何时退出。对此,当我们做好离开循环体的准备时,可以使用关键字 break 跳出循环:

```
int z = 0;

while(true)
{
  z++; // 越来越大……
  cout << z;
  break; // z 不会继续大下去了

  // 代码无法到达这里
}
```

这段代码中,z 首先等于 0,随即通过 z++表达式使其自增,再通过 cout 打印 z 的值,但紧随其后的关键字 break 让代码退出了循环,而且即便在 break 之后还有代码尚未执行,此关键字亦将退出循环。此外,在条件判断中使用 break 可能是一种效果更好的做法,下面我们就来讨论它。

你也许已经猜到,在 while 循环以及其他种类的循环中,可以任意组合 C++的决策制定语句(if、else 以及稍后将介绍的 switch)。考虑下面这段代码:

```
int x = 0;
int max = 10;

while(true)// 也许无限执行下去
{
  x++; // 越来越大……

  if(x == max)// 不再是无限循环
  {
    break;
  }

  // 代码仅在 x 等于 max 之前到达这里
}
```

这段代码演示了一种使用受控无限循环的方法,即以特定条件(x == max)退出循环。当你需要重复执行一个任务直到满足某个条件时,便可以使用这种方法。在这里,x 的值持续增加,直到其达到 max 值,并随即退出循环。

作为 while 循环最后的一个例子,我们将学习如何决定退出 while 循环的时机。作为游戏程序员,我们显然能够决定玩家进行选择的格式及时机。下面的代码另外引入了新关键字 cin,看看你能否猜到其中发生的事情。

```
int userInput;
while (true)
```

```
{
  cout << "Enter a positive number to exit: ";
  cin >> userInput;
  if (userInput > 0)
  {
    break;
  }
  cout << "Invalid input. Try again.";
}
```

这段代码为验证用户输入而使用了一个 while 循环。它将持续运行，直到用户输入一个正数才会满足 if 语句的条件，进而退出循环。

用户输入是使用 cin 完成的，后者将暂停程序的执行流程，等待用户输入一个数字并按下 *Enter* 键。注意 cin 所用的运算符朝向相反的方向，是>>，称为**提取运算符**(extraction operator)，而非前面介绍的<<。

这段代码持续要求用户输入数字，而其中的 break 语句将在程序接收到有效输入(指大于 0 的输入)后退出循环。

> 关于关键字 break 的使用，有一条最后忠告：由于使用 break 可能让代码更难理解，因此尽量少用 break 才是优秀的编程实践。但也不必害怕使用它，毕竟有些情况的确有此需要。有时，在为某个循环构想其最佳形式时，我可能后知后觉地发现自己忘记了 break，直到想起它时，才意识到那正是我所需要的东西。这里有一个经验之谈：不要在程序的初始设计阶段尝试用上 break，而在没有比 break 更好的替代方案时再去使用它。

如果你打算试一试前面那段代码，可以把它们复制到既有的 main 函数中，或者是一个新的控制台应用的 main 函数内。如果选择新应用，则不必进行任何涉及 SFML 的复杂配置，只是别忘记在代码第一行添加#include<iostream>语句，并在 main 函数前加上 using namespace std;指令，以便使用 cout 和 cin。

更深入地挖掘 cin 可以发现，这是能够处理用户从终端输入数据的一种机制。cin 在与**提取运算符**>>连用后，允许我们在程序执行期间交互式地获取输入。如果有意编写具有 20 世纪七八十年代风格的文字探险游戏，那么 cin、cout、循环、变量及条件表达式便基本构成了所需要的技术。这里，cin 是 istream 类的一个实例，也就是一个对象，而 istream 类的实现者另有其人，我们则使用了该类的一个对象(即 cin)以及它的非常实用的接收输入的功能，在使用时无需关注该类内部的工作原理。在第 6 章展开讨论时，对这种类/实例/对象之间关系的表达将变得非常清晰明了。

我们还可以再花一些时间来看一看 C++中 while 循环的几种形式，但与此同时，我们希望回过头去继续构建游戏，所以还是先来看一看另一种循环吧。

4.1.3　for 循环

C++中的 for 循环是为遍历值的区间而设计的，它是重复执行一组语句的一种简洁的形式。

典型的 for 循环由初始化、条件表达式、迭代语句这三部分构成,这些结构能够轻松控制循环的执行过程,而在迭代次数可预知时,for 循环的优势尤其明显。

因为 for 循环含有三部分,合在一起才构成 for 循环,所以这种语法自然比 while 循环稍稍复杂一些。首先请看一看以下代码,我们随即将分开解释。

```
for(int x = 0; x < 100; x ++)
{
  // 这里的代码将重复执行100次
}
```

for 循环由三大部分构成,其完整形式如下:

```
for(<声明与初始化>; <条件表达式>; <每次迭代后所进行的修改>)
```

我们用表 4.1 来阐明前面 for 循环的三个部分。

表4.1　for 循环的三个部分

部分	描述
声明与初始化	我们创建了一个新的 int 变量 x,并将其初始化为 0
条件表达式	与其他循环相同,这里是循环的执行条件表达式。只有条件表达式为 true 时,循环才会执行
每次迭代后所进行的修改	在我们的例子中,x++意味着在每次迭代之后,x 均将加 1

总结而言,前面的 for 循环让循环体重复执行 100 次:首先把循环变量 x 初始化为 0,且只要 x 小于 100,便让循环条件表达式为 true,并在每次迭代中为 x 加 1。循环内部的代码块由大括号界定,代表着会执行 100 次。这种机制在有一段任务代码需要重复执行且重复次数可预知的场景中非常有用,此时 for 循环将使得那些代码变得简洁而清晰。

稍加改变,for 循环便能完成更多的任务,以下就是从 10 进行倒数的另一个例子:

```
for (int i = 10; i > 0; i--)
{
  // 倒数
}

// 点火起飞
```

for 循环能够控制**初始化**(initialization)、**条件表达式求值**(condition evaluation)及**控制变量**(control variable)本身。本章随后将在我们的游戏中使用 for 循环。此外,for 循环还有一些更高级的用法,但讨论那些用法还需要学习更多的新知识,例如,下一节在谈论数组时,便会介绍其中的一种高级用法。

4.2　数组

数组是一种**数据结构**(data structure),让我们能够只用 someInts、myFloats、zombieHorde 这样的名称来保存相同数据类型的多个元素。数组是组织与管理数据的一种便捷方式,能够让编程效率更高、结构化程度更高。对于数字、游戏角色或游戏对象这种重复数据而言,数组尤其有用。本节将作为数组初探而介绍其基本结构，随着本书后文内容的铺开，我们还将看到更多的高级用法。

在此过程中，将数组与正常变量进行类比可能有助于理解。如果把变量视为能够保存 int、float 或 char 等特定类型的值的一个盒子，便可以把数组视为一排盒子。这排盒子的数量和类型不限，即便是由类创建的对象也能装进去，只不过所有盒子的类型必须相同。

> 当我们进行到最后的平台项目时，这种"每个盒子必须使用相同类型"的限制可以在一定程度上被绕开。

如果认为这种数组听起来仿佛能在第 2 章实现云朵时发挥作用，这个想法就是完全正确的，可惜对于云朵而言，数组的技巧来得太晚了，相关代码只能继续保持那副臃肿的样子。但是，可以用数组来实现树的枝杈。那么，应该如何创建并使用数组呢？

4.2.1　声明一个数组

我们可以用以下方法声明一个 int 型数组：

```
int someInts[10];
```

现在，我们便获得数组 someInts，它可以保存 10 个 int 值，只不过目前它还是空的。

这里与常规变量的唯一区别在于，我们将会使用一种称为**数组表示法**(array notation)的格式来操作数组中的值。我们的数组有它自己的名称(即 someInts)，但每个数据单元却没有。

```
someInts_AliensRemaining = 99;    // 错误
someInts_Score = 100;             // 还错!
```

让我们看一看到底应该怎么做。

4.2.2　初始化数组的元素

为了向数组的元素添加具体值，所用的语法将合并一种我们熟知的语法与前面刚刚提到的**数组表示法**。在以下代码中，我们将在数组的第一个**元素**(element)中存入 99 这个值。

```
someInts[0] = 99;
```

要在第二个元素中存入 999，可以这样编写代码：

```
someInts[1] = 999;
```

还能采用这种写法，在最后一个元素中存入数字 3：

```
someInts[9] = 3;
```

注意，数组中元素的序号是从 0 开始的，而且会一直增加到数组本身的大小减 1。与一般变量一样，我们能够操纵保存在数组中的值。

在以下代码中，我们将看到操纵单个数组元素的方法，其中我们把第一个与第二个元素加起来，并把结果保存到第三个元素中：

```
someInts[2] = someInts[0] + someInts[1];
```

数组同样可以与常规变量无缝交互，如：

```
int a = 9999;
someInts[4] = a;
```

关于数组，还有非常多的内容需要掌握，所以我们来继续学习。

数组元素的快速初始化

以下例子使用了一个 float 数组，我们可以采用这种方式为数组快速赋值：

```
float myFloatingPointArray[3] {3.14f, 1.63f, 99.0f};
```

现在 3.14、1.63 与 99.0 这三个值就分别存储在数组的第一、第二与第三个位置上。记住，如果要用数组表示法访问这些值，我们应该写为[0]、[1]与[2]。

还有其他方法可以初始化数组的元素。下面这个稍稍有些抽象的例子使用了一个 for 循环将 0~9 的 10 个数字存入 uselessArray 中：

```
for(int i = 0; i < 10; i++)
{
  uselessArray[i] = i;
}
```

这段代码假定之前已经初始化过 uselessArray，使得其中至少能存入 10 个 int 值。

4.2.3 数组对我们游戏的作用

任何能使用常规变量的地方，同样能够使用数组，例如，在如下表达式中：

```
// someArray[4]声明在前，且初始化为 9999

for(int i = 0; i < someArray[4]; i++)
{
 // 重复执行 9999 次
}
```

本节一开始就给出了关于游戏代码中数组最大优势的提示：数组能够保存对象(即类的实例)。想象一下，我们有 Zombie 类，希望保存大批僵尸对象。为此，可以参考以下这种假想代码：

```
Zombie horde [5] {zombie1, zombie2, zombie3};
```

这里 horde 数组现在持有 Zombie 类的一堆实例，而其中每个实例都是独立且能自我决断的 Zombie 对象。此后，每次游戏循环均可遍历 horde 数组让相应僵尸移动，并检查某僵尸的脑袋有没有接触到斧子，并检查它是否抓到了玩家。

假如之前我们掌握了其用法，那么数组显然是处理云朵的最佳方式。使用数组后，我们甚至可以实现成百上千朵云彩，且所需编写的代码量仍远远少于之前那微不足道的三朵云所需的代码量。

> 为了更完整地验证这种改进的云朵代码，你可以在本书下载包的 Chapter05 文件夹中查看优化版 Timber!!!游戏的代码文件 enhanced.cpp，而在阅读那份代码前，你也可以自己试着用数组实现云朵。

体验数组全部优势的最佳方法是在实践中使用它，而这正是本章随后树的枝杈的实现方式。

目前，我们需要先暂停编写云朵代码，回头来继续编写游戏，并尽快为其添加更多的功能。然而，我们首先需要了解使用 switch 制定决策的方法。

4.3 通过 switch 制定决策

前面我们学习了 if 关键字，认识到它能够基于一个表达式的结果来决定是否执行某代码段，但这不是 C++中进行判断的唯一方式。有种形式更优雅的方法常可替换一系列嵌套式的 if-else 语句。我们将看到，这种方式同样会求一个表达式的值，并以此引导程序流程。

在需要根据一组不涉及复杂数值组合的有限量特定数值来进行判断的情况中，应该考虑使用 switch 判断结构。switch 判断结构如下所示：

```
switch (expression)
{
  // 更多代码
}
```

这段代码中的 expression 可以是一个实际的表达式，也可以仅仅是个变量。大括号内部可以根据表达式的结果或变量的值来进行判断，这是通过 case 与 break 这两个关键字实现的，参见下面这个略显抽象的例子：

```
case x:
  // x 对应的代码
  break;

case y:
  // y 对应的代码
  break;
```

可以发现，这个抽象例子中的每个 case 都给出了一种可能的结果，而每条 break 语句则标示着相应 case 结果的结束位置，也是执行流程离开 switch 结构的位置。

为了降低这里的抽象性，选择一周中的哪一天是介绍此结构用法的一个经典例子，参见下面的代码：

```
int dayNumber = 3;
switch (dayNumber)
{
  case 1:
    // 周一发生的事情
    break;

  case 2:
    // 周二发生的事情
    break;

  // 类推

  default:
```

```
      // 不存在的日期对应的代码
  }
```

在这段代码中，int 变量 dayNumber 为 3，代表一周中的第三天，而 switch 结构将求此 dayNumber 的值，其中每个 case 都对应着特定的周几，并相应附带着一个代码块。

但这里还引入了一点新内容，即 default 关键字，它本身可有可无，其后没有值，用于引导在全部 case 条件均不成立时所运行的代码。这个结构有点类似于 if 表达式后不带任何表达式的 else 关键字。default 可以这样使用：

```
default: // 看，这里没有值
  // 如果各 case 语句均不成立，则执行这里的代码
  break;
```

作为 switch 最后的一个例子，让我们看看复古文字探险游戏，其中需要玩家分别按下 *n/e/s/w* 等字母键来向北、向东、向南或向西移动。对于这种情况，switch 块可用于处理玩家的每一种可能的输入：

```
// 获取玩家的输入，并将其存入 char 变量 command 中
char command;
cin >> command;
switch(command)
{
  case 'n':
    // 处理移动
    break;

  case 'e':
    // 处理移动
    break;

  case 's':
    // 处理移动
    break;

  case 'w':
    // 处理移动
    break;

  // 更多可能情况

  default:
    // 要求玩家重新输入
    break;
}
```

理解关于 switch 全部内涵的最好方法是令其与我们正在学习的其他所有新概念在代码中协作。但在这之前，我们首先需要理解枚举类，它有助于让我们的代码变得更准确。

4.4　枚举类

　　枚举是一组逻辑单元中全部可用值的列表，而 C++ 中的枚举则是枚举事物的一种绝佳方式。例如，如果我们的游戏所用的某些变量只能从一些特定的量中取值，或者如果那些值在逻辑上可以构成一个集合，那便很适合使用枚举量。枚举量让我们的代码变得更清晰、更不易出错，例如，在罗列一周日期的那个 switch 语句中，谁负责决定一周中的第一天是哪一天？而且如果有些人误把 dayNumber 视为其他量，并进行一些算术运算，那又将发生什么？显然，那会让我们的日期系统变得一团糟。但这个问题能够使用枚举类解决，而且枚举的能力远不止于此[1]。

　　为了声明 C++ 中的枚举类，我们需要同时使用 enum class 这两个关键字，继以枚举类的名称，随后跟着一对大括号{}，其中封装了此枚举类所包含的全部值。

　　作为例子，可以看看以下这个枚举类的声明。习惯上，枚举类的可能值一般用全大写字母声明。

```
enum class daysOfWeek {MONDAY, TUESDAY, WEDNESDAY, THURSDAY,
FRIDAY, SATURDAY, SUNDAY };
```

　　游戏场景则引入了一个更有意思的例子：

```
enum class zombieTypes {REGULAR, RUNNER, CRAWLER, SPITTER,
BLOATER };
```

　　需要注意的是，我们在这里还没有声明 zombieTypes 的任何实例，而仅仅声明了这种类型的结构及其元数据。如果感觉这句话读起来有些奇怪，那么可以借助 SFML 来理解它：SFML 库创建了 Sprite、RectangleShape 与 RenderWindow 等类，但为了使用这些类，我们需要先声明这些类的一个对象/实例。

　　前面新建了一个类型 zombieTypes，但还没有此类型的任何实例，所以现在我们创建一些实例：

```
zombieType Rishi = zombieTypes::CRAWLER;
zombieType Suella = zombieTypes::SPITTER
zombieType Boris = zombieTypes::BLOATER

/*
僵尸是一种虚构生物，如果与真人有雷同，纯属巧合
*/
```

　　接下来是即将添加到 Timber!!! 游戏的一个类型。在此项目中，我们希望能够追踪枝杈以及玩家各自在树的哪一侧，所以用以下方式声明了一个 side 枚举类：

```
enum class side { LEFT, RIGHT, NONE };
```

　　可以用这样的代码将玩家放在左侧：

```
// 玩家从左侧开始
```

1　本段出现了枚举、枚举量和枚举类，这三个概念略有不同。枚举是一个逻辑学中的概念，而现代 C++ 中的枚举是枚举量和枚举类的统称。C++ 中的枚举类需要使用 enum class <枚举类名>来定义，而枚举量则通过使用 enum <枚举量名>便可定义。相比之下，枚举量可以直接用作一个整型常量，但这在一定程度上侵蚀了使用枚举量的意义，所以 C++11 引入了枚举类。本书完全不涉及枚举量，所以在本书中，枚举与枚举量都应视作枚举类。

```
side playerSide = side::LEFT;
```

以下代码可以让枝权位置数组的第 4 个元素(别忘了序号从 0 开始)不带有任何枝权:

```
branchPositions[3] = side::NONE;
```

在表达式中同样可以使用枚举类,这也是很好的用法,例如:

```
if(branchPositions[5] == playerSide)
{
  // 最低的枝权与玩家位于同侧
  // 玩家被压扁了!
}
```

此外,我们还能在 switch 中使用枚举量。下面的代码让前面星期几的例子变得更加清晰:

```
daysOfWeek day = daysOfWeek::WEDNESDAY;

switch (day)
{
  case daysOfWeek::MONDAY:
    std::cout << "It's Monday";
    break;

  case daysOfWeek::TUESDAY:
    std::cout << "It's Tuesday";
    break;

  case daysOfWeek::WEDNESDAY:
    std::cout << "It's Wednesday";
    break;

  case daysOfWeek::THURSDAY:
    std::cout << "It's Thursday";
    break;

  case daysOfWeek::FRIDAY:
    std::cout << "It's Friday";
    break;

  case daysOfWeek::SATURDAY:
    std::cout << "It's Saturday";
    break;

  case daysOfWeek::SUNDAY:
    std::cout << "It's Sunday";
    break;

  default:
    std::cout << "OOPS try again.";
}
```

这段代码中用枚举量 daysOfWeek 替换 int,而 switch 语句则求变量 day 的值,且其每种可能值均对应着一周中特定的一天。此外,default 代码块依旧用于处理可能遇到的任何无效日期。显然,这段代码将运行针对周三(即 Wednesday)的代码块。

下面我们将介绍一种更重要的 C++主题,随后会回到游戏开发上。

4.5　函数初探

欢迎来到 C++ 函数世界。**函数**(function)是 C++ 程序设计的一个基本组成部分，前面曾说你已大致学到了足够的知识来编写复古文字探险游戏，而在学完函数后，便可拿掉那个"大致"了！

函数允许我们封装代码中可重用的部分，让程序的组织结构更加合理。本节剩余的内容将带领你了解函数的基本知识，其中涵盖基本的函数语法，也会介绍一些高级概念，并以函数与类可以归属于同一主题的原因来结束本节内容，从而为你提供全面的基础知识。本节结束后，你便能在本章以及下一章中完成这个游戏，并骄傲地大步前进到第 6 章，直视面向对象编程的主题。

C++ 函数到底是什么？应该说，函数是一组变量、表达式及**控制流语句**(control flow statement，这里是指循环和分支)的集合。实际上，目前我们在本书中所学到的任何代码均能放入一个函数中，而且这些代码也确实置于 main 函数内。粗粗浏览我们目前的项目，便能发现其中已含有上百行代码。我们很快将开始拆分(模块化)并组织(封装)全部代码，进而形成可管理的代码结构，将来的代码同样如此。

我们已经学习了一些更好的组织代码的方法，我也曾考虑过完全重写 Timber!!! 游戏，但最终将其作为练习留给你。

在编写函数时，首先需要编写的部分是**签名**(signature)。以下是函数签名的一个例子：

```
void shootLazers(int power, int direction)
```

如果我们添加了起始与终止大括号{}，并在其中放入函数所需执行的代码，那我们就有了一个完整的函数，这叫作函数的**定义**(definition)：

```
void shootLazers(int power, int direction)
{
  // 咻~
}
```

现在，我们还能在代码的其他地方使用这个新函数，例如这样：

```
// 攻击玩家
shootLazers(50, 180); // 运行此函数中的代码
// 我又回来了—在函数结束后，代码从这里继续执行
```

在使用函数时，我们说这是在**调用**(call)它。在调用 shootLazers 函数时，程序的执行过程跳转到该函数的内部，此后会一直运行函数的代码，直到函数结束或被告知需要 return，那时，代码会回到函数调用后的第一行代码之处并继续执行下去。我们已经使用过 SFML 所提供的一些函数，这里的区别在于，我们将学习编写并调用自己的函数。

以下是函数的另一个例子，在运行完这些代码后，将让函数回到其调用位置之后继续执行下去。

```
int addAToB(int a, int b)
{
  int answer = a + b;
  return answer;
}
```

此函数的调用过程可以是这样的：

```
int myAnswer = addAToB(2, 4);
```

显然,我们不必编写函数将两个变量相加在一起,但这个高度简化的例子有助于深入窥探函数的工作方式。首先,我们传入值2与4。在函数签名部分,值2被赋给 int 变量 a,值4则赋给 int 变量 b。

在函数体内,变量 a 和 b 被加在一起,而其和则用于初始化新的 int 变量 answer。而随后的 return answer;这行代码则把 answer 内所存储的值返回给调用代码,从而将 myAnswer 初始化为6。

由于C++函数的签名非常灵活,因此在这些例子中,每个函数的签名都或多或少有些差异,这进而让我们能够精确构造出所需要的函数。

函数签名定义了函数被调用的方式,这值得进一步讨论,它决定函数是否必须返回一个值以及如何返回。为此,以下我们分别为签名的每个部分命名,将其分解以便学习。以下是描述函数签名每个部分的术语:

返回类型 | 函数名 |(参数[组])

以下是这三部分的一些具体例子。

- **返回类型**(return type): bool、float、int 等,也可以是任何 C++类型乃至表达式。
- **函数名**(name of function): shootLazers、addToB 等。
- **参数[组]**(parameter(s)): (int number, bool hitDetected)、(int x, int y)、(float a, float b)。

这里值得插一句关于 C++、编程及电脑硬件的题外话,那就是:到底是谁,设计了这些奇奇怪怪且令人沮丧的语法?而且为什么一定要这样设计?

4.5.1 函数语法的设计理念

有时,C++初学者会质疑这门语言的设计理念,而函数及其规定的语法(以及 OOP)更是开发者质疑语言设计理念的一大根源。但是,C++语法,尤其是其函数的语法,绝不是凭空出现的,而是围绕着计算机系统(尤其是CPU)的工作原理而设计得到的。

前面已提到,在 C++中,函数有助于组织代码并将其模块化,而调用函数则会通过几个步骤来完成。

我们已经知道,当调用一个函数时,程序的控制流会移到函数内部,此时 CPU 将执行一个跳转指令,跳到与该函数相关的内存地址上。我们是看不到这个内存地址的,但我们为这个函数所起的名字则内含此地址。

下一个执行阶段叫作**函数序言**(function prologue),其中涉及对函数**栈帧**(stack frame)的设定。程序员完全看不到这一步骤,因为它是 CPU 处理问题的方法。在这个阶段,主调函数(这个函数往往是 main 函数)的当前状态将被保存下来,其中包括返回地址以及一些重要 CPU 寄存器保存的值。

在这个阶段,我们的变量及函数的参数被分配到**栈**(stack)上,而栈是 CPU 内部使用的一段计算机内存区域,用于动态保存函数调用信息、局部变量及控制流数据。函数参数通常通过 CPU 寄存器或通过压入此栈而完成传递,而函数内部的变量则称为**局部变量**(local variable),它们在栈上创建并初始化。

接下来，被调函数的函数体开始执行，局部变量及参数在函数内部被访问和操作。

在从函数中返回之前，还会执行一系列指令，这些指令构成一个集合，称为**函数尾声**(function epilogue)，一般包括释放函数栈帧并恢复所保存的主调函数的状态等。一旦恢复了主调函数的状态，返回地址也就相应确定了。

在尾声之后，CPU 执行一条返回指令，并把控制流移回主调函数内。此时，被调函数的返回值(如果有的话)就会存入预定的一个寄存器内。

栈指针是持续追踪栈首位置的一个寄存器。在函数调用期间，栈指针会被修改，以为局部变量和函数参数分配并释放相应空间，这非常重要，因为你所调用的函数还可以继续调用其他函数，以此类推。事实上，包括游戏在内的大多数复杂应用的栈中会有非常多的函数。

栈遵循的是**后进先出**(Last In First Out, LIFO)顺序，也就是说，最后压入栈中的项将首先退出，这也是这种结构得名的原因。在所有形象演示栈的方式中，我听过的最好的一种类比是自助餐厅中放置的那一摞摞餐盘：存放这些盘子的设备让人们只能拿到最顶上的那个餐盘，而其底部存在的弹簧机构可以让最上方盘子的高度保持不变。餐厅的工作人员随时可以添加更多的餐盘，但是为拿到最底部的盘子，需要一个一个地取走上层全部的餐盘[1]。

总之，当调用一个函数时，CPU 使用栈结构来管理该函数的局部变量，以及调用该函数的若干参数，同时栈指针将持续记录栈的顶端，而函数序言及函数尾声则用于处理入栈与出栈操作。这个流程让我们能够高效地执行多层嵌套的函数调用。以上内容旨在帮助你理解函数与 CPU 的交互方式，希望能够减少你对现代 C++ 的抵触情绪，不再反感这些必须学习的语法，毕竟它已经经过了近半个世纪的精炼与提升，无论如何，语法之存在是合理的。

当然，我们不必理解 CPU 的工作原理，甚至本小节这份简述也可以跳过，但 C 语言是在 20 世纪 70 年代早期发展起来的，而现代 C++ 则是在此基础上，经过近半个世纪以来审慎演进之后的巅峰结果，了解这一点有助于初学者接受这样一个事实：可能并不存在一种"更好"的方法，并且应该将这些看似不完美之处视为高效控制 CPU 的必然需求。只要坚持实践下去，随着时间的推移，这些做法的意义自然会越来越清晰。同时，虽然 CPU、GPU 等计算机硬件的知识并非必要，但了解硬件知识却有助于增进人们的理解程度。

至此，我们已经了解了函数语法方面的设计理念，下面将依次研究函数的每一部分。

4.5.2　函数返回类型

顾名思义，返回类型是被调函数将返回给调用代码的数值的类型：

```
int addAToB(int a, int b)
{
  int answer = a + b;
  return answer;
}
```

在这个略显乏味但非常有用的 addAToB 例子中，签名中的返回类型是 int。函数 addAToB 将把一个适合 int 变量的值传回/返给调用它的代码。返回类型可以是我们所见过的任何 C++ 类型，也可以是我们暂时还没见到的类型。

函数同样可以不返回某个值，此时函数的签名必须使用关键字 void 作为返回类型。在使用

1　在以上内容中，"入栈""压栈"均代表(将数据)放入栈中，而"出栈""退栈"均代表(将数据)从栈中取出。这些说法直接来自栈的后进先出的本质特点，也都很常用。

关键字 void 后，函数体绝对不能尝试返回什么值，否则将会触发一个错误，但这种函数仍然可以使用不带有任何值的 return 关键字。以下是返回类型及 return 关键字的一些合理的组合形式：

```
void doWhatever()
{
  // 我们的代码
  // 在这里结束，随后将返回主调代码
  // 不必带有 return 语句
}
```

以下是另一种可能的情况：

```
void doSomethigCool()
{
  // 我们的代码
  // 如果不返回一个值，则可以这样写
  return;
}
```

以下代码又是函数的几个例子，请不要忽略其中的注释：

```
void doYetAnotherThing()
{
  // 一些代码
  if(someCondition)
  {
    // 如果 someCondition 为 true，则提前返回主调代码
    // 即便本函数体仍未结束
    return;
  }

  // 可能执行、也可能不执行的更多代码
  return;

  // 这里是函数体的尾部，且本函数的返回类型为 void
  // 所以虽然不必强调，但显然，函数至此才算结束
}

bool detectCollision(Ship a, Ship b)
{
  // 检测是否存在碰撞
  if(collision)
  {
    // DUANG!
    return true;
  }
  else
  {
    // 没撞上
    return false;
  }
}
```

最后那个 detectCollision 的例子是我们很快会在游戏中看到的一段 C++代码，其中额外演示了我们可以把用户定义类型(即对象)传入函数中，并对其执行一些运算。

以下代码将会依次调用前面的每个函数：

```
// 此时即可调用前面的函数
doWhatever();
doSomethingCool();
doYetAnotherThing();

if (detectCollision(milleniumFalcon, lukesXWing))
{
  // 绝地武士完了!
  // 但莱娅长存。
  // 呃，她应该没在千年隼号上吧?
}
else
{
  // 活下来了，又可以继续战斗了
}

// 从这里继续执行代码
```

不必纠结于与 detectCollision 函数有关的那些奇怪语法，我们很快就会看到像这样的实际代码。简单而言，我们将直接在一条 if 语句中以函数的返回值(true 或 false)作为条件表达式。

此外，如果采用下面的方式重新设计函数，函数还会在 CPU 栈中堆积起来(其中我剔除了注释等一些额外的代码，突出了主干内容)。首先是一个假想的 main 函数：

```
int main()
{
  // 调用 doWhatever
  doWhatever();
  return 0;
}
```

这里有 doWhatever 的一个新版本：

```
void doWhatever()
{
  // 调用 doSomethingCool
  doSomethingCool();
}
```

下面则是新版的 doSomethingCool：

```
void doSomethigCool()
{
  // 调用 doYetAnotherThing
  doYetAnotherThing();
  return;
}
```

最后是新版的 doYetAnotherThing 函数：

```
void doYetAnotherThing()
{
  if(someCondition)
  {
    return;
  }
  return;
}
```

在以上示例中，main 函数调用 doWhatever，doWhatever 调用 doSomethingCool，doSomethingCool 调用 doYetAnotherThing 函数。在调用最后的函数时，包括 main 函数在内的所有 4 个函数都位于 CPU 栈内。当 doYetAnotherThing 函数完成且其尾声指令处理完毕后，此函数从栈中退出，使控制流回到 doSomethingCool 之内，此时栈内仅存三个函数，而在 doSomethingCool 执行完其全部代码后也会退出栈，以此类推，直到栈内仅存 main 函数。当然，最终 main 函数也会执行到它的 return 语句并退栈，此后我们的程序便不再位于内存中了。

> 快速插一点题外话。循环的执行流程与函数其实有相似之处，所以如果一个函数含有循环，那么此循环最终也会位于栈内。栈内所有内容都会按照后进先出的顺序执行，直到栈指针遇到了相应的 return 语句，此时当前正在执行的被调函数将退栈，而主调函数则继续执行。

目前，你所学的知识其实比你需要掌握的游戏开发知识还要多，所以我们还是聚焦重点继续学习下一部分吧。

4.5.3　函数名

我们自己设计函数时，几乎可以任意选定函数名，但最好使用词语，尤其是那些能够清晰地解释函数行为的动词。例如，请看下面这个函数：

```
void functionaroonieboonie(
    int blibbityblob, float floppyfloatything)
{
  // 在这里写代码
}
```

上面的代码符合语法，也能工作，但下面这些函数的名称显然更清楚一些：

```
void doSomeVerySpecificTask()
{
  //在这里写代码
}

int getMySpaceShipHealth()
{
  //在这里写代码
}

void startNewGame()
{
```

```
  //在这里写代码
}
```

接下来，仔细看一看我们如何与函数共享数据值。

4.5.4　函数参数

现在我们知道，函数可以向其调用代码返回一个值。但如果主调代码需要与函数分享一些数据值应该怎么做？**参数(parameter)**允许我们与函数共享数据值。在学习返回类型时，我们已经见过参数的例子，这里我们会更详细地介绍它：

```
int addAToB(int a, int b)
{
  int answer = a + b;
  return answer;
}
```

这段代码中的参数是 int a 和 int b。在函数体第一行代码中，我们用了 a + b 表达式，你有没有注意到，对它而言，a 与 b 仿佛是已声明并初始化了的两个变量？这个判断可以说是正确的：函数签名中的参数正是这些变量的声明，而调用函数的代码则初始化了它们。

> 注意，我们把代表函数签名的括号内的两个变量(int a, int b)说成是参数而非变量，又称形式参数，简称形参。在我们从主调代码向被调函数传入数据值时，这些值被称为**实际参数(argument)**，简称实参。形参在接受了实参之后，会使用后者初始化实际的可复用的变量，例如，int returnedAnswer = addAToB(10, 5)中的 10 和 5。

此外，正如在上一例子中所见，在参数[组]中，不是一定要使用 int，而是可以使用任何 C++类型。参数的数量也不限于一个，只要有需要，我们便能使用任意数量的参数，只不过让参数列表尽可能短确实是更好的做法，因为这能降低管理代码的难度[1]。

正如我们将在后续章节所见到的那样，作为函数的一本入门级教程，本节并没有涉及函数更酷的一些用法，所以在进一步谈论函数的话题之前，我们还需要学习更多相关的 C++概念[2]。

4.5.5　函数体

函数体是前面我们用注释代替的那部分代码：

```
// 在这里编程
// 一些代码
```

但我们实际上早就知道函数体的作用了。此外，我们所学的任何 C++代码都能够在函数体中工作。

1　事实上，虽然 C++没有规定参数数量的上限(仅仅给出了建议)，不同编译器却会各自设定这个上限，如果参数数量超限则将无法编译。由于这种上限一般很大，可能数百上千，而十余个参数就很不方便且不建议使用了，因此这里认为没有限制。

2　这里的"概念"相当于"技术"或"定义"，不是 C++20 所引入的 concept。后者同样译为"概念"，但主要针对本书中完全不涉及的一些复杂的 C++功能。本书完全不涉及 C++20 所引入的这个新功能，阅读时请注意区分。

接下来,我们将探讨函数原型的概念。

4.5.6 函数原型

我们已了解了编写函数的方法,也知道如何调用它们,但这里还有一件需要做的事情:让函数真正能够工作起来。每个函数都必须有一个**原型**(prototype)。原型是编译器识别函数的一种机制,如果没有原型,那么整个游戏将完全无法编译。好在原型还是很直观的。

我们可以仅仅重复函数的签名,继以一个分号。需要说明的是,原型必须位于任何尝试调用或定义函数的代码之前。所以,下面给出了完全可用的一个函数,这个例子应该是同类函数中最简单的版本。仔细阅读其中的注释,并注意函数的不同部分出现的位置:

```
// 函数原型
// 注意最后的分号
int addAToB(int a, int b);

int main()
{
  // 调用函数
  // 将结果存为 answer
  int answer = addAToB(2,2);
  // 这里的调用虽然位于函数定义前,但在原型的帮助下
  // 这不是错误
  // 退出 main 函数
  return 0;
}// main 函数结束

// 函数定义
int addAToB(int a, int b)
{
  return a + b;
}
```

这段代码演示了以下内容:

- 原型位于 main 函数之前。
- 函数的调用位置正如预期那样出现在 main 函数内部。
- 函数的定义位于 main 函数之后/外。

> 这里我们在使用函数前省略了函数原型并直接给出定义。但随着代码长度增加并分布在多个文件中,这种情况可能不再出现,那时函数的原型及其定义往往属于不同的文件。

接下来让我们看一看让程序代码保持结构清晰的方法。

4.5.7 组织函数

当存在多个函数,尤其是存在长函数的时候,对应的.cpp 文件很快将变得难以管理,而这显然有损于创建函数的意义。解决这种困境的方式可见于下一个游戏项目中。从第 6 章开始,我们将在每个头文件(.hpp 文件或.h 文件)中给出所有的函数原型,并在另一个.cpp 文件中实现所

有函数，随即在 main.cpp 文件中再简单地增加一条#include 指令。通过这种方法，我们可以使用任意数量的函数，而不需要向 main 代码文件中添加那些函数的任何代码。

4.5.8　函数作用域

在讨论 CPU 栈时，我们曾提到局部变量的概念，它实际上与函数或变量的**作用域**(scope)属于同一范畴。如果我们在函数中声明一个变量，那么无论是直接声明，还是出现在参数列表中，该变量均无法在此函数之外使用/可见，而任何声明在其他函数中的变量也不能在此函数内部被看到/使用(毕竟那些变量位于 CPU 栈内完全不同的栈帧内)。

在函数代码及其调用代码之间分享数据值的方法是使用形参/实参及返回值。

如果某变量因来自另一个函数而不可见，那么可以说它超出了作用域，而如果此变量可用，那便说它位于作用域内。

> 声明在任意 C++代码块中的变量只在那个块的内部可用！这甚至包括了循环及 if 块。声明在 main 函数顶端的变量可在 main 函数内部的任何位置可用，而声明在游戏循环中的变量值在游戏循环体内部可用，以此类推。声明在函数内部或其他代码块内部的变量称为**局部**(local)变量，而且我们写下的代码越多，这句话就越有意义。本书中每次遇到与作用域有关的问题时，我都会加以讨论以加深理解，而下一节便存在这种情况。此外，不少 C++功能，如引用与指针等，还将大大扩展作用域的范畴，而我们将分别在第 9 章与第 10 章讨论它们。

4.5.9　本章关于函数的结语

关于函数还有很多知识可以学习，但目前我们已经掌握了足够的知识来继续实现我们游戏的下一个部分。此外，如果参数、签名、定义等这些技术术语已经让你晕头转向，也不必担心，因为一旦开始实践，这些概念将很快清晰起来。

此外，你应该已经注意到，我们已经调用过一些函数，尤其调用过不少 SFML 的函数，调用方法是在对象名之后加一个句点，再跟上函数的名称，比如像下面这样：

```
spriteBee.setPosition...
window.draw...
// 等等
```

但目前，我们关于函数的全部讨论都未涉及通过对象来调用函数，那么试问上面这些代码究竟是什么意思？事实上，我们既可以把函数写为类的一部分，又可以像本章这样写出独立函数。当把函数写为类的一部分时，为调用这样的函数，还需要提供该类的一个对象，而独立函数则无需对象参与。

稍后我们会再写一个独立函数，然后将在第 6 章中开始为类编写函数。目前我们学到的关于函数的知识对于两种情况均适用，其区别无非是代码的语境不同。

最后，我们会利用本章所学让树上长出枝杈。

4.6　长出枝杈

接下来，正如我在前面几页所承诺的那样，我们将使用所有新学的C++技术来绘制并移动树上的枝杈，这些技术包括循环、数组、枚举类及函数。

请将以下代码添至main函数之外(准确地说，放在int main()之前):

```
#include <sstream>
#include <SFML/Graphics.hpp>

using namespace sf;

// 函数声明
void updateBranches(int seed);

const int NUM_BRANCHES = 6;
Sprite branches[NUM_BRANCHES];

// 玩家/枝杈在哪?
// 左侧还是右侧?
enum class side { LEFT, RIGHT, NONE };
side branchPositions[NUM_BRANCHES];

int main()
{
```

这段新代码依次完成了以下几项工作:

- 为函数updateBranches编写了原型。从此原型可见,该函数不返回任何数据值(void),接受int型参数seed。很快我们便能看到其定义并详细研究其功能。
- 声明了int常量NUM_BRANCHES并将其初始化为6,代表树上将会存在6个可移动的枝杈。很快我们便会看到此常量的作用。
- 声明了Sprite对象的一个数组branches,其中将持有Sprite的6个实例。
- 声明了带有三种可能值(即LEFT、RIGHT与NONE)的枚举类side,这三个值将用于描述每个枝杈以及玩家的相对位置,会在我们的代码中多次出现。
- 声明了side类型的一个数组,其大小为NUM_BRANCHES(即6)。具体而言,这里我们定义了带有6个值的数组branchPositions,其中每个值均属于side类型,可持有。但只能持有LEFT、RIGHT与NONE这三个值中的一个。

> 当然,你现在最想知道的可能是为什么把那个常量、两个变量以及那个枚举类声明在main函数之外。实际上,由于它们是在main函数之前声明的,这使得它们具有了**全局作用域**(global scope)。换句话说,那个常量、两个变量以及那个枚举类的作用域现在扩大到游戏代码中的任意部分,这意味着可以在main函数、updateBranches函数的任何地方访问并使用它们。只不过变量的声明应该尽量局限在其使用位置,这才是更好的做法。虽然把所有变量声明为全局变量可能有用,但会使代码读起来更困难,也更容易出错。

4.6.1　准备枝杈

现在，让我们准备好 Sprite 的 6 个对象，并把它们加载到 branches 数组中。请把以下高亮显示的代码放在游戏循环之前：

```
// 定位文本
FloatRect textRect = messageText.getLocalBounds();
messageText.setOrigin(
    textRect.left +
        textRect.width / 2.0f,
    textRect.top +
        textRect.height / 2.0f);

messageText.setPosition(1920 / 2.0f, 1080 / 2.0f);

scoreText.setPosition(20, 20);

// 准备 5 个枝杈
Texture textureBranch;
textureBranch.loadFromFile("graphics/branch.png");

// 为每个枝杈精灵设定纹理
for (int i = 0; i < NUM_BRANCHES; i++)
{
    branches[i].setTexture(textureBranch);
    branches[i].setPosition(-2000, -2000);

    // 设定精灵的原点为其中心
    // 这样在旋转时便不会改动其位置
    branches[i].setOrigin(220, 20);
}

while (window.isOpen())
{
```

在这段代码中，我们首先声明了 SFML Texture 类型的一个对象，并向其加载了图像文件 branch.png。

接下来，我们创建了一个 for 循环，其中把变量 i 设为 0，而循环体每次执行完毕将为其加 1，直到 i 不再小于 NUM_BRANCHES，那时便会退出循环。这很合适，因为 NUM_BRANCHES 等于 6，而数组 branches 具有从 0 到 5 这 6 个位置。

在 for 循环内部，我们为 branches 数组中的每个 Sprite 对象通过 setTexture 而设定了纹理对象，并通过 setPosition 让它们不在屏幕中显示。

最后，我们通过 setOrigin 函数将精灵的原点(即精灵在绘制时的定位点)设为其中心点。我们很快会旋转这些精灵，而取其中心为原点能在旋转时不改变它们的位置。

4.6.2　在每帧中更新枝杈精灵

在以下代码中，我们会根据 branches 数组中每个精灵在数组中的序号以及 branchPositions 数组中的对应序号来设定其位置。请添加以下高亮显示的代码并尝试理解它，我们随后会详加解释。

```
// 更新分数文本
std::stringstream ss;
ss << "Score: " << score;
scoreText.setString(ss.str());

// 更新枝杈精灵
for (int i = 0; i < NUM_BRANCHES; i++)
{
  float height = i * 150;

  if (branchPositions[i] == side::LEFT)
  {
    // 将精灵放在左侧
    branches[i].setPosition(610, height);

    // 横向翻转精灵
    branches[i].setRotation(180);
  }
  else if (branchPositions[i] == side::RIGHT)
  {
    // 将精灵放在右侧
    branches[i].setPosition(1330, height);

    // 重置精灵旋转角
    branches[i].setRotation(0);
  }
  else
  {
    // 隐藏枝杈
    branches[i].setPosition(3000, height);
  }
}

} // if(!paused) 结束

/*
****************************************
绘制场景
****************************************
```

这里我们添加的代码是一大段 for 循环，它首先把 i 设为 0，而每完成一次循环将让 i 加 1，此循环会一直持续到 i 不再小于 6。

在 for 循环内部，一个新的 float 变量 height 被设为 i * 150，这意味着第一个枝杈的高度是 0，第二个则是 150，第六个则为 750。

接下来有一组 if 与 else 语句，我们首先删掉具体内容而整体观察其结构：

```
if()
{
}
else if()
{
}
else
```

```
  {
  }
```

这里，第一条 if 语句使用 branchPositions 数组来判断当前枝杈是否位于左侧。如果是，则把 branches 数组中对应的 Sprite 对象定位在屏幕中相应高度的左侧(610 像素)，并 180 度翻转 Sprite(毕竟图片 branch.png 对应着右侧的枝杈)。

那条 else if 语句仅在此枝杈不位于左侧时才会执行，那时会使用相同的方法来判断其是否位于右侧。如果是，则将枝杈画在右侧(1330 像素)，再把精灵的旋转角设为 0，所用的方法与前面的 180 度翻转相同。如果这个 x 坐标看起来有些奇怪，那么只需想起我们已将枝杈精灵的原点设为其中心位置，便能够理解它。

最后的 else 则认定当前的 branchPositions 必然为 NONE，并把枝杈放在屏幕之外的 3000 像素上。

至此，我们的枝杈已经就位，可以绘制了。

4.6.3　绘制枝杈

这里，我们使用另一个 for 循环，从 0 到 5 遍历整个 branches 数组，从而绘制每个枝杈精灵。请添加以下高亮显示的代码：

```
// 绘制云朵
window.draw(spriteCloud1);
window.draw(spriteCloud2);
window.draw(spriteCloud3);

// 绘制枝杈
for (int i = 0; i < NUM_BRANCHES; i++)
{
  window.draw(branches[i]);
}

// 绘制树
window.draw(spriteTree);
```

当然，我们仍旧没有编写完用于移动枝杈的函数，而一旦编写完了该函数，我们还需要知道何时以何种方法调用它。让我们首先解决第一个问题，开始编写这个函数。

4.6.4　移动枝杈

我们已经在 main 函数前添加了函数的原型，现在需要实现函数定义，从而在每次调用时把所有枝杈移到一个位置。我们将把这个函数分为两个部分来编写，以便解析其具体功能。

首先，请在 main 函数的终止大括号之后添加 updateBranches 函数的第一部分：

```
// 函数定义
void updateBranches(int seed)
{
  // 把所有枝杈都移到一个位置
  for (int j = NUM_BRANCHES-1; j > 0; j--)
  {
    branchPositions[j] = branchPositions[j - 1];
```

```
      }
    }
```

函数的这个部分是一个 for 循环，它从 5 数到 0，从而从第六个枝杈开始循环，每次让一个枝杈向下移到一个位置。具体而言，实际完成移动工作的是以下这行代码：

```
branchPositions[j] = branchPositions[j - 1];
```

前面代码中还有一件事情值得注意：当将位置 5 移到位置 4、位置 4 到位置 3 等之后，我们需要在位置 0 处添加一个新的枝杈，对应着树的顶端。

现在我们可以在树的顶端生成一个新的枝杈了。请把以下高亮显示的代码添加到 updateBranches 函数中，随即我们会进行讨论。

```cpp
// 函数定义
void updateBranches(int seed)
{
  // 把所有枝杈移到一个位置
  for (int j = NUM_BRANCHES-1; j > 0; j--)
  {
    branchPositions[j] = branchPositions[j - 1];
  }

  // 在位置 0 处生成新枝杈
  // 取 LEFT、RIGHT 或 NONE?
  srand((int)time(0)+seed);
  int r = (rand() % 5);
  switch (r)
  {
    case 0:
      branchPositions[0] = side::LEFT;
      break;

    case 1:
      branchPositions[0] = side::RIGHT;
      break;

    default:
      branchPositions[0] = side::NONE;
      break;
  }
}
```

updateBranches 函数的最后部分使用了调用函数时所传入的整型变量 seed，此变量将负责确保这个随机数种子永远不会重复，而下一章将解释如何得到这样的 seed 值。

接下来，我们在 0(含)和 4(含)之间生成一个随机数，并将其结果保存到 int 变量 r 中，随即使用一个 switch 语句，并取 r 作为其表达式。

此 switch 语句的多条 case 语句意味着如果 r 等于 0，我们就会在树顶端的左侧增加一根新的枝杈。如果 r 等于 1，那么新枝杈就会位于右侧。如果 r 取了其他的值(2、3 或 4)，那么 default 语句将保证没有新枝杈会添加到树顶。作为电子游戏中出现的一棵假树，这种左侧、右侧与不添加的取舍让它看起来不会那么脱离实际，并让游戏机制能够正常工作。你可以简单地修改代码以增加或降低枝杈出现的频次。

即便为枝杈添加了所有这些代码，游戏中也看不到任何一根枝杈，所以这意味着在调用 updateBranches 函数之前，我们还要做些事情。

但如果你希望现在就能看到枝杈，则可以在游戏循环之前添加一些临时代码，并用不同的种子多次调用 updateBranches 函数，如下所示：

```
updateBranches(1);
updateBranches(2);
updateBranches(3);
updateBranches(4);
updateBranches(5);

while (window.isOpen())
{
```

这可以令你在对应位置上看到枝杈，如图 4.1 所示，但如果希望枝杈能够移动，则仍需定期调用 updateBranches 函数。

图4.1　树上的枝杈

> 不要忘记在继续读下去之前删掉这些临时代码。

现在我们已准备就绪，可以把注意力转向玩家并真正调用 updateBranches 函数了。

4.7　本章小结

虽然本章篇幅不是最长的，但所介绍的 C++内容是本书各章中最多的。我们介绍了 while 循环、for 循环这两种 C++中可用的循环，学习了数组这种能够轻松处理大量变量或对象的结构，还学习了枚举类及 switch 结构。函数也许是本章中最重要的概念，它能让我们组织游戏代码并提升其抽象性。本书后文还将多次深入讨论函数的概念。

我们已经实现了一棵功能齐全的树，下面我们就能在本项目的最后一章中完成这个游戏了。接下来是一些可能困扰你的问题。

4.8 常见问题

问题1：在C++中for循环与while循环有什么区别？

回答：C++中的for循环与while循环均针对重复操作，但for循环通常用在迭代次数可以预知的情况下，且for循环由三部分组成(初始化、条件表达式和迭代)。相比之下，while循环则更加灵活，且常常在迭代次数未知的场景中使用。

问题2：C++中的函数能同时返回多个值吗？

回答：不能。C++函数只能直接返回一个值或不返回任何值，但能通过使用引用、指针和对象来传递参数，以此模拟多值的情况。引用、指针和对象等概念会在后面的章节中详细介绍。

问题3：请简单描述一下CPU栈与C++中函数调用和循环的关系。

回答：栈是用于管理函数调用、局部变量及C++中控制流的一段内存区域。函数调用和循环均涉及栈上空间的分配与释放，而那些空间用于保存变量、参数及返回地址等信息。目前了解这些内容不是继续学习本书的必要条件，但有了这些知识有助于理解本章介绍的函数语法等内容。

问题4：在C++中，什么时候应该使用枚举类？

回答：枚举在C++中常常简称为 **enum**，在希望表示一组命名的常量时非常有用。枚举可以让代码更容易读懂，也有助于防止使用不合理的值或操作。枚举量有时可用于创建游戏中的菜单项，本章中展示的日期也是使用枚举量的一个范例。如果看到了一个 WEDNESDAY 值，其意义显然一目了然，但如果只是看到值 3，则可能无法确定它到底是代表星期二，还是代表某种可爱的树生哺乳动物的脚指头数量。

问题5：在C++中应该如何避免意外出现无限循环？

回答：为了避免不需要的无限循环，应该确保存在一种情况，使得循环条件表达式可以变为false。具体而言，对for循环，应该确保条件表达式最终会变为false，而在while循环中应该确保循环体一直在更新循环变量，或者提供能够在满足特定条件时跳出循环的break语句。

第**5**章

碰撞、音效及终止条件：让游戏能玩起来

这是 Timber!!!项目的最后实现阶段。读罢本章，你便能够首次得到一个完整的游戏。本章最后一节提供了让这款游戏变得更完善的一些建议，在亲身体验 Timber!!!游戏后请不要忘记参考这些建议。

本章涵盖以下主题：
- 准备玩家和其他精灵
- 绘制玩家和其他精灵
- 处理玩家输入
- 处理角色之死
- 简单音效
- 改进游戏代码

本章将重复使用一些前面已经学过的 C++技术，并将首次接触 **SFML(Simple and Fast Multimedia Library)**库中的音效。

5.1 准备玩家和其他精灵

本节首先会添加玩家精灵以及其他一些精灵和纹理图，随后会继续添加一些代码，在玩家被击败时播放墓碑动画。本节也会为砍树的斧头添加精灵，当玩家砍树之后还会为其添加木料飞走的动画效果。

我们在 spritePlayer 对象之后还声明了 side 变量 playerSide，该变量代表玩家角色当前所站的位置。此外，我们还为 spriteLog 对象添加了 logSpeedX、logSpeedY 及 logActive 等额外变量，分别对应着木料在 x 轴与 y 轴方向上的移动速度以及当前木料是否处于移动状态。spriteAxe 同样有两个对应的 float 常量，分别代表左右两侧最佳的斧头位置。

将下面的代码添加到 while(window.isOpen())之前。这些代码均为需要添加的新代码，不只是高亮显示的代码，这里我没有为这段新代码补充任何上下文以供定位，毕竟找到 while(window.isOpen())应该非常简单。这里的高亮代码仅作提醒之用，我们曾在上一章中

讨论过，而这里另外为其添加了一行注释以有助于理解。接下来，请将以下所有代码添加到
while(window.isOpen())之前：

```cpp
// 准备玩家
Texture texturePlayer;
texturePlayer.loadFromFile("graphics/player.png");
Sprite spritePlayer;
spritePlayer.setTexture(texturePlayer);
spritePlayer.setPosition(580, 720);

// 玩家从左侧开始
side playerSide = side::LEFT;

// 准备墓碑
Texture textureRIP;
textureRIP.loadFromFile("graphics/rip.png");
Sprite spriteRIP;
spriteRIP.setTexture(textureRIP);
spriteRIP.setPosition(600, 860);

// 准备斧头
Texture textureAxe;
textureAxe.loadFromFile("graphics/axe.png");
Sprite spriteAxe;
spriteAxe.setTexture(textureAxe);
spriteAxe.setPosition(700, 830);

// 让斧头与树木并列
const float AXE_POSITION_LEFT = 700;
const float AXE_POSITION_RIGHT = 1075;

// 准备木料
Texture textureLog;
textureLog.loadFromFile("graphics/log.png");
Sprite spriteLog;
spriteLog.setTexture(textureLog);
spriteLog.setPosition(810, 720);

// 木料的辅助变量
bool logActive = false;
float logSpeedX = 1000;
float logSpeedY = -1500;
```

现在，我们将实际绘出这些新精灵。

5.2 绘制玩家和其他精灵

我们将在添加移动玩家并利用所有新精灵的代码前，先完成绘制工作。这样，在添加更新/
改变/移动的代码时，我们便能一睹为快，直观体验其效果。为此，请添加以下高亮显示的代码，
绘制4个新的精灵：

```cpp
// 绘制树木
```

```
window.draw(spriteTree);

// 绘制玩家
window.draw(spritePlayer);

// 绘制斧头
window.draw(spriteAxe);

// 绘制木料
window.draw(spriteLog);

// 绘制墓碑
window.draw(spriteRIP);

// 绘制蜜蜂
window.draw(spriteBee);
```

运行游戏，你便能在游戏场景中看到这些新添加的精灵，如图 5.1 所示。

图 5.1　场景中的新精灵

现在，我们与一款完整游戏之间的距离真的不远了。

5.3　处理玩家输入

大批动作均依赖于玩家的移动，例如，

- 何时显示斧头
- 何时开始播放木料动画
- 何时向下移动所有枝杈

因此，为玩家砍树这一操作建立一套**键盘处理**(keyboard handling)系统是非常有必要的，这让我们能把以上三种功能融入其中。

首先，我们需要思考检测有无按键动作的方法。每帧均需要判定玩家是否正在按下某个特定的键，而如果是，我们便需要采取相应的动作：如果按下 *Esc* 键，我们便退出游戏；如果按下 *Enter* 键，我们便重新开始游戏。目前仅需要处理这两个键即可。

但是，一旦我们尝试处理砍树动作时，这种处理方式就会带来一个问题。事实上，这个问题一直存在，只是其危害性直到现在才有所体现。这个问题在于：游戏循环每秒钟可能会执行上千次，具体数值取决于你的电脑的性能，而在每次循环中，检测到按下了某个特定键便会运行相关的处理代码。

也就是说，每次按下 *Enter* 键重新开始游戏时，游戏实际上很可能会重启百余次，因为最迅速的按键操作也会持续一小段时间，而这段时间足够你的游戏循环运行很多次了。运行游戏并持续按下 *Enter* 键便可验证这个现象：游戏中的时间棒根本不会缩短，这是游戏会反复重启的后果，每秒钟甚至会重启成百上千次。

如果我们不更换处理玩家砍树动作的方式，显然一次尝试性砍伐便能把整棵树完全砍倒，所以这里需要一些更复杂的方法。显然，我们不能禁止玩家砍树，但可以在砍了一次树之后禁止检测按键动作的代码继续运行，并立刻开始检测玩家何时把手指从这个键上移开，等移开后再让按键检测代码正常运行。总之，这种流程的细分步骤具体如下：

(1) 等待玩家使用左/右方向键砍树。

(2) 玩家砍过一次后，让按键检测代码暂停运行。

(3) 等待玩家释放方向键。

(4) 恢复按键检测代码的可运行状态。

(5) 返回步骤(1)。

这个过程听起来有些复杂，但在 **SFML** 的帮助下却十分简单明了。下面我们便会逐步实现这个过程。

以下这些高亮显示的代码声明了布尔变量 `acceptInput`，该变量用于决定是否监听砍树按键的动作。请将这些代码添加到项目中：

```
float logSpeedX = 1000;
float logSpeedY = -1500;

// 控制玩家输入
bool acceptInput = false;

while (window.isOpen())
{
```

借助于此布尔变量，我们便能够转而攻克重启游戏的任务。

5.3.1 开始新游戏的处理方式

下面这段高亮显示的代码可以令程序做好处理砍树动作的准备，所以请先将其添至对应于开始新游戏的 `if` 块内：

```
/*
******************************************
处理玩家输入
```

```
*******************************************
*/

if (Keyboard::isKeyPressed(Keyboard::Escape))
{
  window.close();
}

// 开始游戏
if (Keyboard::isKeyPressed(Keyboard::Return))
{
  paused = false;

  // 重置时间与分数
  score = 0;
  timeRemaining = 6;

  // 去除所有枝杈
  for (int i = 1; i < NUM_BRANCHES; i++)
  {
    branchPositions[i] = side::NONE;
  }

  // 隐藏墓碑
  spriteRIP.setPosition(675, 2000);

  // 令玩家就位
  spritePlayer.setPosition(580, 720);

  acceptInput = true;
}

/*
*******************************************
更新场景
*******************************************
*/
```

这段代码使用一个 for 循环来制作一棵无枝杈的树，这对玩家也是很公平的。游戏开局时便让玩家顶着一根枝杈显然是一种非常不人性的做法。玩家完全能够接受玩法复杂而困难的游戏，但绝不愿意接受不公平的游戏。随即，我们从屏幕中移走墓碑，并取左侧为玩家的起始位置，最后将 acceptInput 置为 true。现在游戏已经就绪，能够处理按下砍树键的动作了。

5.3.2　检测玩家砍树

现在，我们将着手处理按下左右方向键的动作。请添加这段高亮显示的 if 块，其中的代码仅在 acceptInput 为 true 时执行：

```
// 开始游戏
if (Keyboard::isKeyPressed(Keyboard::Return))
{
  paused = false;
```

```
  // 重置时间与分数
  score = 0;
  timeRemaining = 5;

  // 去除所有枝杈
  for (int i = 1; i < NUM_BRANCHES; i++)
  {
    branchPositions[i] = side::NONE;
  }

  // 隐藏墓碑
  spriteRIP.setPosition(675, 2000);

  // 令玩家就位
  spritePlayer.setPosition(675, 660);

  acceptInput = true;

}

// 封装玩家控制代码以仅在接受输入时加以处理
if (acceptInput)
{
  // 随后还有更多代码
}

/*
****************************************
更新场景
****************************************
*/
```

以下高亮显示的代码负责处理玩家按下键盘上的右方向键之后，游戏的应对方式，请将这段高亮显示的代码添加到 if 块中：

```
//  封装玩家控制代码以仅在接受输入时进行处理
if  (acceptInput)
{
  // 随后还有更多代码

  // 首先处理按下右方向键
  if (Keyboard::isKeyPressed(Keyboard::Right))
  {
    // 令此角色位于右侧
    playerSide = side::RIGHT;

    score ++;

    // 增加剩余时间
    timeRemaining += (2. / score) + .15;
```

```
    spriteAxe.setPosition(AXE_POSITION_RIGHT,
        spriteAxe.getPosition().y);

    spritePlayer.setPosition(1200, 720);

    // 更新枝权
    updateBranches(score);

    // 将木料置于左侧
    spriteLog.setPosition(810, 720);
    logSpeedX = -5000;
    logActive = true;

    acceptInput = false;
}

// 处理左方向键
}
```

这段代码完成了很多工作，需要仔细分析。首先，我们检测玩家是否在树的右侧砍树，如果是，则将 playerSide 设为 side::RIGHT。后文还会继续根据此 playerSide 的值而操作。

接下来，我们通过 score++ 为 score 加 1，但再下一行稍有些神秘，这里重复一遍这行代码：

```
timeRemaining += (2. / score) + .15;
```

应该说这行代码不算特别复杂，在继续读下去之前，你可以试着自己理解它。这里所发生的事情无非是通过 timeRemaining += ... 让剩余时间有所增加，以此作为玩家砍树的奖励。但对玩家而言，问题在于其分数越高，额外的时间增量就越小：表达式 (/ score) 用除以 score 并取其商，从而令时间奖励迅速缩短。实际编程时可以对这个表达式进行调整，从而轻松改变游戏的难度。

接下来，我们通过 spriteAxe.setPosition 函数把斧头移到右侧，而玩家角色也相应移了过去。之后，我们调用 updateBranches 将所有枝权向下移到一个位置，并在树的顶端随机生成一根新枝权(也可能不生成)。

之后，spriteLog 将移至其开始位置上，借着树隐藏起来，其对应的 speedX 变量也被设为一个负数，从而令其能够向左飞动，同时 logActive 也被置为 true，以便后续我们编写的木料移动代码能够在每帧中生成相应的动画。

最后，acceptInput 被设为 false，使玩家无法继续砍树。现在，我们解决了之前提到的问题，即按键动作检测过于频繁，很快我们也将看到让这些代码能够继续执行的方法。

现在，请在我们刚刚编写的 if(acceptInput) 块内部添加以下高亮显示的代码，让游戏能够处理玩家按下左方向键的动作：

```
// 处理左方向键
if (Keyboard::isKeyPressed(Keyboard::Left))
{
    // 令此角色位于左侧
```

```
    playerSide = side::LEFT;

    score++;

    // 增加剩余时间
    timeRemaining += (2. / score) + .15;

    spriteAxe.setPosition(AXE_POSITION_LEFT,
        spriteAxe.getPosition().y);
    spritePlayer.setPosition(580, 720);

    // 更新枝杈
    updateBranches(score);

    // 设定木料
    spriteLog.setPosition(810, 720);

    logSpeedX = 5000;
    logActive = true;

    acceptInput = false;
  }
}
```

这段代码与处理右侧砍树的代码非常相似，只是精灵的放置位置不同，speedX 也取正值以让木料向右飞动。这是因为，当精灵的位置进一步向右移动时，其横坐标值会增加。

现在，让我们来看看如何检测某键被松开的情况。

5.3.3　检测按键释放

为了让前面的代码在第一次砍树后还能继续工作，我们需要检测玩家何时释放按键，并相应将 acceptInput 恢复为 true。

这与前面我们对于按键的处理方式稍有不同。**SFML** 有两种方式可以检测玩家所提供的键盘输入信号，我们已体验过第一种方式，这种方式能够动态工作，实时性强，是需要立即响应按键信号时应该使用的方式。下面的代码使用了另一种方式。请在处理玩家输入的起始部分添加以下高亮显示的代码，随即我们便会详细介绍这些代码。

```
/*
****************************************
处理玩家输入
****************************************
*/

Event event;

while (window.pollEvent(event))
{
  if (event.type == Event::KeyReleased && !paused)
  {
```

```
    // 重新监听按键动作
    acceptInput = true;

    // 隐藏斧头
    spriteAxe.setPosition(2000,
        spriteAxe.getPosition().y);
    }
}

if (Keyboard::isKeyPressed(Keyboard::Escape))
{
  window.close();
}
```

首先，我们声明了 Event 类的一个对象 event，随即调用 window.pollEvent 函数并为其传入新建的 event 对象。pollEvent 函数将一些数据存入 event 对象中，这些数据能够描述操作系统事件，如按键、松键、鼠标移动、鼠标点击、游戏控制器动作，或是窗体本身所发生的操作(如改变大小、移动窗口)等。

将代码封装在 while 循环内的原因在于，系统可能将多个事件保存在一个队列中。window.pollEvent 函数会将全部事件逐一加载到 event 中，而每次执行循环时需要判断是否对某事件感兴趣，并仅处理感兴趣的事件。此外，window.pollEvent 返回 false 意味着队列中再无其他事件，这将退出 while 循环。

机敏的你可能已经注意到，如果与之前关于函数的讨论相比，这里其实稍有不同。简单而言，可以向函数传递一个值，而被调函数可以改变它，此后主调函数就能使用这个新值。完整的解释将在第 9 章中给出，其中我们将学到，这是通过引用机制实现的，而不是前面常见的通过 return 语句来返回一个值。

这里的 if 条件(event.type == Event::KeyReleased && !paused)只有在松开了一个按键且游戏没有被暂停这两个条件同时满足时才为 true。而在 if 块内部，可以看到 acceptInput 恢复为 true，并把斧头动画移出屏幕加以隐藏。

现在运行游戏时可以在移动树、挥动斧头以及玩家角色移动的过程中盯着斧头查验其效果。但是，木料在砍树后需要能动起来，枝权也应该能够压扁玩家角色。

5.3.4　让砍下的木料以及斧头动起来

玩家砍树的动作将把 logActive 设置为 true，这让我们能够在 if 块中封装一些仅在 logActive 为 true 时才会执行的代码。另外，每次砍树会将 logSpeedX 设为正数或负数，这是木料飞离树干时方向正确的基础。

请在更新枝权精灵之后，添加以下高亮显示的代码：

```
// 更新枝权精灵
for (int i = 0; i < NUM_BRANCHES; i++)
{

  float height = i * 150;

  if (branchPositions[i] == side::LEFT)
```

```
    {
      // 将精灵移至左侧
      branches[i].setPosition(610, height);

      // 横向翻转精灵
      branches[i].setRotation(180);
    }
    else if (branchPositions[i] == side::RIGHT)
    {
      // 将精灵移至右侧
      branches[i].setPosition(1330, height);

      // 不翻转精灵
      branches[i].setRotation(0);
    }
    else
    {
      // 隐藏枝杈
      branches[i].setPosition(3000, height);
    }
  }

  // 处理木料
  if (logActive)
  {
    spriteLog.setPosition(
      spriteLog.getPosition().x +
        (logSpeedX * dt.asSeconds()),
      spriteLog.getPosition().y +
        (logSpeedY * dt.asSeconds()));

    // 木料是否到达右边界?
    if (spriteLog.getPosition().x < -100 ||
        spriteLog.getPosition().x > 2000)
    {
      // 调整木料设定, 使其在下一帧中成为新的实例
      logActive = false;
      spriteLog.setPosition(810, 720);
    }
  }

} // if(!paused)结束

/*
****************************************
绘制场景
****************************************
*/
```

这段代码首先通过 getPosition 获取精灵当前的横纵坐标, 再分别加上对应两个方向的速

度 logSpeedX 或 logSpeedY 与时间 dt.asSeconds 的乘积，从而得到新位置并相应进行设置。

每帧在移动木料精灵后，这段代码随即使用一个 if 块来判断其是否消失(方法是判断精灵是否从左侧或从右侧跳到视野之外)，如果是，则木料会重新回到其初始位置，静待下次砍伐。

现在运行游戏，便能看到木料会从对应的屏幕边缘飞出去，如图 5.2 所示。

图 5.2 飞动的木料

现在可以考虑一件更敏感的事情了。让我们看看如何处理玩家失败的情况。

5.4 处理死亡

每局游戏的结束均显得异常悲凉：玩家要么耗尽了时间(我们已经处理了这种情况)，要么角色被枝杈压扁。蜉蝣是一种寿命从几小时到几天不等的水生动物，而玩家玩 Timber!!!游戏正如一只急急忙忙的蜉蝣：你要么正在耗尽时间，要么正在默默忍受碾碎你全部希望的那根命运枝杈。在 Timber!!!游戏中，我们的主角可能只能挺上几秒钟，即便是行家里手也不过挣扎个几分钟而已。

但在实现时有一点很幸运：检测此角色被击败其实非常简单。我们仅仅需要判断 branchesPositions 数组中对应着最下方枝杈的那个位置是否等于 playerSide，如果相等，那么玩家自然就失败了。

请添加以下高亮显示的代码来进行这种检测，随后我们会讨论与玩家被击败相关的一切内容。

```
// 处理木料
if (logActive)
{
  spriteLog.setPosition(
      spriteLog.getPosition().x +
          (logSpeedX * dt.asSeconds()),
      spriteLog.getPosition().y +
          (logSpeedY * dt.asSeconds()));
```

```
    // 木料是否到达右边界?
    if (spriteLog.getPosition().x < -100 ||
        spriteLog.getPosition().x > 2000)
    {
      // 调整木料设置，使其在下一帧中成为新的实例
      logActive = false;
      spriteLog.setPosition(810, 720);
    }
  }

  // 玩家是否被枝杈压扁?
  if (branchPositions[5] == playerSide)
  {
    // 死亡
    paused = true;
    acceptInput = false;

    // 绘制墓碑
    spriteRIP.setPosition(525, 760);

    // 隐藏玩家
    spritePlayer.setPosition(2000, 660);

    // 更改消息文本
    messageText.setString("SQUISHED!!");

    // 将其置于屏幕中央
    FloatRect textRect = messageText.getLocalBounds();

    messageText.setOrigin(
        textRect.left + textRect.width / 2.0f,
        textRect.top + textRect.height / 2.0f);

    messageText.setPosition(1920 / 2.0f, 1080 / 2.0f);
  }

} // if(!paused)结束

/*
****************************************
绘制场景
****************************************
*/
```

这段新代码在角色死亡之后所做的第一件事是把 paused 置为 true，这时虽然当前游戏帧的循环会完成，但此后除非玩家新开一局游戏，否则不会运行游戏循环中的更新部分。

接下来，我们把墓碑移到玩家原本站立位置的附近，并把玩家精灵移出屏幕隐藏起来。随后，将 messageText 字符串设为"Squished!!!"，并把它置于屏幕中心。

现在你可以启动游戏并真正玩起来了。图 5.3 展示的是玩家最后的分数和墓碑，还有那条"**SQUISHED**"消息。

图 5.3　被击败

现在只剩下一个问题：游戏好像有些太安静了。

5.5　简单音效

我们将加入三种音效，其中每种声效均在游戏中出现特定事件时播放：玩家每次砍树均带有砰的一声，时间耗尽时会播放悲情结局音效，而当玩家被击败时会播放复古的碾压声。

5.5.1　SFML 声音的工作原理

SFML 使用两个不同的类来播放音效。首先是 SoundBuffer 类，该类持有从音频文件中载入的实际音频数据，负责将 .wav 文件以一种能够直接播放而无需进一步解码的格式载入 PC 的**随机存取储存器**(RAM)中。

我们很快会为音效编程，那时将发现，在得到了载有音频数据的 SoundBuffer 对象后，便可创建另一个类，即 Sound 的对象，而 Sound 对象可以与 SoundBuffer 对象建立关联关系，此后便能在合适的时机调用 Sound 对象的 play 函数了。

5.5.2　何时播放声音

我们很快会看到，用于加载并播放音频的 C++代码非常简单，但需要考虑的是何时调用 play 函数，以及应该把 play 函数的调用操作放在代码的什么位置。

- 砍树声应在按下左右方向键时播放。
- 死亡音效应该由检测枝杈是否压扁了游戏角色的 if 块播放。
- 超时音效应该由检测 timeRemaining 是否小于 0 的 if 块播放。

下面我们编写音频代码。

5.5.3 添加音频代码

首先，我们需要添加另一条#include 指令，以使用 SFML 中的音频相关类。请添加以下高亮显示的代码：

```
#include <sstream>
#include <SFML/Graphics.hpp>
#include <SFML/Audio.hpp>

using namespace sf;
```

现在我们会声明三个不同的 SoundBuffer 对象，载入不同的音频文件，再令三个 Sound 对象与对应的 SoundBuffer 建立关联。请添加以下高亮显示的代码：

```
// 控制玩家输入
bool acceptInput = false;

// 准备声音
SoundBuffer chopBuffer;
chopBuffer.loadFromFile("sound/chop.wav");
Sound chop;
chop.setBuffer(chopBuffer);

SoundBuffer deathBuffer;
deathBuffer.loadFromFile("sound/death.wav");
Sound death;
death.setBuffer(deathBuffer);

SoundBuffer ootBuffer;  // oot, out of time, 即 "超时"
ootBuffer.loadFromFile("sound/out_of_time.wav");
Sound outOfTime;
outOfTime.setBuffer(ootBuffer);

while (window.isOpen())
{
```

现在我们可以播放第一种音效了。请按照以下所示，在检测玩家是否按下右方向键的 if 块中添加一行代码：

```
//封装玩家控制代码，仅在接受输入时进行处理
if (acceptInput)
{
  // 随后还有更多代码

  // 首先处理按下右方向键
  if (Keyboard::isKeyPressed(Keyboard::Right))
  {
   // 令玩家位于右侧
   playerSide = side::RIGHT;

   score++;

   timeRemaining += (2. / score) + .15;
```

```
    spriteAxe.setPosition(AXE_POSITION_RIGHT,
        spriteAxe.getPosition().y);

    spritePlayer.setPosition(1120, 660);

    // 更新枝杈
    updateBranches(score);

    // 令木料飞向左侧
    spriteLog.setPosition(800, 600);
    logSpeedX = -5000;
    logActive = true;

    acceptInput = false;

    // 播放砍树音效
    chop.play();
}
```

> 另外，请定位后面以 `if (Keyboard::isKeyPressed(Keyboard::Left))` 开头的那个代码块，并在其最后部分同样加上这些新代码，这样当玩家按下左方向键时也会播放同样的音频。

请定位到处理玩家耗尽时间的那段代码，并添加以下高亮显示的代码，以播放超时音效：

```
if (timeRemaining <= 0.f)
{
  // 暂停游戏
  paused = true;

  // 更改显示给玩家的消息
  messageText.setString("Out of time!!");

  // 根据消息的新大小重新定位
  FloatRect textRect = messageText.getLocalBounds();
  messageText.setOrigin(
      textRect.left +      textRect.width / 2.0f,
      textRect.top + textRect.height / 2.0f);

  messageText.setPosition(1920 / 2.0f, 1080 / 2.0f);

  // 播放超时音效
  outOfTime.play();
}
```

最后，为了在玩家被击败时播放死亡音效，请在判断最低枝杈与玩家处于同侧的那个 `if` 块中添加以下高亮显示的代码：

```
// 玩家是否被枝杈压扁?
if (branchPositions[5] == playerSide)
{
  // 死亡
  paused = true;
  acceptInput = false;

  // 绘制墓碑
  spriteRIP.setPosition(675, 660);

  // 隐藏玩家
  spritePlayer.setPosition(2000, 660);

  messageText.setString("SQUISHED!!");
  FloatRect textRect = messageText.getLocalBounds();

  messageText.setOrigin(
      textRect.left + textRect.width / 2.0f,
     textRect.top + textRect.height / 2.0f);

  messageText.setPosition(1920 / 2.0f, 1080 / 2.0f);

  // 播放死亡音效
  death.play();
}
```

如果声音无法正常播放,那么最可能的原因是未正确加载音频文件,其判别方式在于以 if 块封装加载音频的代码。为此,首先请添加一条 include 指令,以使用我们在第 3 章中学习字符串合并时曾用过的 cout <<函数。作为提醒,这条指令是:

```
#include <iostream>
```

请参照下面所示的代码,封装每次 loadFromFile 的调用操作:

```
if (!chopBuffer.loadFromFile("sound/chop.wav"))
{
  std::cout << "didn't load chop.wav";
}
```

现在,如果某音频文件加载失败,你将能够在控制台中看到一条明确的错误提示。此时,请逐一排查以下各项:

- 音频文件名与代码中的名称完全相同。
- 音频文件位于 sound 文件夹内。
- sound 文件夹位于项目主文件夹内,与 C++文件 Timber.cpp 并列。

至此,我们已经完成了第一个游戏,但在开始第二游戏之前,我们先看一看它的改进方法。

5.6　改进游戏代码

以下是我们为 Timber!!!项目提供的改进手段，请酌情参考。另外，在下载包中本章所对应的文件夹内，可以找到应用了这些改进后的代码。

- **加速代码**：代码中的一部分正在拖慢游戏的运行速度。对于这个简单的游戏而言，这种负担不算什么，但将那段 sstream 代码转而封装为偶尔执行的块，其实能够加速游戏的运行。无论如何，每秒钟把更新分数的代码运行上千次完全是一种浪费。
- **调试控制台**：我们还可以添加更多的文本来查看当前帧率。与分数一样，更新这些内容的频率不必过高，每百帧运行一次足矣。
- **在背景中添加更多的树**：只需添加更多的树精灵，并在合适的位置上绘出即可(例如，更靠近摄像头的位置或更远的位置)。
- **改进 HUD 文本的可视化效果**：我们可以在分数与帧率提示器周围绘制简单的 RectangleShape 对象，带有一定透明度的黑色便有不错的视觉效果[1]。
- **让云朵代码更高效**：正如我们已经反复暗示过的那样，完全可以利用数组的相关知识大幅精简云朵的代码。

以下云朵代码使用了数组，而不再采用重复代码三遍、每遍负责一朵云的做法：

```
for (int i = 0; i < NUM_CLOUDS; i++)
{
 clouds[i].setTexture(textureCloud);
 clouds[i].setPosition(-300, i * 150);
 cloudsActive[i] = false;
 cloudSpeeds[i] = 0;
}


// 三个纹理相同的新精灵
//Sprite spriteCloud1;
//Sprite spriteCloud2;
//Sprite spriteCloud3;
//spriteCloud1.setTexture(textureCloud);
//spriteCloud2.setTexture(textureCloud);
//spriteCloud3.setTexture(textureCloud);

// 让三个云朵位于屏幕左端不同高度上
//spriteCloud1.setPosition(0, 0);
//spriteCloud2.setPosition(0, 150);
//spriteCloud3.setPosition(0, 300);

// 云朵是否位于屏幕内？
//bool cloud1Active = false;
//bool cloud2Active = false;
//bool cloud3Active = false;
```

---

1 本书正文中的代码没有帧率提示功能，这实际上是对 Timber!!!游戏的一种改进，相关代码位于本章文件夹 Chapter05 内的 enhanced.cpp 中。

```
// 云朵的移动速度
//float cloud1Speed = 0.0f;
//float cloud2Speed = 0.0f;
//float cloud3Speed = 0.0f;
```

　　这段代码注释了不再使用的那些旧代码，而基于数组的新代码则位于前部(显然，也可以直接删除那些旧代码，把它们留在这里仅供展示而已)。这段新代码可以在 Chapter05 文件夹内的 enhanced.cpp 文件中找到，该文件中也包含与数组的声明以及初始化相关的代码。

　　对于带有额外树木、云朵和透明文本背景的游戏，其运行效果如图5.4所示。

图 5.4　改进的 Timber!!!

　　enhanced.cpp 文件中的代码已经应用了所有这些改进。

5.7　本章小结

　　本章为 Timber!!!游戏添加了最后的润色及图片。如果你在本书之前还没有写过任何一行 C++代码，那现在很适合自我鼓励一下：只是通过简简单单的 5 章内容，你便完成了从零基础到完成一款合格游戏的过程！

　　但是，最好别为此庆祝得太久，因为下一章会继续学习并接触更硬核的 C++内容。我们将要开发的下一个游戏是 Pong 游戏的一种简化变体，尽管在有些方面它比 Timber!!!游戏要简单一些，但从中我们能够学到自己编写类的知识，这是继续前进的基础，是我们能够构建更复杂且功能更全面的游戏的关键。

5.8　常见问题

问题：用数组实现云朵的方案明显更高效，但我们真的需要三个独立的数组来分别针对活动状态、速度与精灵本身吗？

回答：对象是多种多样的，查看 sprite 等对象所具有的属性/变量便能发现，这些属性同样数不胜数，例如，精灵便含有位置、颜色、大小、旋转角等属性，不一而足。虽然精灵类另有活动状态、速度或者其他更多属性似乎可以变得更完美，但显然 SFML 程序员不可能预测出人们将来使用 Sprite 类的所有方式。幸运的是，我们可以自主创建类，例如，编写一个 Cloud 类，并令其带有布尔变量 active 与 int 变量 speed，甚至还可以为 Cloud 类添加一个 Sprite 对象，如此将能大幅简化我们的云朵代码。在下一章中，我们便会学习如何自主设计类。

第**6**章
面向对象编程——开启 Pong 游戏

本章将简要介绍一些有关 **OOP**(Object-Oriented Programming，**面向对象编程**)的理论知识，这些理论是我们开始应用 OOP 的基石。OOP 有助于我们将代码的结构组织得让人类可识别，也能够有效控制代码的复杂性。我们不会让理论束之高阁，而是会立即将其应用于实践，通过开发 Pong 游戏来展示 OOP 的作用。我们将深入探索如何在 C++中创建可用作对象的新类型，并通过编写我们的第一个类来实现这一过程。首先，我们将介绍一个简化的 Pong 游戏场景，以学习类的基础知识。随后，我们将运用所学的知识，从头开始编写一款真正的 Pong 游戏，将理论转化为实践。

本章将涵盖以下主题：
- 面向对象编程：讨论封装、多态与继承的主要内容，以及我们愿意使用 OOP 的根本原因
- Pong 球拍理论：通过假想的 Bat 类来学习 OOP 与类
- 创建 Pong 项目
- 编写 Bat 类：启动 *Pong* 项目，包括编写代表玩家球拍的实际 Bat 类
- 使用 Bat 类，并编写 main 函数

本 Pong 项目的下载地址是 https://github.com/PacktPublishing/Beginning-C-Game-Programming-Third-Edition/tree/main/Pong，在这里还能找到本书其余三个项目。

6.1 面向对象编程

人们几乎把面向对象编程这种编程范式视为标准的编程方法。诚然，若干非 OOP 的编程理念确实存在，甚至还存在一些非 OOP 的游戏编程语言与游戏库，但由于我们是从零开始，自然没有理由采用其他编程方式。

OOP 具有如下优势：
- 使代码更易于管理、修改与更新
- 让代码的编写变得更快、更可靠
- 能够轻松使用他人编写的代码(我们曾用过 SFML 库)

我们已经在实践中见过，OOP 能够让我们轻松使用他人编写的代码。现在，我们来谈一谈 OOP 的确切定义。

OOP 是一种编程方式，它可以将我们的需求分解成多个更易于管理的小块。每个小块都是独立的，但同时又能与程序的其他部分协同工作，还可以被其他程序使用。这些小块就是对象。

规划并编写对象是通过**类**(class)来完成的。

> 类(class)可视为对象的设计图。

用类可以创建一个对象，而此对象则称为类的一个**实例**(instance)。这里可以拿房子的设计图做个类比：你不能住在设计图里，但可以根据它来盖一座房子，而这就相当于构建了房子的一个实例。在为游戏设计类时，我们经常会让类代表真实世界中的事物。在接下来的 Pong 项目中，我们希望玩家能够控制球拍，也能用球拍让球从屏幕边缘弹回去，所以将分别把球拍和球设计为类。但是，OOP 的作用远不止于此。

> OOP 是一种指导开发者处理事情的方法论，它定义了最佳实践。

OOP 的三大核心原则是**封装**(encapsulation)、**多态**(polymorphism)和**继承**(inheritance)。虽然听起来可能有些复杂，但在逐一分析之后，我们便能发现，这些原则其实相当简单。

6.1.1 封装

封装(encapsulation)是一种保护机制，旨在确保代码的内部工作机制免受使用它的代码的干扰。这是通过限制对特定变量和函数的访问权限来实现的。通过这种方式，只要公开接口保持不变，代码的更新、扩展或改进就不会影响到依赖于这些接口的程序。C++通过引入 public 和 private 等关键字来实现封装，在后续的内容中，我们将展示这些关键字的实际应用。

举个例子，如果 SFML 团队具有良好的封装策略，且想要更新其 Sprite 类的工作方式，这并不会成为问题。因为只要函数签名保持不变，就不必担心 Sprite 类内部的具体实现细节，所以旧版的代码在 Sprite 类更新后仍然能够正常工作。

但即便如此，OOP 也没有消除在编写代码前进行仔细规划的意义，我们甚至可以把封装视为一种提升代码结构化程度的方式。通过封装，我们能够更有效地组织代码，从而提升规划的效率和成功率。在团队合作中，这一点显得尤为重要。

6.1.2 多态

多态(polymorphism)所对应英文单词的本意是"不同的形式"，而这条原则能够让我们写出的代码更少地依赖于我们所操作的数据类型，进而让代码变得更清晰、更高效。如果我们编写的对象能够代表多种类型的事物，便可以利用多态性这一特征。从这个角度来说，多态有点像是某种黑魔法。在此，我们以动物界中不同动物之间的关系这个经典例子来解释多态的概念。假如我们正在制作一款动物园游戏，并为大象创建了一整套数组、函数与对象，但很快我们发现，还需要再为狮子、老虎及其他各种动物各自创建一套数组、函数与对象工具。重复进行这些创建工作显然非常低效。你会想到，要是能创建出一套适用于所有动物的通用数组、函数与对象该有多好。

这正是多态的用武之地：我们可以为一个通用的动物对象编写代码，并让所有与动物园相关的类都使用它。我们会在最终的项目中使用多态特性，届时，一切都会变得更加清晰明了。

6.1.3　继承

顾名思义，**继承**(inheritance)意味着我们可以利用他人编写的类的所有特性和优势，包括封装与多态，同时还能针对我们的应用场景对他们的代码加以提炼。假如我们正在编写一个乡村模拟器，那么前面动物园游戏中与动物相关的那些代码大概率能派上用场。我们将首次同时使用继承和多态这两个概念。

6.1.4　使用 OOP 的理由

如果编程方法合适，那么 OOP 可以让人们在添加新功能时，无需担心其会影响到既有的功能。而如果在迫不得已的情况下改动了某个类，由于类自带独立的特点(即封装)，这些改动基本不会影响到程序的其他部分。

同时，即使没有掌握他人代码(如 SFML 类)内部的工作机制，封装性也让人们可以使用这些代码，而且在使用他人代码时甚至不必关心其内部机制。

此外，对于多摄像头、多玩家、OpenGL、方向性音效等众多复杂的游戏技术，OOP(以及 SFML)让人们在编写需要使用这些复杂技术的游戏时不必闻之色变。

继承让人们无需从零开始便可创建出许多相似但又各具特色的类。

为基本类型而设计的函数同样可以应用在一些特定的新类型上，而这就是多态。

这些都是 OOP 的魅力，也意味着我们可以专注于自身的特色，而无需关注那些公共的基本功能。C++则完全享有这些优势，因为这门语言在设计之初便考虑到 OOP 的所有性质。

> OOP 与制作游戏(或任何其他类型的应用程序)成功的终极秘诀在于规划与设计(这里暂不考虑获取成功的决心)。请注意，C++、SFML 与 OOP 的知识有助于写出高质量的代码，但仅仅"了解"它们是不够的，而是应该能够灵活运用，这样才大概率得以写出结构良好且设计优异的代码。本书中代码的呈现顺序与结构比较适合于在游戏编程氛围中学习多种多样的 C++技能，而**设计模式**(design pattern)能够进一步提升代码结构化的程度[1]。随着代码的长度与复杂性日渐增长，高效利用设计模式也会变得越来越重要。这里有条好消息，就是我们不必自主开发设计模式，因为已经存在众多经典的模式，只需在迫在眉睫前掌握这些知识即可。同时，随着项目日益复杂，我们自己的设计模式也会应运而生。

在这个项目中，我们将学习类及封装的基本概念并尝试应用它们。随着本书继续讲解，我们会变得更大胆一些，轮番利用继承、多态及其他与 OOP 相关的 C++功能。

1　原文中把设计模式定位为艺术与科学，而不仅仅是一种技术。在英语语境中，"科学"指的是"关于世界的知识，尤其是那些通过对事实进行检验、测试或证明而得到的知识"，而"艺术"则指那些与科学无关或不采用科学方法的历史、语言等学科。相比于技能、技巧或把戏、本领，科学与艺术具有最高的概述性和抽象性，也更接近事物的本质，所以原文中作者的写法显然是在高度评价它。

6.1.5　类的基本概念

类是一段代码，可以包含函数、变量、循环以及我们学过的所有 C++语法。在创建一个新类时，都会在一个与该类同名的 .h 代码文件中声明它，而其函数则会在一个单独的 .cpp 文件中定义。通过在 .cpp 文件中应用特定的语法，我们可以明确表明这些函数是在 .h 文件中声明的那个类的成员。

> 严格地说，类的函数不同于常规函数，它是一种特化类型的函数，常称为**方法**(method)以示区别。为简单起见，本书后文会将所有函数统称为"函数"，但你完全可以自己用"方法"来称呼它。

一旦编写了一个类，就可以根据这个类创建任意多个对象。记住，类是设计图，我们基于这个设计图来创建对象。房子本身不是设计图，同样地，对象也不是类。对象是由类创建出来的实例。

> 可以把对象视为**变量**(variable)，把类视为**类型**(type)。

虽然本节已对 OOP 与类进行了诸般讨论，但我们仍未读到任何实际代码。接下来就开始编写代码。

6.2　Pong 球拍理论

本节是一段假设性讨论，我们会编写一个 Bat 类，并借此学习用 OOP 思想来编写 Pong 项目的方法。请不要把本节的任何代码放入项目中，因为这是经过大幅简化的代码，仅用于阐述理论。本章随后会编写项目中真正的 Bat 类，其内容将异于本节，但这不意味着本节内容没有意义，因为通过本节可以学到一些基本原则，它们能为将来奠定基础。

我们首先探索作为类的一部分的变量与函数(或称方法)。

6.2.1　声明类、变量与函数

球拍是现实世界中存在的一个物体，具有相应的属性、行为与特定外观。它扮演着一定的角色，当撞到球时会把球弹回去。于是，球拍便成为我们在学习设计类时的一个很好的例子。

> 如果你没有接触过 Pong 游戏，可以参阅 https://en.wikipedia.org/wiki/Pong。

让我们来看一看这个假想中的 Bat.h 文件：

```
class Bat
{
  private:
```

```
    // Pong 球拍的长度
    int m_Length = 100;
    // Pong 球拍的高度
    int m_Height = 10;
    // x 轴上的位置
    int m_XPosition;
    // y 轴上的位置
    int m_YPosition;

  public:
    void moveRight();
    void moveLeft();
};
```

这段代码乍看时略显复杂，但展开解释后便可发现，其中基本上是已经学过的概念。

首先需要注意这段代码的整体结构：这是一个新类的声明，其中首先用到关键字 class，随后是类的名称，同时完整的声明部分由一对大括号括起来，最后结束位置上还有个分号。

```
class Bat
{
...
...
};
```

下面让我们看一看其中声明的变量：

```
// Pong 球拍的长度
int m_Length = 100;
// Pong 球拍的高度
int m_Height = 10;
// x 轴上的位置
int m_XPosition;
// y 轴上的位置
int m_YPosition;
```

所有这些名字都带有 m_前缀。此前缀并非强制要求，只是一种不错的习惯用法。尽管 C++ 并未将这种惯用法提升为语言规则，但这是 C++ 社区中类数据成员的常用命名方式。作为类的一部分而声明的变量称为**成员变量**(member variable)，而添加 m_前缀便能标示某变量是成员变量。当为类编写函数时，我们还会见到所谓的**局部**(local)变量(即非成员变量)及**参数**(parameter)，那时利用此前缀便能显著区分各种变量，因为它能够清晰标示出哪些变量属于类的一部分，从而将其与局部变量和参数区分开。不同项目、不同公司乃至不同系统可能会使用不同的命名方法，但通过前缀来识别成员变量是业界的一种最佳实践。

例如，如果在某个不使用 m_前缀的作用域中，有这样一个非成员变量：

```
int Length = 50; // 非成员变量
```

那么在没有前缀 m_的情况下，我们很难判断此变量是否属于类的一部分，但使用前缀 m_便能避免这种混淆，从而有助于提升代码的可维护性，使代码一目了然。

另外，全部这些代码所在的程序区段由关键字 private 引导，跳读前面的代码就能发现，这个类的代码大体可以分为以下两个部分：

```
private:
    // 无法通过类实例直接交互的内容

public:
    // 类实例使用者能够访问的变量与函数
```

其中 public 与 private 这两个关键字用于控制类的封装程度：任何私有项均不能被此类的实例/对象的使用者直接访问。一般为他人设计类时，我们并不希望那些用户能够肆意改动类内的每处代码。当然，成员变量并非必须是私有的，但尽量将其设为私有，是在践行封装的理念。

这意味着 main 函数中的游戏引擎不能直接访问那 4 个成员变量(m_Length、m_Height、m_XPosition 与 m_YPosition)，它们只能被类本身的代码间接访问。这正实践了封装原则。然而，对于 m_Length 与 m_Height 而言，我们不难接受这种行为，因为我们不需要修改球拍大小，但我们显然需要访问 m_XPosition 与 m_YPosition，否则如何移动球拍？

这个问题可以通过代码的 public 部分加以解决：

```
void moveRight();
void moveLeft();
```

Bat 类提供了两个公有函数，可供 Bat 类型的对象使用，查看这些函数的定义便能知晓其操作那些私有变量的方式。

总结而言，现在我们有了一批不可访问的变量(即私有变量)，它们不能被 main 函数直接使用。这没有问题，因为封装性可以降低代码出错的可能性，也能提升代码的可维护性。随即，我们通过两个公有函数来提供间接访问 m_XPosition 与 m_YPosition 两个变量的方法，以此解决移动球拍的问题。

main 函数中的代码可以使用该类的一个实例来调用其公有函数，而函数内部的代码将负责精确控制使用成员变量的具体方式。

图 6.1 展示的是该类的具体信息。

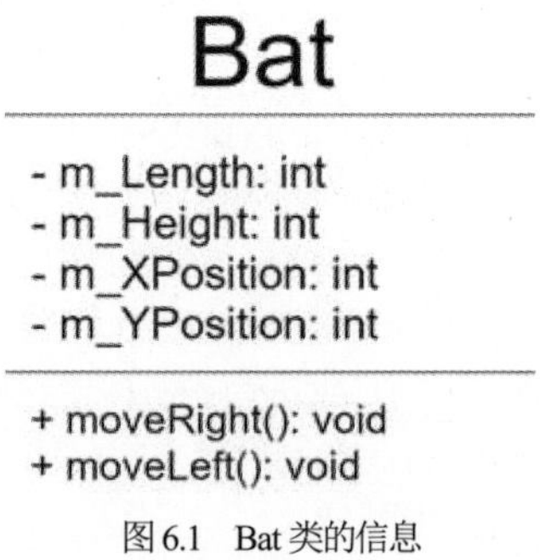

Bat

- m_Length: int
- m_Height: int
- m_XPosition: int
- m_YPosition: int

+ moveRight(): void
+ moveLeft(): void

图 6.1　Bat 类的信息

该图最上面的部分代表类的名称 Bat。中间部分含有该类的成员变量，它们的前面带有短线"-"，代表这些变量都是私有的。图的底部含有类的成员函数，由加号"+"引导，表示它们是公有的。这种图提供了类的封装的可视化表示法，有助于快速了解成员的访问权限等级。

这种表示类的格式属于 **UML**(Unified Modeling Language，**统一建模语言**)的一部分。UML 本身具有丰富的内涵，其详细介绍超出了本书讨论的范畴，这里仅提一点：UML 是演示 C++代码设计决策的一种表示法，理解这一点是个很好的开始。你可以在 UML 官网 https://www.uml.org/

上找到更多相关知识。

接下来让我们看一看函数的定义。

6.2.2　类函数定义

本书内全部的函数定义将与类及其函数的声明位于不同代码文件中，这份文件将与类同名，但扩展名为.cpp。这种做法能够提升代码的管理程度，又能够分离声明与定义，非常适合仅希望概览某类功能(主要是.h 文件中的声明)，而并不关注具体细节(指.cpp 文件中的定义)的场景。以下代码将构成 Bat.cpp 文件，其中出现了一个新的概念：

```
#include "Bat.h"

void Bat::moveRight()
{
  // 让球拍向右移动 1 像素
  m_XPosition ++;
}

void Bat::moveLeft()
{
  // 让球拍向左移动 1 像素
  m_XPosition --;
}
```

这里首先能够发现，我们必须使用一条 include 指令来引入 Bat.h 文件中的类及其函数的声明，从而令此.cpp 文件中的代码知晓.h 文件中的所有声明。

这里的出现新概念是::，它是**作用域解析运算符**(scope resolution operator)。由于这些函数属于一个类，我们必须在函数名前加上类名和::，以与标准的非成员函数的签名部分稍作区别，如 void Bat::moveRight 与 void Bat::moveLeft。

这里，函数名之前的 Bat::字样表明 moveRight 与 moveLeft 两函数均为 Bat 类的成员函数，从而明确地将这两个函数与类绑定在一起，确保编译器在编译期间能够正确地关联类及其函数。

使用作用域解析运算符同样强化了代码的清晰度，也能避免名称冲突，在涉及多类、多函数且名称相近时尤其如此。

> 实际上，我们在前面已经见过了作用域解析运算符(例如，在每次声明类的对象时)，只是前面未曾使用 using namespace...结构。

注意，我们也可以像下面这样，把函数的声明与定义放在同一个文件中：

```
class Bat
{
 private:
   // Pong 球拍的长度
   int m_Length = 100;
   // Pong 球拍的高度
   int m_Height = 10;
   // x 轴上的位置
```

```
    int m_XPosition;
    // y轴上的位置
    int m_YPosition;

public:
  void Bat::moveRight()
  {
    // 让球拍向右移动1像素
    m_XPosition ++;
  }
  void Bat::moveLeft()
  {
    // 让球拍向左移动1像素
    m_XPosition --;
  }
};
```

但当类的长度增加后(例如,第三个游戏项目 *Zombie Arena* 中的类正是如此),将函数的定义拆为独立文件有助于提升代码的管理程度。此外,一般认为头文件是公有的,如果他人会使用这些代码,那么这些头文件也常用作说明性文档。

然而,在写好一个类之后,我们应当如何使用它?

6.2.3 使用类的实例

尽管已读过许多与类相关的代码,但我们仍未实际使用 Bat 类。不过,我们已经多次使用过 SFML 类,所以应该不会对其具体做法感到陌生。

首先,我们会用以下代码创建 Bat 类的一个实例:

```
Bat bat;
```

此 bat 对象具有 Bat.h 中所声明的全部变量,只是不能直接访问它们,而是需要通过公有函数来操作(这里是移动球拍):

```
bat.moveLeft();
```

或者可以这样移动:

```
bat.moveRight();
```

记住,bat 对象属于 Bat 类,因此含有 Bat 类所声明的所有变量和所有函数。

以后,我们可能会决定把 *Pong* 游戏变成多玩家游戏。在 main 函数中,我们可以修改代码,让游戏带有两个 Bat 对象,比如这样:

```
Bat bat;
Bat bat2;
```

Bat 的这些对象其实是完全独立的对象,并各自具有相应的一套变量,正如玩家、树、蜜蜂与斧头等精灵都是 SFML Sprite 类的独立实例。认识到这种独立性是至关重要的。初始化类并获得该类的一个实例有很多种方法,后面在编写 Bat 类时将给出一个实际的例子。

6.3　创建 Pong 项目

创建并配置项目是个耐心活儿，这里将仿照上一个游戏 Timber!!!那样一步一步地教你进行操作。但我不会像 Timber!!!项目那样给出这个过程的全部截图，由于过程是相同的，所以如果记不住项目某属性的位置，可以参考第 1 章。

(1) 启动 Visual Studio，单击"**创建新项目**"按钮。如果尚未关闭 Timber!!!项目，则可以选择"**文件**"->"**新建**"->"**项目**"。

(2) 在弹出的窗口中，选择"**控制台应用**"并单击"**下一步**"按钮，随即应该能看到"**配置新项目**"窗口。

(3) 在"**配置新项目**"窗口内的"**项目名称**"一栏中键入"**Pong**"。注意，这会让 Visual Studio 自动把"**解决方案名称**"配置为相同的名称。

(4) 在"**位置**"栏，定位到第 1 章所创建的 VS Projects 文件夹，这是保存我们所有游戏项目的位置。

(5) 选中选项"**将解决方案与项目放在同一目录中**"。

(6) 在完成以上工作后，单击"**创建**"按钮。此时 Visual Studio 便会创建 Pong 项目，其中的 main.cpp 文件还包含一些代码。

(7) 现在我们需要配置项目，以使用 SFML 文件夹内的各个 SFML 文件。请从主菜单中选择"**项目**"->"**Pong 和属性…**"以打开"**Pong 属性页**"窗口。

(8) 在"**Pong 属性页**"窗口内的"**配置**"下拉菜单中选择"**全部配置**"选项，并保证"**平台**"下拉菜单设为"**Win32**"。

(9) 下面，请从左边的窗口中选择"**C/C++**"，再选择"**常规**"。

(10) 此后，定位到"**附加包含目录**"编辑框，并键入 SFML 文件夹所在的驱动器分区，再键入 \SFML\include。例如，如果你把 SFML 文件夹放在 D:盘，那么这里的完整路径为 D:\SFML\include。如要 SFML 安装在其他分区，请相应修改路径。

(11) 单击"**应用**"保存目前所做的配置。

(12) 接下来，仍在此窗口中，从左侧窗口中选择"**链接器**"->"**常规**"。

(13) 定位到"**附加库目录**"编辑框，键入 SFML 文件夹所在的驱动器分区，再键入 \SFML\lib。例如，如果把 SFML 文件夹放在 D:盘，那么这里所写的完整路径就是 D:\SFML\lib。如果 SFML 安装在其他分区，请相应修改路径。

(14) 单击"**应用**"保存目前所做的配置。

(15) 接下来，仍在此窗口中，将"**配置**"下拉菜单设为"**Debug**"。我们会在调试模式下运行并测试 Pong 游戏。

(16) 选择"**链接器**"->"**输入**"。

(17) 定位到"**附加依赖项**"编辑框，在最左边单击它，再将以下内容复制进去：

```
sfml-graphics-d.lib;sfml-window-d.lib;sfml-system-d.lib;sfml-network-d.lib;
sfml-audio-d.lib;
```

复制时请小心操作，一定要将光标置于编辑框既有内容的最前面，以免一时疏忽改动了既有内容。

(18) 单击"**确定**"按钮。

(19) 先后单击"**应用**"和"**确定**"按钮。

(20) 确定 Visual Studio 主窗口的"**Debug**"下拉框一旁选择的是"**x86**"而非"**x64**"。

(21) 现在我们需要把 SFML 的 .dll 文件复制到项目的主文件夹内。我的项目主文件夹是 D:\VS Projects\Pong，它由 Visual Studio 在前面步骤中自动创建。如果你的 VS Projects 文件夹放在其他地方，就应该在那里执行第(21)与(22)步。我们需要复制到项目文件夹中的文件位于 SFML\bin 文件夹内。使用两个窗口分别打开这两个文件夹，并选中 SFML\bin 文件夹内的所有文件。

(22) 复制所选文件并将其粘贴至项目文件夹 D:\VS Projects\Pong 中。

至此，我们把项目的属性配置完毕，可以开始工作了。

这个游戏将展示一些文本作为 HUD，它们用于显示玩家的分数以及还有几条命。为此，我们还需要一个字体文件。

> 可以通过 http://www.dafont.com/theme.php?cat=302 下载可供个人免费使用的字体。下载完毕后请解压。当然，希望使用自己的字体也是可以的，代价仅仅是在字体加载代码中稍做修改。

请在 VS Projects\Pong 文件夹内新建文件夹 fonts，并将 DS-DIGIT.ttf 文件放到 VS Projects\Pong\fonts 文件夹中。

现在，我们已经准备好编写第一个 C++ 类了。

6.4 编写 Bat 类

Pong 游戏中的 Bat 非常简单，非常适合引入类的基本知识。类可以像前面 Bat 类那样精简，但也可以更长、更复杂，甚至可以包含由其他类所创建的对象。此外，关于类，我们还需要学习不少新概念，例如，我们将学习编写所谓的**构造函数**(constructor)，这种函数能够配置类的实例以供实际使用。

单就游戏制作领域而言，前面假想的 Bat 类还缺乏一些至关重要的东西：即便那些私有变量和公有函数本身可能够用，但应该如何把它画出来？所以，Pong 球拍类需要一个精灵，而在一些游戏中，类还需要纹理。此外，我们需要仿照上一个项目操作蜜蜂与云朵那样，通过一种方式来控制全部游戏对象中动画的播放速率。我们还可以参照在 main.cpp 文件中声明并使用对象的方式，让类包含其他对象。下面让我们真正来编程实现此 Bat 类，并学习如何解决本段所提到的这些问题。

6.4.1 编写 Bat.h

我们首先将编写头文件。右击"**解决方案资源管理器**"窗口中的"**头文件**"，并选择"**添加**" -> "**新建项**"。下面选择"**头文件(.h)**"选项[1]，并将新文件命名为"Bat.h"。单击"**添加**"按钮。

---

1 有时，单击"新建项"后可能仅仅得到一个小小的"添加新项"对话框，其中仅仅要求我们提供新项的名称，而没有所谓的"头文件"选项。这是"添加新项"对话框的紧凑视图，需要单击此对话框左下角的"显示所有模板"按钮来获取所有选项。

现在，我们便可以开始编写这份文件了。

请将以下代码添加到 Bat.h 文件中：

```cpp
#pragma once
#include <SFML/Graphics.hpp>

using namespace sf;

class Bat
{
private:
  Vector2f m_Position;
  // RectangleShape 对象
  RectangleShape m_Shape;
  float m_Speed = 1000.0f;
  bool m_MovingRight = false;
  bool m_MovingLeft = false;

public:
  Bat(float startX, float startY);
  FloatRect getPosition();
  RectangleShape getShape();
  void moveLeft();
  void moveRight();
  void stopLeft();
  void stopRight();
  void update(Time dt);
};
```

这里首先看到的是文件第一行的#pragma once 声明，用于阻止编译器重复处理这个头文件。随着我们的游戏变得越来越复杂，比如可能有几十个类，该声明能够降低编译时间。

接下来请留意成员变量的名称，以及函数参数及其返回值的类型。我们有一个 Vector2f 对象 m_Position，它持有玩家球拍的横纵坐标；也有个 SFML RectangleShape，它将代表球拍而出现在屏幕上。RectangleShape 与 Sprite 均为 SFML **图形模块**(graphics module)的一部分，负责在屏幕上渲染对象，其中前者主要用于渲染简单的长方形或正方形图样，后者则用于渲染纹理化图片。因为 Pong 球拍是一个简单的白色长方形，所以我选择使用 RectangleShape 来实现它。

这里有两个布尔型成员用于追踪球拍当前的移动方向(球拍也可以静止不动)，而下面的那个 float 型变量 m_Speed 将告诉我们在玩家决意左移或右移球拍时，球拍每秒钟能跨过多少像素点。

下一段代码需要额外的解释，我们先从 Bat 函数开始介绍。该函数的名称与类名完全相同，称为构造函数。

6.4.2　构造函数

在编写了一个类之后，编译器会创建一个特殊的函数。即使没有在代码中直接看到这个函数，它也是存在的。这个函数称为构造函数，可以由编译器暗暗提供，是前面在使用假想的 Bat 类时会调用的函数。

当需要使用一些代码来准备或配置某对象时，构造函数通常是放置这些代码的好地方。编译器所提供的默认的(不可见的)构造函数仅仅简单地构造出类的实例，而如果希望构造函数执行其他操作，那么这种默认构造函数必须被主动替换掉，这正是我们在 Bat 构造函数中要做的工作。

注意，Bat 构造函数接受两个 float 型参数，为方便起见，这里重复展示一次：

```
Bat(float startX, float startY);
```

创建 Bat 对象时，最好能够同时直接初始化其在屏幕上的位置。此外请注意，构造函数没有返回值，连 void 都没有。

我们很快便会使用 Bat 构造函数及初始化式列表将此游戏对象置于其起始位置上。记住，构造函数是在声明 Bat 类型的对象时被调用的。

6.4.3 继续解释 Bat.h

接下来是 getPosition 函数，它返回的 FloatRect 含有可以定义矩形的四个点。随后是 getShape，它返回 RectangleShape。此函数用于向游戏主循环返回 m_Shape 对象，以便对其进行绘制操作。

我们还定义了 moveLeft、moveRight、stopLeft 和 stopRight 这 4 个函数，用于在需要时控制球拍移动的方向或停止移动。

最后是接受 Time 参数的 update 函数，负责计算每帧移动球拍的方式。由于球拍与球的移动方式不同，应该将二者的移动代码各自封装在两个类中，而不应让二者共享运动机制。我们会在 main 函数内，游戏里的每一帧中调用一次 update 函数。

> 你可能猜到了，代表球的 Ball 类也有个 update 函数。

现在，我们可以编写 Bat.cpp 文件，其中我们会使用成员变量并定义所有函数。

6.4.4 编写 Bat.cpp

我们需要先创建此文件，然后才能讨论其中的代码。请在"**解决方案资源管理器**"中右击"**源文件**"文件夹，随后选择"**C++文件(.cpp)**"，并在"**名称**"栏中输入"**Bat.cpp**"。单击"**添加**"按钮，从而创建这个新文件。

我们会把这个文件中的代码分为两部分进行讨论。

首先，请按照下面所示编写 Bat 构造函数：

```
#include "Bat.h"

// 这是构造函数，会在创建对象时调用
Bat::Bat(float startX, float startY): m_Position(startX, startY)
{
    m_Shape.setSize(sf::Vector2f(50, 5));
    m_Shape.setPosition(m_Position);
}
```

这段代码的第一行是 Bat.h 文件的 include 指令，从而可以在此文件中使用 Bat.h 内的所有函数与变量。

　　由于我们需要执行一些操作让一个实例处于就绪状态，而编译器所提供的默认构造函数其实是空的，也不可见，因此显然不足以满足需要，这让我们接下来在这里实现了构造函数。记住，此构造函数是在初始化 Bat 类的实例时所运行的代码。

　　注意，我们使用 Bat::Bat 这样的语法作为函数的名称，也即正在使用 Bat 类所定义的 Bat 函数。

　　此构造函数接受两个 float 值 startX 与 startY，而在紧随函数参数之后的下一行中，我们便看到了一点新东西：

```
: m_Position(startX, startY)
```

　　这种结构称为**初始化列表**(initializer list)。一般认为，使用成员初始化列表比在构造函数体中初始化变量更高效，一些特定类型的变量更能直接受益。具体到这里，那就是我们正在使用一种更精炼、更清晰的语法，以两个数值初始化 Vector2f 型对象 m_Position，而且那两个数值是以参数的形式传入构造函数的。

　　现在，Vector2f 对象 m_Position 会持有所传入的两个值，同时由于它是成员变量，因此这些值可以在类中的任何地方使用。但需要注意的是，我们把 m_Position 变量声明为私有变量，所以不能在 main 函数中访问它，或者说，不能直接访问它。很快我们便能看到如何解决这个访问问题。

　　在构造函数体的最后部分，我们通过设置 RectangleShape 对象 m_Shape 的大小和位置而初始化它，这与我们在 6.2 节中对假想的 Bat 类所做的事情有所不同：SFML 的 Sprite 类自身带有表示其大小与位置的变量，分别能够通过 setSize 与 setPosition 来设定，这很方便，所以不再需要假想中的 m_Length 与 m_Height。

　　此外，注意我们需要改变初始化 Bat 类实例的方法(相比于之前那个假想的 Bat 类而言)，以适应其构造函数，我们很快便能看到具体的做法。

　　现在，我们需要实现 Bat 类余下的 5 个函数。请将以下代码添加到 Bat.cpp 文件的构造函数之后：

```
FloatRect  Bat::getPosition()
{
  return m_Shape.getGlobalBounds();
}

RectangleShape  Bat::getShape()
{
  return m_Shape;
}

void  Bat::moveLeft()
{
  m_MovingLeft = true;
}

void  Bat::moveRight()
{
  m_MovingRight = true;
}

void  Bat::stopLeft()
```

```
{
  m_MovingLeft = false;
}

void Bat::stopRight()
{
  m_MovingRight = false;
}

void Bat::update(Time dt)
{
  if (m_MovingLeft)
  {
    m_Position.x -= m_Speed * dt.asSeconds();
  }
  if (m_MovingRight)
  {
    m_Position.x += m_Speed * dt.asSeconds();
  }
  m_Shape.setPosition(m_Position);
}
```

现在，我们仔细研究一下刚添加的这些代码。

首先，我们定义了getPosition函数，其作用仅是为其调用代码返回一个FloatRect对象。该对象由 m_Shape.getGlobalBounds 创建，而所创建的实例是以当前RectangleShape(即 m_Shape)的 4 个顶点初始化的。当需要在 main 函数中判断球是否击中球拍时，我们会调用这个函数。

其次定义了getShape函数，它仅用于向调用代码传回m_Shape的一个副本，有了它我们便能在main函数中绘制球拍。如果某公有函数的唯一任务是传出类中的某私有数据，则此函数常称作**取值函数**(getter)。

现在我们可以看一看moveLeft、moveRight、stopLeft 和 stopRight 这4个函数了，其功能在于设定布尔变量m_MovingLeft 或m_MovingRight 的值，以体现玩家当前的运动意向。但需注意的是，这些函数完全不会改变RectangleShape 实例，也不会改变 FloatRect 实例，而这两个实例才真正决定球拍的位置。这正是我们需要的行为。

Bat 类中的最后一个函数是在每帧游戏中均会调用的 update 函数。随着游戏项目变得越来越复杂，update 函数也会变得越来越复杂，但目前我们仅需要此函数根据玩家移动球拍的方向来微调球拍的位置。注意，这里用于微调的代码与我们在上个项目 Timber!!!中移动蜜蜂与云朵的代码完全相同：先取速度与时间增量的乘积，然后从对象的位置坐标上相应加上或减去这个乘积，从而令球拍根据每帧的更新时间而移动。接下来，代码用 m_Position 中所持有的最新值更新了 m_Shape 的位置。

将update 函数放在Bat 类中、而不是main 函数中的做法正是封装思想的体现。在Timber!!!游戏中，我们的做法是在 main 函数中更新所有游戏对象的位置，但这里有所不同，每个对象各自负责更新它们自己。

6.5　使用 Bat 类，并编写 main 函数

请切换到在创建项目时自动生成的 `main.cpp` 文件。如果自动创建的文件名为 **Pong.cpp**，你可以保留它，也可以在 **"解决方案资源管理器"** 中右击它并重命名为 `main.cpp`。名称不重要，重要的是此文件包含了作为程序执行起始点的 `main` 函数。请删除 `main` 函数中自动生成的所有代码，并按照以下形式编写 Pong.cpp 文件：

```
#include  "Bat.h"
#include  <sstream>
#include  <cstdlib>
#include  <SFML/Graphics.hpp>

int  main()
{
  // 创建 VideoMode 对象
  VideoMode vm(1920, 1080);

  // 创建并启动游戏窗口
  RenderWindow window(vm, "Pong", Style::Fullscreen);

  int score = 0;
  int lives = 3;

  // 在屏幕底部中心创建球拍
  Bat bat(1920 / 2, 1080 - 20);
  // 下一章将添加球

  // 创建 Text 对象 HUD
  Text hud;

  // 一种酷酷的复古字体
  Font font;
  font.loadFromFile("fonts/DS-DIGIT.ttf");

  // 使用此复古字体
  hud.setFont(font);
  // 调大字号
  hud.setCharacterSize(75);

// 选定颜色
  hud.setFillColor(Color::White);
  hud.setPosition(20, 20);

  // 计时器
  Clock clock;

  while (window.isOpen())
  {
    /*
    处理玩家输入
    ****************************
    ****************************
```

```
    ****************************
    */


    /*
    更新球拍、球与 HUD
    ****************************
    ****************************
    ****************************
    */


    /*
    绘制球拍、球与 HUD
    ****************************
    ****************************
    ****************************
    */

  }
  return 0;
}
```

在这段代码中，游戏主循环的结构与 Timber!!!游戏所用的结构类似，但仍存在差异，其中第一处差异在于这里会创建 Bat 类实例：

```
// 创建球拍
Bat bat(1920 / 2, 1080 - 20);
```

这行代码调用了构造函数来新建 Bat 类的实例，其中传入构造函数的数据使得此 Bat 对象的位置被初始化为屏幕底部中央处，这是球拍最好的起始位置。

还需要注意的是，我使用了一些注释来指明最终应把其余代码放在什么地方。这些代码均在游戏循环内部，这一点与 Timber!!!游戏相同，以下代码只是把这些注释单独提出来，以便加深印象并区分出这三个部分。

```
    /*
    处理玩家输入
    …

    /*
    更新球拍、球与 HUD
    …

    /*
    绘制球拍、球与 HUD
    …
```

接下来，请遵照以下示例向"处理玩家输入"部分添加代码：

```
Event event;
while (window.pollEvent(event))
{
  if (event.type == Event::Closed)
  {
```

```
    // 当关闭窗口时退出游戏
    window.close();
  }
}

// 处理玩家的退出指令
if (Keyboard::isKeyPressed(Keyboard::Escape))
{
  window.close();
}

// 处理方向键操作
if (Keyboard::isKeyPressed(Keyboard::Left))
{
  bat.moveLeft();
}
else
{
  bat.stopLeft();
}
if (Keyboard::isKeyPressed(Keyboard::Right))
{
  bat.moveRight();
}
else
{
  bat.stopRight();
}
```

这段代码首先允许玩家通过按下 *Esc* 键退出游戏，这与 Timber!!!游戏完全相同。接下来是两个 if-else 结构，用于处理玩家移动球拍的指令，这里择其一进行分析：

```
if (Keyboard::isKeyPressed(Keyboard::Left))
{
  bat.moveLeft();
}
else
{
  bat.stopLeft();
}
```

这段代码检测玩家是否按下键盘上的左方向键。如果是，则调用 Bat 实例 **bat** 的 moveLeft 函数，该函数将把私有布尔变量 m_MovingLeft 设为 true；而如果当前没有按下，则调用 stopLeft 函数，并把 m_MovingLeft 设为 false。

下一个 if-else 结构会完整地重复此流程，以处理玩家是否按下右方向键的动作。

接下来，请将以下代码添加到"更新球拍、球与 HUD"部分：

```
// 更新时间增量
Time dt = clock.restart();
bat.update(dt);

// 更新 HUD 文本
std::stringstream ss;
ss << "Score:" << score << " Lives:" << lives;
```

```
hud.setString(ss.str());
```

这段代码使用的计时技术与 Timber!!!游戏完全相同,只不过现在我们会在 Bat 实例上调用 update 函数,并传入时间增量。在接收到时间增量后,Bat 类需要联合使用该量与之前从玩家接受的移动指令以及球拍的速度,才能够移动球拍。

接下来,请将以下代码添加到"绘制球拍、球与 HUD"部分:

```
window.clear();
window.draw(hud);
window.draw(bat.getShape());
window.display();
```

这段代码首先执行清屏指令,随后绘制 HUD 文本,并使用 bat.getShape 函数从 Bat 实例中抓取相应的 RectangleRect 实例绘于屏幕,最后调用 window.display 函数,从而把球拍绘制到对应位置,这与我们在上一个项目中的做法相同。

在这个阶段,你可以运行游戏,然后可以看到 HUD 与一个球拍,而那个球拍可以通过左右方向键平滑地向左或向右移动,如图 6.2 所示。

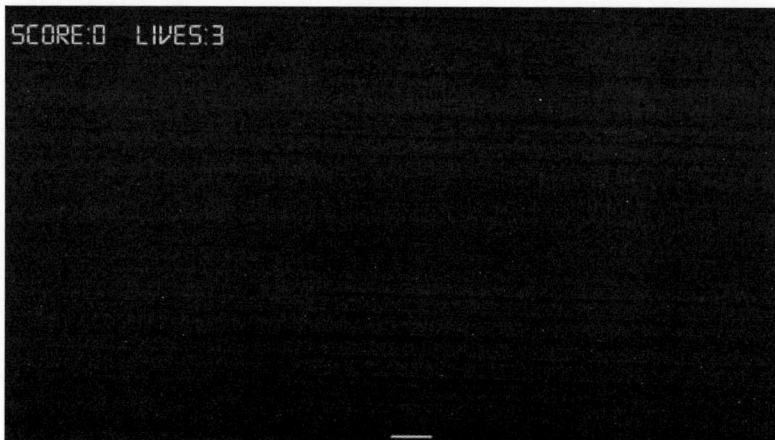

图 6.2 完成了 HUD 与球拍部分的 Pong 游戏

恭喜!到这里,我们的第一个类便已编写完毕并顺利部署了。

6.6 本章小结

本章探索了如何编写并使用类等 OOP 的一些基础知识,其中我们利用封装思想来限制外部代码,使之必须按照预期方式访问成员变量。这与 SFML 类很相似:我们可以创建并使用 Sprite 及 Text 实例,但只能根据其设计思路来创建和使用。

请不必为 OOP 的相关细节所困扰,即使目前仍有谜团萦绕在类周围。之所以这样说,是因为我们将在本书剩余部分持续编写类,而实践经验越多,我们就越了解它。

此外,我们还为 Pong 游戏实现了一个能正常工作的球拍以及一套 HUD。

下一章将编写 Ball 类,并令其在屏幕边缘反弹,之后将增加碰撞检测功能并完成 Pong 游戏。

6.7 常见问题

问题 1：我已经学过其他语言，但在 C++ 中，OOP 似乎非常简单。这种说法有问题吗？

回答：本章属于 OOP 的入门介绍，仅涉及 OOP 基础，而 OOP 的内容不止于此。后文会介绍关于 OOP 的更多概念与细节。

问题 2：在类声明体之外定义函数时，为什么要使用 :: 运算符？

回答：此运算符是 C++ 中的作用域解析运算符，用于在类声明体之外定义函数。如果一个函数声明在某类之内，则其将隐式地关联于此类，而在类之外实现成员函数时，则需要在函数名之前使用"类名::"字样来指定此函数的所属类，从而正确地建立类与函数的关联关系，并避免名称冲突，强化代码的清晰度与可维护性。

问题 3：成员变量是应该在构造函数的初始化列表中初始化，还是应该在构造函数体中初始化？

回答：应该尽量在构造函数的初始化列表中初始化成员变量，这是推荐做法。这种方式效率更高，对于复杂类而言尤其如此，也能保证成员变量在构造函数开始执行之前完成初始化操作。但是，如果构造函数体内的简单初始化操作更适合你的应用场景，那么选择这种做法同样没有问题，只是仍然应该优先选用成员初始化列表。

第7章

AABB 碰撞检测与物理学——完成 Pong 游戏

本章将编写第二个类，我们可以发现，虽然球与球拍明显不同，但将球的外形及其功能封装在 Ball 类中的技术是相同的，球与 Ball 类的关系与球拍与 Bat 类也是相同的。之后，我们将编写代码实现**碰撞检测**(collision detection)与**记分**(score-keeping)两项功能，从而为 Pong 游戏收尾。虽然这两项功能听起来很复杂，但不难猜到，使用 SFML 将使情况大大简化。

本章将涵盖以下主题：
- 编写 Ball 类
- 使用 Ball 类
- 碰撞检测与记分
- 运行游戏
- 学习 C++宇宙飞船运算符

本章将从实现代表球的类开始。

7.1 编写 Ball 类

我们首先要编写头文件。请在"**解决方案资源管理器**"中右击"**头文件**"，选择"**添加**"->"**新建项**"，接下来选择"**头文件(.h)**"选项，并把新文件命名为 Ball.h，最后单击"**添加**"按钮。现在，我们便可以编写这个文件了。

请将以下代码添加到 Ball.h 中：

```
#pragma once
#include <SFML/Graphics.hpp>
using namespace sf;

class Ball
{
private:
  Vector2f m_Position;
  RectangleShape m_Shape;
```

```
    float m_Speed = 300.0f;
    float m_DirectionX = .2f;
    float m_DirectionY = .2f;

public:
    Ball(float startX, float startY);
    FloatRect getPosition();
    RectangleShape getShape();
    float getXVelocity();
    void reboundSides();
    void reboundBatOrTop();
    void reboundBottom();
    void update(Time dt);
};
```

在这段代码中，我们首先可以发现，其中的成员变量与 Bat 类很相似：存在针对位置、外观与速度的成员变量，这与球拍类 Bat 相同，且两个类对应变量的类型也是相同的(依次是 Vector2f、RectangleShape、float)，甚至采用了相同的名称(即 m_Position、m_Shape、m_Speed)。Ball 类中的成员变量的差异在于，这里使用两个 float 型变量来分别记录横向与纵向的运动，它们是 m_DirectionX 与 m_DirectionY。

我们需要编写 8 个函数，才能让球真正动起来。这里首先有个与类同名的构造函数，用于初始化 Ball 实例，接下来的三个函数同样可见于 Bat 类中，分别是 getPosition、getShape 与 update，其中前两者分别用于与 main 函数分享该类实例的位置与外观，而 update 函数则由 main 函数调用，负责在每帧中更新 Ball 实例的位置。

其余函数控制球的移动方向。main 在检测到球撞到了屏幕的两个侧边时会调用 reboundSides 函数，而调用 reboundBatOrTop 函数则是为了应对球被玩家的球拍击中或者撞到了屏幕顶部的情况。此外，当球击中屏幕底端时，会调用 reboundBottom 函数。

当然，这些仅仅是声明，我们会在 Ball.cpp 中编写实际的工作代码。

同样，先创建文件，再讨论代码。请在"**解决方案资源管理器**"中右击"**源文件**"，选择"**添加**"->"**新建项**"，接下来选择"**C++文件(.cpp)**"选项，并在"**名称**"一栏键入 Ball.cpp。单击"**添加**"按钮，从而创建这个新文件。

接下来，请将以下代码添加到 Ball.cpp 文件中：

```
#include "Ball.h"

// 构造函数
Ball::Ball(float startX, float startY)
    : m_Position(startX,startY)
{
    m_Shape.setSize(sf::Vector2f(10, 10));
    m_Shape.setPosition(m_Position);
}
```

这段代码首先引入所需的 Ball 类头文件。接下来，与类同名的构造函数接受两个 float 型参数，这两个参数位于初始化列表中，负责初始化 Vector2f 类型的成员变量 m_Position，随后在函数体中通过 setSize 函数改变 RectangleRect 实例的大小，并用 setPosition 设定其位置。这里所用的大小取宽与高均为 10 像素，是随意设定的，但效果不错。所用的位置则自然取自 Vector2f 实例 m_Position。

请将以下代码添加到 Ball.cpp 内的构造函数之后：

```cpp
FloatRect Ball::getPosition()
{
  return m_Shape.getGlobalBounds();
}

RectangleShape Ball::getShape()
{
  return m_Shape;
}

float Ball::getXVelocity()
{
  return m_DirectionX;
}
```

这段代码是 Ball 类的三个取值函数，负责向 main 函数返回一些内容。getPosition 函数会对 m_Shape 使用 getGlobalBounds 函数，返回一个 FloatRect 实例，此实例将用于碰撞检测。getShape 函数则返回 m_Shape，以在游戏循环的每一帧中进行绘制。最后的 getXVelocity 函数负责把球当前的移动方向告知 main 函数，我们很快会解释其意义。另外，因为不需要获取纵向速度，所以这里不提供 getYVelocity 函数，但额外添加这个函数也很简单。

请在刚刚添加的代码之后插入以下函数：

```cpp
void Ball::reboundSides()
{
  m_DirectionX = -m_DirectionX;
}

void Ball::reboundBatOrTop()
{
  m_DirectionY = -m_DirectionY;
}

void Ball::reboundBottom()
{
  m_Position.y = 0;
  m_Position.x = 500;
  // m_DirectionY = -m_DirectionY;
}
```

这段代码中，三个名称带有 rebound 前缀的函数分别用于处理球撞到不同位置的情况。reboundSides 函数让 m_DirectionX 取其相反数，即把正值变为负值、把负值变为正值，从而反转球的(横向)移动方向。reboundBatOrTop 函数对 m_DirectionY 做了相同的处理，从而反转球的(纵向)移动方向。reboundBottom 函数则把球重新置于屏幕顶部中央，并让球向下运动，这是游戏在玩家接不到球而任其击穿屏幕底部时的效果。

最后，请为 Ball 类添加以下 update 函数：

```cpp
void Ball::update(Time dt)
{
  // 更新球的位置
```

```
    m_Position.y += m_DirectionY * m_Speed * dt.asSeconds();
    m_Position.x += m_DirectionX * m_Speed * dt.asSeconds();

    // 移动球
    m_Shape.setPosition(m_Position);
}
```

这段代码中，m_Position.y 与 m_Position.x 分别使用合适的方向、速度与当前帧的时间增量来更新，而更新后的 m_Position 则进一步用于改变放置 m_Shape 这个 RectangleShape 实例的位置。这种计算方式与第一个项目操作云朵与蜜蜂的方法基本相同，只是这里将这些逻辑封装在了类中。此后，如果需要改变球的移动方式，这种改动一般仅会影响 Ball 类的代码。

现在我们完成了 Ball 类，可以使用它了。

7.2 使用 Ball 类

为了实际使用 Ball 类，请添加以下代码，让 main 函数能够访问它：

```
#include "Ball.h"
```

以下高亮显示的代码使用我们刚刚写好的构造函数来声明并初始化 Ball 类的一个实例，请添加这些代码：

```
// 创建球拍
Bat bat(1920 / 2, 1080 - 20);

// 创建球
Ball ball(1920 / 2, 0);

// 创建 Text 对象 HUD
Text hud;
```

请添加高亮显示的代码：

```
/*
更新球拍、球与HUD
****************************************************
****************************************************
****************************************************
*/
// 更新时间增量
Time dt = clock.restart();
bat.update(dt);
ball.update(dt);

// 更新 HUD 文本
std::stringstream ss;
ss << "Score:" << score << " Lives:" << lives;
hud.setString(ss.str());
```

这行代码仅仅为 ball 实例调用了其 update 函数，从而相应改变 ball 的位置。

请将以下高亮显示的代码添加到游戏循环中，让每一帧均能绘制球：

```
/*
绘制球拍、球与 HUD
****************************************
****************************************
****************************************
*/
window.clear();
window.draw(hud);
window.draw(bat.getShape());
window.draw(ball.getShape());
window.display();
```

在此阶段运行游戏时，可以看到球出现在屏幕顶部，并开始向屏幕底部下降。但目前，球将消失在屏幕底部，因为我们未曾检测任何碰撞。这是下一节的任务。

7.3　碰撞检测与计分

Timber!!!游戏只需检查底部的枝权是否与玩家位于同一侧，即可识别碰撞状态，但 Pong 游戏有所不同。为检查球与球拍所占据的体积有无重叠，需要使用一些数学手段，检测球是否撞到屏幕的 4 个边界同样如此。

接下来，我们首先会通过完成碰撞检测的一段假想代码来增进对此机制的理解，随即转向 SFML，让它为我们解决这个问题。

检测两个矩形有无重叠部分的代码的基本形式如下，但请不要在项目中使用这些仅供演示的代码：

```
if (objectA.getPosition().right > objectB.getPosition().left &&
        objectA.getPosition().left < objectB.getPosition().right)
{
  // objectA 在 x 轴上与 objectB 有重叠，但其高度可以不同
  if (objectA.getPosition().top < objectB.getPosition().bottom &&
        objectA.getPosition().bottom > objectB.getPosition().top)
  {
    // objectA 在 y 轴上同样与 objectB 有重叠
    // 检测到碰撞
  }
}
```

这段代码的第一部分在横轴(x 轴)上进行检测。第一条 if 语句负责检测 objectA 与 objectB 是否在横轴(x 轴)方向上有重叠，这是通过比较 objectA 的右端点 (objectA.getPosition().right)与 objectB 的左端点(objectB.getPosition().left)实现的，随即仍需检测 objectA 的左端点是否位于 objectB 右端点的左侧。同时满足这两个条件意味着 x 轴方向上存在重叠。

代码的第二部分嵌套在第一部分为真的分支之内，负责在纵轴(y 轴)上进行检测。只有在满足

第一个条件、在 x 轴上存在重叠时，代码才会进入到内部的 if 语句中，并判断 objectA 与 objectB 是否在纵轴(y 轴)上也存在重叠，方法是比较 objectA 的顶端(objectA. getPosition().top)与 objectB 的底端(objectB.getPosition().bottom)，并比较 objectA 的底端是否位于 objectB 顶端之下。同时满足这两个条件意味着 y 轴方向上同样存在重叠。

最后，如果 x 轴与 y 轴上的检测条件均成立，则认为已经检测到 objectA 与 objectB 发生了碰撞，执行最内部的代码块。在游戏开发中，同时在横向与纵向进行判断是检测游戏角色及其他物体等对象之间是否发生碰撞的常用技术。

这种技术称为**轴对齐包围盒**(axis-aligned bounding box，**AABB**)，因其高计算效率(它能算得很快)而广泛应用在 2D 图形学与游戏开发中。虽然这种技术无法精确提供不规则形状的物体以及圆形物体的碰撞信息，但即便对于那些物体而言，AABB 也常在执行复杂数学检测运算之前负责进行初步筛查。

好消息是，我们不需要编写前面这段代码，而可以使用 SFML 提供的 intersects 函数，此函数接受 FloatRect 实例作为参数。回忆或者直接查看我们的 Bat 与 Ball 类便可发现，二者均提供了 getPosition 函数，以返回代表自身当前位置的 FloatRect 实例。接下来，我们将看一看如何协同使用 getPosition 与 intersects 来完整地进行碰撞检测。

请将以下代码添加到 main 函数中，作为更新段的最后部分：

```
/*
更新球拍、球与HUD
******************************************
******************************************
******************************************
*/
// 更新时间增量
Time  dt = clock.restart();
bat.update(dt);
ball.update(dt);

// 更新HUD文本
std::stringstream  ss;
ss << "Score:" << score << " Lives:" << lives;
hud.setString(ss.str());

// 处理球击穿底部的情况
if (ball.getPosition().top > window.getSize().y)
{
  // 反转球的方向
  ball.reboundBottom();
  // 消耗一条命
  lives--;
  // 检测是否没命了
  if (lives < 1)
  {
    // 重置分数
    score = 0;
```

```
    // 重置生命条数
    lives = 3;
  }
}
```

这段代码的第一条 if 语句检测球是否击穿屏幕底界：

```
if (ball.getPosition().top > window.getSize().y)
```

如果球的顶端坐标比窗口的高度还大，那么球自然已从屏幕底部飞出玩家的视界，此时需调用 ball.reboundBottom 函数作为回应。记住，这个函数会把球重新放到屏幕顶部中间，并让玩家损失一条命，所以变量 lives 会减小。

第二条 if 语句判断玩家的生命数是否归零(lives < 1)。如果归零，则重置分数为 0，生命数则重置为 3，游戏重新开始。在下一个项目中，我们会学习如何记录并显示玩家的最高分数。

请将以下代码添加到前面代码的下方：

```
// 处理球击中顶部的情况
if (ball.getPosition().top < 0)
{
  ball.reboundBatOrTop();

  // 玩家赢得一分
  score++;
}
```

这段代码检测的是球的顶部是否击中屏幕顶部。如果是，则玩家得一分，随后会调用 ball.reboundBatOrTop 函数来反转球的纵向移速，让球重新向屏幕底部运动。

请将以下代码添加到前面代码的下方：

```
// 处理球击中侧边界的情况
if (ball.getPosition().left < 0 ||
    ball.getPosition().left + ball.getPosition().width >
        window.getSize().x)
{
  ball.reboundSides();
}
```

这段代码中的 if 语句在球的**左手边**(left-hand side，简写为 **LHS**)与屏幕左侧之间进行碰撞检测，也在球的**右手边**(right-hand side，简写为 **RHS**)与屏幕右侧之间进行碰撞检测(对应的代码为 left+10)。在任一侧发生碰撞均会调用 ball.reboundSides 来反转球的横向移速。

请再添加以下代码：

```
// 球拍是否接到球？
if (ball.getPosition().intersects(bat.getPosition()) ||
    ball.getPosition().top < 0)
{
// 检测到碰撞，反转球速并得一分
  ball.reboundBatOrTop();
}
```

这段代码中的 `intersects` 函数用于判断球拍是否接到球，如果是，则使用与检测到顶端碰撞时相同的函数来反转球速的纵向分量。

7.4 运行游戏

现在可以运行游戏并在屏幕中打球了。游戏中，击中球将增加分数，而每次未能顺利接住球均将损失一条命。当生命数归零时，将重置分数(为0)与生命数(为3)，参见图7.1。

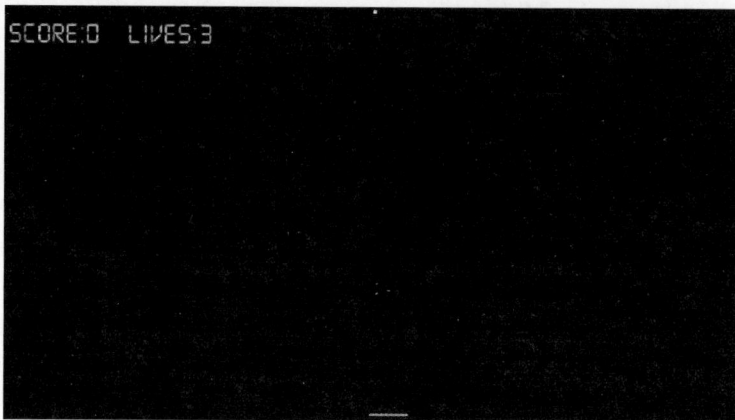

图7.1 运行游戏

7.5 学习 C++宇宙飞船运算符

鉴于本章篇幅不长，完全可以在这里再额外学一些 C++知识。我们来看看**宇宙飞船运算符**(spaceship operator)，这是个灵巧的运算符，不过我们的 Pong 项目目前不需要它。

宇宙飞船运算符的形式是"<=>"，是 **C++20** 向 C++语言引入的一种新功能。该运算符可以在两个对象之间进行三方比较，即判断某对象是否小于、等于或大于另一对象。详细而言，宇宙飞船运算符返回的是<、==与>这三种值之一，用于指明两个对象之间的关系。

宇宙飞船运算符的工作方式如下：如果此运算符的左手边小于其右手边，则其返回值为负，意味着左手边"小于"右手边；如果左手边等于右手边，该运算符返回 0，说明两个对象相等；如果左手边大于右手边，则将返回正值，代表左手边"大于"右手边。研读以下例子可以加深印象。

```
int a = 5;
int b = 10;

// 接下来我们使用宇宙飞船运算符
int result = a <=> b;
if (result < 0)
{
  // a 小于 b
}
else if (result == 0)
```

```
{
  // a 等于 b
}
else if (result > 0)
{
  // a 大于 b
}
```

这段代码首先声明了 a 与 b 两个整型变量，随后使用宇宙飞船运算符<=>来比较二者，并将比较结果存为 int 变量 result。提醒一下，返回结果为负、为零、为正分别对应着 a 小于 b、a 等于 b、a 大于 b。

随后，我们通过检查 result 的值来判断 a 与 b 之间的关系，以确定下一步操作。

事实上，这段简化的代码隐藏了一些信息：严格地说，使用宇宙飞船运算符的返回结果属于 **strong_ordering** 类型，这是一种新的 C++类型，代表着三方比较的结果，且能够转化为 int 型。

7.6　本章小结

恭喜！这是你完成的第二个游戏！虽然还可以向这个游戏增加协作模式、高分、音效等更多功能，但我希望通过尽可能简单的例子来介绍类以及 AABB 碰撞检测技术。目前，我们已经为游戏开发知识库装载了这些知识，所以是时候转向一个更加令人激动的项目，并学习更多游戏开发技术了。

下一章将规划 Zombie Arena 游戏，学习 SFML 的 View 类(该类可用作游戏世界中的虚拟摄像机)，还会编写更多的类。

7.7　常见问题

问题 1：这个游戏是不是有些安静呢？

回答：我没有为此游戏添加任何声音效果。在使用第一个类并学习如何让所有游戏对象平滑动起来的过程中，我希望让代码尽可能短。如果你有意添加音效，那么仅需要在项目中添加.wav 文件，用 SFML 加载音效，最后在每次发生碰撞时播放音效。我们的下一个项目便是有声游戏。

问题 2：这个游戏太简单了！我该如何给球稍微加加速？

回答：要让这个游戏变得更富有挑战性，有很多方法。一个简单的方法是在 Ball 类的 reboundBatOrTop 函数中加一行代码来提升球速，以下代码便是一个例子，其效果是在每次调用后，让球速增加 10%：

```
// 每次击球均会稍稍增加球速
m_Speed = m_Speed * 1.1f;
```

现在,球速将增加得非常快。随后还需要修改代码,在玩家失去全部生命之后把球速设回300,其做法也不难:在Ball类中添加resetSpeed函数,并在main函数中检测到玩家失去最后一条命时调用该函数。

问题3:请介绍AABB碰撞检测的一个优点与一个劣点。

回答:AABB的计算复杂度低,运行效率高,从而能够在需要进行高频碰撞检测的应用程序(如游戏)中使用。理解AABB也很容易,这其实已经是第二个优点了。尽管AABB的效率很高,但当物体形状不规则时,这种技术无法提供精确的碰撞信息。

第8章

SFML View类——开启
僵尸射手游戏

在僵尸射手游戏项目中，我们将进一步践行 OOP 思想，体会其强大效果，在此期间我们还会探索 SFML View 类。View 是个多用途类，允许我们将游戏按照不同的角度分层。在这个游戏中，玩家每清空一波[1]僵尸均会拓展游戏世界，所以它最终将远大于屏幕，需要移动视角，因此有必要把 **HUD(抬头提示信息)**与主游戏各划为一层。而借助于 View 类，可以让 HUD 文本不与背景一同滚动。

本章将涵盖以下主题：

- 规划并启动 Zombie Arena 游戏项目
- Zombie Arena 项目中的 OOP
- 构建玩家类
- 通过 SFML View 类控制游戏视角
- 启动 Zombie Arena 游戏引擎
- 管理代码文件
- 开始编码游戏主循环

8.1 规划并启动 Zombie Arena 游戏

如果你从未玩过 *Over 9000 Zombies*(http://store.steampowered.com/app/273500)与 *Crimson Land*(《血腥大地》；http://store.steampowered.com/app/262830)，我建议你先通过相关视频来初步了解这两款游戏。虽然我们的游戏虽然无论从深度还是从先进程度上都无法与这两款游戏相媲美，但基本功能与游戏机制是非常相似的：

- 游戏的 HUD 能够展示若干细节，其中包括分数、最高分、弹夹中的子弹、剩余子弹数、玩家生命值及待杀僵尸数等。

---

1 根据现代汉语词典，这里应作"一拨僵尸"而非"一波僵尸"。但英文原文用代表波动的单词"wave"来计量一批又一批的僵尸群，将不断涌现的僵尸比喻为前赴后继的海浪，所以译文中保留"波"作为量词。

- 玩家角色将在疯狂逃离僵尸的同时射击它们。
- 使用鼠标为枪具瞄准,使用 W/A/S/D 按键移动视角。
- 在相邻关卡之间,玩家将选择一种"升级"方式,这种方式将影响玩家赢得游戏的过程。
- 玩家需要收集拾取包来恢复生命值或补充弹药。
- 每波僵尸的数量均有所增长,竞技场也将变大,这会增加游戏的挑战性。

本游戏将有三种类型的僵尸,其外观、生命值、速度等属性各不相同,分别称为追逐僵尸、膨胀僵尸和爬行僵尸,其特点依次是高速、块头大和能够在地板上爬行。图 8.1 是带有注解的游戏截图,代表真实的游戏场景,从中可以看到构成游戏的一些主要元素与素材。

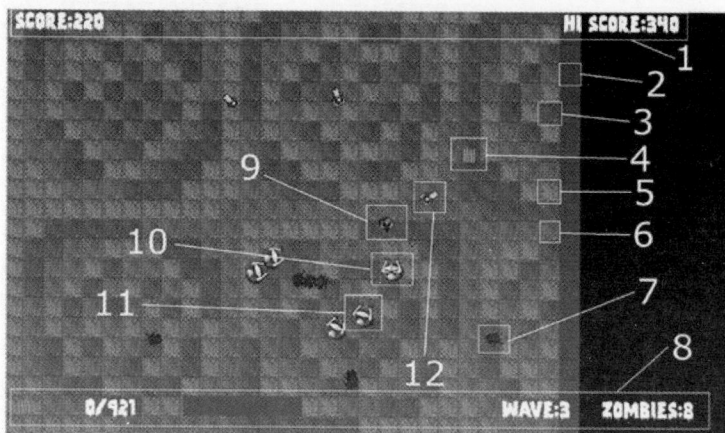

图8.1 游戏功能以及构成游戏的主要元素与素材

图 8.1 中的数字标注含义如下:

1. 分数及最高分:这些信息与其他 HUD 内容均将绘于独立的图层内。这种图层可称为视图,由 View 类的实例代表。最高分还会保存在一个文件中,并在需要时加载。

2. 构建竞技场围墙的纹理图:这份纹理保存在一个单独的图像结构中,称为**精灵表单**(sprite sheet),其中还包括其他背景纹理(第 3、5、6 项)。

3. 精灵表单中的两个泥土纹理之一。

4. 这是一份"弹药拾取包",简称"弹药包",玩家在拾取后能够补充弹药。游戏中还有一类"医疗拾取包",简称"医疗包",玩家能够借此提升生命值。这些拾取包在两波僵尸之间可以选择升级。

5. 一份草地纹理,同样来自精灵表单。

6. 来自精灵表单的第二个泥土纹理。

7. 这是一摊血迹,说明这里曾有个僵尸。

8. 底部 HUD:从左至右分别是弹药图标、弹夹子弹数、备用子弹数、生命棒、当前僵尸波次、僵尸余量。

9. 玩家的游戏形象。

10. 十字准星,需要玩家使用鼠标瞄准。

11. 移动缓慢但很强力的膨胀僵尸。

12. 移动稍快但更弱一些的爬行僵尸。游戏中还有一种跑得飞快但更弱的追逐僵尸，可惜我没能在它在被杀掉之前及时完成截图。

所以，这里需要做的事情有很多，需要学习的 C++ 技能也很多。让我们先从创建新项目开始。

8.1.1　创建新项目

创建并配置项目是个耐心活儿，这里我同样会给出详细的步骤，但不会像 Timber!!! 项目那样给出这个过程的全部截图。由于过程是相同的，所以如果记不住项目某属性的位置，可以参考第 1 章。

请依次完成以下步骤：

(1) 启动 Visual Studio，单击 **"创建新项目"** 按钮。在打开了某个项目后，可以选择 **"文件"** -> **"新建"** -> **"项目"**。

(2) 在弹出的窗口中，选择 **"控制台应用"**，并单击 **"下一步"** 按钮，随即应该能看到 **"配置新项目"** 窗口。

(3) 在 **"配置新项目"** 窗口的 **"项目名称"** 一栏中，键入 Zombie Arena。

(4) 在 **"位置"** 栏，定位到 VS Projects 文件夹。

(5) 选中选项 **"将解决方案与项目放在同一目录中"**。

(6) 在完成以上工作后，单击 **"创建"** 按钮。

(7) 现在，我们需要配置项目，以使用 SFML 文件夹内的各个 SFML 文件。请从主菜单中选择 **"项目"** -> **"Zombie Arena 和属性…"**，以打开 **"Zombie Arena 属性页"** 窗口。

(8) 在 **"Zombie Arena 属性页"** 窗口内的 **"配置："** 下拉菜单中，选择 **"全部配置"** 选项，并确保右侧下拉菜单中选择的是 **Win32**，而非 **x64**。

(9) 下面，请从左边的窗口中选择 **"C/C++"**，再选择 **"常规"**。

(10) 此后，定位到 **"附加包含目录"** 编辑框，并键入你的 SFML 文件夹所在的驱动器分区，再键入 \SFML\include。如果你把 SFML 文件夹放在 D: 盘，那么这里的完整路径为 D:\SFML\include。如果 SFML 安装在其他分区，请相应修改路径。

(11) 单击 **"应用"** 保存目前所做的配置。

(12) 接下来，仍在此窗口内，从左侧窗口中选择 **"链接器"** -> **"常规"**。

(13) 定位到 **"附加库目录"** 编辑框，键入你的 SFML 文件夹所在的驱动器分区，再键入 \SFML\lib。所以如果 SFML 文件夹放在 D: 盘，那么这里的完整路径为 D:\SFML\lib。如果 SFML 安装在其他分区，请相应修改路径。

(14) 单击 **"应用"** 保存目前所做的配置。

(15) 选择 **"链接器"** -> **"输入"**。

(16) 定位到 **"附加依赖项"** 编辑框，在最左边单击它，再将以下内容复制进去：

```
sfml-graphics-d.lib;sfml-window-d.lib;sfml-system-d.lib;sfml-network-d.lib;
sfml-audio-d.lib;
```

复制时请小心操作，一定要将光标置于编辑框既有内容的最前面，以免一时疏忽改动了既有内容。

(17) 单击 **"确定"** 按钮。

(18) 先后单击 **"应用"** 和 **"确定"** 按钮。

(19) 回到 Visual Studio 的主窗口，把主菜单工具箱设为 "**Debug**" 与 **x86**，而非 **x64**。

至此，项目的属性已配置完毕，只剩下少量工作尚未完成了。接下来，我们需要通过以下步骤将 SFML 的.dll 文件复制到项目主文件夹内：

(1) 我的主文件夹是 D:\VS Projects\Zombie Arena，它由 Visual Studio 在前面步骤中自动创建。如果你的 VS Projects 文件夹位于其他位置，请在相应文件夹中执行本步骤。另一方面，需要复制到项目文件夹中的文件位于 SFML\bin 文件夹内。使用两个窗口分别打开这两个文件夹，并选中 SFML\bin 文件夹内的所有文件。

(2) 复制所选文件，并将其粘贴到项目文件夹(D:\VS Projects\Zombie Arena)中。

至此，项目已经配置完毕，可以探索并添加项目的素材了。

8.1.2 项目素材

本项目中的素材比前面的两个游戏数量更多，种类也更丰富，其中包括：

- 用于在屏幕上显示文本的一个字体文件。
- 针对射击、装弹、被僵尸击中等不同行为的音效。
- 玩家图像与僵尸图像，以及针对不同纹理背景的精灵表单。

本书下载包中包括本游戏所需的全部图像及音频文件，它们分别位于 Chapter08\graphics 与 Chapter08\sound 这两个文件夹中。

下载包中不提供项目所需的字体，以免产生任何版权分歧。但这不是问题，因为后文将提供用于下载字体的链接，也会介绍如何以及在哪里选择字体[1]。

8.1.3 探索项目素材

图像素材构成 Zombie Arena 游戏主场景的细分结构。图 8.2 是本项目的图像素材，在游戏中使用各素材的位置基本上是一目了然的。

ammo_icon　　ammo_pickup　　background　　background_sheet

bloater　　blood　　chaser　　crawler

crosshair　　health_pickup　　player　　sample

图8.2　图像素材

1　有时，那里也可能会给出字体文件。

但图像 `background_sheet.png` 的用法似乎不够直接。此图像文件是前面提到的精灵表单，其中含有 4 张不同的图片。第 9 章将解释为什么使用精灵表单能够节省内存并提升游戏的运行速度。

项目中的音频文件均属于.`wav` 格式，各自对应着在触发特定事件后会播放的声音。这些音频文件及其播放时机如下：

- `hit.wav`：在僵尸撞到玩家时播放。
- `pickup.wav`：当玩家撞到/踩到/收集到一份医疗拾取包时播放。
- `powerup.wav`：在两波僵尸之间，当玩家选择强化力量(威力升级)的时候播放。
- `reload.wav`：这是一种令人满足的击发声，让玩家知道他们新换了满载的弹夹。
- `reload_failed.wav`：这是满足感稍弱的一种声音，表明未能重新装弹。
- `shoot.wav`：射击声。
- `splat.wav`：模仿僵尸被子弹击中的声音。

确定将使用的素材后，下一步需要将其添入项目中。

8.1.4　向项目添加素材

以下操作假定你所用的全部素材均来自本书的下载资源包。如果有例外，可以先完成这里的步骤，再保留对应的文件名，但要将其内容替换为你的素材。让我们看一看具体的过程：

(1) 定位到 `D:\VS Projects\Zombie Arena` 文件夹内。

(2) 在其中创建 `graphics`、`sound` 与 `fonts` 三个新文件夹。

(3) 从本书下载资源包中，将 `Chapter08\graphics` 文件夹内的全部内容复制到文件夹 `D:\VS Projects\Zombie Arena\graphics` 中。

(4) 从本书下载资源包中，将 `Chapter08\sound` 文件夹内的全部内容复制到文件夹 `D:\VS Projects\Zombie Arena\sound` 中。

(5) 在浏览器中访问 `http://www.1001freefonts.com/zombie_control.font`，并下载 **Zombie Control** 字体。

(6) 解压缩下载的压缩包，再将得到的 `zombiecontrol.ttf` 文件添加到 `D:\VS Projects\Zombie Arena\fonts` 文件夹中。

接下来，我们将首先介绍本项目中 OOP 的功用，随后开始编写代码。

8.2　OOP 与 Zombie Arena 项目

我们面对的第一个问题是当前项目的复杂度。比如对于一只僵尸，我们需要提供以下信息才能让它在游戏中正常工作：

- 横纵坐标位置
- 大小
- 朝向
- 可区分不同僵尸类型的几种纹理图片
- 精灵
- 移动速度，且不同僵尸将有差异

- 生命值，且不同僵尸间有差异
- 僵尸类型需要记录
- 碰撞检测数据
- (追赶玩家的)智能度，且不同僵尸将有差异
- 某僵尸是死是活的标识

这一切似乎暗示着每只僵尸需要十余个变量，而为管理一群僵尸，更需要为所有这些变量都创建一些大数组。同时，即使采用了这种策略，我们处理机枪射出的全部子弹、拾取包以及不同的关卡也很困难。此外，虽然 Timber!!!及 Pong 游戏很简单，但管理其代码并不容易；而鉴于当前僵尸游戏会复杂得多，所以不难意识到，管理当前僵尸游戏的代码将会更加困难。

对此，我们会把前两章中所学的 OOP 技巧全部付诸实践，也会学习一些新的 C++技术。

让我们先编写一个代表玩家的类，以此开启 Zombie Arena 开发之旅。

8.3 构建玩家类

首先请仔细考虑我们的 Player 类需要做什么，以及这些功能如何实现。显然，这个类需要知道玩家的移动速度、在游戏世界中的位置及其生命值。此外，因为在玩家眼中，Player 类有一个 2D 的图形化表示，所以它还需要一个 Sprite 对象以及一个 Texture 对象。

另外，Player 类如果能知道当前所在的游戏世界的一些细节也能有好处(虽然目前这些好处似乎并不明显)。这里谈到的细节指的是屏幕分辨率、构建竞技场的图元大小以及竞技场的整体大小。

既然 Player 类需要负责在每帧中更新自身(如 Bat 类与 Ball 类那样)，自然需要知道玩家在任意给定时刻的操作意图。例如，当前是否正在按下键盘上的一个方向键？或者是否同时按下多个方向键？显然，为确定 W/A/S/D 等键的状态，一些布尔变量是必需的。

由此观之，Player 类显然需要大批变量。我们当然会根据所学的 OOP 知识而将其全部设为私有变量，这也意味着必须提供访问函数以供 main 函数调用。

事实上，我们将为 Player 类使用一整组取值/赋值函数，其数量很大，有 21 个。这虽然在乍看时有些吓人，但逐一分析之后便可发现，大部分函数只是简单地获取或设定一个私有变量的值。

只有少数的几个函数稍有深度，其中包括在 main 函数中每帧都会调用的 update 函数，以及在玩家角色每次(重新)出现时用于初始化众多私有成员的 spawn 函数。但我们很快会发现，这两个函数中同样没什么复杂的东西。

继续学习的最好方式是先编写头文件，而这将给我们带来查看所有私有变量以及所有函数签名的机会。

> 请重视返回值以及参数的类型，因为这可以大幅降低理解函数定义代码的难度。

8.3.1　编写 Player 类的头文件

首先，在"**解决方案资源管理器**"中右击"**头文件**"，并选择"**添加**" -> "**新建项**"。接下来，在"**添加新项**"窗口中(通过左键单击的方式)选中"**头文件(.h)**"，并在"**名称**"栏中键入 Player.h，最后单击"**添加**"按钮。现在，我们便可以开始编写此文件了。

为了编写 Player 类，可以从添加其声明开始，其中包括起止大括号以及最后的分号：

```
#pragma once
#include <SFML/Graphics.hpp>
using namespace sf;
class Player
{
};
```

现在，我们将所有私有成员变量添加到文件内。根据前面的讨论结果，你可以试着判断以下每个变量的功能，其具体讨论位于后文。

```
class Player
{
private:
    const float START_SPEED = 200;
    const float START_HEALTH = 100;

    // 玩家的位置
    Vector2f m_Position;
    // 精灵
    Sprite m_Sprite;
    // 添加纹理
    // 注意这里，很快会有变化
    Texture m_Texture;
    // 屏幕分辨率
    Vector2f m_Resolution;
    // 竞技场当前大小
    IntRect m_Arena;
    // 竞技场图元的大小
    int m_TileSize;
    // 玩家当前的移动方向
    bool m_UpPressed;
    bool m_DownPressed;
    bool m_LeftPressed;
    bool m_RightPressed;
    // 玩家血量
    int m_Health;
    // 玩家最大血量
    int m_MaxHealth;
    // 玩家上次遭受攻击的时刻
    Time m_LastHit;
    // 速度(像素/秒)
    float m_Speed;

    // 下面是全部公有函数
};
```

上面这段代码声明了该类的所有变量。其中一些属于常规变量,还有一些是成员对象。注意,它们均位于类内的 private 区段中,因此不能在类外部直接访问。

同时还要注意,我们使用了前导 m_ 这种约定来命名所有非常量的变量,此前缀可以在编写函数定义时说明该变量是成员变量,从而将其与函数所创建的一些局部变量以及函数的参数区别开来。

这里所用的全部变量简单明了,例如,m_Position、m_Texture 与 m_Sprite 分别是玩家角色当前的位置、纹理及精灵。此外,每个变量(组)均带有注释来说明其用法。

但是,到底为什么需要使用这些变量,以及应该在什么语境中使用它们,这两个问题的答案可能没有那么明显。例如,m_lastHit 本身是个 Time 对象,用于记录玩家角色上一次被僵尸击中的时间,但这里并不包含此信息的意义,那是后文的内容。

随着我们逐步拼接出完整的游戏,使用每个变量的上下文语境也将变得越来越清晰,但目前最好能让自己尽快熟悉这些名称以及相应的数据类型,以免接下来在继续跟进项目时对此产生疑惑。

> 虽然不必记下变量的名称及其类型(毕竟在使用每个变量时,我们会讨论全部代码),但需要花点时间反复熟悉这些代码。此后在继续开发的过程中,如果遗忘任何内容,请回归这里重新阅读头文件。

下面,我们会添加一长串函数。请重点关注返回类型、函数参数及函数名,这是理解本项目所有代码的关键。请思考它们能够告诉我们关于函数的什么信息。为此,请添加以下高亮显示的代码,并试着分析其各自的功能,随后我们会逐条分析。

```cpp
// 接下来是全部公有函数
public:
    Player();
    void spawn(IntRect arena, Vector2f resolution, int tileSize);
    // 在每局游戏结束时调用
    void resetPlayerStats();

    // 处理玩家被僵尸击中的情况
    bool hit(Time timeHit);
    // 距离玩家上次被攻击有多久?
    Time getLastHitTime();
    // 玩家的位置
    FloatRect getPosition();
    // 玩家的中心
    Vector2f getCenter();
    // 玩家的朝向角
    float getRotation();
    // 向main函数发送精灵的副本
    Sprite getSprite();
    // 以下4个函数负责移动玩家
    void moveLeft();
    void moveRight();
    void moveUp();
    void moveDown();
    // 让特定方向上的速度归零
```

```
    void stopLeft();
    void stopRight();
    void stopUp();
    void stopDown();
    // 每帧均会调用此函数
    void update(float elapsedTime, Vector2i mousePosition);
    // 提升玩家速度
    void upgradeSpeed();
    // 提升玩家血量上限
    void upgradeHealth();
    // 提升玩家血量
    void increaseHealthLevel(int amount);
    // 玩家当前血量
    int getHealth();
};
```

首先请注意，这些函数均为公有函数，所以能在 main 函数中通过该类的实例来调用，例如，
player.getSprite();会返回 m_Sprite 的一个副本，其中的 player 是 Player 类的一个
设置完毕的实例。如果置于实际语境(如 main 函数)中，则此代码可以这样使用：

```
window.draw(player.getSprite());
```

这行代码把玩家的游戏形象绘于其对应的位置上，而 Pong 游戏中 Bat 类的精灵则是在 main
函数中声明的，二者的效果完全相同。

在我们继续在相应的.cpp 文件中实现这些函数(即编写其定义)之前，我们将依次更详细地介
绍每个函数：

- void spawn(IntRect arena, Vector2f resolution, int tileSize)：这
  个函数名副其实，负责将对象配置到就绪状态，其中包括将该对象置于其出生位置之上(即
  创建它)。注意，本函数不返回任何值，但有三个参数：一个 IntRect 实例(即 arena)，
  用于指定当前关卡的大小与位置，第二个参数是代表屏幕分辨率的 Vector2f 实例，最
  后是代表背景图元数量的一个 int。
- void resetPlayerStats()：一旦我们赋予玩家在两波僵尸之间进行升级的能力，
  就需要在开始新游戏时取回/重置全部技能。
- Time getLastHitTime()：这个函数只完成一件事：返回玩家上一次被僵尸击中的时
  刻。在进行碰撞检测时需要这条信息，从而在玩家因为与僵尸接触而需要付出代价时，
  保证这种惩罚不会出现得过于频繁。
- FloatRect getPosition()：该函数返回的是一个 FloatRect 实例，它描述了玩
  家游戏角色外接矩形的横纵坐标，将参与碰撞检测。
- Vector2f getCenter()：该函数与 getPosition 稍有不同，其返回类型是
  Vector2f，代表玩家形象正中心位置的 x 与 y 坐标。
- float getRotation()：main 函数的代码有时需要知道玩家的当前朝向，单位为角
  度。这个朝向的 0 度位于三点钟方向(即正右侧)，沿顺时针增加。
- Sprite getSprite()：如前所述，该函数返回代表玩家的精灵，但只是一份副本。

- void moveLeft(), ..Right(), ..Up(), ..Down():这4个函数没有返回值,也没有参数。main 函数通过调用它们,允许 Player 类响应正在按下的 *W/A/S/D* 键或其组合。
- void stopLeft(), ..Right(), ..Up(), ..Down():这4个函数没有返回值,也没有参数。main 函数通过调用它们,允许 Player 类响应正被释放的 *W/A/S/D* 键或其组合。
- void update(float elapsedTime, Vector2i mousePosition):这是 Player 类唯一拥有的长函数,负责完成更新 player 对象内部数据所需要的一切必要工作,以便进行碰撞检测或绘制在屏幕上。在每帧中,main 函数均会调用此函数。另外,该函数不返回任何数据,但接受上一帧所消耗的时间,还接受一个 Vector2i 实例,它持有鼠标指针/十字准星的当前屏幕坐标。

> 注意,这里使用的是整型屏幕坐标,而不再是浮点型的世界坐标。

- void upgradeSpeed():在升级过程中,如果玩家选择让其游戏形象跑得更快,便会调用这个函数。
- void upgradeHealth():这是升级过程中可以调用的另一个函数。如果玩家选择让角色更强壮(生命值更高),则需要调用这个函数。
- void increaseHealthLevel(int amount):此函数与上一个函数有个微妙而重要的差异:它会增加玩家角色当前的生命值,且幅度由参数确定,同时增加后的值不能超过其最大生命值。在玩家捡到医疗包后,会调用这个函数。
- int getHealth():既然生命值能够动态变化,我们自然需要一种机制,用于在任何时候获取其具体数值,而该函数所返回的 int 值即为这个数值。

与变量一样,这些函数的用途应该很清晰了。至于为什么使用它们,以及它们的使用语境,我们会在继续开发这个项目的过程中了解到。

> 由于在实际使用时,我们仍会讨论这些代码,因此不必把函数名、返回类型及参数都背下来,但你最好能够花点时间多读几遍函数签名以及这里的解释,让自己尽快熟悉起来。此后在继续开发的过程中,如果遗忘了任何内容,请回归这里重新阅读头文件。

现在,我们可以转向介绍函数的定义部分了。

8.3.2　编写 Player 类函数的定义

现在我们终于可以开始编写 Player 类中用于执行任务的代码了。

请在 **"解决方案资源管理器"** 中右击 **"源文件"**,并选择 **"添加"** -> **"新建项"**。在 **"添加新项"** 窗口中选择 **"C++文件(.cpp)"** 选项,并在 **"名称"** 一栏中键入 Player.cpp。最后单击 **"添加"** 按钮。

> 从现在开始，我只会单纯建议你创建新类或新头文件。所以请把前面这些步骤记下来，或者也可以在忘记如何操作时，返回来参考这里的说明。

我们现在可以编写本项目第一个类的.cpp 文件了。

以下是必要的 include 指令，随后是构造函数的定义。记住，构造函数是在创建/实例化 Player 对象时调用的。请将以下代码添加到 Player.cpp 文件中：

```
#include "player.h"

Player::Player()
    : m_Speed(START_SPEED),
      m_Health(START_HEALTH),
      m_MaxHealth(START_HEALTH),
      m_Texture(),
      m_Sprite()
{
  // 让纹理与精灵关联起来
  // !!注意这里!!
  m_Texture.loadFromFile("graphics/player.png");
  m_Sprite.setTexture(m_Texture);

  // 将精灵原点设为其中心以便旋转
  m_Sprite.setOrigin(25, 25);
}
```

构造函数与类同名且没有返回类型，其中的代码将用于配置 Player 对象，以令其最终处于就绪状态。

更具体地说，main 函数中的以下代码将调用构造函数：

```
Player player;
```

但请不要将这行代码添加到文件中。

m_Speed、m_Health、m_MaxHealth、m_Texture 与 m_Sprite 这几个成员会在初始化列表中初始化，一般认为这是一种好习惯，因为这能提升代码的效率，也能保证这些成员变量在进入构造函数体之前已完成初始化。

构造函数需要完成的工作包括为 m_Texture 加载图片，并令其与 m_Sprite 建立关联关系，再将 m_Sprite 的原点设为其中心位置(25, 25)。

> 请别忽视那条神秘的注释 "// !!注意这里!!"。这段代码负责加载纹理，而这行注释其实暗示着后文在慎重考虑后会重新实现它。事实上，在掌握更多 C++知识后，我们将意识到现在这段代码存在问题，从而最终导致我们会改变纹理的处理方法，详见第 10 章。

下面将编写 spawn 函数。我们虽然只会创建 Player 的一个实例，但每新来一波僵尸时，均应令此 Player 实例回到初始状态，而这正是 spawn 函数的任务。请将以下代码添加到 Player.cpp 中，并确保没有忽视其中的细节乃至注释：

```
void Player::spawn(
    IntRect arena,
```

```
      Vector2f resolution,
      int tileSize)
{
  // 将玩家置于竞技场中心
  m_Position.x = arena.width / 2;
  m_Position.y = arena.height / 2;

  // 将竞技场信息复制给成员变量m_Arena
  m_Arena.left = arena.left;
  m_Arena.width = arena.width;
  m_Arena.top = arena.top;
  m_Arena.height = arena.height;

  // 记录当前竞技场中图元的大小
  m_TileSize = tileSize;

  // 保存分辨率以备他用
  m_Resolution.x = resolution.x;
  m_Resolution.y = resolution.y;
}
```

这段代码首先将 m_Position.x 与 m_Position.y 各自初始化为所在竞技场的宽度与高度的一半，从而把玩家角色移到竞技场的正中心位置，而无论后者自身的大小为何。

接下来的代码将当前竞技场的全部坐标以及维度信息复制到类内对应的成员变量中。我们经常会使用这些信息，所以有必要进行这种复制，从而让 m_Arena 成员能够承担它的任务(例如，确保玩家角色无法穿墙)。此外，出于相同目的，我们还把所传入的 tileSize 实例复制给成员变量 m_TileSize。这两个成员将在 update 函数中起效。

spawn 函数的第三个参数 resolution 属于 Vector2f 类型，前面代码的最后两行利用这个参数将屏幕的分辨率复制给 Player 的成员变量 m_Resolution，这让我们能在 Player 类中访问这些值。

现在请添加 resetPlayerStats 函数的这些简单代码：

```
void Player::resetPlayerStats()
{
  m_Speed = START_SPEED;
  m_Health = START_HEALTH;
  m_MaxHealth = START_HEALTH;
}
```

如果角色死亡，我们便利用这个函数重置玩家的任何升级效果。虽然这个函数仅在项目开发的后期才会开始使用，但现在添加好代码，在有所需要时便可发现该函数早已就绪。

我们将要添加的下一部分代码包括两个函数，它们将会处理玩家角色被僵尸击中后所发生的事情。具体而言，我们将调用 player.hit() 函数并传入当前游戏时间，并通过调用 player.getLastHitTime() 查询玩家上一次被僵尸击中的时刻。目前这两个函数的作用尚不明确，但引入僵尸后情况便会有所不同。

请将以下两个函数定义添加到 Player.cpp 文件中，随后我们会详细解释这段 C++代码：

```
Time Player::getLastHitTime()
{
  return m_LastHit;
```

```
}

bool Player::hit(Time timeHit)
{
  if (timeHit.asMilliseconds() -
        m_LastHit.asMilliseconds() > 200)
  {
    m_LastHit = timeHit;
    m_Health -= 10;
    return true;
  }
  else
  {
    return false;
  }
}
```

显然，`getLastHitTime()` 的代码简单明了：返回保存在 `m_LastHit` 中的任何值。

`hit` 函数更有深度，细节也更多。时间会作为参数传入，并在第一条 `if` 语句中判断这个时间是否比 `m_LastHit` 变量所保存的时间提前 200 毫秒，如果是，那么 `m_LastHit` 将更新为所传入的时间，而 `m_Health` 则从其当前值中减去 10。这条 `if` 语句的最后一行代码是 `return true`，而其 `else` 分支却仅仅向其调用代码返回 `false`。

这个函数的整体效果是让玩家每秒钟最多掉 5 次血。不要忘记，我们的游戏循环每秒钟可以运行上千次，所以假若没有本函数所设定的限制，一只僵尸只需要与玩家角色保持一秒钟的接触，就能消耗他上万的血量，因此 `hit` 函数应运而生，负责控制/限制这种不合理的惩戒，还能通过返回 `true` 或 `false` 来让主调代码知道某次击中事件是否生效。

这段代码暗示着 `main` 函数需要在僵尸与玩家之间进行碰撞检测，实际碰撞时再通过调用 `player.hit()` 来判断是否掉血。

接下来，我们会实现 `Player` 类的大批取值函数。这些函数既能把全部数据封装在 `Player` 类中，又允许 `main` 函数访问这些具体的数值。请将以下代码添加到前面代码的下方：

```
FloatRect Player::getPosition()
{
  return m_Sprite.getGlobalBounds();
}

Vector2f Player::getCenter()
{
  return m_Position;
}

float Player::getRotation()
{
  return m_Sprite.getRotation();
}

Sprite Player::getSprite()
{
  return m_Sprite;
}

int Player::getHealth()
```

```
    {
      return m_Health;
    }
```

这段代码非常直白，其中的 5 个函数分别返回了一个成员变量的值。请多读一读这些代码，以便让自己熟知每个函数可以返回什么值。

下面的 8 个短函数提供了能在 main 函数中调用的键盘控制功能，从而能够改变 Player 对象所持有的数据值。请将以下代码添加到 Player.cpp 文件中，随后我们将总结其工作原理：

```cpp
void Player::moveLeft()
{
  m_LeftPressed = true;
}

void Player::moveRight()
{
  m_RightPressed = true;
}

void Player::moveUp()
{
  m_UpPressed = true;
}

void Player::moveDown()
{
  m_DownPressed = true;
}

void Player::stopLeft()
{
  m_LeftPressed = false;
}

void Player::stopRight()
{
  m_RightPressed = false;
}

void Player::stopUp()
{
  m_UpPressed = false;
}

void Player::stopDown()
{
  m_DownPressed = false;
}
```

这段代码中的 4 个函数 moveLeft、moveRight、moveUp 和 moveDown 分别把布尔变量 m_LeftPressed、m_RightPressed、m_UpPressed 和 m_DownPressed 设为 true，而其余 4 个函数 stopLeft、stopRight、stopUp 与 stopDown 则相应把这 4 个变量设为 false。现在，我们得以向 Player 实例通知 *W/A/S/D* 4 个键的按下/释放状态。

以下 update 函数执行了一些真正困难的工作，它是游戏循环每一帧均会调用的一个函数。

请添加以下代码。如果你熟悉前面的 8 个函数，也暂未忘掉 Timber!!!游戏让云朵和蜜蜂动起来的方法，或者 *Pong* 游戏让球与球拍动起来的方法，基本上也能够理解其中的代码。

```cpp
void  Player::update(float elapsedTime, Vector2i mousePosition)
{
  if (m_UpPressed)
  {
    m_Position.y -= m_Speed * elapsedTime;
  }
  if (m_DownPressed)
  {
    m_Position.y += m_Speed * elapsedTime;
  }
  if (m_RightPressed)
  {
    m_Position.x += m_Speed * elapsedTime;
  }
  if (m_LeftPressed)
  {
    m_Position.x -= m_Speed * elapsedTime;
  }

  m_Sprite.setPosition(m_Position);

  // 保证玩家位于竞技场之中
  if (m_Position.x > m_Arena.width - m_TileSize)
  {
    m_Position.x = m_Arena.width - m_TileSize;
  }
  if (m_Position.x < m_Arena.left + m_TileSize)
  {
    m_Position.x = m_Arena.left + m_TileSize;
  }
  if (m_Position.y > m_Arena.height - m_TileSize)
  {
    m_Position.y = m_Arena.height - m_TileSize;
  }
  if (m_Position.y < m_Arena.top + m_TileSize)
  {
    m_Position.y = m_Arena.top + m_TileSize;
  }

  // 计算玩家的朝向角
  float angle = (atan2(mousePosition.y - m_Resolution.y / 2,
    mousePosition.x - m_Resolution.x / 2)
      * 180) / 3.141;
  m_Sprite.setRotation(angle);
}
```

此函数的第一部分用于移动玩家精灵：4 个 if 语句分别检查与移动相关的 4 个布尔变量（m_LeftPressed、m_RightPressed、m_UpPressed、m_DownPressed）是否为 true，并相应修改 m_Position.x 与 m_Position.y 的值，而其中用于计算移动量的方法与前两个项目相同，其形式为：

位置 (+或-) 速度 * 消耗的时间

m_Sprite.setPosition 函数在这 4 个 if 语句之后调用，其间传入 m_Position 作为参数，从而用当前帧所对应的精确增量更新玩家精灵的位置。

接下来的 4 个 if 语句检测 m_Position.x 与 m_Position.y 是否超出当前竞技场边界(别忘了，当前竞技场的范围早在 spawn 函数中便已存入 m_Arena)。下面以这 4 条语句中的第一条为例解释说明：

```
if (m_Position.x > m_Arena.width - m_TileSize)
{
  m_Position.x = m_Arena.width - m_TileSize;
}
```

从字面上说，这段代码尝试判断 m_Position.x 的值是否大于 m_Arena.width 与图元大小 m_TileSize 之差。在后文中创建背景时，我们便能意识到，这实际上是在判断玩家是否撞到了墙壁。

如果此 if 语句为 true，那么 m_Arena.width - m_TileSize 的计算结果将用于设定 m_Position.x 的值。现在，玩家角色的中心位置绝不可能突破右侧墙壁的左边界。

在所讨论的这条 if 语句之后又是三条 if 语句，各自为其他三面墙进行相同的判定。

前面 update 函数中最后的两行代码计算并设置了玩家精灵的朝向角(即他所面向的角度)。这行代码看起来有些复杂，需要详加解释。

首先，为简便起见，再把这些代码列出来：

```
// 计算玩家的朝向角
float angle = (atan2(mousePosition.y - m_Resolution.y / 2,
  mousePosition.x - m_Resolution.x / 2)
    * 180) / 3.141;
m_Sprite.setRotation(angle);
```

简单来说，这段代码计算了从屏幕中心(取其坐标为 (m_Resolution.x/2, m_Resolution.y/2))到当前鼠标位置之间的方位角，再将其设为玩家动画形象的旋转角。

具体而言，以下这部分代码计算了那个方位角：

```
atan2(mousePosition.y - m_Resolution.y / 2,
      mousePosition.x - m_Resolution.x / 2)
```

其中，atan2 函数设想了一条从屏幕中心点 (m_Resolution.x/2, m_Resolution.y/2) 到鼠标当前位置 (mousePosition.x, mousePosition.y) 的有向线段，随即计算了它的方位角。

这次角度计算的结果以弧度为单位，而 SFML 需要以度为单位。所以这行代码的下一个部分把计算结果由弧度转化为角度[1]：

```
* 180
```

乘以 180 就把它转化为角度数，随即再除以 3.141，即除以 Pi，从而让角度数在 0 和 360 之间，让所得角度不会超过一个周角：

```
/ 3.141
```

---

[1] 将弧度转化为角度的方式是乘以 180/PI(约为57.3)。这里作者将此过程分为两步，先乘再除，其实是没有必要的。

最后，我们设定精灵的旋转角：

```
m_Sprite.setRotation(angle);
```

插一句题外话：这里的介绍大幅简化了 atan2 函数的内部工作，但这正是函数的意义所在，也是我选择这种解释的理由。如果有意深入挖掘 C++数学库，那么可以自行学习。

> 如果有意深入研究三角函数库，请参考 http://www.cplusplus.com/reference/cmath/。

我们为 Player 类将要添加的最后三个函数分别让玩家的速度增加20%，让生命值增加20%，或让玩家的生命值增加所传入的数量。请把以下代码添加到 Player.cpp 文件的末尾，我们随后会加以说明：

```cpp
void Player::upgradeSpeed()
{
  // 提升20%的速度
  m_Speed += (START_SPEED * .2);
}

void Player::upgradeHealth()
{
  // 提升20%的最大生命值
  m_MaxHealth += (START_HEALTH * .2);
}

void Player::increaseHealthLevel(int amount)
{
  m_Health += amount;
  // 但不能超过上限
  if (m_Health > m_MaxHealth)
  {
    m_Health = m_MaxHealth;
  }
}
```

这段代码中的 upgradeSpeed() 与 upgradeHealth() 函数分别增加了 m_Speed 与 m_MaxHealth 的值，准确地说是为两个变量各自增加相应属性基础值的 0.2 倍。当玩家在不同关卡之间选择为其角色提升哪种属性(即升级)时，main 函数就可以调用这两个函数。

increaseHealthLevel 函数从 main 函数中接受 amount 参数所代表的一个 int 值，而该 int 值将由第 12 章所编写的 Pickup 类提供。在这个函数中，成员变量m_Health 会增加所传入的数值，但对玩家来说，这里暗藏乾坤：那条 if 语句将检测 m_Health 有没有超过 m_MaxHealth，如果超过，则把m_Health 设定为m_MaxHealth，这意味着玩家不能从拾取包中得到无限的生命值，所以他们必须仔细地平衡不同关卡之间的升级选择。

当然，Player 类在被实例化并置于游戏循环之前，不会实际执行任何操作。但在那之前，我们还需要先了解游戏摄像机的概念。

8.4　通过 SFML View 类控制游戏摄像机

在我看来，SFML View 类是最实用的几个类之一。读罢本书，如果你在制作游戏时不使用游戏媒体库，便能清晰地意识到缺乏 View 结构带来的不便。

View 类允许我们将游戏视为发生在其独立且自带属性的世界中。更详细地说，在制作游戏时，我们经常试着创建一个虚拟世界，而这个虚拟世界基本上不能用像素测量，也基本上不与玩家的屏幕等大。我们需要一种方式来抽象地表达所构建的这种虚拟世界，还需要能够任意指定其大小与形状。

SFML View 类的另一种类比是摄像机，玩家通过它可以看到虚拟世界的一部分。大多数游戏的游戏世界具有多个摄像机/视角，构成不同的视图[1]。例如，分屏游戏中的两个玩家可以位于游戏世界的不同部分，而在另一种游戏中，屏幕的一个小区域代表整个游戏世界，但处于非常高的层级/缩放级别，就像一个小地图一样。

我们的游戏会简单得多，不需要分屏，也不需要小地图，但这不妨碍我们制作出比运行游戏的屏幕更大的游戏世界，而 Zombie Arena 游戏就属于这种情况。

此外，如果需要移动视角来观察虚拟世界的不同区域(比如在追踪玩家的时候)，HUD 应如何实现？假如我们先绘制好分数以及屏幕上的其他 HUD 信息，再滚动屏幕跟随玩家，那么分数显然会跟着摄像机而移动，不会固定在屏幕上。

SFML View 类能够通过简单直白的代码，轻松实现所有这些功能并解决这个问题。这里的技巧在于为每个摄像机创建一个 View 实例，例如，可以分别为小地图、可移动视角的滚动游戏世界以及 HUD 创建一个 View 实例。

由于 View 实例可以根据要求而移动、缩放和定位，因此 View 的主实例可以跟随玩家，从而展示游戏世界，并跟随玩家到游戏世界中的任何位置，小地图可以保持在屏幕的一个固定的大缩放角落之内，而 HUD 则覆盖整个屏幕，且永不移动。

让我们看一看使用 View 实例的一些代码。

> 这段代码仅用于介绍 View 类，请不要将其添加到 Zombie Arena 项目中。

创建并实例化 View 的几个实例：

```
// 创建一个填充 1920*1080 显示器的视角
View mainView(sf::FloatRect(0, 0, 1920, 1080));
// 为 HUD 创建视角
View hudView(sf::FloatRect(0, 0, 1920, 1080));
```

这段代码创建了两个 View 对象，二者均能填满 1920 像素×1080 像素的显示器。现在，我们可以用 mainView 做一些神奇的操作，而完全不碰 hudView：

1　"视图"与"视角"均译自"view"，但翻译时，为更适合语境而细分了这两个概念。如果原文取摄像机的角度，则译作视角，如"摄像机视角"或"某摄像机的视角"；如果弱化了摄像机的存在(例如，仅考虑其呈现状态，或取玩家的角度)，则将其译为"视图"，所以是"主视图"或"雷达视图"。当然，虽然有此区分，二者基本上是相通的。后文第 13 章、第 17 章都会涉及这种区分。

```
// 在游戏的 update 部分，可以对 View 实例进行很多操作
// 令视图固着于玩家
mainView.setCenter(player.getCenter());
// 让视图旋转 45 度
mainView.rotate(45)
// 注意 hudView 完全不受上面代码的影响
```

在操作 View 实例的属性时，可以参考这些代码。在把精灵、文本以及其他对象绘于某视图之前，我们必须明确设定视图，以使其成为窗口的当前视图：

```
// 设定当前视图
window.setView(mainView);
```

接下来，我们便能向其中任意绘制内容：

```
// 向此视图绘制内容
window.draw(playerSprite);
window.draw(otherGameObject);
// 等等
```

玩家的位置是任意的，但这没问题，因为 mainView 会以玩家角色为中心。

现在我们可以向 hudView 绘制 HUD。注意，需要沿着从后到前的顺序绘制，这与绘制图层中的独立元素(背景、游戏对象、文本等)的顺序相同，所以应在主游戏场景之后绘制 HUD：

```
// 转向 hudView
window.setView(hudView);
// 绘制所有 HUD 元素
window.draw(scoreText);
window.draw(healthBar);
// 等等
```

最后，我们便能使用既往方式来绘制/展示当前帧的窗口以及全部视图：

```
window.display();
```

> 如果你有意拓展自己关于 SFML View 类的理解，并不想局限于本项目所需的理解程度，例如，希望知道如何分屏以及如何实现小地图，那么最好的在线资料位于 SFML 官方网站：https://www.sfml-dev.org/tutorials/2.6/graphics-view.php。

在学过 View 之后，我们便能真正使用 View 实例，并实际开始编写 Zombie Arena 的 main 函数了。第 13 章还将为 HUD 引入第二个 View 实例，并将其置于 View 主实例之上。

8.5　启动 Zombie Arena 游戏引擎

在这个游戏中，我们需要稍稍升级 main 函数中的游戏引擎。我们将用一个枚举类型 state 来记录游戏当前的运行状态，随即在整个 main 函数中把代码封装为不同的部分，以便在不同状态下完成不同的任务。

在创建这个项目时，Visual Studio 会自动生成 `ZombieArena.cpp` 文件，其中将包含 `main` 函数以及用于实例化并控制所有类的代码。

我们首先会给出已经不再陌生的 `main` 函数及一些 `include` 指令。请注意，我们还为 `Player` 类添加了一条 `include` 指令。为此，请删除 Visual Studio 为 `ZombieArena.cpp` 文件所创建的全部代码，并将以下代码添入其中：

```cpp
#include <SFML/Graphics.hpp>
#include "Player.h"
using namespace sf;

int main()
{
  return 0;
}
```

这段代码没有什么新东西，最多不过是添加了那行 `#include "Player.h"` 代码，从而让我们可以在代码中使用 `Player` 类。

现在，我们会向游戏引擎中添加更多细节。以下代码完成了不少工作，其中的注释有助于初步理解代码的功能。请把以下高亮显示的代码添加到 `main` 函数的开始位置，我们随后会详加分析：

```cpp
int main()
{
  // 游戏永远属于 4 种状态之一
  enum class State { PAUSED, LEVELING_UP,
    GAME_OVER, PLAYING };
  // 从 GAME_OVER 状态开始
  State state = State::GAME_OVER;

  // 获取屏幕分辨率，并创建 SFML 窗口
  Vector2f resolution;
  resolution.x = VideoMode::getDesktopMode().width;
  resolution.y = VideoMode::getDesktopMode().height;
  RenderWindow window(VideoMode(resolution.x, resolution.y),
    "Zombie Arena", Style::Fullscreen);

  // 创建主要行动视图(主视图)
  View mainView(sf::FloatRect(0, 0, resolution.x, resolution.y));

  // 计时器
  Clock clock;
  // PLAYING 状态的持续时间
  Time gameTimeTotal;

  // 鼠标在世界坐标系中的位置
  Vector2f mouseWorldPosition;
  // 鼠标在屏幕坐标系中的位置
  Vector2i mouseScreenPosition;
```

```
// 创建 Player 类实例
Player player;

// 竞技场边界
IntRect arena;

// 游戏循环主体
while (window.isOpen())
{

}
```

```
    return 0;
}
```

接下来，我们将仔细分析这里所添加的每段代码。main 函数伊始是以下代码：

```
// 游戏永远属于 4 种状态之一
enum class State { PAUSED, LEVELING_UP,
    GAME_OVER, PLAYING };
// 从 GAME_OVER 状态开始
State state = State::GAME_OVER;
```

这段代码创建了一个新的枚举类 State，随后创建了它的一个实例 state。正如其声明所述，该枚举量 state 一共具有 4 种可选值，分别是 PAUSED、LEVELING_UP、GAME_OVER 与 PLAYING，这正是我们需要记录的游戏状态值，从而可以在任意给定时刻响应不同的状态，毕竟某时刻下，state 只能持有一个值，代表一种状态。

这段定义后是以下代码：

```
// 获取屏幕分辨率，并创建 SFML 窗口
Vector2f resolution;
resolution.x = VideoMode::getDesktopMode().width;
resolution.y = VideoMode::getDesktopMode().height;
RenderWindow window(VideoMode(resolution.x, resolution.y),
    "Zombie Arena", Style::Fullscreen);
```

这段代码声明了一个 Vector2f 实例 resolution。我们使用 VideoMode::getDesktopMode 调用结果[1]内的宽度与高度值初始化了此实例的两个成员变量(x 与 y)，从而让 resolution 持有运行游戏的屏幕的分辨率。随后，这段代码的最后一行使用这个分辨率新建了 RenderWindow 实例 window。

以下代码创建了一个 SFML View 对象。其(初始)设定与屏幕像素坐标状态完全相同，所以使用当前位置设定下的 View 对象进行绘制时，其效果与不使用 View 类完全相同；但我们最终会移动这个视图，从而聚焦于玩家有意观察的世界区域，形成视图。接下来，在使用 View 的第二个实例时，该实例会(为了 HUD 而)保持固定。后文则将演示某 View 实例跟随玩家而其他视图仍保持静态，以展示 HUD 的方法。

```
// 创建主视图
```

1　这里的调用与之前略有不同，可参见本章第 8.7 节。

```
View mainView(sf::FloatRect(0, 0, resolution.x, resolution.y));
```

接下来，我们创建了一个 Clock 实例以进行计时操作，又创建了一个 Time 对象 gameTimeTotal，以记录游戏的累计运行时间。项目后期还会引入更多计时变量/对象。

```
// 计时器
Clock clock;
// PLAYING 状态的持续时间
Time gameTimeTotal;
```

下面的代码声明了两个 Vector2X 结构，其一为 mouseWorldPosition，持有两个 float 变量，其二为 mouseScreenPosition，持有两个 int 型变量。鼠标指针有点不太寻常，因为它同时位于两个不同的坐标空间之中，如果愿意，这甚至可以被理解为平行宇宙。究其原因，首先，当玩家在游戏世界中移动时，我们需要记录准星在其中的具体位置，而这将使用浮点型坐标，这种坐标保存在变量 mouseWorldPosition 中。当然，显示器自身的像素坐标是不变的，这种坐标永远会从(0, 0)开始，到(横向分辨率-1，纵向分辨率-1)而结束，而且采用的是整型形式。我们会记录鼠标指针在这个坐标空间中的相对位置，并把它保存在 mouseScreenPosition 中：

```
// 鼠标在世界坐标系中的位置
Vector2f mouseWorldPosition;
// 鼠标在屏幕坐标系中的位置
Vector2i mouseScreenPosition;
```

最后，我们会用到 Player 类。以下这行代码将触发构造函数，即 Player::Player。如果忘记了此函数，请回归参考 Player.cpp 文件。

```
// 创建 Player 类实例
Player player;
```

下面这个 IntRect 对象将持有竞技场的起始横纵坐标及其宽度与高度。初始化完毕后，我们便能通过 arena.left、arena.top、arena.width、arena.height 等方式来获取当前竞技场的大小与位置等细节。

```
// 竞技场边界
IntRect arena;
```

我们前面所添加代码的最后部分显然还是游戏循环：

```
// 游戏循环主体
while (window.isOpen())
{
}
```

你可能已经发现这段代码非常长。我们会在下一节中谈一谈这种不便性。

8.6 管理代码文件

借助类与函数实现的抽象有一个好处：可以缩短代码文件的长度(行数)。即使本项目将使用十余个代码文件，ZombieArena.cpp 的代码行数最终也仍会变得不那么可爱。下一项目也是本书的最后一个项目，其中会介绍对代码进行抽象并加以管理的更多方法。

目前，这里有一条建议可以考虑，它能让管理代码变得更容易些。注意，在 Visual Studio 代码编辑器的左手边有一些加减号"+""-"[1]，参见图 8.3。

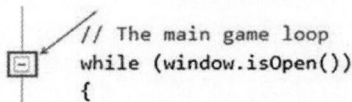

图 8.3　Visual Studio 代码编辑器中的符号

每个代码块(if、while、for 等)均有这种符号。可以通过单击+号展开相应代码块，单击-号则会折叠代码。我推荐把当前讨论范畴之外的所有代码全部折叠，这能让代码文件看起来简洁得多。

此外，我们还可以自主创建可折叠的代码块结构。我建议将游戏主循环之前的全部代码创建为可折叠块，具体做法如下：选中并右击这些代码，随即选择**"概述"**(Outlining) -> **"隐藏所选"**(Hide Selection)，如图 8.4 所示。

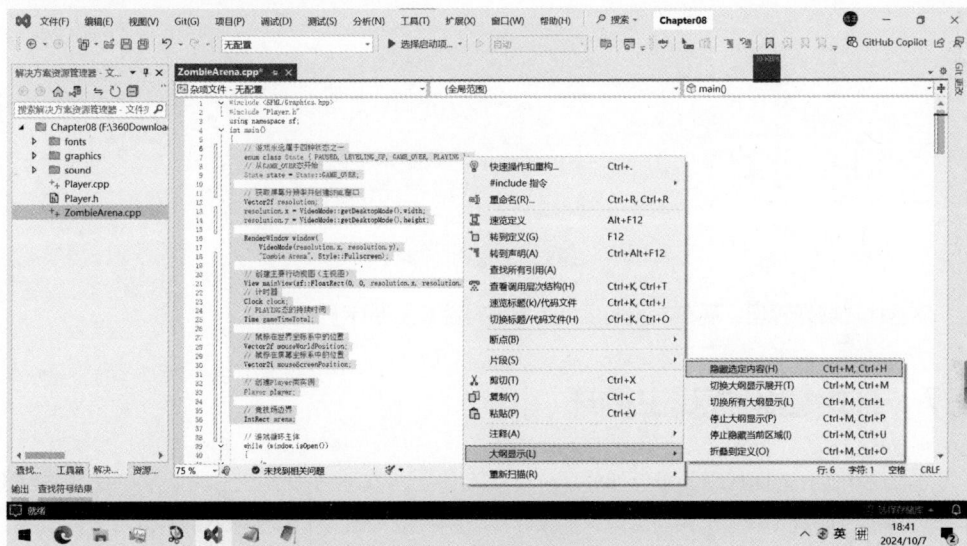

图 8.4　创建可折叠块

现在，你可以单击+/-号来展开或折叠这个块了。每次我们在游戏主循环之前添加代码的时候(而且这个操作会相当频繁)，可以展开代码，加入新代码，然后再将其折叠起来。图 8.5 是代码被折叠后的样子。

1　有时，这里是类似于"﹀/︿"的上下尖括号而不是"+/-"，不过两套符号的效果是相同的。

图 8.5　折叠的代码块

这远比之前好管理。现在，我们可以开始编写游戏主循环了。

8.7　开始编码游戏主循环

正如你所见，前面代码的最后部分是游戏循环(while(window.isOpen()){})。现在我们将注意力转移到编写游戏主循环上。我们会在本节编写游戏循环中处理输入的部分。

这里需要添加的代码很长，但其中没有什么复杂内容，也会在添加后进行分析。请将以下高亮显示的代码添加到游戏循环中：

```
// 游戏循环主体
while  (window.isOpen())
{
    /*
    *************
    处理输入
    *************
    */
    // 处理所有事件
    Event event;
    while (window.pollEvent(event))
    {
```

```
    if (event.type == Event::KeyPressed)
    {
        // 在游戏运行时令其暂停
        if (event.key.code == Keyboard::Return &&
            state == State::PLAYING)
        {
            state = State::PAUSED;
        }
        // 从暂停中恢复
        else if (event.key.code == Keyboard::Return &&
                state == State::PAUSED)
        {
            state = State::PLAYING;
            // 重置时钟，以避免出现巨大时间增量
            clock.restart();
        }
        // 在 GAME_OVER 状态下开启新游戏
        else if (event.key.code == Keyboard::Return &&
                state == State::GAME_OVER)
        {
            state = State::LEVELING_UP;
        }

        if (state == State::PLAYING)
        {
        }
    }
}// 事件遍历结束
}// 游戏循环结束
```

　　这段代码首先实例化了 Event 对象 event，并通过上一个项目中已经介绍过的方式接收系统事件。为此，我们会把上一个代码块的全部代码用 while 循环封装起来，而此循环的条件表达式则为 window.pollEvent(event)，从而在每一帧中遍历所有事件，直到没有可用事件为止。

　　这个 while 循环会处理有意义的事件，其中首先检测 Event::KeyPressed。如果在游戏处于 PLAYING 状态时，玩家按下了 *Enter* 键，则把 state 变量改为 PAUSED。

　　在游戏处于 PAUSED 状态时，如果玩家按下了 *Enter* 键，则将 state 改回 PLAYING，并让 clock 对象重新开始计时。之所以要在 PAUSED 状态切换回 PLAYING 状态时重新计时，是因为当游戏暂停时，时间仍一直在流逝。如果不重启 clock，则意味着当前帧消耗了很长的时间，这会令所有游戏对象根据巨大时间增量来更新。在为此文件填入更多功能之后，这个效应将会变得更加显著，所以必须单独处理。

　　接下来是 else if 块，负责检测是否在游戏处于 GAME_OVER 状态时按下 *Enter* 键。如果是，则把 state 改为 LEVELING_UP。

> GAME_OVER 状态是正在展示主屏幕的状态。或者说,GAME_OVER 状态是上局游戏结束或者初次启动游戏程序时的状态。每局游戏中,玩家首先需要挑选一种改进/升级的属性。

前面的代码中最后的 if 条件表达式用于判断 state 是否等于 PLAYING。这个 if 块目前是空的,其内容会随着项目进程而逐步增加。

> 后文会向这个文件的很多位置添加代码。因此,花点时间来理解游戏的可能状态,并能够准确定位游戏各状态的处理位置是很有意义的。此外,按照需要而折叠/展开各 if、else 与 while 块也有其益处。

请花点时间来掌握刚刚添加的这些 while、if 与 if else 块。后文会经常用到它们。

接下来,请在前面的代码之后、在游戏主循环之内处理输入的部分添加以下高亮显示的代码。这里的既有代码(非高亮代码)能够清晰标注出新代码(高亮代码)的添加位置。

```
}//  事件遍历结束

// 处理玩家的退出要求
if (Keyboard::isKeyPressed(Keyboard::Escape))
{
    window.close();
}


// 在游戏过程中处理 WASD 按键
if (state == State::PLAYING)
{
    // 处理 WASD 键的按下/释放
    if (Keyboard::isKeyPressed(Keyboard::W))
    {
        player.moveUp();
    }
    else
    {
        player.stopUp();
    }
    if (Keyboard::isKeyPressed(Keyboard::S))
    {
        player.moveDown();
    }
    else
    {
        player.stopDown();
    }
    if (Keyboard::isKeyPressed(Keyboard::A))
    {
        player.moveLeft();
    }
    else
```

```
    {
        player.stopLeft();
    }
    if (Keyboard::isKeyPressed(Keyboard::D))
    {
        player.moveRight();
    }
    else
    {
        player.stopRight();
    }
}// WASD 键处理结束
}// 游戏循环结束
```

这段代码首先判断玩家是否按下了 *Esc* 键。如果是，则游戏窗口将关闭。

接下来是个很大的 if (state == State::PLAYING) 块，其中轮流检查 *W/A/S/D* 键。如果按下了其中的某键，则调用对应的 player.moveXXX 函数；如果没有按下，则调用对应的 player.stopXXX 函数。

这段代码保证在每帧中，player 对象将根据按下/未按下的 *W/A/S/D* 键进行更新，其中 player.moveXXX 与 player.stopXXX 函数将信息保存在对应的布尔成员变量 (m_LeftPressed、m_RightPressed、m_UpPressed、m_DownPressed)中。随后，在游戏循环的更新部分调用 player.update 函数时，各 Player 对象将在每帧中响应这些布尔量的具体值。

现在我们可以处理键盘输入，允许玩家在每局游戏开始以及两波僵尸之间进行升级操作了。请添加并研究以下高亮显示的代码：

```
}// WASD 键处理结束

// 处理 LEVELING_UP 态
if (state == State::LEVELING_UP)
{
    // 处理玩家升级操作
    if (event.key.code == Keyboard::Num1)
    {
        state = State::PLAYING;
    }
    if (event.key.code == Keyboard::Num2)
    {
        state = State::PLAYING;
    }
    if (event.key.code == Keyboard::Num3)
    {
        state = State::PLAYING;
    }
    if (event.key.code == Keyboard::Num4)
    {
        state = State::PLAYING;
    }
```

```
    if (event.key.code == Keyboard::Num5)
    {
      state = State::PLAYING;
    }
    if (event.key.code == Keyboard::Num6)
    {
      state = State::PLAYING;
    }

    if (state == State::PLAYING)
    {
      // 准备关卡
      // 后文会改动以下两行代码
      arena.width = 500;
      arena.height = 500;
      arena.left = 0;
      arena.top = 0;

      // 后文也将改动这行代码
      int tileSize = 50;

      // 令玩家重新出现在竞技场中央
      player.spawn(arena, resolution, tileSize);

      // 重置时钟，以避免出现巨大时间增量
      clock.restart();
    }
  }// LEVELING_UP 状态结束
}//  游戏循环结束
```

这段代码全部被封装在用于判断 state 的当前值是否等于 LEVELING_UP 的测试中。如果是，则会分别处理键盘按键 1、2、3、4、5、6。目前，在相应的每个 if 块中，我们仅仅把 state 设为 PLAYING，而第 14 章会向其中再添加一些代码，以响应不同的升级选项。

这段代码完成了以下工作：

(1) 如果 state 等于 LEVELING_UP，则等待玩家按下 1、2、3、4、5、6 键中的一个。

(2) 之后，把 state 改为 PLAYING。

(3) state 发生改变后，运行嵌套在 if (state == State::LEVELING_UP) 块内部的 if (state == State::PLAYING) 块。

(4) 在此嵌套的 if 块中，我们设定了竞技场的位置与大小，并将 tileSize 设置为 50，再把全部信息传给 player.spawn，最后调用 clock.restart。

现在，player 对象能够知晓其所在环境，并可以响应按键事件，因此宣告就绪。下面便可以在每次循环中更新场景了。此时，可以把游戏循环中处理输入的部分折叠起来，因为本节随后不再改动它。以下代码位于游戏循环中的更新部分，请添加并研究以下高亮显示的代码：

```
  }// LEVELING_UP 状态结束

  /*
```

```
****************
更新帧
****************
*/
if (state == State::PLAYING)
{
   // 更新时间增量
   Time dt = clock.restart();
   // 更新游戏总时间
   gameTimeTotal += dt;
   // 获取时间增量
   float dtAsSeconds = dt.asSeconds();
   // 鼠标指针的位置
   mouseScreenPosition = Mouse::getPosition();
   // 将鼠标位置转化为 mainView 中的世界坐标
   mouseWorldPosition =
       window.mapPixelToCoords(Mouse::getPosition(), mainView);
   // 更新玩家
   player.update(dtAsSeconds, Mouse::getPosition());
   // 暂存玩家的新位置
   Vector2f playerPosition(player.getCenter());
   // 令主视图聚焦于玩家
   mainView.setCenter(player.getCenter());
}// 更新场景结束
}// 游戏循环结束
```

注意，这段代码被封装在一次测试中，从而仅在游戏处于 PLAYING 状态时运行。在暂停游戏、游戏结束或者玩家正在选择升级的时候，不应该运行这段代码。

这里，我们首先重启 clock 变量，并将上一帧的时间消耗保存在 dt 变量中：

```
// 更新时间增量
Time dt = clock.restart();
```

接下来，我们把上一帧消耗的时间加到 gameTimeTotal 之上，意在累加游戏的整体运行时间：

```
// 更新游戏总时间
gameTimeTotal += dt;
```

之后，我们用 dt.AsSeconds 函数的返回值初始化了一个 float 变量 dtAsSeconds。对于大多数帧而言，这将是一个纯小数，适合传入 player.update 函数，以供其计算玩家精灵的移动量。

现在，我们可以使用 MOUSE::getPosition 函数初始化 mouseScreenPosition 了。

> 你可能好奇于这种获取鼠标位置的奇特语法。事实上，这是一个**静态函数**(static function)。如果在定义类的一个函数时使用了关键字 static，那我们便能使用类名、而不必借助于其实例来调用该函数。C++ OOP 原则下有很多类似的奇怪规则，后文也会有所介绍。

我们随即对 window 使用了 SFML 的 mapPixelToCoords 函数,并以此初始化了 mouseWorldPosition。这个函数在本章前面谈及 View 类时曾有所讨论。

现在,我们可以调用 player.update 函数,并根据其要求传入 dtAsSeconds 以及鼠标的位置。

我们会把玩家的更新位置保存在 Vector2f 实例 playerPosition 中,虽然暂未使用此实例,但很快它便能派上用场。

接下来,我们通过 mainView.setCenter(player.getCenter()) 让主视图跟随玩家角色的最新位置的中心。

现在,我们便可以将 player 绘于屏幕上了。请添加以下高亮显示的代码,其中把游戏主循环的绘制部分根据不同的状态加以区分:

```
}// 更新场景结束

/*
**************
绘制场景
**************
*/
if (state == State::PLAYING)
{
  window.clear();
  // 设定在窗口中展示 mainView 及其中所绘制的全部内容
  window.setView(mainView);
  // 绘制玩家
  window.draw(player.getSprite());
}

if (state == State::LEVELING_UP)
{
}
if (state == State::PAUSED)
{
}
if (state == State::GAME_OVER)
{
}

window.display();
}// 游戏循环结束

return 0;
}
```

这段代码的 if (state == State::PLAYING) 结构清空了屏幕,为 window 选取 mainView 视图,再用 window.draw(player.getSprite()) 绘制出玩家精灵。

在处理完每种可能的状态之后,代码将通过 window.display() 这种常规方式绘制场景。

你可以运行游戏,这时玩家的游戏角色能够根据鼠标的移动而自己转圈圈。

> 运行游戏时，需要按下 *Enter* 键启动游戏，随即还需要选择按下 1 到 6 之间的一个数字键来模拟选择升级选项，此后游戏才能正式开始运行。

你还可以在(空白的)500 像素×500 像素的竞技场中自由移动玩家角色。此时，在屏幕的中心可以看到一名孤零零的玩家，见图 8.6。

图 8.6 屏幕中心的孤单玩家

但目前看不出任何移动的效果，因为背景尚未实现，而那是下一章的工作。

8.8 本章小结

终于可以歇口气了，这一章可真长。本章完成了很多工作：为 Zombie Arena 项目创建了第一个类 Player，并在游戏循环中使用了它。随即学习并使用了 View 类的一个实例，只是目前尚未意识到这能为我们带来什么好处。

下一章将学习精灵表单的概念，并以此为竞技场搭建背景。我们还会学习 C++引用(reference)，这种技术允许我们操作超出作用域的变量(所谓超出作用域，可以理解为变量位于另一个函数)。

8.9 常见问题

问题 1：我在我们编写的代码中注意到一个奇怪的现象。在 if 语句中，例如，在 if (event.type == Event::KeyPressed)...中，这个 Event 参数是如何传给需要操作它的 pollEvent 函数的？变量以及对象的作用域难道不是仅限于声明它们的函数之内吗？

回答：其原因正是 C++引用。C++中的引用同样是变量，但从形式上说，引用相当于其他变量的别名，目前暂未出现在所讨论的代码中。简单而言，引用可以避免不必要的复制操作，能够为函数高效地传递对象。pollEvent 函数的参数是按照引用定义的，从而能把值赋给所传入的 event 对象,而且那些值在 main 函数中仍然有效。下一章会详细讨论引用,进一步解释它。

问题 2:我注意到,这里已经为 Player 编写了很多根本没用过的函数。这是为什么?

回答:与其在需要时返回修改 Player 类,不如选择直接为该类添加其所有功能。到第 14 章结束时,便不再含有任何尚未使用的函数,这款游戏也将在那里全部完成。

第**9**章

C++引用、精灵表单与顶点数组

我们曾在第 4 章介绍过**作用域**的概念。如果变量定义在函数中或某内层区块中，则此变量的作用域仅限于该函数或区块内部(或者说，仅在那里可见/使用)。根据目前所学的 C++知识，这可能带来问题，例如，我们可能无法处理 main 函数需要复杂对象的情况，毕竟强行实现意味着全部代码均应位于 main 函数中，这将大大增加维护代码的难度。

本章将探索的 C++**引用**允许在变量或对象的作用域之外对其进行操作。此外，引用同样有助于避免在函数间传递大对象，传递大对象是非常缓慢的，因为每次传递均需要创建变量或对象的副本。

掌握了引用这个新技能之后，我们会学习 SFML VertexArray 类，该类允许我们使用一个图像文件内的多个图片单元(简称图元)来高效地构建大型图像。到本章结束时，我们便已通过引用机制以及一个 VertexArray 对象构建出可缩放、可滚动的随机背景图片。

本章将涵盖以下主题：
- 理解 C++引用
- SFML 顶点数组及精灵表单
- 随机创建可滚动的背景图
- 使用背景图

9.1 理解 C++引用

当我们向函数传入数据或者从函数中返回某值的时候，是在按**值**(value)传递/返回。这个过程会为相应变量的值创建副本，进而在调用或返回时将此副本发送给函数。

这里有两个重点：

(1) 在这种机制下，我们无法让函数真正改动那个变量，因为仅会操作其副本。

(2) 如果传递参数或用作函数返回值时需要制作一份副本，那么这个操作显然需要消耗一定的功率及内存。对于简单的 int 或者是 Sprite 而言，这种代价微乎其微；但当对象很复杂(如整个游戏世界或其背景)时，这种复制过程显然会严重降低游戏的运行效率。

引用正是解决这两个问题的方法。引用是一种特殊类型的变量，它实际上引用了另一个变量。以下示例可以增进你的理解：

```
int numZombies = 100;
int& rNumZombies = numZombies;
```

这两行代码首先声明并初始化了一个常规的 int 型变量 numZombies，随即声明并初始化了一个 int 型引用 rNumZombies，跟在实际类型 int 后的引用运算符 & 说明，这里声明的是引用而非常规变量。

> 引用变量名前缀 r 不是必须的，但使用它有助于标识其为引用。

现在，我们有 int 型变量 numZombies 并取值 100，也有 int 型引用 rNumZombies，它引用了 numZombies。现在，对 numZombies 所做的任何操作均能同时体现在 rNumZombies 上，而对 rNumZombies 进行的操作实际上操作的是 numZombies。请查看以下代码：

```
int score = 10;
int& rScore = score;
score ++;
rScore ++;
```

这段代码声明了 int 型变量 score，接下来声明了一个 int 型引用 rScore，并令其引用了 score。记住，我们对 score 所做的一切操作均在 rScore 上有所体现，而对 rScore 所做的一切操作会发生在 score 上。

因此，请思考通过下面这行代码增加 score 后会发生什么：

```
score ++;
```

现在 score 变量存储的值为 11，假如输出/打印 rScore，也将得到 11。下一行代码是这样的：

```
rScore ++;
```

现在，score 实际上存储的值为 12，因为我们对 rScore 所做的一切操作会发生在 score 上。

> 如果你希望了解这其中的原理，那么下一章关于**指针**的讨论会给出更多介绍。简单而言，可以认为引用实际上存储的是计算机内存中的一个位置/地址，而那个内存位置正是该引用所指向的变量保存其具体值的空间，因此操作某变量与操作其引用的效果完全相同。

但目前更重要的是讨论引用的必要性。这里有两点原因，在前面曾提过，总结如下：

(1) 在另一个函数中修改/读取那些超出作用域的变量/对象的值。

(2) 不需要制作副本，就能向/从函数中传递/返回数据(因此效率更高)。

为此，请研读以下代码以便讨论：

```
void add(int n1, int n2, int a);
void referenceAdd(int n1, int n2, int& a);

int main()
{
  int number1 = 2;
  int number2 = 2;
```

```
    int answer = 0;
    add(number1, number2, answer);
    // answer 为 0，因为传入的是副本
    // main 函数中的 answer 保持原状

    referenceAdd(number1, number2, answer);
    // 现在 answer 为 4，因为它是按引用传递的
    // 当 referenceAdd 执行以下操作后
    // answer = num1 + num 2;
    // 这种赋值将改变 answer 的值

    return 0;
}

// 以下是两个函数的定义
// 二者基本相同，但第二个函数传入 a 的引用
void add(int n1, int n2, int a)
{
  a = n1 + n2;
  // a 现在等于 4
  // 但函数返回后，将彻底丢弃此 a 变量
}
void referenceAdd(int n1, int n2, int& a)
{
  a = n1 + n2;
  // a 现在等于 4
  // 但 a 是引用
  // 所以 main 中的 answer 也为 4
}
```

这段代码始于两个函数 add 与 referenceAdd 的原型，其中 add 函数接受三个 int 型变量，而 referenceAdd 函数则接受两个 int 型变量和一个 int 型引用。

在调用 add 函数并传入 number1、number2 及 answer 等变量之后，首先会各自为这些变量的值制作副本，以操作 add 函数内的新局部变量(n1、n2 与 a)，但最后回到 main 函数时，answer 仍然是 0。

在调用 referenceAdd 函数时，number1 与 number2 仍旧按值传入，但 answer 是按引用传入的。当把 n1 与 n2 值之和赋给 a 这个引用的时候，实际上是将这个和赋给了 main 函数中的 answer。

不难看出，我们很少为这么简单的类型使用引用，但这个例子完全展示了按引用传递的机制。

现在我们总结一下关于引用的知识。

总结引用

前面代码展示了如何使用引用，在某函数中改动来自其他作用域的变量。除了非常方便，还不需要制作任何副本，所以按引用传递的效率也非常高。我们的例子使用的是 int 型引用，由于 int 类型很小，所以这似乎没有什么效率提升，但本章后文中将使用引用来传递整层关卡的布局，那时便会显著提升效率。

> 引用其实有个限制：它在创建时就必须指向一个变量，这意味着引用不够灵活，但目前还不需要担心这一点。下一章还会进一步探索引用，也会探索**指针**。指针与引用密切相关，但更灵活(也因而稍稍更复杂)。

引用在很大程度上对 int 型变量没什么影响，但对大型类的对象而言则非常重要。本章后文中将为 Zombie Arena 游戏实现可滚动的背景图，那时便会使用引用技术。

下面，我们将学习顶点数组及精灵表单。

9.2 SFML 顶点数组及精灵表单

只需继续学习 SFML 的顶点数组及精灵表单的知识，我们便能够实现滚动背景(即可滚动的背景图)。

精灵表单的概念

精灵表单(sprite sheet)是包含在一个图片文件中的一组图片，这组图片既可以是连续动画帧，又可以是相互独立的图片。请参见图 9.1 中的精灵表单，其中包括了 Zombie Arena 游戏将用于绘制背景图的 4 张独立图片。

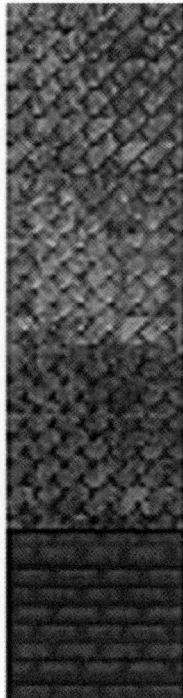

图 9.1　精灵表单

SFML 允许我们将精灵表单当作常规纹理图片加载，具体做法与前面操作纹理的方式相同。而且，将多张图片加载为一个纹理图能够提升 GPU 的处理速度。

> 虽然现代 PC 不需要借助于精灵表单，便能同时处理这 4 张纹理图，但这种技术仍然值得学习，因为我们的游戏将开始对硬件提出越来越高的要求。
>
> 还可以将精灵表单理解为纹理图集。一般而言，精灵表单与纹理图集之间的典型区别在于，精灵表单往往对应着同一物体的多帧图片，例如某游戏形象或游戏背景，而且这些帧通常排列得较为规整(如上面那张示意表单)；而纹理图集则常常由多个物体的纹理组成，如一个完整的关卡乃至整个游戏，而且那些图的排列方式可能并不均匀，图的大小也可以不一样。此外，纹理图集经常伴有相关的文本数据文件，用于描述每张纹理的名称、位置及大小，游戏会进而使用这个文本文件来访问其需要的图片。无论如何称呼这种同时包含多张图的图像文件，在游戏过程中，这种多图元文件总能提升加载与访问的速度。

在利用精灵表单绘图的时候，我们需要根据要求使用精灵表单图元的正确像素坐标，如图 9.2 所示。

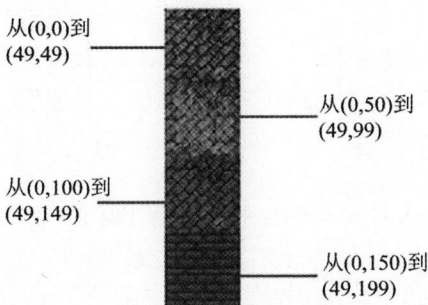

图9.2　精灵表单的像素坐标

这张图仔细标注出精灵表单每个图元的坐标及其位置。这些坐标可称为**纹理坐标**(texture coordinate)，是在僵尸游戏中根据要求绘制合适的图块/图元时所使用的机制。

9.3　顶点数组的概念

首先，我们要问的是：什么是顶点？**顶点**(vertex)是个单一的图像点，或者说是个坐标，由其横纵位置定义。多个顶点合称**顶点组**(vertices)，而顶点数组则是顶点组的集合。

在 SFML 中，顶点数组中的每个顶点还可以带有颜色，并可以与其他顶点(即一对坐标)相关联，后者称为**纹理坐标**，即顶点在精灵表单中的位置。后面我们会看到在一个顶点数组中如何摆放图片，以及如何在其某处选择绘制精灵表单的一部分。

SFML VertexArray 类能持有不同类型的顶点，这个类型代表顶点组的规格，而且每个 VertexArray 实例所持有的所有顶点应该属于同一类型。我们自然会使用适合僵尸游戏的类型。

电子游戏中的常见场景包括但不限于以下**基本**(primitive)**类型**(即基元)：

- **点**(Point)：一个点对应一个顶点。
- **线段**(Line)：线段对应着两个顶点，分别定义了线段的起点与终点。

- **三角形(Triangle)**：由三个顶点构成，是复杂 3D 模型中最常用的一种结构(例如，一次使用上千个三角形)，也能成对出现，例如，用来创建一个矩形(如精灵动画)等。
- **四边形(Quad)**：每组有四个顶点，是从精灵表单中搭建出矩形区域的一种便捷方法。

本项目中会使用四边形，因为这种类型正适合实现矩形精灵。

9.3.1 利用图元构建背景图

Zombie Arena 游戏的背景图将由一些正方形图案随机组合而成。如果这难以理解，可以将这种排列想象为地板上的瓷砖。

本项目将使用四边形集的顶点数组，其中每个顶点属于四点集合(四边形)的一部分，负责定义背景图元的一个角点，而每个纹理坐标的具体值均将对应着精灵表单中的特定图片。

让我们从一些代码开始学起。以下代码不是本项目将使用的代码，但很接近实际代码，能够在转向实际代码前预习顶点数组的知识。

9.3.2 构建顶点数组

与创建类的实例相同，这里会声明一个新对象。以下代码声明了 VertexArray 类型的对象 background：

```
// 创建顶点数组
VertexArray background;
```

我们希望令此 VertexArray 实例知悉其使用的基本类型(点、线段、三角形与四边形的顶点数不同)。通过设定 VertexArray 实例，使其接受一种特定类型，此实例便能按照这种类型组织其内部的各个顶点。这里我们使用的是四边形，如以下代码所示：

```
// 所用的基本类型
background.setPrimitiveType(Quads);
```

我们需要设定 VertexArray 实例的长度，这与常规 C++数组相同。事实上，VertexArray 比常规数组更灵活，因为它允许在运行过程中改变长度。此长度会在声明实例时配置，但在每波僵尸结束时，需要拓展游戏背景，而这是通过 VertexArray 提供的 resize 函数实现的。以下代码把竞技场的尺寸设置为 10×10 个图元：

```
// 设定顶点数组的大小
background.resize(10 * 10 * 4);
```

这段代码中的第一个 10 代表宽度，第二个 10 代表高度，而 4 则是每个四边形中顶点的数量。虽然可以直接传入 400，但展示出计算过程能让代码的行为变得更清晰。实际编写项目时，应该进一步提升代码的清晰度，将参与计算的每个部分声明为变量。

现在我们有了一个 VertexArray 实例，可以配置此实例的数百个顶点了。以下是我们设定第一组 4 个顶点(也就是第一个四边形)的代码：

```
// 定位当前四边形的每个顶点
background[0].position = Vector2f(0, 0);
background[1].position = Vector2f(49, 0);
background[2].position = Vector2f(49,49);
background[3].position = Vector2f(0, 49);
```

这也是把相同顶点的纹理坐标设定为精灵表单中第一张图的方法。

在图片文件中，这些坐标的范围是从(0, 0)(左上角点)到(49, 49)(右下角点)：

```
// 设定每个顶点的纹理坐标
background[0].texCoords = Vector2f(0, 0);
background[1].texCoords = Vector2f(49, 0);
background[2].texCoords = Vector2f(49, 49);
background[3].texCoords = Vector2f(0, 49);
```

假如我们希望把这些纹理坐标设定为精灵表单中的第二张图，则应该这样编写代码：

```
// 设定每个顶点的纹理坐标
background[0].texCoords = Vector2f(0, 50);
background[1].texCoords = Vector2f(49, 50);
background[2].texCoords = Vector2f(49, 99);
background[3].texCoords = Vector2f(0, 99);
```

当然，如果需要按照这种方式独立定义每个顶点，那么即使配置 10×10 竞技场的代码，也需要花费很长的一段时间才能写完。所以在实际实现背景图时，我们的做法是将其置于嵌套的 for 循环中，此循环将遍历每个四边形，随机选择一张背景图片，并相应设定其纹理坐标。

代码最好能聪明一些，可以自主判断哪张图对应着边界，以便在精灵表单中选取墙壁的图案。同时，也需要能够使用合适的变量来表示精灵表单中每个背景图的位置，以及所需竞技场的整体大小。

这些复杂的功能将被封装为一个独立文件中的独立函数，以便降低管理代码的难度。我们则通过使用 C++引用，令此 VertexArray 实例在 main 函数中仍可正常使用。

后面我们会学习更多细节，但你可能已经注意到，我们尚未关联纹理图片(没有让精灵表单与顶点数组关联起来)。下面就让我们看一看如何实现这种关联。

9.3.3　使用顶点数组进行绘制

既然已准备好顶点及纹理坐标，我们便可以将其绘于屏幕。可以按照加载其他纹理的方式来加载精灵表单，参见以下代码：

```
// 为背景顶点数组加载纹理
Texture textureBackground;
textureBackground.loadFromFile("graphics/background_sheet.png");
```

随即调用 draw 函数绘制整个 VertexArray：

```
// 绘制背景
window.draw(background, &textureBackground);
```

这行代码的做法显然比将每个图元作为独立精灵而绘制的方式要高效得多。

> 在转向下一话题之前，请注意 textureBackground 前的那个有些奇怪的 & 符号。你可能立刻会认为这与引用有关，但此符号表示我们传入的是 Texture 实例的地址，而非实际的 Texture 实例。下一章会介绍更多相关知识。

现在，我们可以利用关于引用以及顶点数组的知识来实现 Zombie Arena 项目的下一个阶段：随机创建可滚动的背景图。

9.4 随机创建可滚动的背景图

本节将在一个独立文件中创建一个能够制作背景图的函数，其中会使用顶点数组的引用，以保证 main 函数能够使用它(即位于作用域内)。

另外，我们还会编写其他函数来与 main 函数共享数据，这些函数将分别写为独立的 .cpp 文件。同时，我们还会新建一个头文件，在其中提供这些函数的原型，以供 ZombieArena.cpp 文件(用一条 include 指令)包含。

我们首先新建头文件 ZombieArena.h，这是为新函数而编写的头文件。请向此 ZombieArena.h 文件中添加以下高亮显示的代码，其中包含函数原型：

```
#pragma once
#include <SFML/Graphics.hpp>
using namespace sf;
int createBackground(VertexArray& rVA, IntRect arena);
```

这些代码允许我们编写 createBackground 函数。为了与这里的原型相匹配，该函数的定义体必须返回一个 int 型值，且需要接受一个 VertexArray 引用和一个 IntRect 对象作为参数。

现在，我们需要新建一个 .cpp 文件，以编写此背景创建函数的定义。为此，请新建 CreateBackground.cpp 文件，并向其中添加以下代码：

```
#include "ZombieArena.h"

int createBackground(VertexArray& rVA, IntRect arena)
{
  // 对 rVA 的一切操作均将作用于 main 函数中的 background
  // 每图元/纹理的大小
  const int TILE_SIZE = 50;
  const int TILE_TYPES = 3;
  const int VERTS_IN_QUAD = 4;
  int worldWidth = arena.width / TILE_SIZE;
  int worldHeight = arena.height / TILE_SIZE;

  // 所用的基本类型
  rVA.setPrimitiveType(Quads);

  // 设定顶点数组的大小
  rVA.resize(worldWidth * worldHeight * VERTS_IN_QUAD);

  // 从顶点数组的首元素开始
  int currentVertex = 0;

  return TILE_SIZE;
}
```

这段代码包括函数签名以及用于标记函数体范围的起止大括号。

函数体内部首先声明并初始化了三个 int 型常量(TILE_SIZE、TILE_TYPES 和 VERTS_IN_QUAD)，分别对应着后面的一些常用值。

其中，常量 TILE_SIZE 指的是精灵表单中每个图元以像素计的大小，常量 TILE_TYPES

则指精灵表单中不同图元的数量。如果以后我们向对应精灵表单中添加了更多图元，那么只需要相应修改 TILE_TYPES 的值，这里的代码仍然能够正常工作。VERTS_IN_QUAD 仅代表每个四边形有 4 个顶点的事实，但使用常量比直接输入含义抽象的数字 4 更不容易引起错误。

随即，我们定义并初始化了两个 int 型变量 worldWidth 与 worldHeight。不难猜测这两个变量的用法，但值得一提的是，此二者所对应的宽度与高度没有按照像素单位进行计算，而代表了图元的数量。事实上，初始化这两个变量的方法正是将传入竞技场的宽度与高度除以常量 TILE_SIZE。

接下来，我们首次使用了引用。记住，我们对 rVA 所做的一切操作将同步作用于所传入的变量，即使其作用域实际上是 main 函数。

我们通过使用 rVA.setType 为此顶点数组选定四边形，再通过调用 rVA.resize 来调整数组的长度，其中传入的是 worldWidth * worldHeight * VERTS_IN_QUAD 这个乘积，而当我们的顶点数组就绪时，这正是其所具有的全部顶点的数量。

前面代码的最后一行声明了 currentVertex，并将其初始化为 0，这是一个会在遍历顶点数组以初始化全部顶点时使用的变量。

顶点数组由一个嵌套 for 循环初始化，现在我们将编写此 for 循环的第一部分。请添加以下高亮显示的代码，并尝试根据顶点数组的相关知识理解其功能：

```
// 从顶点数组的首元素开始
int currentVertex = 0;
for (int w = 0; w < worldWidth; w++)
{
  for (int h = 0; h < worldHeight; h++)
  {
    // 定位当前四边形的每个顶点
    rVA[currentVertex + 0].position =
      Vector2f(w * TILE_SIZE, h * TILE_SIZE);
    rVA[currentVertex + 1].position =
      Vector2f((w * TILE_SIZE) + TILE_SIZE, h * TILE_SIZE);
    rVA[currentVertex + 2].position =
      Vector2f((w * TILE_SIZE) + TILE_SIZE, (h * TILE_SIZE)
        + TILE_SIZE);
    rVA[currentVertex + 3].position =
      Vector2f((w * TILE_SIZE), (h * TILE_SIZE)
        + TILE_SIZE);

    // 准备设定下一组 4 个顶点
    currentVertex = currentVertex + VERTS_IN_QUAD;
  }
}
return TILE_SIZE;
}
```

我们新添加的代码通过一个嵌套的 for 循环遍历了全部顶点数组。在循环中，首先通过 currentVertex+1、currentVertex+2 等遍历了其前 4 个顶点。

其中访问数组中的每个顶点的操作是通过数组表示法实现的，如 rVA[currentVertex + 0]。这里同样通过数组表示法使用了 position 成员，如 rVA[currentVertex + 0].position。

对于 position 成员,我们传入了每个顶点的横纵坐标,并以 w、h 与 TILE_SIZE 的组合编程方式进行操作。

在前面代码的末尾是 currentVertex = currentVertex + VERTS_IN_QUAD;这条语句,其中修改了 currentVertex 的值,令其前进 4 个位置(加 4),从而能够令其在下次进入这个嵌套的 for 循环时继续工作。

当然,以上工作仅限于设置顶点坐标,尚未设定精灵表单中的纹理坐标。这是接下来的任务。其中,为了保证新代码的添加位置绝对清晰,我给出了完整的上下文代码,其中包括前面所添加的代码,而新代码则高亮显示。请添加以下高亮显示的代码:

```cpp
for (int w = 0; w < worldWidth; w++)
{
  for (int h = 0; h < worldHeight; h++)
  {
    // 定位当前四边形的每个顶点
    rVA[currentVertex + 0].position =
        Vector2f(w * TILE_SIZE, h * TILE_SIZE);
    rVA[currentVertex + 1].position =
        Vector2f((w * TILE_SIZE) + TILE_SIZE, h * TILE_SIZE);
    rVA[currentVertex + 2].position =
        Vector2f((w * TILE_SIZE) + TILE_SIZE,
            (h * TILE_SIZE) + TILE_SIZE);
    rVA[currentVertex + 3].position =
        Vector2f((w * TILE_SIZE),
            (h * TILE_SIZE) + TILE_SIZE);

    // 为当前四边形定义其纹理的位置
    // 可以是草、石头、灌木或墙
    if (h == 0 || h == worldHeight-1 ||
        w == 0 || w == worldWidth-1)
    {
      // 使用墙壁纹理
      rVA[currentVertex + 0].texCoords =
          Vector2f(0, 0 + TILE_TYPES * TILE_SIZE);
      rVA[currentVertex + 1].texCoords =
          Vector2f(TILE_SIZE,
              0 + TILE_TYPES * TILE_SIZE);
      rVA[currentVertex + 2].texCoords =
          Vector2f(TILE_SIZE,
              TILE_SIZE +TILE_TYPES * TILE_SIZE);
      rVA[currentVertex + 3].texCoords =
          Vector2f(0, TILE_SIZE + TILE_TYPES * TILE_SIZE);
    }

    // 准备设定下一组 4 个顶点
    currentVertex = currentVertex + VERTS_IN_QUAD;
  }
}
return TILE_SIZE;
}
```

这段高亮代码设置了每个顶点相关的精灵表单坐标值。注意那条长长的 if 条件,其中检查了当前的四边形是否属于竞技场内全部四边形中的第一个或最后一个。如果是首端或末端,则意味着其属于边界的一部分，我们随即会使用一条涉及 TILE_SIZE 与 TILE_TYPES 的简单公式从精灵表单中定位墙壁纹理元。

这里还使用数组表示法为每个顶点设定其 texCoords 成员，从而指定了精灵表单中墙壁纹理元对应角点的坐标值。

以下代码封装在一个 else 块中，这意味着在遍历这个嵌套的 for 循环时，只有在当前四边形不代表边界/墙时，才会运行其中的代码。请在现有的代码旁添加以下高亮显示的代码，随后我们会加以分析：

```
// 为当前四边形定义其纹理的位置
// 可以是草、石头、灌木或墙
if (h == 0 || h == worldHeight-1 ||
    w == 0 || w == worldWidth-1)
{
  // 使用墙壁纹理
  rVA[currentVertex + 0].texCoords =
     Vector2f(0, 0 + TILE_TYPES * TILE_SIZE);
  rVA[currentVertex + 1].texCoords =
     Vector2f(TILE_SIZE,
        0 + TILE_TYPES * TILE_SIZE);
  rVA[currentVertex + 2].texCoords =
     Vector2f(TILE_SIZE,
        TILE_SIZE + TILE_TYPES * TILE_SIZE);
  rVA[currentVertex + 3].texCoords =
     Vector2f(0, TILE_SIZE + TILE_TYPES * TILE_SIZE);
}
else
{
  // 使用随机地板纹理
  srand((int)time(0) + h * w - h);
  int mOrG = (rand() % TILE_TYPES);
  int verticalOffset = mOrG * TILE_SIZE;
  rVA[currentVertex + 0].texCoords =
     Vector2f(0, 0 + verticalOffset);
  rVA[currentVertex + 1].texCoords =
     Vector2f(TILE_SIZE, 0 + verticalOffset);
  rVA[currentVertex + 2].texCoords =
     Vector2f(TILE_SIZE, TILE_SIZE + verticalOffset);
  rVA[currentVertex + 3].texCoords =
     Vector2f(0, TILE_SIZE + verticalOffset);
}

  // 准备设定下一组 4 个顶点
  currentVertex = currentVertex + VERTS_IN_QUAD;
 }
}
return TILE_SIZE;
}
```

这段高亮代码首先为随机数生成器设定种子，其中生成种子的表达式可以保证在每次进入循环时能够得到不同的种子。之后用 0 与 TILE_SIZE 之间的一个随机数初始化了变量 mOrG，这正是随机挑选一种图元类型所需进行的处理。

> mOrG 代表 "泥土(mud)或草地(grass)", 显然是个随意取的变量名。

随后又声明了变量 verticalOffset, 并将其初始化为 mOrG 与 TileSize 之积。现在, 我们便得到了精灵表单中的一个竖直参考点, 代表当前四边形所选随机图元的起始高度。

随后, 我们使用一个涉及 TILE_SIZE 与 verticalOffset 的简单公式, 将相应顶点设为图元每个角点的坐标。

现在, 我们可以把这个新函数放在游戏引擎中, 让它开始工作了。

9.5 使用背景图

我们在前面已经完成了不少棘手的工作, 所以这里会很简单。使用背景图涉及三个步骤, 罗列如下:

(1) 创建 VertexArray。

(2) 在每次升级后初始化它。

(3) 在每帧中绘制它。

在为 ZombieArena.cpp 文件添加新代码之前, 该文件首先需要获取新头文件 ZombieArena.h 的信息。为此, 请在 ZombieArena.cpp 文件顶部添加以下 include 指令:

```
#include "ZombieArena.h"
```

现在, 请添加以下高亮显示的代码, 其中声明了 VertexArray 实例 background, 并把 background_sheet.png 加载为纹理:

```
// 创建 Player 类实例
Player player;

// 竞技场边界
IntRect arena;

// 创建背景
VertexArray background;
// 为背景顶点数组加载纹理
Texture textureBackground;
textureBackground.loadFromFile("graphics/background_sheet.png");

// 游戏循环主体
while (window.isOpen())
```

再添加以下代码来调用 createBackground 函数, 其中会按引用传入 background, 又按值传入 arena。请注意, 这段高亮代码同时修改了初始化变量 tileSize 的方法, 所以添加时请小心:

```
if (state == State::PLAYING)
{
  // 准备关卡
  // 后文会改动以下两行代码
```

```
arena.width = 500;
arena.height = 500;
arena.left = 0;
arena.top = 0;

// 按引用将顶点数组传入 createBackground 函数
int tileSize = createBackground(background, arena);
// 后文也将改动这行代码
// int tileSize = 50;

// 令玩家重新出现在竞技场中央
player.spawn(arena, resolution, tileSize);

// 重置时钟，以避免出现巨大的时间增量
clock.restart();
}
```

这里我们已不再使用 int tileSize = 50;这条语句，因为现在可以从
createBackground 函数的返回值中得到这个值。

> 这里仅仅注释了那行直接赋值的语句，以便根据上下文定位新代码的添加位置，但出
> 于代码(未来)清晰度的考虑，你应当删除它。

最后便可以进行绘制工作了。这一步非常简单，只需要调用 window.draw 函数，并传入
VertexArray 实例以及相应纹理图 textureBackground 的内存地址即可：

```
/*
***************
绘制场景
***************
*/
if (state == State::PLAYING)
{
  window.clear();
  // 设定在窗口中展示 mainView 及其中所绘制的全部内容
  window.setView(mainView);

  // 绘制背景
  window.draw(background, &textureBackground);

  // 绘制玩家
  window.draw(player.getSprite());
}
```

> 如果你对 textureBackground 之前那个奇怪的 & 符号感到困惑，那么下一章将
> 给出明确的介绍。

现在你可以运行游戏，并能看到图 9.3 所示的结果(别忘记按下 Enter 键并选择一个数字，以
跳过那些暂时不可见的菜单)：

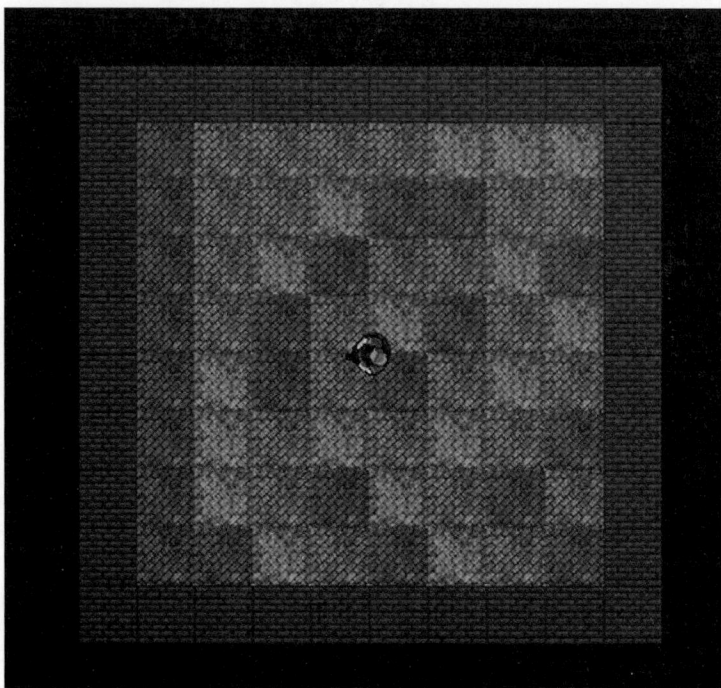

图9.3 使用背景图

这里请注意，玩家精灵已经能够在竞技场中平滑地进行滑动与旋转。虽然当前 main 函数绘出的竞技场本身不大，但 createBackground 函数能够绘出任意大小的竞技场。我们会在第 14 章中见识到比屏幕还大的竞技场。

9.6 本章小结

本章探索了 C++引用这种以其他变量别名的形式而存在的特殊变量。当通过引用而非通过值传递变量时，对此引用所进行的一切操作均将同时作用于主调函数中的那个变量。

我们还学习了顶点数组，创建了一个全由四边形构成的顶点数组，并以此将精灵表单中的图元绘制为背景图。

当然，这里有个非常明显且被刻意忽略的问题：我们的僵尸游戏中目前没有任何僵尸。下一章将通过介绍 C++指针及**标准模板库**(Standard Template Library，**STL**)来解决这个问题。

9.7 常见问题

以下是一些你可能感到困惑的问题：

问题 1：麻烦你再总结一下这些引用，好吗？

回答：引用必须在创建时立刻初始化，不能令其转而引用另一变量。在函数中使用引用时，将不会操作副本。从效率上讲，这种做法也很好，因为引用能够避免创建副本，且有助于将代码抽象为函数。

问题 2：可否通过一种简单的方法来记住使用引用的主要好处？

回答：为了帮助记忆引用的用途，可以试试下面这首短诗：

移动大对象，游戏会拖沓，

按引用传递，速度飞快达。

第**10**章

指针、标准模板库与纹理管理初探

本章将介绍许多知识并完成大量游戏功能。首先我们将学习**指针**这一基本C++主题，它是一种持有内存地址的变量，且一般持有另一变量的内存地址。虽然这听起来与引用类似，但后面很快便会说明指针的功能更加强大。我们随即会使用指针来处理规模持续扩张的僵尸群。

我们还将学习**STL**(Standard Template Library，**标准模板库**)，其中整合了许多类，能够轻松地实现一些常见的数据管理技术。

本章将涵盖以下主题:
- 学习指针
- 学习标准模板库

10.1 学习指针

可以说，**指针**(pointer)是C++编程求学之旅中令人心灰意冷的一大原因，但它的概念其实很简单。

> 指针是一种持有内存地址的变量。

仅此而已，不必担心。初学者感到困惑的往往是其具体语法。我们会逐行分析使用指针的代码，从而引领你踏上掌握指针的康庄之路。随后本书最后一个项目还会介绍智能指针的相关知识，它虽然灵活度较低，但可以简化我们的学习过程。

> 本节所介绍的指针知识已经超出了实现当前项目的需要。下一项目将涉及指针的更多用法，但即便如此，这里也仅是触及了指针这一话题的皮毛而已。

尽管我很少认同背诵事实、图表或语法是学习的最佳方式，但与指针相关的一些简单而关键的语法还是值得记住的，因为这能让我们把这些信息印在脑海深处。接下来我们会谈一谈为什么需要指针，并研究它与引用的关系，首先我们将通过对指针进行类比展开讨论:

> 如果把变量类型比作一座房子，把房子中的内容比作变量的值，那么指针就相当于这座房子的地址。

上一章在讨论引用时我们曾了解到，在为函数传入值或从函数中返回值时我们实际上会构建变量的一种新类型，尽管其与原类型完全相同。或者说，我们实际上会为传入函数或从函数传出的值创建一个副本。

从这个角度讲，指针或许听起来颇似引用，在某些方面确有共通之处。只是指针要灵活得多，其功能也强大得多，并且具有一些特定的专属用法(这些用法相应要求特定而专属的语法)。下面我们先介绍指针语法。

10.1.1 指针语法

与指针相关的运算符主要有两个。第一个是**取址**(address of)运算符：

```
&
```

第二个是**解引用**(dereference)运算符：

```
*
```

我们现在会从不同的角度了解这些运算符应用于指针的方式。

首先，我们能够发现取址运算符与引用运算符十分相似，或者说取址运算符在不同的语境中会执行不同的操作，而这简直是在给未来的 C++游戏程序员添堵。在初学阶段便能够认识到这种多样性是很有价值的。当你死死盯着这些指针代码，感觉自己快要崩溃时，请先对自己说：

你的神志非常清醒！只是需要了解具体语境的更多细节。

现在，如果你发现有什么东西不够清晰明了，这不是你的过错。指针就是这样的，但仔细审查语境将会透露出一些端倪。

请记住：你需要为指针付出更多精力，比之前的那些语法要花更多的心思。请带着这条认知，以及对指针运算符(**取址运算符**与**解引用运算符**)的含义的理解来真正开始接触指针代码。

> 在阅读下面各节的内容之前，请确保已经了解了取址运算符与解引用运算符。

10.1.2 指针声明

声明一个指针需要联合使用解引用运算符与该指针将持有的变量对应的类型。在进一步讲解指针之前请先研读以下代码：

```
// 声明一个指针以持有 int 型变量的地址
int* pHealth;
```

这段代码声明了一个新指针 pHealth，可以持有 int 型变量的地址。注意，我说的是该指针可以持有一个 int 型变量。与其他变量相似，指针也需要初始化以便正确地使用它。此外，"pHealth"这个名称也是任意的。

实践中我们经常为指针类型变量的名称添加 "p" 前缀，从而让人们在处理指针时能够意识到这一点，并将其与其他常规变量区别开。

在解引用运算符左右的空格是可有可无的，因为 C++ 基本上不关注其语法中出现的空格，但为了使代码更易读，添加空格仍是推荐的做法。接下来的三行代码的功能完全相同，首先是我们已见识过的这种将解引用运算符与类型连用的格式：

```
int* pHealth;
```

下面这种格式在解引用运算符两边各添加了一个空格：

```
int * pHealth;
```

以下代码则把解引用运算符与指针名连用：

```
int *pHealth;
```

这三种格式你都需要了解，此后你在网页中阅读代码时便能够了解其功能相同。本书始终使用第一种格式，即把解引用运算符放在类型旁边。

正如一个常规变量只能保存类型匹配的数据，指针也应该仅持有类型匹配的变量的地址。int 型指针只能持有 int 型变量的地址，而不能是 string、Zombie、Player、Sprite、float 或其他什么类型。

下面让我们讲解如何初始化指针。

10.1.3　指针初始化

接下来，我们将介绍为指针装入变量地址的方法。请看以下代码：

```
// 常规 int 型变量 health
int health = 5;
// 声明指针以持有 int 型变量的地址
int* pHealth;
// 使用取址运算符初始化 pHealth，使其指向 health 的地址
pHealth = &health;
```

这段代码声明了一个 int 型变量 health 并将其初始化为 5，这意味着这个变量一定位于我们计算机内存中的某个位置上，它一定有个内存地址，虽然我们之前不曾提及这一点。

我们可以通过使用**取址**运算符来访问这个地址。请仔细查看上面代码中的最后一行，其中用 health 的地址初始化了 pHealth：

```
pHealth = &health;
```

pHealth 指针现在会持有 int 型变量 health 的地址。

在 C++ 术语体系中，我们说 pHealth **指向** health。

现在可以使用 pHealth，例如，将其传入某个函数，这将让该函数能够操作 health，这与引用的效果是相似的。

如果说这已经是指针的全部用法，那么它显然没有存在的理由。所以下面我们将介绍重新初始化指针的方法。

10.1.4 指针重新始化

与引用不同的是，可以重新初始化指针，使其指向不同的地址。请查看以下代码：

```
// 常规 int 型变量 health
int health = 5;
int score = 0;
// 声明指针以持有 int 型变量的地址
int* pHealth;
// 初始化 pHealth 以持有 health 的地址
pHealth = &health;
// 重新始化 pHealth 以持有 score 的地址
pHealth = &score;
```

现在，我们的 pHealth 转而指向 int 型变量 score。

当然，这个指针的名字"pHealth"不再合适，之前如果称呼其为 pIntPointer 可能更好，但赋值操作可以再次进行才是这里的关键。

至此，我们仅仅让指针完成了指向操作(即持有一个内存地址)，还谈不上实际使用指针。既然指针指向一个可以在其中保存值的地址，那么让我们看一看访问这个值的方法，而这才是指针真正的意义所在。

10.1.5 指针解引用

我们知道指针持有内存中的一个地址。假如游戏已经声明并初始化了这个地址并加以输出(例如，在 HUD 中)，则其形状可以仅仅是 9876。

或者说，它就是一个值，一个代表内存地址的值。如果操作系统不同或硬件不同，那么这个值的区间也有所不同。本书不会直接操纵指针所指向的地址，仅仅关注保存在那个地址上的数据值。

只有在执行游戏时(运行时)才能确定变量所用的实际地址，所以在编写游戏时并不能提前知晓存储于指针中的值(即变量的地址)。

可以使用**解引用**运算符来访问存储于某指针所指向地址上的值：

```
*
```

是的，这正是我们声明指针时所使用的那个符号，所以语境非常重要。以下代码会通过指针直接操纵一些变量，请尝试进行理解，我们随后会给出解释：

> 💡 警告：以下代码的意义仅用于演示指针的用法。

```
// 一些常规的 int 型变量
int score = 0;
int hiScore = 10;
```

```
// 声明两个指针以持有 int 地址
int* pIntPointer1;
int* pIntPointer2;

// 初始化 pIntPointer1 以持有 score 的地址
pIntPointer1 = &score;
// 初始化 pIntPointer2 以持有 hiScore 的地址
pIntPointer2 = &hiScore;

// 直接为 score 加 10
score += 10;
// score 现在等于 10

// 使用 pIntPointer1 为 score 加 10
*pIntPointer1 += 10;
// score 现在等于 20，是新高分记录

// 仅通过指针将此高分赋给 hiScore
*pIntPointer2 = *pIntPointer1;
// hiScore 与 score 现在均为 20
```

这段代码声明了 score 与 hiScore 两个 int 型变量并随即分别初始化为 0 与 10。接下来声明了两个 int 型指针 pIntPointer1 和 pIntPointer2，并在声明时直接进行初始化操作以使二者分别持有 score 与 hiScore 两变量的地址(即指向它们)。

接下来，我们用 score += 10;这种既往方式为 score 加 10，随即可以发现令解引用运算符作用于指针之上便能访问保存在其所指向地址上的值。以下代码改变了 pIntPointer1 所指向变量的值：

```
// 使用 pIntPointer1 为 score 加 10
*pIntPointer1 += 10;
// score 现在等于 20，是新高分纪录
```

而上面代码的最后一部分则同时解引用了两个指针，并把 pIntPointer1 所指向的值赋给 pIntPointer2 所指向的变量：

```
// 仅通过指针将此高分赋给 hiScore
*pIntPointer2 = *pIntPointer1;
// hiScore 与 score 现在均为 20
```

如此一来，score 与 hiScore 现在均为 20。

10.1.6　指针功能多样且效果强大

我们可以用指针做很多事情。本节仅介绍一些实用的功能。

1. 动态分配内存

对于目前介绍的全部指针所指向的内存地址而言，其作用域均仅限于创建这些指针的函数，所以如果声明并初始化一个指针以指向某局部变量，则当函数返回之后，那个指针、变量及其地址将会因为超出作用域而不复存在。

直到现在，我们一直在使用游戏执行前就已确定的一段固定内存区域。这段内存是由操作系

统控制的，在调用函数时会自动构建那些变量，并在函数返回时予以销毁。但我们同样需要内存在被主动放弃之前永不超域且可以为我们所用，或者说我们希望能够访问并自主管理一块内存，同时对其负责任。

在声明变量(包括指针)时，这些变量所在的区域一般称为**栈**(stack)，第4章讨论增减函数及其所属的参数与局部变量时曾介绍过它的工作机制。此外，还存在另一种内存区域，称为**堆**(heap)，这种内存虽然仍由操作系统分配与控制，但能在运行期分配。

> 堆内存的作用域不限于某个特定的函数，所以从函数返回时不会删除这种内存。

这带给我们极大的权限。由于这种内存仅受限于运行游戏的计算机的硬件资源，而能够访问这种内存便能为游戏规划出海量对象，这里我们希望创建一大群僵尸。但是，借用蜘蛛侠叔叔的那句谆谆嘱托，"能力越大，责任越大"。

接下来，让我们看一看使用指针来访问堆内存以及结束后将其释放并还给操作系统的方法。

为了创建指向堆中值的指针，首先我们需要一个指针：

```
int* pToInt = nullptr;
```

这行代码使用之前的方式声明了指针，但既然目前暂不需要其指向某变量，便可将其初始化为 nullptr。这是一种不错的编程方式，所以在这里采用；否则，请设想在不知道某指针的实际指向时对其进行**解引用**操作(即修改指针所指向地址上的值)，这种代码相当于在射击场上先蒙上双眼并原地转圈之后再去射击。但如果令指针为空(即指向 nullptr)，那么它便不会影响到我们。

当准备好从堆上请求内存资源时，我们会使用关键字 new，参见以下代码：

```
pToInt = new int;
```

pToInt 现在会持有一段堆上空间的地址，其大小刚好能够容纳一个 int 值。

> 程序结束时会回收所分配出去的任何内存空间，但(在游戏运行期间)这种堆上空间仅在我们主动选择释放时才会得以释放。持续从堆上索取内存但从不归还最终将耗尽堆资源并令游戏崩溃。

如果仅仅偶尔从堆上申请整型变量的空间，那么内存资源不太可能会耗尽；但如果程序中有个函数或循环会在游戏全程中定期执行且其中需要请求内存资源，那么游戏将逐渐变慢并最终崩溃。此外，如果在堆上分配了大量对象的同时管理也不到位，那么这种悲剧将会更快上演。

以下代码能够归还(删除)前面 pToInt 所指向的堆中内存：

```
delete pToInt;
```

现在，原本由 pToInt 所指向的内存不再任由我们处理，但为此我们必须采取预防措施：虽然那块内存已经交还给操作系统，不再属于我们，但 pToInt 仍旧持有那段内存的地址。

以下代码能够保证 pToInt 不会再尝试操作或访问这段内存：

```
pToInt = nullptr;
```

> 指向无效地址的指针称为**野**(wild)指针或**悬挂**(dangling)指针。如果尝试解引用一个悬挂指针，那么运气好的话，游戏会崩溃，并得到一个**内存访问冲突错误**(memory access violation error)；而如果运气不好，这将成为一个定位难度极大的缺陷。此外，如果所使用的堆上内存在函数返回之后仍需存在，那么我们必须保证有一个指针能够指向它，否则将泄漏内存，也就是说，虽然这段内存已经分配出去，我们却无法访问它。C++智能指针可以避免出现这些情况，也经常是最佳选择，但在不理解常规指针的情况下贸然学习智能指针将是非常困难的。此外，有些操作也只能由常规指针完成。

现在，我们可以声明指针并使其指向新分配的堆内存，而通过解引用这些指针便可以操作并访问那些内存。在函数中完成对堆上内存的操作后，我们也能返回这段内存的地址。此外，我们还学习了避免悬挂指针的方法。

下面我们将介绍指针的更多优势。

2. 向函数传入指针

为了向函数传入指针，需要编写原型中带有指针的函数，参见以下代码：

```
void myFunction(int *pInt)
{
  // 解引用并增加指针所指向地址上保存的值
  *pInt ++;
  return;
}
```

这个函数仅仅解引用那个指针参数，并为其所指向地址上的值加 1。

现在我们可以向这个函数传入一个变量的地址，或者直接传入指向某变量的一个指针：

```
int someInt = 10;
int* pToInt = &someInt;

myFunction(&someInt);
// someInt 现在等于 11

myFunction(pToInt);
// someInt 现在等于 12
```

正如这段代码所示，我们可以通过使用变量的地址或其指针而在另一函数中直接操作主调函数中的变量，同时还可以发现，二者的效果是相同的。

指针还可以指向类的实例。

3. 声明并使用对象的指针

指针并不仅为常规变量而设计，同样可以声明指针指向用户定义的类型，例如，我们的自定义类。以下代码声明了指向 Player 对象的指针：

```
Player player;
Player* pPlayer = &player;
```

我们甚至可以直接通过指针来访问 Player 对象的成员变量，如以下代码所示：

```
// 调用 Player 类的成员函数
pPlayer->moveLeft();
```

请注意那种微妙而重要的差异：使用对象指针而非直接通过对象来访问函数需要使用"->"运算符。

这是 C++中的**成员访问运算符**(member access operator)，又称**箭头运算符**(arrow operator)，用于通过类指针访问其成员。实际上，->运算符是解引用对象指针并同时访问此对象的成员这两个步骤的缩写形式。

本项目不需要使用对象指针，但我们仍需要进一步探讨这个话题，因为最后一个项目中有此需求。接下来在讨论全新内容之前，我们仍需要讨论指针的一个性质。

10.1.7　指针与数组

数组与指针存在相通之处。数组的名称其实是一个内存地址，准确地说，它是该数组第一个元素的内存地址。换句话说，数组名实际指向其首个元素。这可能有些难以理解，请继续读下去并查看本节的示例代码应该能有所帮助。

我们可以创建与数组元素类型相同的指针，并使用与数组完全相同的语法来操作它：

```
// 声明 int 数组
int arrayOfInts[100];

// 声明 int 指针并初始化为数组 arrayOfInts 首元素的地址
int* pToIntArray = arrayOfInts;

// 参照 arrayOfInts 来使用 pToIntArray
arrayOfInts[0] = 999;
// arrayOfInts 首元素现在等于 999

pToIntArray[0] = 0;
// arrayOfInts 首元素现在等于 0
```

这同样意味着可接受指针的函数同样可接受相同元素类型的数组。后文会利用这个事实来构建持续增加的僵尸群。

> 就指针与引用之间的关系而言，编译器是通过指针来实现引用的，这意味着引用仅仅是一种("暗自"使用指针的)便捷工具。可以将引用视为适合在市区内驾驶车辆的自动变速箱，而指针则是手动变速箱，因为指针更复杂，使用得当时却能带来更好的效果/性能/灵活性。

10.1.8　指针总结

应该说用好指针并不容易，而这里关于指针的讨论仅仅是入门介绍。为熟练掌握指针，唯一方法在于尽可能多用它。但从更现实的角度而言，掌握以下这些指针知识便足以完成我们的僵尸游戏项目：

- 指针是保存内存地址的变量。
- 可以向函数传入指针，从而在被调函数中直接操作以主调函数为作用域的变量。

- 数组名代表该数组首个元素的内存地址。可以将数组名作为指针传入函数，这也正是它的本质。
- 可以使用指向堆上内存的指针，这意味着可以在游戏运行期间动态分配出大量内存。

> 指针的用法还有很多，而且熟悉常规指针的用法还将有助于在最后的项目中学习**智能指针**(smart pointer)。

在再次开始编写 Zombie Arena 项目之前，只有一项内容需要介绍了。

10.2　学习标准模板库

标准模板库(Standard Template Library，**STL**)属于工具类集合，其中包括许多数据容器，这些容器还带有让我们操作其中所存数据的方法。或者说，STL 是保存并操作不同类型的 C++变量与类的方式。

我们可以将不同的容器类想象为高级定制数组。与 SFML 这种需要额外配置的可选项不同的是，STL 是 C++的一部分，因为 STL 内的各种容器类及其操作代码是编写各类应用程序代码的基础。

简言之，STL 提供了大量代码，我们以及每位 C++程序员一定会使用这些代码，而且一些开发过程还会经常使用它。

假如我们自主编写代码来容纳并管理数据，那么让这些代码与 STL 同样高效将是非常困难的，所以使用 STL 便是在使用最好的数据管理代码。SFML 也使用了 STL 中的结构，例如，VertexArray 的底层便是通过 STL 实现的。

我们仅仅需要从所有可用工具类中选出合适的容器类型。以下是 STL 所提供的所有容器类型：

- **vector**：这类容器仿佛是自带推进器的数组，能够提供动态调整大小、排序与搜索等功能，基本上是最实用的容器。我们随后会介绍一些 vector 代码。
- **list**：保留数据顺序的一种容器。
- **map**：这是一种允许用户把数据存储为键/值对的关联式容器。其中每条数据均带有其"键"以供定位。map 的大小可增可减，又能进行查找。本节剩余内容先介绍 vector，再介绍 map。
- **set**：一种能够保证不含重复元素的容器。

Zombie Arena 游戏将使用 map。

> STL 完成了大量的复杂工作，使用 STL 能够让我们不必重新实现它。如果有意了解这些工作，可以参阅 https://www.sanfoundry.com/cpp-program-implement-singly-linked-list/这份教程，其中基本实现了 list 的功能，虽然仅限于 list 的最基本的功能。

显然，合理使用 STL 将大大节约我们的时间，最终的游戏产品也会更出色，所以详细探讨 STL 是非常有必要的。接下来我们会研究 vector 实例的用法，随后研究 **map**，最后初步了解 map 提升 Zombie Arena 游戏开发效率的方式。

10.2.1　vector 的概念

C++中的 vector 是能够存储并操作一组元素的动态数组，是一种大小可调的灵活容器，类似于数组，但具有一些额外功能，是管理数据的一种强大工具。

1. 声明 vector 实例

为了声明一个 vector，我们需要使用 **STL** 中的模板类[1]vector。

以下是声明整型 vector 的示例代码[2]：

```
// 为项目添加 vector 头文件
#include <vector>

vector<int> numbers;
```

这个例子中的 numbers 是一个能够存储整数的 vector 结构。但与数组相同的是，vector 可以存储任意类型的数据元素。

2. 向 vector 添加数据

我们向刚才的 vector 对象添加一些整数：

```
numbers.push_back(42);
numbers.push_back(73);
numbers.push_back(10);
```

现在，我们的 numbers 含有以下三个整数：42、73、10。

3. 访问 vector 中的数据

我们可以使用与数组相同的语法来访问 vector 中的元素：

```
int firstNumber = numbers[0];    // 访问第一个元素(42)
int secondNumber = numbers[1];   // 访问第二个元素(73)
```

我们也能从 vector 中移除数据。

4. 移除 vector 中的数据

从 vector 中移除数据可以使用很多种方法，例如，以下操作便移除了其第一个元素：

```
numbers.erase(numbers.begin());
```

这里的 numbers.begin 指向第一个元素，而 erase 函数则名副其实地删除了这个元素，所以现在 numbers 仅含有 73、10 两个元素。begin 与 erase 均为 vector 的成员函数，可供作为 vector 实例的 numbers 调用。

5. 检索 vector 的大小

为了获取 vector 中元素的一个数，我们可以使用 size 方法：

---

1 模板类是类的模板，用于创建类。C++模板功能强大，一些用法也很简单(如这里)，但其语法同样存在着异常晦涩的部分。本书有意弱化了模板的概念，这显然有助于初学者上手。

2 代码中忽略了 "using namespace std;"，或者说 "std::vector<int> ..." 才是完整的写法。

```
int size = numbers.size(); // size 现在为 2
```

这段代码使用了 `size` 函数，该函数可以返回 vector 中元素的个数，随即用 int 变量 size 来保存这个结果。

6. 循环/遍历 vector 内的元素

我们可以使用循环结构来遍历 vector 的所有元素。以下示例代码使用的是常规 for 循环：

```
for (vector<int>::iterator it = numbers.begin();it != numbers.end();
     it++)
{
  *it += 1; // 为每个元素加 1
}
```

但使用 auto 关键字可以简化这段代码：

```
for (auto it = numbers.begin(); it != numbers.end(); ++it)
{
  *it += 1; // 为每个元素加 1
}
```

关键字 auto 要求编译器推断类型，从而有助于降低代码的复杂度。这里，循环变量 it 的类型是 `vector<int>::iterator`，并以 `numbers.begin()` 初始化，此时该变量不等于 `numbers.end`，所以这个 for 循环结构将持续通过 it++ 来完成遍历。在讨论 map 时我们将提到，这类循环结构的格式是非常灵活的，而这种 auto 的简明语法让代码更易于管理，因为程序员无需显式指定复杂的迭代器类型，从而带来了更清晰也更符合直觉的循环结构，这显然是一种优势。

vector 提供了一种高效管理数据集合的便捷方法。由于这种结构具有动态调整大小的能力，其语法也简单明了，因此这种功能多样的容器在 C++中得到了广泛应用。在最后的项目中，我们将把 vector 付诸实践并为游戏对象创建相应的 vector 实例，但接下来我们需要学习 map 结构。

10.2.2　map 的概念

map 是一种能够动态调整大小且易于增减元素的容器，但与其他容器相比，map 有些特殊，这是其数据的访问方式所决定的。

map 实例内的数据是以数据对(键/值对)的形式存储的。如果考虑以用户名与密码的方式进行账户登录的场景，那么 map 可以完美实现查找用户名并相应核查其密码的操作。

此外，map 还非常适合于存储诸如用户名及其账户，或者公司名称及其股票价格等成对的信息。

当使用 STL 中的 map 类时，我们需要确定键/值对的具体类型。键/值对可以是字符串实例与整数对(如用户名及其账户的场景)，也可以是两个字符串实例对(如用户名及密码的场景)，还可以是用户定义的类型(如各种对象)。

接下来将以实际代码为例以增进我们对 map 的了解。

1. 声明 map 实例

以下代码声明了一个 map 实例：

```
map<string, int> accounts;
```

这行代码声明了一个 map 对象 accounts，其键为 string 对象，而每个 string 对象又将对应着一个 int 值(即值为 int)。

现在我们可以向其中存入以 string 为键而以 int 为值的键/值对数据了。下一小节将介绍具体的做法。

2. 向 map 添加数据

接下来我们会为 accounts 添加一个键/值对：

```
accounts["John"] = 1234567;
```

现在此 map 实例包含一个条目，可以使用 "John" 键来访问它。以下代码继续为 accounts 添加了两个条目：

```
accounts["Smit"] = 7654321;
accounts["Larissa"] = 8866772;
```

我们的 map 现在拥有三个条目。下面我们学习访问账户数字的方法。

3. 在 map 中查找数据

访问 map 数据的方法与为其添加数据的方法相同，即通过键来访问值。作为一个例子，以下代码将 "Smit" 键所存储的值赋给 int 变量 accountNumber：

```
int accountNumber = accounts["Smit"];
```

现在此 int 型变量 accountNumber 存储 7654321。对于 map 中的值，我们可以将其视为对应类型的变量来进行处理。

4. 从 map 中移除数据

从 map 中移除数据的方法也很直观，以下这行代码将移除 "John" 键及其关联值：

```
accounts.erase("John");
```

下面将介绍 map 的更多功能。

5. 检索 map 的大小

我们可能需要了解某 map 中所存储键/值对的个数，这可以通过以下方式实现：

```
int size = accounts.size();
```

int 型变量 size 现在持有的数值为 2，因为 accounts 仍持有 "Smit" "Larissa" 两个键及其关联值，而 "John" 键已经被删除了。

6. 在 map 中检索键

map 最名副其实的功能在于可以通过键来查找其对应值。以下代码可以检索某个特定键是否存在：

```
if(accounts.find("John") != accounts.end())
{
  // 不会运行这段代码，因为已经移除了 John
}
if(accounts.find("Smit") != accounts.end())
{
  // 将运行这段代码，因为 Smit 仍位于此 map 中
}
```

这段代码中 != accounts.end 的判断结果将指示某键是否存在：如果 map 实例中不存在待查键，则搜索结果将是 accounts.end，所以第一条 if 语句中的条件表达式的结果是 false。

下面介绍如何通过遍历 map 来测试或使用其中的所有值。

7. 循环/遍历 map 的所有键/值对

我们已经介绍过使用 for 循环来循环/遍历数组所有值的方法，但如何对 map 执行相同的操作呢？

以下代码展示了通过循环来遍历 map 实例 accounts 中每一键/值对并让每个账户值加 1 的方法：

```
for (map<string,int>::iterator it = accounts.begin();
     it != accounts.end();
     ++ it)
{
  it->second += 1;
}
```

这段代码中最有趣的部分应该是那 for 循环的条件表达式了。其中的第一部分 map<string, int>::iterator it = accounts.begin() 虽然最长，但将其分解后也不难理解。

map<string, int>::iterator 是一种类型，我们用这种类型声明一个迭代器对象，而此迭代器的类型则对应着采用字符串键与整型值对的 map 结构。

这个迭代器对象的名称是 it，随后我们把 accounts.begin() 的返回值赋给它，此时 it 便对应着 accounts 中的第一个键/值对。

for 循环其余的条件表达式是这样工作的：it != accounts.end() 的意思是循环会一直持续，除非到达 map 实例的结尾处，而 ++it 仅仅是在每次循环中步进迭代器以访问 map 中的下一个键/值对。

在 for 循环内部，it->second 能够访问键/值对中的值，并通过 += 1 的操作让那个值加 1。此外，我们可以通过 it->first 来访问键/值对中的键，那也正是键/值对结构的第一部分。

你可能已经发现创建遍历 map 的循环所用的语法相当烦琐。但 C++ 同样提供了一种机制来删繁就简。

10.2.3　关键字 auto

前面 for 循环中条件表达式的代码显然非常烦琐，map<string, int>::iterator 结构尤甚。参照前面介绍 vector 时使用 auto 来精炼代码的方法，这里同样可以使用关键字 auto 来改进：

```
for (auto it = accounts.begin(); it != accounts.end(); ++ it)
{
  it->second += 1;
}
```

auto 关键字要求编译器自动推断类型而不需要我们动手。对于我们将要编写的下一个类而言，这种机制尤其有用。

10.2.4　STL 总结

正如本书所涵盖的绝大多数 C++概念那样，STL 是一个庞大的主题，很多书籍都是通篇讨论 STL。本节虽然简短，但这里的知识足以构建一个 map 结构，其中取 SFML 内的 Texture 对象为值而以文件名为键，这种结构能让我们根据名称访问所加载的纹理。

这里，我们没有继续采用前面那种直接持有 Texture 对象的方法，而是额外引入了 map 这种复杂的访问机制。虽然看似烦琐，但随着项目的继续，个中原因自会浮出水面。

10.3　本章小结

本章介绍了指针这种能够持有某特定类型对象地址的变量。随着本书的继续讲解，其重要意义以及指针的强大功能将逐渐呈现给大家。

我们同样使用指针为游戏创建大群僵尸，而指针也是访问这群僵尸的方法，而且这个指针的性质与数组第一个元素的地址异曲同工。

我们还学习了 STL，尤其是其中的 map 类。随后我们将实现一个类，以保存所有纹理并提供其访问方式。

下一章会开始使用我们在本章中所学的知识。其中，我们将通过指针和数组实现僵尸群，并探索通过 map 处理精灵纹理的优雅方式。此外，我们还会进一步挖掘 OOP 思想并使用静态函数。与此同时，我们将认识到，静态函数是类的一种函数，不必借助于类的实例即可完成调用。

10.4　常见问题

以下是一些你可能感到困惑的问题:

问题 1: 指针和引用有什么区别?

回答: 指针类似自带推进器的引用。指针可以经过修改而指向不同的变量(其本质为不同的内存地址)，也能指向在堆内动态分配的内存块。

问题 2: 数组和指针之间到底有什么关系?

回答: 可以将数组(名)视为指向其第一个元素的指针。

第**11**章

编写 TextureHolder 类并构建
僵尸群

现在，我们所掌握的 **STL** 基础知识足以管理游戏所需的一切纹理资源。然而，对于上千个僵尸反复地为 GPU 加载图片，这种做法实在是不可取。

我们还将进一步钻研 OOP 思想并使用**静态**函数。静态函数虽然同样属于某个类，但在调用时不必借助该类的具体实例。同时，我们还将学习如何设计类以令其仅存在一个实例，这种技巧非常适合确保某实例在程序的不同位置上使用相同的内部数据。

本章将涵盖以下主题：
- 实现 TextureHolder 类
- 构建僵尸群
- 使用 TextureHolder 类管理所有纹理图片

11.1 实现 TextureHolder 类

上千个僵尸显然是一种挑战。三种僵尸有上千个实体，显然，其加载、存储等操作管理过程不仅会消耗大量内存空间，而且此过程的计算量也非常庞大。为了解决这个难题，我们将构建一个新类，它能够仅根据种类而保存三份纹理。

同时，该类将按照**单件模式**(singleton)来实现，从而使其在全局范围内只存在一个实例。

> 单件模式是一种设计模式，而设计模式是久经证明而行之有效的代码结构。

此外，我们设计此类的方式还将令其能够在任何位置通过类名而直接使用，不必访问该类的实例。这便是所谓的**静态类**(static class)。

11.1.1 编写 TextureHolder 类的头文件

下面先构建新的头文件。请右击"**解决方案资源管理器**"内的"**头文件**"并选择"**添加**"->

"**新建项**",在弹出的"**添加新项**"窗口中选中"**头文件(.h)**",并在"**名称**"一栏键入
TextureHolder.h。

请向此 TextureHolder.h 文件中添加以下代码以便讨论:

```
#pragma once
#ifndef TEXTURE_HOLDER_H
#define TEXTURE_HOLDER_H
#include <SFML/Graphics.hpp>
#include <map>
using namespace sf;
using namespace std;

class TextureHolder
{
private:
  // STL 中的容器类 map
  // 将持有字符串和纹理
  map<string, Texture> m_Textures;
  // 该类的指针
  // 唯一实例
  static TextureHolder* m_s_Instance;

public:
  TextureHolder();
  static Texture& GetTexture(string const& filename);
};

#endif
```

请注意这段代码中,我们为引入 STL 的 map 结构添加了一条 include 指令。此类内部声明
了 map 实例 m_Textures,以保存 string(键)与 SFML Texture 结构(值),这正是此 map 实
例的键/值对。

上面代码中,map 实例之后有这样一行代码:

```
static TextureHolder* m_s_Instance;
```

这行代码很有意思,它声明了指向 TextureHolder 对象的一个静态指针 m_s_Instance,
这意味着 TextureHolder 类内含一个同类型的对象,而且由于这个对象是静态的,因此我们能
够直接通过类本身来使用它,不必借助该类的实例。在编写相应的 .cpp 文件时我们便能了解此
对象的实际用法。

该类的 public 区段有该类构造函数 TextureHolder 的原型。此构造函数不接受任何参
数,也没有返回类型,而这些正是默认构造函数的特点。但在这里,我们用自定义的构造函数覆
盖了缺省构造函数,因为实现单件模式需要构造函数按照某种预定的方式工作。

下面是另一个函数 GetTexture,其原型也很有意思,具体如下:

```
static Texture& GetTexture(string const& filename);
```

首先可以发现,此函数返回了 Texture 类引用,这意味着 GetTexture 会返回引用。这种
方式能够避免潜在大对象的复制操作,从而提升了效率。此外,还需注意此函数是静态函数,不
必借助该类的实例即可调用。至于参数,此函数接受 string 类型的一个常量引用,这具有双重

效果：既能提升操作的效率，又意味着因其常量性质而不能修改它。

接下来，我们转向介绍 TextureHolder 的各个函数并给出其定义。

11.1.2　定义 TextureHolder 成员函数

下面我们新建一个 .cpp 文件来定义这些函数，这使我们能够理解新型函数和变量背后的逻辑。在"**解决方案资源管理器**"中右击"**源文件**"并选择"**添加**"->"**新建项**"，在弹出的"**添加新项**"窗口中选中"**C++文件(.cpp)**"，并在"**名称**"一栏中键入 TextureHolder.cpp，最后单击"**添加**"按钮。现在，我们便可以实现 TextureHolder 类了。

请添加以下代码以便讨论：

```
#include "TextureHolder.h"
// 引入断言机制
#include <assert.h>

TextureHolder* TextureHolder::m_s_Instance = nullptr;

TextureHolder::TextureHolder()
{
  assert(m_s_Instance == nullptr);
  m_s_Instance = this;
}
```

这段代码首先把指针 m_s_Instance 初始化为 nullptr。随后在构造函数中，assert(m_s_Instance == nullptr);这行代码确保 m_s_Instance 等于 nullptr(否则程序将直接中止运行)，此后 m_s_Instance == this;则使用 this 为此指针赋值。现在请考虑完成这些工作的位置：这段代码位于构造函数内，而构造函数是类构建对象实例的方式，这意味着我们仅仅使用两行代码便让 TextureHolder 指针指向其自身唯一一实例。

以下代码是 TextureHolder.cpp 文件的最后部分，其中的注释甚至比实际的工作代码要多。请研读这些代码并将其添加到文件中：

```
Texture& TextureHolder::GetTexture(string const& filename)
{
  // 通过使用 m_s_Instance 得到 m_Textures 的引用
  auto& m = m_s_Instance->m_Textures;
  // 此 auto 等价于 map<string, Texture>

  // 为这种键/值对创建迭代器
  // 根据所传入文件搜索键/值对
  auto keyValuePair = m.find(filename);
  // 此 auto 等价于 map<string, Texture>::iterator
  // 找到了吗?
  if (keyValuePair != m.end())
  {
    // 找到了
    // 返回纹理
    // 即键/值对的第二部分
    return keyValuePair->second;
  }
  else
```

```
{
  // 文件名未找到
  // 使用此文件名新建一个键/值对结构
  auto& texture = m[filename];
  // 按照常规方式从文件加载纹理
  texture.loadFromFile(filename);
  // 将纹理返回给主调代码
  return texture;
}
}
```

人们可能首先会注意到这些代码中的关键字 auto，这在前面章节中已做过解释。

> 这里，使用 auto 的每行代码之后都有注释，可以从中了解其所指代的实际类型。此外，在用 Visual Studio 编辑代码时，可以用鼠标在 auto 关键字之上悬停片刻并查看所弹出的提示文本，从中也能发现 auto 所代表的完整类型。

GetTexture 函数首先获取 m_textures 的引用，随即以所传入的文件名(即 filename 参数)为键而尝试获取对应的迭代器。如果能找到此键，则通过 return keyValuePair->second 返回相应的纹理；如果无法找到，则需要先从文件中加载纹理并将其构建为 map 中的键/值对，最后再返回它。

显然，TextureHolder 类引入了很多新的概念(单件模式、静态函数、常引用、this 与 auto 两个关键字等)，也有不少新语法。由于我们刚刚学完指针与 STL，因此这一节的代码堪称超前。

所以，值得这样做吗？

11.1.3　TextureHolder 类真正的实现效果

这种做法的重点在于该类的实现效果：它允许我们在代码的任意位置使用纹理而无需担心耗尽内存，也不会访问到局限于某特定函数或特定类的纹理。很快，我们便能明白 TextureHolder 类的具体用法。

11.2　构建僵尸群

至此，我们实现了 TextureHolder 类，这让从文件向 GPU 加载纹理的操作仅需执行一次便能正常使用这些纹理了。接下来，我们将着手创建大群僵尸对象。

这些僵尸将存储在一个数组中。既然创建并初始化大群僵尸需要很多代码，那么将这个过程抽象为独立函数是个不错的选择。我们很快会定义这个 CreateHorde 函数，但首先需要编写 Zombie 类。

11.2.1　编写 Zombie.h

构建僵尸类的第一步是在头文件中编写此类成员变量以及成员函数的原型。

请右击"解决方案资源管理器"内的"头文件"并选择"添加"->"新建项"，在弹出的"添加新项"窗口中选中"头文件(.h)"，并在"名称"一栏中键入 Zombie.h。接下来，请向其中添

加以下代码:

```
#pragma once
#include <SFML/Graphics.hpp>
using namespace sf;

class Zombie
{
private:
  // 每种僵尸的移动速度
  const float BLOATER_SPEED = 40;
  const float CHASER_SPEED = 80;
  const float CRAWLER_SPEED = 20;

  // 每种僵尸的血量
  const float BLOATER_HEALTH = 5;
  const float CHASER_HEALTH = 1;
  const float CRAWLER_HEALTH = 3;

  // 让每个僵尸的速度稍有不同
  const int MAX_VARRIANCE = 30;
  const int OFFSET = 101 - MAX_VARRIANCE;

  // 当前僵尸的位置
  Vector2f m_Position;
  // 僵尸精灵
  Sprite m_Sprite;
  // 当前僵尸的移动速度
  float m_Speed;
  // 剩余血量
  float m_Health;
  // 是否存活?
  bool m_Alive;

  // 公有原型如下
};
```

这段代码声明了 Zombie 类的全部私有成员变量。其中前三个常量分别代表三种不同类型的僵尸:低速的**爬行僵尸**(Crawler)、稍快些的**膨胀僵尸**(Bloater)、高速的**追逐僵尸**(Chaser)。这三个常量的具体数值需要通过实验来确定以维护游戏的平衡性。此外,还需注意这些数值仅用作对应僵尸的初始速度。因为本章后文将介绍,不同僵尸的具体速度会存在少许差异,这种差异能够防止众多僵尸在追逐玩家时聚在一起。

接下来的三个常量决定了每种僵尸的血量。显然,膨胀僵尸最难杀死,爬行僵尸次之,而追逐僵尸最简单,这均是游戏平衡性的要求。

随后的两个常量 MAX_VARRIANCE 与 OFFSET,用于计算每种僵尸具体个体的速度。下一小节会编写 Zombie.cpp,其中会给出详细操作。

在这些常量之后是一大堆变量,这些变量看起来有些眼熟,因为 Player 类也具有类似的变量。这四个变量 m_Position、m_Sprite、m_Speed、m_Health 名副其实,分别代表僵尸对象的位置、精灵、速度与血量。

最后,我们声明了布尔变量 m_Alive,当此僵尸存活并正在猎杀玩家时其值为 true,而当其血量清空而变为地图上的一摊污血时其值为 `false`。

下面我们完成 `Zombie.h` 文件的剩余内容。以下高亮显示的代码为函数的原型,请将其添加到文件中:

```cpp
// 是否存活?
bool m_Alive;

// 公有原型如下
public:
    // 应对僵尸被子弹击中的情况
    bool hit();
    // 返回僵尸是否存活
    bool isAlive();
    // 创建僵尸个体
    void spawn(float startX, float startY, int type, int seed);
    // 返回代表世界坐标的矩形结构
    FloatRect getPosition();
    // 返回精灵副本以便绘制
    Sprite getSprite();
    // 在每帧内更新僵尸
    void update(float elapsedTime, Vector2f playerLocation);
};
```

这段代码中有个 `hit` 函数,在僵尸被子弹击中时会调用它,该函数可以根据不同的状态执行相应的操作,例如,减少僵尸的血量(减少 `m_Health` 值)或杀死它(把 `m_Alive` 设定为 `false`)。

`isAlive` 函数将返回布尔值,可为主调代码指示此僵尸个体是否存活。无论如何,玩家角色踩到污血一般不会掉血,也不必为其进行碰撞检测。

`spawn` 函数接受起始位置、僵尸类型(可为 `Crawler`、`Bloater`、`Chaser` 中的一种,由一个 `int` 型变量表征)以及一个用于生成随机数的种子,下一小节将介绍这些参数的具体含义。

与 `Player` 类相同,我们的 `Zombie` 类同样具备 `getPosition` 与 `getSprite` 两个函数。前者返回一个矩形,代表此僵尸所占据的空间;后者返回一个精灵,用于在每帧中进行绘制。

前面代码中的最后一个函数原型是 `update` 函数,其第一个参数的含义不难猜测,就是指上一帧的消耗时间,但别忘了还有 `Vector2f` 型的第二个参数 `playerLocation`。很快,我们便会学习使用这个参数让僵尸追逐玩家的具体方法。

现在,我们在 `.cpp` 文件中定义这些函数。

11.2.2 编写 Zombie.cpp 文件

接下来,我们会在一个新建的 `.cpp` 文件中定义 `Zombie` 类的每个函数,这也正是在编码实现该类的具体功能。

新建一个 `.cpp` 文件。右击"**解决方案资源管理器**"内的"**源文件**"并选择"**添加**"->"**新建项**",在弹出的"**添加新项**"窗口中选中"**C++文件(.cpp)**",并在"**名称**"一栏中键入 `Zombie.cpp`。现在,我们便可以实现 `Zombie` 类了。

首先向 `Zombie.cpp` 添加以下代码:

```cpp
#include "zombie.h"
#include "TextureHolder.h"
```

```
#include <cstdlib>
#include <ctime>
using namespace std;
```

这就是说，我们首先添加了必要的 include 指令及 using namespace std; 指令。你可能仍然记得前面几次声明对象时曾使用过前缀 std:: ，而这条 using 指令能够让你在整个代码文本中省略它。

接下来请添加以下代码，即 spawn 函数的定义：

```
void Zombie::spawn(float startX, float startY, int type, int seed)
{
  switch (type)
  {
    case 0:
      // 膨胀僵尸
      m_Sprite = Sprite(TextureHolder::GetTexture(
        "graphics/bloater.png"));
      m_Speed = BLOATER_SPEED;
      m_Health = BLOATER_HEALTH;
      break;

    case 1:
      // 追逐僵尸
      m_Sprite = Sprite(TextureHolder::GetTexture(
        "graphics/chaser.png"));
      m_Speed = CHASER_SPEED;
      m_Health = CHASER_HEALTH;
      break;

    case 2:
      // 爬行僵尸
      m_Sprite = Sprite(TextureHolder::GetTexture(
        "graphics/crawler.png"));
      m_Speed = CRAWLER_SPEED;
      m_Health = CRAWLER_HEALTH;
      break;
  }

  // 更改速度以让每个僵尸独一无二
  // 修改速度
  srand((int)time(0) * seed);
  // 结果在 80 与 100 之间
  float modifier = (rand() % MAX_VARRANCE) + OFFSET;
  // 取百分数
  modifier /= 100; // 现在在 0.7 与 1 之间
  m_Speed *= modifier;

  // 初始化其位置
  m_Position.x = startX;
  m_Position.y = startY;
  // 将原点设为其中心
  m_Sprite.setOrigin(25, 25);
```

```
  // 设定位置
  m_Sprite.setPosition(m_Position);
}
```

此函数做的第一件事是使用所传入的 int 值通过 switch 结构选择路径,每种路径对应着一种僵尸类型的处理方法,即相应地设置合适的纹理、速度以及生命值等成员变量。

> 💡 完全可以将三种僵尸类型实现为枚举量。虽然这不是本项目的做法,但在完成本项目后你可以自行改进代码。

这里需要注意,我们使用静态的 TextureHolder::GetTexture 函数来设置纹理,所以无论需要创建多少个僵尸,GPU 内存中最多包含三个纹理对象。

接下来的三行代码(及注释)的功能如下:

- 使用所传入的 seed 参数设置随机数生成器的种子。
- 以 MAX_VARRIANCE 与 OFFSET 两个常量作为参数调用 rand 函数,随后以此返回值初始化这里声明的 modifier 变量,并令该变量成为 0 与 1 之间的一个小数。这里引入随机数可以让每个僵尸的速度互不相同,避免僵尸集结。
- 为 m_Speed 乘入 modifier,从而令此僵尸个体的速度以同类僵尸的基准速度为基础进行改变(最大降幅由 MAX_VARRIANCE 决定)。

以上解决了僵尸的速度,接下来则用传入的 startX 与 startY 分别为 m_Postion.x 与 m_Position.y 赋值,而最后两行代码则将精灵的原点设为其中心点,并将其位置设为 m_Position。

接下来,请向 Zombie.cpp 文件中添加 hit 函数的定义:

```
bool Zombie::hit()
{
  m_Health--;
  if (m_Health < 0)
  {
    // 死亡
    m_Alive = false;
    m_Sprite.setTexture(TextureHolder::GetTexture(
        "graphics/blood.png"));
    return true;
  }
  // 受伤但未死亡
  return false;
}
```

hit 函数的功能直截了当:为 m_Health 减 1,再判断差值是否小于 0。

如果小于零,则 hit 函数把 m_Alive 设为 false,并将此僵尸的精灵换为一摊血迹,最后向主调函数返回 true 值,说明此僵尸已被射杀。如果玩家的这次射击没有杀死此僵尸,那么 hit 函数仅仅返回 false。

请添加以下取值函数,其意义仅在于向主调代码返回该对象内部变量的值:

```
bool Zombie::isAlive()
{
  return m_Alive;
```

```
}

FloatRect Zombie::getPosition()
{
  return m_Sprite.getGlobalBounds();
}

Sprite Zombie::getSprite()
{
  return m_Sprite;
}
```

这三个函数的含义基本上不言自明，只是 getPosition 函数略有不同，但它也无非是取了
m_Sprite.getLocalBounds 函数的返回值，并将 FloatRect 实例返回给主调函数而已。

对于 Zombie 类，最后需要添加的是其 update 函数的代码。请审读以下代码，并将其添加
到 Zombie.cpp 中：

```
void Zombie::update(
    float elapsedTime,
    Vector2f playerLocation)
{
  float playerX = playerLocation.x;
  float playerY = playerLocation.y;

  // 更新僵尸的位置变量
  if (playerX > m_Position.x)
  {
    m_Position.x = m_Position.x + m_Speed * elapsedTime;
  }
  if (playerY > m_Position.y)
  {
    m_Position.y = m_Position.y + m_Speed * elapsedTime;
  }
  if (playerX < m_Position.x)
  {
    m_Position.x = m_Position.x - m_Speed * elapsedTime;
  }
  if (playerY < m_Position.y)
  {
    m_Position.y = m_Position.y - m_Speed * elapsedTime;
  }

  // 移动精灵
  m_Sprite.setPosition(m_Position);
  // 调整精灵的朝向
  float angle = (atan2(playerY - m_Position.y,
      playerX - m_Position.x) * 180) / 3.141;
  m_Sprite.setRotation(angle);
}
```

这段代码首先将 playerLocation.x 与 playerLocation.y 的值分别复制给局部变量
playerX 与 playerY。

接下来的四条 if 语句则用于判断僵尸与玩家之间的相对位置(是否位于玩家之上下左右)。
在这四条 if 语句中，如果对应条件成立，则僵尸的 m_Position.x 与 m_Position.y 值

会按照既往方式而调整，其修正值为速度与前帧时耗之积(写为代码，则是 `m_Speed * elapsedTime`)。

而在四条 `if` 语句之后，`m_Sprite` 便可移至其新位置。

前面曾计算过鼠标指针与玩家的相对方位角，这里使用同样方法来计算僵尸与玩家的方位角，并将此结果作为僵尸的旋转角，让僵尸始终面对玩家。

`update` 函数的最后部分调用 `m_Sprite.setRotation` 函数来设置其旋转角，从而实现僵尸精灵的旋转。最后强调一下，每一帧游戏中的每个(活着的)僵尸均需要调用此 `update` 函数。

但我们需要的是一大群僵尸。

11.2.3　使用 Zombie 类构建僵尸群

至此，我们的 `Zombie` 类能够描述那种可攻击玩家也可被玩家杀灭的一个灵动僵尸，但是，我们实际需要的是一个僵尸群。

为实现僵尸群，我们将编写一个独立的函数。因为在 `main` 函数内声明的僵尸群需要在不同的作用域(即此独立函数中)完成配置，所以此函数应该使用僵尸指针。

请在 Visual Studio 中打开 `ZombieArena.h` 文件，并向其中添加如下高亮代码：

```
#pragma once
#include "Zombie.h"
using namespace sf;

int createBackground(VertexArray& rVA, IntRect arena);
Zombie* createHorde(int numZombies, IntRect arena);
```

这就是此函数的原型。接下来需要编写函数的定义。

新建一个 `.cpp` 文件来定义此函数：右击“**解决方案资源管理器**”内的“**源文件**”并选择“**添加**”->“**新建项**”，在弹出的“**添加新项**”窗口中选中“**C++文件(.cpp)**”，并在“**名称**”一栏中键入 `CreateHorde.cpp`，最后单击“**添加**”按钮。

请向此 `CreateHorde.cpp` 文件中添加以下代码以便讨论：

```
#include "ZombieArena.h"
#include "Zombie.h"

Zombie* createHorde(int numZombies, IntRect arena)
{
  Zombie* zombies = new Zombie[numZombies];
  int maxY = arena.height - 20;
  int minY = arena.top + 20;
  int maxX = arena.width - 20;
  int minX = arena.left + 20;

  for (int i = 0; i < numZombies; i++)
  {
    // 僵尸会出现在哪个边界?
    srand((int)time(0) * i);
    int side = (rand() % 4);
    float x, y;
    switch (side)
    {
      case 0:
```

```
    // 左侧
    x = minX;
    y = (rand() % maxY) + minY;
    break;

  case 1:
    // 右侧
    x = maxX;
    y = (rand() % maxY) + minY;
    break;

  case 2:
    // 顶端
    x = (rand() % maxX) + minX;
    y = minY;
    break;

  case 3:
    // 底端
    x = (rand() % maxX) + minX;
    y = maxY;
    break;
  }

  // 膨胀僵尸、爬行僵尸还是追逐僵尸?
  srand((int)time(0) * i * 2);
  int type = (rand() % 3);
  // 在数组中重置僵尸实例的状态
  zombies[i].spawn(x, y, type, i);
  }

  return zombies;
}
```

我们需要逐行分析这段代码。首先要分析如下熟悉的 include 指令:

```
#include "ZombieArena.h"
#include "Zombie.h"
```

接下来是函数的签名,注意该函数必须返回 Zombie 类的指针而不能返回对象,因为它将创建 Zombie 对象数组,并在配置完毕后返回此数组。所谓返回数组,实际上返回的是此数组首元素的地址,而按照上一章内容,这完全相当于一个指针。此外,该函数的签名表明这里需要两个参数,其中第一个参数 numZombies 代表当前僵尸群中僵尸的数量,而 IntRect 型的第二个参数 arena 则对应着当前竞技场的大小,也是我们创建僵尸群的范围。

在声明函数之后,函数体首先声明了 Zombie 类的一个指针 zombies,并在堆上动态分配一个僵尸数组,最后将此指针初始化为僵尸数组首元素的位置:

```
Zombie* createHorde(int numZombies, IntRect arena)
{
  Zombie* zombies = new Zombie[numZombies];
```

代码的下一个部分仅仅把竞技场的边界复制为 maxY、minY、maxX 与 minX 这几个局部变量,但分别为右边界与底边界减去 20 像素,为左边界与上边界增加 20 像素。这四个局部变量将协助确定每个僵尸的位置,而20像素的修正则是为了不让僵尸出现在代表边界的墙上。

```
int maxY = arena.height - 20;
int minY = arena.top + 20;
int maxX = arena.width - 20;
int minX = arena.left + 20;
```

下面将进入一个 for 循环,以遍历 zombies 数组中的每个僵尸对象。这些对象的序号从 0 开始,到 numZombies-1 结束:

```
for (int i = 0; i < numZombies; i++)
```

for 循环内部首先为随机数生成器设定种子,随即创建了一个 0 与 3 之间的随机数并存入 side 变量以判断僵尸的生成位置,而 0 至 3 则依次代表竞技场的左端、右端、顶端、底端。这里还声明了 x 和 y 两个变量,二者将临时持有当前僵尸个体的横纵坐标。

```
// 僵尸会创建在哪条边上?
srand((int)time(0) * i);
int side = (rand() % 4);
float x, y;
```

for 循环内部接下来是个 switch 块,其中含有四条 case 语句,分别对应着 0、1、2、3,而 switch 的条件表达式则为 side 变量的值。每个 case 块则会相应利用 maxY、minY、maxX 与 minX 这四个预设值来给 x 与 y 赋值,同时还会引入一个随机数。仔细研究其中预设值与随机数的组合可以发现,这样做是让僵尸随机出现在竞技场左界、右界、顶界或底界的某个位置上,从而实现让新僵尸在竞技场任意边界上随机出现的效果。

```
switch (side)
{
  case 0:
    // 左侧
    x = minX;
    y = (rand() % maxY) + minY;
    break;

  case 1:
    // 右侧
    x = maxX;
    y = (rand() % maxY) + minY;
    break;

  case 2:
    // 顶端
    x = (rand() % maxX) + minX;
    y = minY;
    break;

  case 3:
    // 底端
    x = (rand() % maxX) + minX;
    y = maxY;
    break;
}
```

for 循环接下来再次为随机数生成器设置种子，随即生成一个 0 与 2 之间的随机数并存入 type 变量中。该变量将在追逐僵尸、膨胀僵尸或爬行僵尸之间确定当前僵尸的种类。

而类型确定后会调用当前僵尸实例的 spawn 函数。再次提醒，传入其中的前三个参数将负责确定僵尸的起始位置及其类型，而循环变量 i 则用作随机种子，让每个僵尸的速度在合理区间内变化，抑制僵尸集结。

```
// 膨胀僵尸、爬行僵尸还是追逐僵尸?
srand((int)time(0) * i * 2);
int type = (rand() % 3);
// 在数组中重置僵尸实例的状态
zombies[i].spawn(x, y, type, i);
```

for 循环会为数组中每个僵尸实例重复这段代码，其重复次数由 zombies 控制，循环结束后 createHorde 函数会返回此 zombies 数组——再次提醒，数组名相当于数组首元素的地址——由于此数组是在堆上动态分配的，因此函数返回后此数组仍然存在。

```
return zombies;
```

接下来，我们要让僵尸活过来。

11.2.4　让僵尸群活过来(或者复活)

现在我们有了 Zombie 类，也有了能够创建随机僵尸群的 createHorde 函数，还有单件类 TextureHolder，其持有的三个纹理实例可创建成百上千个僵尸。现在，我们可以向 main 函数中的游戏引擎添加僵尸群。

请添加以下高亮显示的代码以包含 TextureHolder 类，并在 main 函数内部初始化其唯一的实例(此实例可以在游戏中的任何位置上使用):

```
#include <SFML/Graphics.hpp>
#include "ZombieArena.h"
#include "Player.h"
#include "TextureHolder.h"
using namespace sf;

int main()
{
    // TextureHolder 唯一的实例
    TextureHolder holder;

    // 游戏永远属于四种状态之一
    enum class State { PAUSED, LEVELING_UP, GAME_OVER, PLAYING };
    // 从 GAME_OVER 状态开始
    State state = State::GAME_OVER;
```

以下几行高亮代码声明了两个控制变量，分别对应每波僵尸的起始数量与待杀数量，随后是指向 Zombie 类的指针 zombies，我们将其初始化为 nullptr。

```
// 创建背景
VertexArray background;
// 为背景顶点数组加载纹理
Texture textureBackground;
```

```
textureBackground.loadFromFile("graphics/background_sheet.png");

// 准备僵尸群
int numZombies;
int numZombiesAlive;
Zombie* zombies = nullptr;

// 游戏循环主体
while (window.isOpen())
```

接下来,我们需要在 LEVELING_UP 代码中嵌套的 PLAYING 部分添加以下功能:

- 把 numZombies 设为 10。随着游戏的推进,此数值将根据当前波次而动态增加。
- 删除之前动态分配的内存。如果不删除,那么每次调用 createHorde 函数均会占据较多的内存空间,且不会释放上一波僵尸所用的内存。
- 调用 createHorde 函数并将返回的内存地址赋给 zombies。
- 把 zombiesAlive 初始化为 numZombies(目前没有杀掉任何僵尸)。

以下高亮显示的代码能够实现这些功能,请将其添加到 TextureHolder.cpp 文件中:

```
if (state == State::PLAYING)
{
  // 准备关卡
  // 后文会改动以下两行代码
  arena.width = 500;
  arena.height = 500;
  arena.left = 0;
  arena.top = 0;

  // 按引用将顶点数组传入 createBackground 函数
  int tileSize = createBackground(background, arena);

  // 令玩家重新出现在竞技场中央
  player.spawn(arena, resolution, tileSize);

  // 创建僵尸群
  numZombies = 10;
  // (如已分配) 删除之前分配的内存
  delete[] zombies;
  zombies = createHorde(numZombies, arena);
  numZombiesAlive = numZombies;

  // 重置时钟,避免出现巨大的时间增量
  clock.restart();
}
```

下面再次向其中添加以下高亮代码:

```
/*
*****************
更新当前帧
*****************
*/
if (state == State::PLAYING)
{
```

```
// 更新时间增量
Time dt = clock.restart();
// 更新游戏总时间
gameTimeTotal += dt;
// 获取时间增量
float dtAsSeconds = dt.asSeconds();

// 鼠标指针的位置
mouseScreenPosition = Mouse::getPosition();
// 将鼠标位置转化为 mainView 中的世界坐标
mouseWorldPosition = window.mapPixelToCoords(
    Mouse::getPosition(), mainView);

// 更新玩家
player.update(dtAsSeconds, Mouse::getPosition());
// 暂存玩家的新位置
Vector2f playerPosition(player.getCenter());
// 令主视图聚焦于玩家
mainView.setCenter(player.getCenter());

// 遍历更新每个僵尸
for (int i = 0; i < numZombies; i++)
{
  if (zombies[i].isAlive())
  {
    zombies[i].update(dt.asSeconds(), playerPosition);
  }
}
}// 更新场景结束
```

这些新代码的所有功能在于遍历 zombies 数组，并以必要参数调用每个未被射杀僵尸的 update 函数。

请继续添加以下用于绘制所有僵尸的代码：

```
/*
**************
绘制场景
**************
*/
if (state == State::PLAYING)
{
  window.clear();

  // 设定在窗口中展示 mainView 及其中所绘制的全部内容
  window.setView(mainView);

  // 绘制背景
  window.draw(background, &textureBackground);

  // 绘制僵尸
  for (int i = 0; i < numZombies; i++)
  {
    window.draw(zombies[i].getSprite());
  }
```

```
// 绘制玩家
window.draw(player.getSprite());
}
```

这几行代码遍历所有僵尸并调用其 getSprite 函数以供绘制。这里不再需要判断僵尸的存活状态，因为代表死僵尸的那摊血同样需要绘制出来。

在 main 函数的最后，我们需要确保删除了指针。这里由于 main 函数即将退出，反而不必删除它，因为在 main 的 return 0;语句执行之后，操作系统自然会回收本程序所使用的全部内存，但一般而言，确保删除指针不仅是很好的编程习惯，而且在很多场景中更是至关重要。

```
}// 游戏循环主体结束

// (如已分配)删除之前分配的内存
delete[] zombies;
return 0;
}
```

现在运行游戏，我们便能看到僵尸在竞技场边界上会随机出现，此后每个僵尸都会直直地朝向玩家移动，其速度还各不相同。出于娱乐目的，我临时增加了竞技场的大小，还让僵尸数量增加到 1000，从而得到了图 11.1 所示的效果。

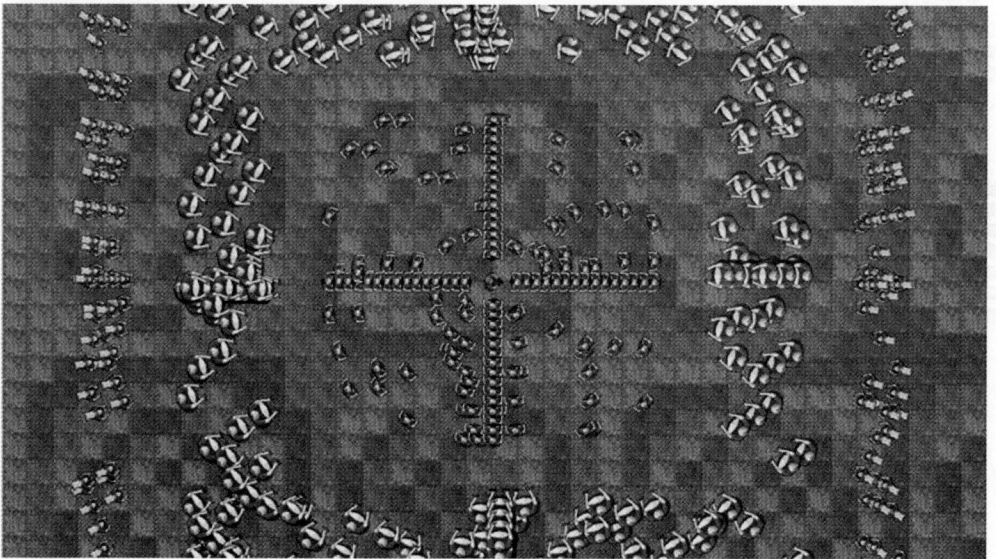

图11.1 竞技场扩大、僵尸数量增加的效果图

显然，这局游戏将会输得很无奈……

注意，鉴于第 8 章所添加的代码，我们可以使用 *Enter* 键在僵尸群猛烈攻击时暂停或恢复游戏。

本游戏中仍存在一些类直接使用 Texture 实例。接下来我们将做些修改，使其改用 TextureHolder 类。

11.3　使用 TextureHolder 类管理所有纹理

既然有了 TextureHolder 类，我们不妨使用该类来加载所有纹理。为此，仅需要稍加改动背景精灵表单以及玩家精灵的处理代码。

11.3.1　修改获取背景纹理的方法

在 ZombieArena.cpp 文件中，首先定位到以下代码：

```
// 为背景顶点数组加载纹理
Texture textureBackground;
textureBackground.loadFromFile("graphics/background_sheet.png");
```

保留此注释不变，删除后两行代码，并替换为以下使用 TextureHolder 类的高亮代码：

```
// 为背景顶点数组加载纹理
Texture textureBackground = TextureHolder::GetTexture(
    "graphics/background_sheet.png");
```

下面我们会更改 Player 类获取其纹理的方法。

11.3.2　修改 Player 类获取纹理的方法

在 Player.cpp 文件内的构造函数中定位到以下代码：

```
#include "player.h"

Player::Player()
{
  m_Speed = START_SPEED;
  m_Health = START_HEALTH;
  m_MaxHealth = START_HEALTH;
  // 让纹理与精灵关联起来
  // !!注意这里!!
  m_Texture.loadFromFile("graphics/player.png");
  m_Sprite.setTexture(m_Texture);
  // 将精灵原点设为其中心以便旋转
  m_Sprite.setOrigin(25, 25);
}
```

删除这里的两行高亮代码并替换为以下使用 TextureHolder 类的代码。此外，还需要添加 include 指令来引入 TextureHolder 头文件。下面高亮显示了新代码：

```
#include "player.h"
#include "TextureHolder.h"

Player::Player()
{
  m_Speed = START_SPEED;
  m_Health = START_HEALTH;
  m_MaxHealth = START_HEALTH;
  // 让纹理与精灵关联起来
  // !!注意这里!!
```

```
m_Sprite = Sprite(TextureHolder::GetTexture(
    "graphics/player.png"));
// 将精灵原点设为其中心以便旋转
m_Sprite.setOrigin(25, 25);
}
```

> 后文仅会使用 TextureHolder 类加载纹理。

11.4 本章小结

本章构建了 TextureHolder 类，它包含所有将精灵用作纹理的图像。本章随后编写了 Zombie 类，该类可重复使用并创建任意数量的僵尸个体。

你可能已经注意到，目前僵尸没有体现出任何危险性，玩家在与其亲密接触时甚至不会留下擦痕。目前这种情况不算坏事，毕竟玩家还没有任何自卫的方法。

下一章将构建两个类，其中第一个类针对弹药包与医疗包，第二个类则负责实现玩家可以发射的子弹。在此之后，我们会进一步学习碰撞检测机制，让子弹与僵尸可以彼此制造伤害，也让玩家得以收集各种拾取包。

11.5 常见问题

问题：请再介绍一下 new 这个关键字，以及内存泄漏的相关知识。

回答：当某函数通过 new 关键字而使用自由存储区的一段内存时，这段内存即便在此函数返回后也是可用的，而其中的所有局部变量却不复存在；另一方面，当不再需要自由存储区的这段内存时，我们必须手动释放它。所以，如果使用自由存储区中的一段内存，且需要其在函数返回后仍然可用，那么我们必须保证至少有一个指针指向它，否则将意味着内存泄漏，这相当于把全部财产保管在自己住所中而却忘掉了住址。这里，createHorde 函数返回其所创建的 zombies 数组相当于该函数将这段地址像接力棒一样传给了 main 函数，并宣称"好吧，现在这是你的僵尸群，由你负责管理"。RAM 显然不希望存有任何泄漏的僵尸对象，所以必须记得要及时对动态分配内存的指针调用 delete。

第**12**章

碰撞检测、拾取包与子弹

至此，我们已经实现了游戏的主要视觉内容，让玩家能够控制一个角色在竞技场中的跑动情况，而其中充斥着正在追逐他的僵尸。但现在的问题是该游戏中不存在任何交互，玩家能够直接穿越僵尸而毫发无损。为此，我们需要在僵尸与玩家之间进行碰撞检测。

另一方面，如果僵尸能够伤害并最终杀死玩家，那么为保持公平性，我们需要为玩家手中的枪械提供子弹，并让子弹在击中僵尸后能杀死它。

此外，既然本章需要实现子弹、僵尸与玩家三者之间的碰撞检测，那么在这里将医疗包与弹药包抽象为类也是一个很不错的主意。

本章将涵盖以下主题：

- 编写代表子弹的 Bullet 类
- 让子弹飞起来
- 为玩家提供准星
- 为拾取包设计 Pickup 类
- 使用 Pickup 类
- 碰撞检测

接下来，我们先介绍 Bullet 类。

12.1　编写代表子弹的 Bullet 类

我们选择 SFML RectangleShape 类代表子弹的形象——具体而言，我们将编写的 Bullet 类包含若干成员变量和函数，而 RectangleShape 成员位列其中——接下来，我们将通过以下步骤为游戏添加子弹：

(1) 编写 Bullet.h 文件，其中包含 Bullet 类的全部成员变量和成员函数的原型。

(2) 编写 Bullet.cpp 文件，其中包括 Bullet 类全部成员函数的定义。在该步骤中，我将详细解释 Bullet 对象的工作方式。

(3) 在 main 函数中声明 Bullet 数组，并实现射击控制机制，同时还需要管理玩家的弹药余量以及装填动作。

以下便从步骤(1)开始讲解。

12.1.1 编写头文件 Bullet.h

为了新建一个头文件，右击**"解决方案资源管理器"**内的**"头文件"**并选择**"添加"** -> **"新建项"**，在弹出的**"添加新项"**窗口中单击**"头文件(.h)"**，并在**"名称"**一栏中键入 Bullet.h。

向此 Bullet.h 文件中添加以下代码以便讨论：

```
#pragma once
#include <SFML/Graphics.hpp>
using namespace sf;

class Bullet
{
private:
  // 子弹的位置
  Vector2f m_Position;
  // 子弹的外形
  RectangleShape m_BulletShape;
  // 该子弹是否正在空中飞行
  bool m_InFlight = false;
  // 子弹的飞行速度
  float m_BulletSpeed = 1000;
  // 子弹每帧所移动的横/纵向距离
  // 这两个量根据 m_BulletSpeed 计算
  float m_BulletDistanceX;
  float m_BulletDistanceY;
  // 子弹运动的边界位置
  float m_MaxX;
  float m_MinX;
  float m_MaxY;
  float m_MinY;

  // 公有函数原型如下
};
```

这段代码中的首个成员是 Vector2f 对象 m_Position，代表子弹在游戏世界中的位置。

随后是 RectangleShape 对象 m_BulletShape，代表子弹的外形。显然，这里没有使用纹理而直接采用简单的几何形状，类似于 Timber!!! 项目中的时间棒。

第三个成员是**布尔变量** m_InFlight，用于记录当前子弹是否在飞行。在每帧中，此变量将决定是否需要调用 update 函数并进行碰撞检测。

而随后的 float 型变量 m_BulletSpeed 则如同预期，表示子弹在每帧内所移动的像素数，其初始值 1000 是任意设定的，但效果不错。

接下来是两个 float 型变量 m_BulletDistanceX 与 m_BulletDistanceY。由于移动子弹的计算过程比移动玩家角色或移动僵尸更复杂，因此我们有意使用这两个变量来分别计算子弹在每帧内横纵方向上的位置变化。

最后还有四个 float 型变量 m_MaxX、m_MinX、m_MaxY 与 m_MinY，后面会初始化这四个变量，令其分别代表子弹的极限坐标(即最大/最小的 X/Y 坐标)。

虽然我们暂时不能了解所有变量的意义，但在编写 Bullet.cpp 时自然能有所发现。

接下来，向 Bullet.h 文件添加以下公有函数原型：

```
// 公有函数原型如下
public:
    // 构造函数
    Bullet();
    // 让子弹停下
    void stop();
    // 返回m_InFlight
    bool isInFlight();
    // 发射子弹
    void shoot(float startX, float startY,
        float xTarget, float yTarget);
    // 向主调函数告知当前子弹的世界坐标
    FloatRect getPosition();
    // 返回实际形状(用于绘制)
    RectangleShape getShape();
    // 每帧更新子弹
    void update(float elapsedTime);
};
```

接下来，我们会逐一介绍这些函数，随后转而编写其定义。

第一个函数是 Bullet，它显然是一个构造函数。该函数将配置每个 Bullet 实例以供使用。

stop 函数会在需要终止子弹飞行状态时调用。

isInFlight 函数返回一个布尔值，代表子弹是否处于飞行状态。

顾名思义，shoot 函数用于射击，但其内部机制值得讨论。目前还请留意此函数所需要传入的四个 float 参数，它们分别代表子弹初始位置(玩家处)与目标位置(准星处)的横纵坐标。

getPosition 函数返回 FloatRect 实例，代表子弹的位置。此函数用于与僵尸进行碰撞检测。你可能还记得，第 10 章曾为僵尸实现了同名函数。

接下来是 getShape 函数，其返回类型为 RectangleShape。如前所述，每个子弹的外形均为一个 RectangleShape 对象，因此 getShape 函数将用于抓取子弹的当前位置以供绘制。

最后是如期而至的 update 函数。该函数要求一个 float 参数，代表上一帧的时间消耗，其功能显然是在每帧中更新子弹位置。

以上是全部函数的原型，下面将介绍这些函数的定义。

12.1.2　编写 Bullet 源代码文件

下面我们将在新建的 .cpp 文件中定义这些函数。请在"**解决方案资源管理器**"中右击"**源文件**"并选择"**添加**"->"**新建项**"，在弹出的"**添加新项**"窗口中选中"**C++文件(.cpp)**"，并在"**名称**"一栏中键入 Bullet.cpp，最后单击"**添加**"按钮。至此，我们便能编写 Bullet 类了。

添加以下代码，其中包括 include 指令及构造函数(函数名称与类名相同，所以是构造函数)：

```
#include "bullet.h"

// 构造函数
Bullet::Bullet()
```

```
{
  m_BulletShape.setSize(sf::Vector2f(2, 2));
}
```

Bullet 类的构造函数仅为 m_BulletShape 这个 RectangleShape 对象设定大小,这里的选择是 2 像素×2 像素。

12.1.3 编写 shoot 函数

接下来,我们需要编写更加重要的 shoot 函数。请将以下代码添加到 Bullet.cpp 文件中:

```
void Bullet::shoot(
    float startX, float startY,
    float targetX, float targetY)
{
  // 记录子弹状态
  m_InFlight = true;
  m_Position.x = startX;
  m_Position.y = startY;

  // 计算飞行路线的斜率
  float gradient = (startX - targetX) / (startY - targetY);
  // 不接受负斜率
  if (gradient < 0)
  {
    gradient *= -1;
  }

  // 计算 x/y 比
  float ratioXY = m_BulletSpeed / (1 + gradient);
  // 设定横纵分速度
  m_BulletDistanceY = ratioXY;
  m_BulletDistanceX = ratioXY * gradient;

  // 设定子弹的方向
  if (targetX < startX)
  {
    m_BulletDistanceX *= -1;
  }
  if (targetY < startY)
  {
    m_BulletDistanceY *= -1;
  }

  // 设定最大区间为 1000
  float range = 1000;
  m_MinX = startX - range;
  m_MaxX = startX + range;
  m_MinY = startY - range;
  m_MaxY = startY + range;

  // 子弹的位置,用于绘制
  m_BulletShape.setPosition(m_Position);
}
```

为去除萦绕在 shoot 函数上的迷雾，我们需要将其代码分解为若干部分，分别加以讨论。首先，让我们再看一看该函数的原型：

```
void Bullet::shoot(
    float startX, float startY,
    float targetX, float targetY)
```

shoot 函数接受子弹起止位置的横纵坐标，调用此函数时需要根据玩家精灵和准星的位置来提供它们。在 shoot 函数内部，我们把 m_InFlight 设定为 true，随即利用 startX 与 startY 两个参数设定子弹的位置：

```
m_InFlight = true;
m_Position.x = startX;
m_Position.y = startY;
```

接下来，我们通过一些三角计算确定子弹的移动方向，其中一些代码甚至令人困惑。这里再次给出了相关代码，以便随后进行分解说明：

```
// 计算飞行路线的斜率
float gradient = (startX - targetX) / (startY - targetY);
// 不接受负斜率
if (gradient < 0)
{
  gradient *= -1;
}
// 计算 x/y 比
float ratioXY = m_BulletSpeed / (1 + gradient);
// 设定横纵分速度
m_BulletDistanceY = ratioXY;
m_BulletDistanceX = ratioXY * gradient;
```

这段代码根据连线的斜率修正子弹在横向与纵向上的路径，这种计算让子弹得以飞向目标。假如不这样做，那么当连线非常陡峭时，子弹的横坐标可能先于其纵坐标而到达目标位置，而当连线非常平缓时情况则刚好相反，即纵坐标可能先到位。为此，这段代码根据飞行路线的斜率来保证子弹按照恒定速度分别在横向与纵向进行移动。

1. 在 shoot 函数中计算斜率

以下是计算斜率的代码：

```
float gradient = (startX - targetX) / (startY - targetY);
```

这里使用了两个点 (startX, startY) 与 (targetX, targetY) 来计算飞行路线的斜率。具体而言，代码首先用目标横坐标减去起始横坐标，再用目标纵坐标减去起始纵坐标，最后两者相除，而这个比值能够代表线段的倾角。

2. 让 shoot 函数中的斜率恒正

以下是相关代码。它虽然很简单，但对我们意义重大：

```
if (gradient < 0)
```

```
{
  gradient *= -1;
}
```

当斜率为负时,这段代码会主动移除其中的负号,从而保证斜率恒正。由于所传入的起止坐标值可正可负,而每帧中我们总是希望进行移动的像素数永远为正,因此需要进行这个操作,而通过为负数乘以-1便可以将其变为相反数,毕竟负负得正。

3. 在 shoot 函数中计算 X 与 Y 的比例

再次查看这行代码以便进行讨论:

```
float ratioXY = m_BulletSpeed / (1 + gradient);
```

其中(1 + gradient)部分为所得斜率加1,从而避免除零操作,而 m_BulletSpeed / (1 + gradient)则整体计算子弹横纵移动量之比:分子 m_BulletSpeed 是子弹的移动速率,而分母(1 + gradient)则根据前面的比值修改这个速率:如果飞行路径呈现出陡峭的上升姿态(即斜率绝对值很大),则会让分母变得很大,从而让这个商变得很小,这也意味着子弹的纵向速度分量将占据绝大部分;但如果飞行路径非常平坦(斜率绝对值很小),那么分母将变小,而商变大,子弹的横向分量将占据速度的主要部分。

最后要介绍的是 float ratioXY =部分,它负责将商值存入变量 ratioXY 内,代表子弹在横纵方向的移动距离之比,而实际的移动距离则是根据子弹速率以及前面路径的斜率而得到的。

4. shoot 函数最后部分的解释

接下来的两行代码是此函数计算代码的最后部分,其中根据前面所得的比例与斜率来确定子弹在纵向(m_BulletDistanceY)与横向(m_BulletDistanceX)上的移动距离:

```
m_BulletDistanceY = ratioXY;
m_BulletDistanceX = ratioXY * gradient;
```

尽管这里的计算很复杂,但 update 函数在得到此大于零的移动量后,仅仅使用简单的加法运算便更新了子弹的位置。

下一部分代码显然直白得多,它仅仅设定了子弹在四个边界上所能移至的极限位置,毕竟子弹不会永远飞行下去。至于子弹是否到达极限位置,则将由 update 函数负责判定。

```
// 设定最大区间为1000
float range = 1000;
m_MinX = startX - range;
m_MaxX = startX + range;
m_MinY = startY - range;
m_MaxY = startY + range;
```

以下代码同样使用的是 Sprite 类的 setPosition 函数来设定子弹精灵的位置:

```
// 子弹的位置,用于绘制
m_BulletShape.setPosition(m_Position);
```

至此,对 shoot 函数的全部解释已完毕。

12.1.4　Bullet 类的更多函数

下面是 stop、isInFlight、getPosition、getShape 这四个函数的代码，其含义不言自明：

```
void Bullet::stop()
{
  m_InFlight = false;
}

bool Bullet::isInFlight()
{
  return m_InFlight;
}

FloatRect Bullet::getPosition()
{
  return m_BulletShape.getGlobalBounds();
}

RectangleShape Bullet::getShape()
{
  return m_BulletShape;
}
```

这里 stop 函数仅仅将 m_InFlight 变量设为 false，isInFlight 负责返回此变量的当前值。可以发现，shoot 函数让子弹处于移动状态，stop 函数则令其停止，而 isInFlight 函数则用于指示其当前状态。

getPosition 函数返回一个 FloatRect。很快，我们便会看到如何使用各个游戏对象所返回的 FloatRect 来进行碰撞检测。

这段代码的最后是 getShape 函数，该函数返回 RectangleShape，用于在每帧中绘制子弹。

12.1.5　Bullet 类的 update 函数

在使用 Bullet 对象前，最后需要实现的是此类的 update 函数。请添加以下代码并研究它，之后我们再来讨论它：

```
void Bullet::update(float elapsedTime)
{
  // 更新子弹位置变量
  m_Position.x += m_BulletDistanceX * elapsedTime;
  m_Position.y += m_BulletDistanceY * elapsedTime;
  // 移动子弹
  m_BulletShape.setPosition(m_Position);

  // 子弹是否跳出范围
  if (m_Position.x < m_MinX || m_Position.x > m_MaxX ||
      m_Position.y < m_MinY || m_Position.y > m_MaxY)
  {
    m_InFlight = false;
```

```
    }
}
```

update 函数首先使用 m_BulletDistanceX 与 m_BulletDistanceY 两个变量并将其乘以上一帧所消耗的时间,从而得到子弹当前的移动量——不要忘记,这两个变量是在 shoot 函数中根据子弹移动的方向计算得到的,能够让子弹按照预期角度移动——随即使用 setPosition 函数移动 RectangleShape 结构。

接下来,update 函数需要判断当前子弹是否到达边界。这条稍显烦琐的 if 语句在 m_Position.x、m_Position.y 与 shoot 函数得到的极值之间进行比较,而那些极值则分别保存在 m_MinX、m_MaxX、m_MinY 与 m_MaxY 这四个变量中。

准确地说,这段代码将判断 m_Position(.x 与.y)是否位于由 m_MinX、m_MaxX、m_MinY 与 m_MaxY 四变量所规定的矩形区域之外。这四个极值变量定义了子弹所能到达的极限距离,跨越此区域将把 m_InFlight 设置为 false,从而终结该子弹。

现在,我们完成了 Bullet 类的编辑工作,接下来将学习在 main 函数中实现射击操作的方法。

12.2 让子弹飞起来

接下来的几小节将通过以下六个步骤让子弹生效:

(1) 为 Bullet 类添加必要的 include 指令。

(2) 添加必要的控制变量,以及 Bullet 数组。

(3) 处理玩家按下 R 键时的装弹动作。

(4) 处理玩家左键单击时的射击动作。

(5) 在每帧中更新所有射出的子弹。

(6) 在每帧中绘制所有射出的子弹。

12.2.1 Bullet 类的 include 指令

添加以下这行高亮显示的代码以使用 Bullet 类:

```
#include <SFML/Graphics.hpp>
#include "ZombieArena.h"
#include "Player.h"
#include "TextureHolder.h"
#include "Bullet.h"
using namespace sf;
```

12.2.2 控制变量和子弹数组

以下这些高亮显示的变量分别描述当前子弹编号、备用子弹数、弹夹内剩余子弹数、弹夹大小、当前射击率(从每秒射击一次开始)以及上次射击时刻,其具体功能会在本节中逐步介绍,但目前请将其添加到游戏中:

```
// 准备僵尸群
int numZombies;
```

```
int numZombiesAlive;
Zombie* zombies = NULL;

// 100 发子弹应该够了
Bullet bullets[100];
int currentBullet = 0;
int bulletsSpare = 24;
int bulletsInClip = 6;
int clipSize = 6;
float fireRate = 1;

// 上次射击时刻?
Time lastPressed;

// 游戏循环主体
while (window.isOpen())
```

接下来，我们会处理玩家按下 R 键的动作，这在游戏中意味着重新装填弹夹。

12.2.3　为枪械重新装弹

现在我们将处理与射击子弹相关的玩家输入动作。首先，我们会借助 SFML 事件实现按下 R 键来重新装弹的功能。请添加以下高亮显示的代码(要特别注意代码的添加位置，因为这里有很多非高亮的代码文本)并仔细研究它：

```
// 处理所有事件
Event event;
while (window.pollEvent(event))
{
  if (event.type == Event::KeyPressed)
  {
    // 在游戏运行时令其暂停
    if (event.key.code == Keyboard::Return &&
        state == State::PLAYING)
    {
      state = State::PAUSED;
    }
    // 从暂停中恢复
    else if (event.key.code == Keyboard::Return &&
             state == State::PAUSED)
    {
      state = State::PLAYING;
      // 重置时钟以避免出现巨大的时间增量
      clock.restart();
    }
    // 在 GAME_OVER 状态下开启新游戏
    else if (event.key.code == Keyboard::Return &&
             state == State::GAME_OVER)
    {
      state = State::LEVELING_UP;
    }
    if (state == State::PLAYING)
    {
      // 装弹
```

```
    if (event.key.code == Keyboard::R)
    {
      if (bulletsSpare >= clipSize - bulletsInClip)
      {
        // 子弹充足。装弹
        bulletsSpare -= clipSize - bulletsInClip;
        bulletsInClip = clipSize;
      }
      else if (bulletsSpare > 0)
      {
        // 仅剩余少量子弹
        bulletsInClip = bulletsSpare;
        bulletsSpare = 0;
      }
      else
      {
        // 待完成
      }
    }
  }
}// 事件遍历结束
```

之前这段代码嵌套在游戏循环的事件处理部分(while(window.pollEvent)),且位于仅当游戏实际进行中(if(state== State::Playing))时才会执行的代码块内。之所以放在这里,是因为不必在游戏结束或暂停时处理玩家的装弹动作。

这段代码首先通过 if (event.key.code == Keyboard::R) 来判断当前是否正在按下 R 键,其余代码仅在按下 R 键时执行。这段 if-else if-else 语句的整体结构如下:

```
if(bulletsSpare >= clipSize - bulletsInClip)
...
else if(bulletsSpare > 0)
...
else
...
```

在玩家按下 R 键后,这个结构能够处理以下三种情况:

- 玩家的备用子弹数大于弹夹容量,此时将消耗备用子弹而重新装填弹夹。
- 玩家所拥有的备用子弹不足以填满弹夹,此时将以全部备用子弹填充弹夹,并将备用子弹数置零。
- 玩家按下 R 键时完全没有备用子弹,此时不需要修改任何相关变量,但我们需要播放一段音频,这将在第 14 章中实现。

接下来,让我们开枪吧。

12.2.4 射击

本小节将处理通过鼠标单击而开枪的动作。请添加以下高亮显示的代码:

```
if (Keyboard::isKeyPressed(Keyboard::D))
{
  player.moveRight();
}
```

```
  else
  {
    player.stopRight();
  }

  // 射击
  if (Mouse::isButtonPressed(sf::Mouse::Left))
  {
    if (gameTimeTotal.asMilliseconds()
            - lastPressed.asMilliseconds()
              > 1000 / fireRate && bulletsInClip > 0)
    {
      // 为 shoot 函数传入玩家与准星的中心位置
      bullets[currentBullet].shoot(
          player.getCenter().x, player.getCenter().y,
          mouseWorldPosition.x, mouseWorldPosition.y);
      currentBullet++;
      if (currentBullet > 99)
      {
        currentBullet = 0;
      }
      lastPressed = gameTimeTotal;
      bulletsInClip--;
    }
  }// 射击结束
}// WASD 键处理结束
```

这些新代码全部封装在 if(Mouse::isButtonPressed(sf::Mouse::Left)) 结构中，从而仅在鼠标左键单击时执行。注意，玩家长按鼠标会反复执行这段代码，而我们正在分析的这段代码将控制射击速度。

这段代码首先检测游戏总时间(gameTimeTotal)与玩家上次射击时刻(lastPressed)之差是否大于 1000 与当前射击速度的商值(1000 代表 1 秒钟有 1000 毫秒)，并判断玩家弹夹中是否至少还有一枚子弹。

实际开枪的代码在以上这两个条件同时成立时才会执行。射击动作很简单，因为复杂工作已经在 Bullet 类中完成了，所以这里仅仅需要将玩家位置与准星位置的横纵坐标传入子弹数组内当前子弹的 shoot 函数即可，该函数将负责配置当前子弹实例并规划其飞行路径。

但我们必须记录子弹数组的状态，即当前子弹的状态。为此，代码自增了 currentBullet 变量的值，并在 if (currentBullet > 99) 语句中判断是否发射出最后一发子弹，并在发射最后一发子弹时将 currentBullet 重置为 0，否则，下一枚子弹便已上膛，在击发率允许且玩家鼠标动作合适时便会发射。

这段新代码最后将当前子弹的发射时间存入 lastPressed 变量中，并让 bulletsInClip 变量的值减 1。

接下来，我们需要在每帧画面中更新每一枚子弹。

12.2.5　在每帧画面中更新子弹

以下高亮显示的代码能够遍历 bullets 数组，检查每一枚子弹的射出状态，并为射出的子弹调用其 update 函数。请添加这些代码：

```
// 遍历更新每个僵尸
for (int i = 0; i < numZombies; i++)
{
  if (zombies[i].isAlive())
  {
    zombies[i].update(dt.asSeconds(), playerPosition);
  }
}

// 更新所有飞行中的子弹
for (int i = 0; i < 100; i++)
{
  if (bullets[i].isInFlight())
  {
    bullets[i].update(dtAsSeconds);
  }
}
}// 更新场景结束
```

最后，我们还需要绘制出所有子弹。

12.2.6 在每帧画面中绘制子弹

以下高亮显示的代码能够遍历 bullets 数组，检查每一枚子弹的射出状态，并绘制每一枚射出的子弹。请添加这些代码：

```
/*
**************
绘制场景
**************
*/
if (state == State::PLAYING)
{
  window.clear();

  // 设定在窗口中展示mainView及其中所绘制的全部内容
  window.setView(mainView);

  // 绘制背景
  window.draw(background, &textureBackground);

  // 绘制僵尸
  for (int i = 0; i < numZombies; i++)
  {
    window.draw(zombies[i].getSprite());
  }

  // 更新所有飞行中的子弹
  for (int i = 0; i < 100; i++)
  {
    if (bullets[i].isInFlight())
    {
      window.draw(bullets[i].getShape());
    }
  }
```

```
// 绘制背景
window.draw(player.getSprite());
}
```

现在运行游戏，体验子弹的效果：在按下 *R* 键重新装弹前你可以发射六枚子弹。但是，游戏目前仍然缺乏弹夹子弹数以及备用子弹数的直观显示；玩家很快就会用完子弹，更可气的是那些子弹完全没有任何阻止效果而将直接穿过僵尸。此外，玩家需要使用鼠标指针进行瞄准而非更精确的十字准星。显然，我们还有不少的工作量。

接下来，我们将用**十字准星**替代鼠标指针，还会创建拾取包来补给弹药或提供治疗。本章最后的任务是处理碰撞检测，让子弹与僵尸能够造成伤害，并让玩家能够实际获得拾取包。

12.2.7　为玩家提供准星

添加准星只需引入一个新概念，这个新概念本身并不复杂。为此，请添加以下高亮显示的代码：

```
// 100 发子弹应该够了
Bullet bullets[100];
int currentBullet = 0;
int bulletsSpare = 24;
int bulletsInClip = 6;
int clipSize = 6;
float fireRate = 1;

// 上次射击时刻?
Time lastPressed;

// 隐藏鼠标指针并替换为准星
window.setMouseCursorVisible(true);
Sprite spriteCrosshair;
Texture textureCrosshair = TextureHolder::GetTexture(
    "graphics/crosshair.png");
spriteCrosshair.setTexture(textureCrosshair);
spriteCrosshair.setOrigin(25, 25);

// 游戏循环主体
while (window.isOpen())
```

这段代码首先为 window 对象调用了 setMouseCursorVisible 函数，随即加载纹理，声明 Sprite 实例并正常初始化。此外，这段代码又将精灵的原点设为其中心，以令子弹飞向准星中央，这也正是我们的预期。

接下来，我们需要在每帧中利用鼠标的世界坐标更新准星的位置。请添加以下高亮显示的代码，其中使用 mouseWorldPosition 在每帧内设定准星的位置：

```
/*
****************
更新帧
****************
*/
if (state == State::PLAYING)
```

```
{
  // 更新时间增量
  Time dt = clock.restart();
  // 更新游戏总时间
  gameTimeTotal += dt;
  // 获取时间增量
  float dtAsSeconds = dt.asSeconds();

  // 鼠标指针的位置
  mouseScreenPosition = Mouse::getPosition();
  // 将鼠标位置转化为mainView中的世界坐标
  mouseWorldPosition = window.mapPixelToCoords(
      Mouse::getPosition(), mainView);

  // 将准星位置设为鼠标的世界坐标
  spriteCrosshair.setPosition(mouseWorldPosition);

  // 更新玩家
  player.update(dtAsSeconds, Mouse::getPosition());
```

接下来，如你所想，我们将在每帧内绘制准星。请将以下高亮显示的代码添加到对应位置。
这行代码本身不需要解释，但重要的是因为在所有游戏对象中准星是最后绘制的，所以它自然会
出现在最顶层。

```
/*
**************
绘制场景
**************
*/
if (state == State::PLAYING)
{
  window.clear();

  // 设定在窗口中展示mainView及其中所绘制的全部内容
  window.setView(mainView);

  // 绘制背景
  window.draw(background, &textureBackground);

  // 绘制僵尸
  for (int i = 0; i < numZombies; i++)
  {
    window.draw(zombies[i].getSprite());
  }

  for (int i = 0; i < 100; i++)
  {
    if (bullets[i].isInFlight())
    {
      window.draw(bullets[i].getShape());
    }
  }

  // 绘制玩家
```

```
window.draw(player.getSprite());

// 绘制准星
window.draw(spriteCrosshair);
}
```

接下来运行游戏时你将能看到一个酷酷的十字准星，而不再是鼠标指针，如图 12.1 所示。

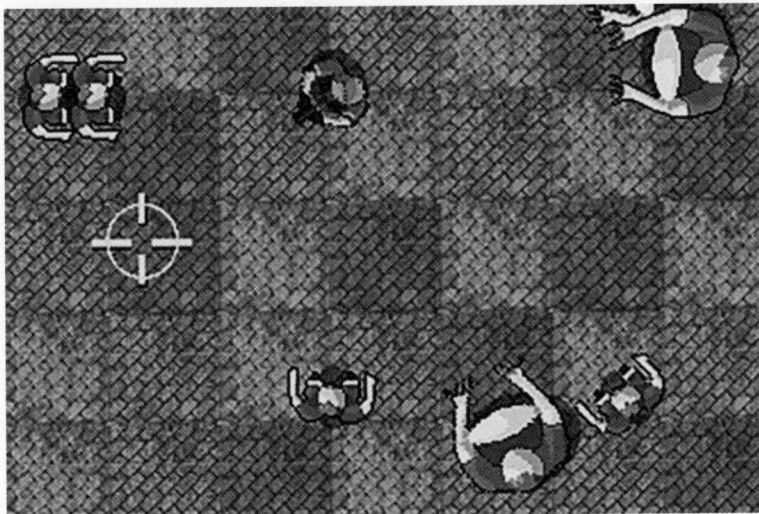

图 12.1　鼠标指针变为准星

注意，在目前的射击模式下，子弹将能干净利落地穿过准星的中央沿直线飞行，随意射击还是瞄准再射击并没有什么明显差异。所以，如果玩家一直让鼠标在某个小区域(如屏幕中心附近)中移动，这虽然能够提升射击速度，但需要小心仔细地进行预判才能击中远处的僵尸目标。当然，玩家也能够在全屏范围内移动鼠标以瞄准远处的僵尸，这明显能够增加命中率，只是如果某僵尸从另外的方向上发起进攻，瞄准时需要让准星移动一大段距离。

这里还可以为游戏增加一点额外的乐趣：为每次射击引入随机误差，而且在两波僵尸之间进行升级时还可以选择逐步减小这种误差。

12.3　编写拾取包类

本节将编写拾取包类 Pickup。该类具有若干数据成员与函数成员，其中便包括一个 Sprite 对象。我们将按照以下步骤为游戏添加拾取包功能：

(1) 编写 Pickup.h 文件，其中包含 Pickup 类的全部成员变量和成员函数的原型。

(2) 编写 Pickup.cpp 文件，其中包括 Pickup 类全部成员函数的定义。在该步骤中，我将详细解释 Pickup 对象的工作机制。

(3) 在 main 函数中利用 Pickup 类创建、更新并绘制拾取包。

以下是步骤(1)。

12.3.1 编写头文件 Pickup.h

为了新建一个头文件，请右击**"解决方案资源管理器"**内的**"头文件"**并选择**"添加"**->**"新建项"**，在弹出的**"添加新项"**窗口中单击**"头文件(.h)"**，并在**"名称"**一栏中键入 `Pickup.h`。

请向此 `Pickup.h` 文件中添加以下代码，我们随即会进行讨论：

```cpp
#pragma once
#include <SFML/Graphics.hpp>
using namespace sf;

class Pickup
{
private:
  // 医疗包的起始数据
  const int HEALTH_START_VALUE = 50;
  const int AMMO_START_VALUE = 12;
  const int START_WAIT_TIME = 10;
  const int START_SECONDS_TO_LIVE = 5;

  // 拾取包精灵
  Sprite m_Sprite;
  // 所在竞技场
  IntRect m_Arena;
  // 拾取量
  int m_Value;
  // 拾取包类别
  // 1: 医疗包; 2: 弹药包
  int m_Type;
  // 处理创建与消失
  bool m_Spawned;
  float m_SecondsSinceSpawn;
  float m_SecondsSinceDeSpawn;
  float m_SecondsToLive;
  float m_SecondsToWait;

// 公有原型如下
};
```

这段代码声明了 `Pickup` 类的所有私有成员变量。虽然这些变量的名称比较直观，其存在的意义却并不清晰。下面我们将依次分析这些成员变量：

- `const int HEALTH_START_VALUE = 50`：此常量用于设定所有医疗包的初始值，或者说用于初始化变量 `m_Value`(游戏进程会进一步操作此变量的值)。
- `const int AMMO_START_VALUE = 12`：此常量用于设定所有弹药包的初始值，或者说用于初始化变量 `m_Value`(游戏进程会进一步操作此变量的值)。
- `const int START_WAIT_TIME = 10`：此常量将决定某拾取包消失与下一拾取包重新出现之间的时间间隔，或者说用于初始化 `m_SecondsToWait` 变量(游戏进程会进一步操作此变量的值)。

- `const int START_SECONDS_TO_LIVE = 5`：此常量将决定拾取包的持续时间，超时后当前拾取包将消失。与前面三个常量相同的是，此常量同样具备类似的变量供游戏进程操作，其名称为 `m_SecondsToLive`。
- `Sprite m_Sprite`：拾取包对象的精灵。
- `IntRect m_Arena`：用于保存当前竞技场的大小，以免将拾取包创建在此区域之外。
- `int m_Value`：当前拾取包的医疗量或弹药补给量，可在玩家升级医疗包或弹药包时起效。
- `int m_Type`：此变量仅有两种值：1 代表医疗包，2 代表弹药包。这里完全可以考虑使用枚举类，但仅为两种情况而使用枚举类似乎有些奢侈。
- `bool m_Spawned`：当前拾取包是否可用？
- `float m_SecondsSinceSpawn`：当前拾取包的持续时间(从出现算起)。
- `float m_SecondsSinceDeSpawn`：当前拾取包的持续时间(从上次消失算起)。
- `float m_SecondsToLive`：当前拾取包在消失前的剩余寿命。
- `float m_SecondsToWait`：当前拾取包在消失后与重新出现前之间的时间间隔(即休眠时间)。

> 注意，正是因为那些时间相关变量以及拾取包可升级的本质才让我们的拾取包类 Pickup 变得很复杂。那种在收集后立刻重新出现或者拾取量本身不可变的拾取包类会非常简单，可惜那并非所愿。我们希望能够升级拾取包，玩家因而需要自主开发一套方案而在不同波次僵尸之间进行升级。

接下来，向 Pickup.h 文件中添加以下公有函数的原型，请尽快熟悉这些原型以便能够理解它们：

```
// 公有原型如下
public:
  Pickup(int type);
  // 准备新拾取包
  void setArena(IntRect arena);
  void spawn();
  // 返回拾取包的位置
  FloatRect getPosition();
  // 获取精灵以便绘制
  Sprite getSprite();
  // 让拾取包在每帧中自我更新
  void update(float elapsedTime);
  // 该拾取包是否已创建?
  bool isSpawned();
  // 获取拾取包的补给量
  int gotIt();
  // 更新每个拾取包的内部数据
  void upgrade();
};
```

下面简要介绍这些函数的功能：

- 第一个函数是构造函数，其命名与类名相同。注意，此构造函数接受一个 int 型参数，以便初始化此拾取包的类型(医疗包或弹药包)。
- setArena 函数接受 IntRect 实例。在每波僵尸首次出现时会调用此函数，让 Pickup 对象"知道"其诞生池的大小。
- spawn 函数，顾名思义，用于创建拾取包。
- getPosition 函数与 Player、Zombie、Bullet 等类中的同名函数相同，它将返回一个 FloatRect 实例，代表当前拾取包在游戏世界中的位置。
- getSprite 函数返回 Sprite 对象，用于在每帧内绘制一次补给包。
- update 函数接受上一帧所消耗的时间，以便在内部更新各私有变量的值，并判断是否需要创建拾取包或让当前包消失。
- isSpawned 函数返回一个布尔值，让调用代码知悉当前拾取包是否存在。
- gotIt 函数会在玩家遇到拾取包时被调用，其中需要设定 Pickup 类的内部状态，等待下一个合适的时机重新出现。注意，此函数会返回一个 int 值给其调用代码，代表此拾取包的医疗量或弹药量。
- 在游戏的升级阶段内，当玩家决意升级拾取包属性时将调用 upgrade 函数。

以上是 Pickup 类的全部成员变量，以及全部成员函数的原型。接下来我们将准备定义这些函数，你应该能够轻松跟上。

12.3.2　编写 Pickup 类各成员函数的定义

下面我们会新建一个.cpp 文件来定义这些函数。请在"**解决方案资源管理器**"中右击"**源文件**"并选择"**添加**"→"**新建项**"，在弹出的"**添加新项**"窗口中选中"**C++文件(.cpp)**"，并在"**名称**"一栏中键入 Pickup.cpp，最后单击"**添加**"按钮。现在，我们便可以实现 Pickup 类了。

将以下代码添加到 Pickup.cpp 文件中。请务必仔细研读这段代码，以便我们进行讨论：

```cpp
#include "Pickup.h"
#include "TextureHolder.h"

Pickup::Pickup(int type) : m_Type{type}
{
  // 为纹理与精灵建立关联
  if (m_Type == 1)
  {
    m_Sprite = Sprite(TextureHolder::GetTexture(
      "graphics/health_pickup.png"));
    // 医疗包医疗量
    m_Value = HEALTH_START_VALUE;
  }
  else
  {
    m_Sprite = Sprite(TextureHolder::GetTexture(
      "graphics/ammo_pickup.png"));
    // 弹药包弹药量
    m_Value = AMMO_START_VALUE;
  }
```

```
m_Sprite.setOrigin(25, 25);
m_SecondsToLive = START_SECONDS_TO_LIVE;
m_SecondsToWait = START_WAIT_TIME;
}
```

这段代码首先添加了我们熟悉的 include 指令，随即给出了 Pickup 类构造函数的定义(这个函数的名称与类名相同，自然是该类的构造函数)。

此构造函数需要接受 int 型参数 type，而其中的第一步操作是将 type 的值赋给 m_Type，随后通过一个 if-else 结构来判断 m_Type 是否为 1。如果是，m_Sprite 将绑定为医疗包的纹理，并将 m_Value 设为 HEALTH_START_VALUE；否则 else 结构将把此成员关联为弹药包的纹理，并将 m_Value 设为 AMMO_START_VALUE。此后，构造函数将把 m_Sprite 的原点通过 setOrigin 函数设为其中心，并分别将 m_SecondsToLive 与 m_SecondsToWait 两个变量的值设为 START_SECONDS_TO_LIVE 与 START_WAIT_TIME。现在该构造函数便让当前 Pickup 对象处于就绪状态，以供使用。

接下来，我们将添加 setArena 函数：

```
void Pickup::setArena(IntRect arena)
{
    // 将竞技场细节复制给该拾取包的 m_Arena
    m_Arena.left = arena.left + 50;
    m_Arena.width = arena.width - 50;
    m_Arena.top = arena.top + 50;
    m_Arena.height = arena.height - 50;
    spawn();
}
```

我们刚刚添加的 setArena 函数仅仅从所传入的 arena 对象中复制了一些值，但分别让左端与顶端的边界值增加了 50，让右端与底端的边界值减少了 50，从而让 Pickup 对象知悉其在竞技场中能够生成的具体范围。setArena 函数接下来调用了该类自身的 spawn 函数，为每帧内的绘制与更新做最后的准备。

接下来是 spawn 函数，请在 setArena 函数后添加以下代码：

```
void Pickup::spawn()
{
    // 随机出现
    srand((int)time(0) / m_Type);
    int x = (rand() % m_Arena.width);
    srand((int)time(0) * m_Type);
    int y = (rand() % m_Arena.height);

    m_SecondsSinceSpawn = 0;
    m_Spawned = true;
    m_Sprite.setPosition(x, y);
}
```

spawn 函数完成了拾取包所需要的一切准备工作。首先，该函数设定随机种子。其次，该函数得到了当前 Pickup 对象的随机的横纵坐标值，并分别使用 m_Arena.width 与 m_Arena.height 作为最大的随机值。

再次，m_SecondsSinceSpawn 被置为 0，即重置了当前对象的持续时间。而 m_Spawned 则设为 true，从而在 main 函数调用此对象的 isSpawned 函数时将得到正反馈。最后，m_Sprite 通过 setPosition 而移至相应的位置，静待绘制。

接下来需要添加三个简单的取值函数：getPosition 函数所返回的 FloatRect 代表 m_Sprite 的当前位置，getSprite 返回 m_Sprite 的一个副本，而 isSpawned 则根据当前对象是否已创建而返回相应的布尔值。请添加这些代码并仔细研读它们：

```cpp
FloatRect Pickup::getPosition()
{
  return m_Sprite.getGlobalBounds();
}

Sprite Pickup::getSprite()
{
  return m_Sprite;
}

bool Pickup::isSpawned()
{
  return m_Spawned;
}
```

当玩家遇到/撞到某拾取包时，main 函数将调用 gotIt 函数，接下来就让我们编写它。请将其定义添加到 isSpawned 函数之后：

```cpp
int Pickup::gotIt()
{
  m_Spawned = false;
  m_SecondsSinceDeSpawn = 0;
  return m_Value;
}
```

gotIt 函数首先将 m_Spawned 设为 false，从而不再绘制此拾取包，也不再对其进行碰撞检测；随即将 m_SecondsSinceDeSpawn 设为 0，让负责控制新建拾取包的计时器重新开始计时；最后向调用代码返回 m_Value，以提供正确的弹药量或医疗量。

此后，我们需要编写 update 函数，其中将使用前面介绍的许多变量与函数。为此，请将以下这段代码添加到 Pickup.cpp 文件中并仔细研读，以便我们进行讨论：

```cpp
void Pickup::update(float elapsedTime)
{
  if (m_Spawned)
  {
    m_SecondsSinceSpawn += elapsedTime;
  }
  else
  {
    m_SecondsSinceDeSpawn += elapsedTime;
  }
  // 是否需要隐藏拾取包
  if (m_SecondsSinceSpawn > m_SecondsToLive && m_Spawned)
```

```
  {
    // 移除此拾取包并置于他处
    m_Spawned = false;
    m_SecondsSinceDeSpawn = 0;
  }
  // 是否需要展现拾取包
  if (m_SecondsSinceDeSpawn > m_SecondsToWait && !m_Spawned)
  {
    // 创建拾取包并重置计时器
    spawn();
  }
}
```

这个 update 函数可以分为四个部分，分别代表每帧中需要执行的一些操作：
- 第一个 if 块结构会在 m_Spawned 设为 true 时执行，其中的代码将当前帧的时间消耗加到 m_SecondsSinceSpawn 上，后者代表此拾取包从创建时算起的持续时间。
- 与此 if 块对应的 else 结构在 m_Spawned 设为 false 时执行，会将当前帧的时间消耗加到 m_SecondsSinceDeSpawn 上，从而累加此拾取包的消失时间。
- 另一个 if 结构在当前拾取包的持续时间已经超过其应有寿命时执行，其中会令 m_Spawned 的值为 false，并将 m_SecondsSinceDeSpawn 重置为 0。现在，在下一帧中将执行上面的 else 块，直到此拾取包重新出现为止。
- 如果当前拾取包早已不存在，且其消失时间已经超过了必要的等待时间，那么会执行最后的 if 结构，这时需要重新创建拾取包并调用 spawn 函数。

以上四个判断结构负责决定某拾取包是处于显示状态(已创建)，还是隐藏状态(已消失)。

最后，请添加 upgrade 函数的定义：

```
void Pickup::upgrade()
{
  if (m_Type == 1)
  {
    m_Value += (HEALTH_START_VALUE * .5);
  }
  else
  {
    m_Value += (AMMO_START_VALUE * .5);
  }

  // 提升出现的频率与持续时间
  m_SecondsToLive += (START_SECONDS_TO_LIVE / 10);
  m_SecondsToWait -= (START_WAIT_TIME / 10);
}
```

upgrade 函数将根据当前拾取包的类型(医疗包或弹药包)为 m_Value 变量增加对应初始值的 50%，而 if-else 结构之后的两行代码则将分别提升拾取包的持续时间和降低新包出现前的等待时间。

当玩家在 LEVELING_UP 状态下决定升级拾取包时将调用此函数。

现在，我们的 Pickup 类已就绪，可供使用了。

12.4　使用 Pickup 类

前面我们通过复杂的工作实现了 Pickup 类，接下来便可以继续前进，为引擎添加代码以便为游戏添加拾取包了。为此，我们首先需要向 ZombieArena.cpp 文件添加一条 include 指令：

```
#include <SFML/Graphics.hpp>
#include "ZombieArena.h"
#include "Player.h"
#include "TextureHolder.h"
#include "Bullet.h"
#include "Pickup.h"
using namespace sf;
```

以下代码添加了 Pickup 类的两个实例，分别为 healthPickup 与 ammoPickup。为此，需要分别为构造函数传入值 1 与值 2，以正确地初始化拾取包的类型。请将这些代码添加到 ZombieArena.cpp 中：

```
// 隐藏鼠标指针并替换为准星
window.setMouseCursorVisible(true);
Sprite spriteCrosshair;
Texture textureCrosshair = TextureHolder::GetTexture(
    "graphics/crosshair.png");
spriteCrosshair.setTexture(textureCrosshair);
spriteCrosshair.setOrigin(25, 25);

// 创建一对拾取包
Pickup healthPickup(1);
Pickup ammoPickup(2);

// 游戏循环主体
while (window.isOpen())
```

在处理 LEVELING_UP 状态下从键盘输入的代码时，将以下高亮显示的代码添加到嵌套的 PLAYING 块内：

```
if (state == State::PLAYING)
{
  // 准备关卡
  // 后文会改动以下两行代码
  arena.width = 500;
  arena.height = 500;
  arena.left = 0;
  arena.top = 0;

  // 按引用将顶点数组传入 createBackground 函数
  int tileSize = createBackground(background, arena);

  // 令玩家重新出现在竞技场中央
  player.spawn(arena, resolution, tileSize);
```

```
    // 配置拾取包
    healthPickup.setArena(arena);
    ammoPickup.setArena(arena);

    // 创建僵尸群
    numZombies = 10;
    // (如已分配) 删除之前分配的内存
    delete[] zombies;
    zombies = createHorde(numZombies, arena);
    numZombiesAlive = numZombies;

    // 重置时钟, 以避免出现巨大的时间增量
    clock.restart();
}
```

这些新代码仅将 arena 作为参数传入每个 Pickup 的 setArena 函数内，让两个拾取包知晓其诞生池的范围。另外，这段代码会在每波僵尸到来前执行，毕竟扩大竞技场同样意味着需要更新每个 Pickup 对象。

以下新代码仅仅为每个 Pickup 对象在每帧内调用其 update 函数：

```
    // 遍历更新每个僵尸
    for (int i = 0; i < numZombies; i++)
    {
      if (zombies[i].isAlive())
      {
        zombies[i].update(dt.asSeconds(), playerPosition);
      }
    }

    // 更新所有飞行中的子弹
    for (int i = 0; i < 100; i++)
    {
      if (bullets[i].isInFlight())
      {
        bullets[i].update(dtAsSeconds);
      }
    }

    // 更新拾取包
    healthPickup.update(dtAsSeconds);
    ammoPickup.update(dtAsSeconds);
}// 更新场景结束
```

而以下添加到游戏循环内绘制部分的新代码将检测拾取包的状态，并相应绘出所有尚未消失的拾取包：

```
    // 绘制玩家
    window.draw(player.getSprite());

    // 绘制尚未消失的拾取包
    if (ammoPickup.isSpawned())
    {
      window.draw(ammoPickup.getSprite());
```

```
    }
    if (healthPickup.isSpawned())
    {
        window.draw(healthPickup.getSprite());
    }

    // 绘制准星
    window.draw(spriteCrosshair);
}
```

现在，你可以运行游戏并体验拾取包出现与消失的循环过程——但目前尚无法捡起它们，如图 12.2 所示。

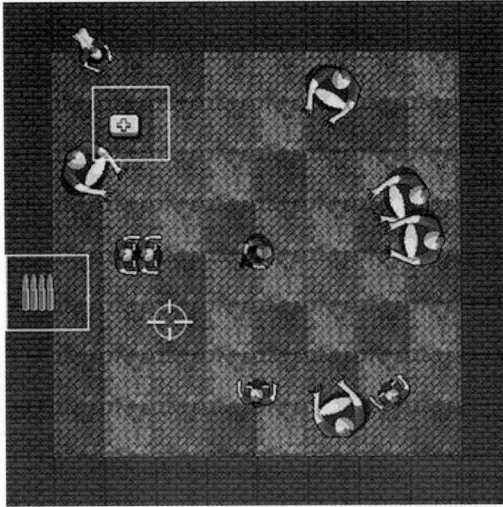

图 12.2　时有时无的拾取包

现在，游戏已具备了全部对象，可以令其交互/碰撞了。

12.5　碰撞检测

我们仅需要知道游戏中某些特定对象是否与其他对象有所接触，并在接触后给出特定的响应，这便完成了碰撞检测功能。前面实现的几个类已经完成了当发生特定接触时应该调用的函数的定义，其中包括：

- Player 类有 hit 函数，在僵尸撞到玩家时调用。
- Zombie 类有 hit 函数，在子弹击中僵尸时调用。
- Pickup 类有 gotIt 函数，在玩家捡到拾取包时调用。

如果有所遗忘，你最好先复习一下这三个函数以掌握其工作机制，因为我们目前需要进行碰撞检测并调用相应的函数。

借助于 SFML，**矩形相交法**(rectangle intersection)可以说是一种直截了当的碰撞检测算法，所以这也正是我们所使用的方法。具体而言，这里将使用在 Pong 项目中用过的技术，图 12.3 将演示玩家与僵尸所对应的矩形区域以及二者的重叠状态。

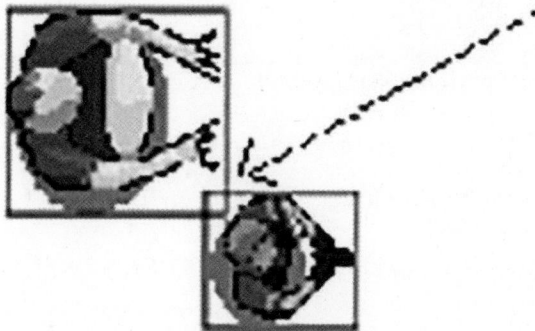

图 12.3　代表僵尸与玩家的矩形

接下来我们在游戏引擎中更新部分的末尾，将碰撞分为三种情况并依次处理。

在每一帧中，我们均需要回答以下三个问题：

1. 是否击中某个僵尸？

2. 僵尸是否接触到玩家？

3. 玩家是否遇到某个拾取包？

为此，首先需要添加两个新变量：score 与 hiScore，二者将在杀死僵尸后有所变化。具体代码如下：

```
// 创建拾取包
Pickup healthPickup(1);
Pickup ammoPickup(2);

// 关于游戏
int score = 0;
int hiScore = 0;

// 游戏循环主体
while (window.isOpen())
```

下面，我们先从僵尸是否被子弹击中开始检测。

12.5.1　僵尸与子弹之间的碰撞检测

以下代码看起来有些复杂，但逐步分析后便能发现其中并未包含新的知识点。请将以下代码添加到每帧内拾取包更新之后：

```
// 更新拾取包
healthPickup.update(dtAsSeconds);
ammoPickup.update(dtAsSeconds);

// 碰撞检测
// 是否击中某个僵尸？
for (int i = 0; i < 100; i++)
{
  for (int j = 0; j < numZombies; j++)
  {
    if (bullets[i].isInFlight() &&
```

```
        zombies[j].isAlive())
    {
        if (bullets[i].getPosition().intersects(
                zombies[j].getPosition()))
        {
            // 让子弹停下
            bullets[i].stop();
            // 确认此次命中并判断是否杀死僵尸
            if (zombies[j].hit())
            {
                // 不仅是命中，更是一次击杀
                score += 10;
                if (score >= hiScore)
                {
                    hiScore = score;
                }
                numZombiesAlive--;
                // 当僵尸(再次)全部死亡时
                if (numZombiesAlive == 0)
                {
                    state = State::LEVELING_UP;
                }
            }
        }
    }
}// 停止杀死僵尸
```

下一小节还会遇到在僵尸与子弹之间进行碰撞检测的代码，而这里则将逐步分析这些代码以便解释。首先，这段代码中使用了嵌套的 for 循环结构，以下特意提取出这种结构以示强调(其中已省略具体的代码)，其中为每个僵尸(0～ numZombies-1)迭代了每个子弹(0～ 99)：

```
// 碰撞检测
// 是否击中某个僵尸?
for (int i = 0; i < 100; i++)
{
    for (int j = 0; j < numZombies; j++)
    {
        ...
        ...
        ...
    }
}
```

这个嵌套的 for 循环执行了以下操作：

(1) 通过这行代码检测是否射出当前子弹，以及当前僵尸是否存活：

```
if (bullets[i].isInFlight() && zombies[j].isAlive())
```

(2) 如果当前僵尸存活且当前子弹已射出，则需要通过以下代码进行矩形交叠检测：

```
if (bullets[i].getPosition().intersects(zombies[j].getPosition()))
```

(3) 若当前子弹与当前僵尸有所接触，我们需要执行一系列操作。首先，要通过这行代码让子弹停止运动：

```
// 让子弹停下
bullets[i].stop();
```

(4) 通过僵尸对象的 hit 函数确认这次击中事件(注意, hit 函数返回的布尔值将为主调代码返回该僵尸的死亡状态):

```
// 确认此次命中并判断是否杀死僵尸
if (zombies[j].hit())
{
```

(5) 如果 hit 函数断定当前僵尸已死亡,无法继续伤害玩家,则此 if 块结构将执行以下操作:

- 为 score 变量加 10。
- 如果已获取更高的分数(超出 hiScore),则更改 hiScore 的值。
- 让 numZombiesAlive 减 1。
- 判断是否杀光僵尸(numbZombiesAlive == 0),如果是,则将 state 设为 LEVELING_UP。

以下是这里所讨论的 if (zombies[j].hit()) 内的代码:

```
// 不仅是命中,更是一次击杀
score += 10;
if (score >= hiScore)
{
  hiScore = score;
}
numZombiesAlive--;
// 当僵尸(再次)全部死亡时
if (numZombiesAlive == 0)
{
  state = State::LEVELING_UP;
}
```

现在,我们便处理了僵尸被子弹击中的情况。此时运行游戏将能看到那摊血,可惜暂时无法看到分数,毕竟实现 HUD 功能是下一章的内容。

12.5.2　玩家与僵尸的碰撞检测

以下需要添加的新代码显然比前面实现僵尸与子弹碰撞检测的代码要短得多,也简单得多:

```
}// 停止杀死僵尸

// 僵尸是否撞到玩家
for (int i = 0; i < numZombies; i++)
{
  if (player.getPosition().intersects(
        zombies[i].getPosition()) &&
      zombies[i].isAlive())
  {
    if (player.hit(gameTimeTotal))
    {
      // 待完成
    }
```

```
    if (player.getHealth() <= 0)
    {
      state = State::GAME_OVER;
    }
  }
}// 玩家被攻击处理完毕
```

这里，我们通过一个遍历所有僵尸的 `for` 循环来检测某僵尸是否撞到玩家。对于每个存活的僵尸，这段代码使用 `intersects` 函数与玩家进行碰撞检测，并在发生碰撞时调用 `player.hit` 函数。随即我们还需要通过 `player.getHealth` 判断游戏角色是否死亡：当其生命值归零甚至小于零时，我们需要把 `state` 设为 `GAME_OVER`。

现在游戏中的僵尸可以通过接触而攻击玩家了。但是，由于暂未 HUD 与音效功能，这种攻击事件难以察觉。此外，我们还需要另外添加代码，以便在角色死亡并重新开始时重置游戏。

所以，尽管游戏可以运行，但其目前的效果还谈不上令人满意。接下来的两章将继续完善该游戏。

12.5.3 玩家与拾取包的碰撞检测

以下是游戏角色与两个拾取包之间的碰撞检测代码，请在本节之前添加的新代码之后添加这些高亮显示的代码：

```
}// 玩家被攻击处理完毕

  // 玩家是否获取医疗包
  if (player.getPosition().intersects(
      healthPickup.getPosition()) &&
      healthPickup.isSpawned())
  {
    player.increaseHealthLevel(healthPickup.gotIt());
  }
  //玩家是否获取弹药包
  if (player.getPosition().intersects(
      ammoPickup.getPosition()) &&
      ammoPickup.isSpawned())
  {
    bulletsSpare += ammoPickup.gotIt();
  }
}// 更新场景结束
```

这段代码使用两条简单的 `if` 语句来判断玩家是否捡到医疗包 `healthPickup` 或弹药包 `ammoPickup`。如果捡到医疗包，那么 `player.increaseHealthLevel` 函数将根据 `healthPickup.gotIt` 的结果来增加角色的血量；而如果捡到弹药包，则 `ammoPickup.gotIt` 的返回值将加到 `bulletsSpare` 上。

> 现在运行游戏，你将能杀死僵尸并捡起拾取包。但请注意，如果血量归零，游戏将进入 GAME_OVER 状态并暂停，而为开始新游戏，你需要先按下 *Enter* 键，再在 *1* 至 *6* 之间选择一个数字键按下。这两次按键的意义会在我们实现了 HUD、主界面以及升级界面之后显现出来，而这正是下一章要完成的工作。

12.6　本章小结

本章内容虽然较多，但收获也多：我们不仅实现了两个新类，为游戏添加了子弹与拾取包的功能，还通过进行碰撞检测让各对象能够按照预期方式进行交互。

尽管取得这般收获，我们仍需做更多的工作来设置每局新游戏，并通过 HUD 为玩家提供反馈。下一章将实现 HUD 功能。

12.7　常见问题

以下是一个你可能正感到困惑的问题：

问题：碰撞检测有没有更好的方法？

回答：有。碰撞检测有很多方法，包括但不限于以下几种：

- 可以将对象分解为若干小矩形，从而更贴近于精灵的实际形状。C++的性能足以在每帧内分析千余矩形，即使需要通过**近邻检查**(neighbor checking)等技术来减少每帧内所需进行的碰撞检测，C++也依旧能够应对。
- 对于圆形对象，可以使用半径重叠法。
- 对于不规则多边形，可以使用交叉数算法。

如果有意，你可以通过以下链接学习这些技术：

- 近邻检查：https://gamecodeschool.com/essentials/collision-detectionneighbor-checking/。
- 半径重叠法：https://gamecodeschool.com/essentials/collision-detection-radius-overlap/。
- 交叉数算法：https://gamecodeschool.com/essentials/collision-detection-crossing-number/。

第**13**章

借助分层视图实现 HUD

本章将揭示 SFML View 类的实际效果，会增加一组 SFML Text 对象，并参照 Timber!!! 与 Pong 这两个项目来操作它们。此外，本章还将引入第二个 View 实例来绘制 **HUD**。现在，无论背景、玩家、僵尸或其他游戏对象如何行止，视角如何移动，HUD 均会作为最顶层出现在游戏所有动作之上。

本章将涵盖以下主题：
- 添加所有 Text 对象与 HUD 对象
- 更新 HUD
- 绘制 HUD、主界面与升级界面

13.1　添加所有 Text 对象与 HUD 对象

本章将使用一些字符串操作来规范 HUD 文本的格式，并为升级界面提供必要的文本。下面请参照以下高亮显示的代码向 ZombieArena.cpp 文件添加这条 include 指令，以便我们可以使用 sstream 结构：

```
#include <sstream>
#include <SFML/Graphics.hpp>
#include "ZombieArena.h"
#include "Player.h"
#include "TextureHolder.h"
#include "Bullet.h"
#include "Pickup.h"
using namespace sf;
```

接下来，我们需要添加一段长而简单的代码。以下将新代码高亮显示，以便详细演示它的具体添加位置：

```
int score = 0;
int hiScore = 0;

// 对于主界面与游戏结束界面
Sprite spriteGameOver;
Texture textureGameOver =
```

```
    TextureHolder::GetTexture("graphics/background.png");
spriteGameOver.setTexture(textureGameOver);
spriteGameOver.setPosition(0, 0);

// 为 HUD 创建 View 实例
View hudView(sf::FloatRect(0, 0, 1920,1080));

// 创建弹药图标精灵
Sprite spriteAmmoIcon;
Texture textureAmmoIcon = TextureHolder::GetTexture(
    "graphics/ammo_icon.png");
spriteAmmoIcon.setTexture(textureAmmoIcon);
spriteAmmoIcon.setPosition(20, 980);

// 加载字体
Font font;
font.loadFromFile("fonts/zombiecontrol.ttf");

// 暂停状态
Text pausedText;
pausedText.setFont(font);
pausedText.setCharacterSize(155);
pausedText.setFillColor(Color::White);
pausedText.setPosition(400, 400);
pausedText.setString("Press Enter \nto continue");
// 游戏结束状态
Text gameOverText;
gameOverText.setFont(font);
gameOverText.setCharacterSize(125);
gameOverText.setFillColor(Color::White);
gameOverText.setPosition(250, 850);
gameOverText.setString("Press Enter to play");
// 升级状态
Text levelUpText;
levelUpText.setFont(font);
levelUpText.setCharacterSize(80);
levelUpText.setFillColor(Color::White);
levelUpText.setPosition(150, 250);
std::stringstream levelUpStream;
levelUpStream <<
    "1- Increased rate of fire" <<
    "\n2- Increased clip size(next reload)" <<
    "\n3- Increased max health" <<
    "\n4- Increased run speed" <<
    "\n5- More and better health pickups" <<
    "\n6- More and better ammo pickups";
levelUpText.setString(levelUpStream.str());
// 弹药
Text ammoText;
ammoText.setFont(font);
ammoText.setCharacterSize(55);
ammoText.setFillColor(Color::White);
ammoText.setPosition(200, 980);
// 分数
Text scoreText;
```

```
scoreText.setFont(font);
scoreText.setCharacterSize(55);
scoreText.setFillColor(Color::White);
scoreText.setPosition(20, 0);
// 高分纪录
Text hiScoreText;
hiScoreText.setFont(font);
hiScoreText.setCharacterSize(55);
hiScoreText.setFillColor(Color::White);
hiScoreText.setPosition(1400, 0);
std::stringstream s;
s << "Hi Score:" << hiScore;
hiScoreText.setString(s.str());
// 剩余僵尸
Text zombiesRemainingText;
zombiesRemainingText.setFont(font);
zombiesRemainingText.setCharacterSize(55);
zombiesRemainingText.setFillColor(Color::White);
zombiesRemainingText.setPosition(1500, 980);
zombiesRemainingText.setString("Zombies: 100");
// 波次
int wave = 0;
Text waveNumberText;
waveNumberText.setFont(font);
waveNumberText.setCharacterSize(55);
waveNumberText.setFillColor(Color::White);
waveNumberText.setPosition(1250, 980);
waveNumberText.setString("Wave: 0");

// 血条
RectangleShape healthBar;
healthBar.setFillColor(Color::Red);
healthBar.setPosition(450, 980);
```

```
// 游戏循环主体
while (window.isOpen())
```

　　这段代码虽然很长，但不涉及新内容。具体而言，这段代码创建了大批 SFML Text 对象，随即使用前面介绍过的若干函数设定了各个对象的颜色、大小与显示位置。

　　这里最值得一提的是，我们创建了另一个 View 实例 hudView，并以当前屏幕的分辨率初始化了它。

　　如前所述，虽然代表主视图的 View 对象将跟随玩家而移动，hubView 的位置却固定不变。所以如果在绘制 HUD 元素前将视图切换为 hubView，那么便能够将 HUD 绘于其中，使得游戏世界仿佛是在 HUD 文本之下移动的，因为 HUD 本体的位置维持不变。

> 作为类比，你可以想象在电视机屏幕上覆盖一块带有文字的透明塑料膜。那时，电视会正常播映动态画面，但无论其内容如何，塑料膜文本的位置将保持不变。下一个项目是平台游戏，其中涉及移动游戏世界的视角，那时我们会进一步讲解这个概念。

　　但下一件值得注意的事情则是，目前所设定的高分纪录基本上没有意义。事实上，我们需要等到下一章研究文件输入/输出时才能保存并获取高分纪录值。

此外，还有一件事值得注意，我们声明并初始化了 RectangleShape 对象 healthBar，旨在可视化展示玩家的剩余血量。这种方式的工作机制与 Timber!!!项目中的时间棒基本相同，其区别无非是长度现在代表血量而非时间。

前面代码中还有个新的 Sprite 对象 ammoIcon。该对象将出现在屏幕底端左侧，其旁边则是当前备用子弹数与弹夹子弹数这种统计性文本。

我们刚刚添加了一大段代码。虽然其中不含有新的技术内容，但希望你能够尽快熟悉其功能细节(尤其是变量名)，这将使理解本章剩余内容变得更加容易。

接下来我们将会更新 HUD 变量。

13.2 更新 HUD

如你所想，这些更新 HUD 的代码将出现在游戏循环的更新阶段。考虑到每帧更新 HUD 的行为既没有必要又会拖慢游戏，所以我们不会选择这样做。

作为一个例子，请考虑玩家射杀某僵尸并取得分数的场景，其中需要更新的是持有分数的 Text 对象，但玩家很难发现 0.001 秒、0.01 秒或是 0.1 秒这三种更新时间之间的差异，所以不是每一帧均需要重新构建 Text 对象。

因此，我们需要计量 HUD 的更新时间并控制其频率。请添加以下高亮显示的变量：

```
// 血条
RectangleShape healthBar;
healthBar.setFillColor(Color::Red);
healthBar.setPosition(450, 980);

// 上次更新 HUD 的时刻
int framesSinceLastHUDUpdate = 0;
// HUD 的更新间隔(以帧数计)
int fpsMeasurementFrameInterval = 1000;

// 游戏循环主体
while (window.isOpen())
```

这段代码新增了两个变量，分别记录上一次更新 HUD 后所经过的帧数，以及在实际更新 HUD 前尚需等待的帧数。

现在，我们可以使用这两个变量来决定每帧内是否需要更新 HUD——只不过，我们需要等到下一章操作 wave 等最后几个变量时才会实际改动 HUD 的任何元素——请在游戏循环中的更新阶段添加以下高亮显示的代码：

```
// 玩家是否拿到弹药包
if (player.getPosition().intersects(
        ammoPickup.getPosition()) &&
    ammoPickup.isSpawned())
{
  bulletsSpare += ammoPickup.gotIt();
}
```

```
// 设定血条长度
healthBar.setSize(Vector2f(player.getHealth() * 3, 50));
// 累加上次更新至此的帧数
framesSinceLastHUDUpdate++;
// 每隔 fpsMeasurementFrameInterval 帧，重新计算
if (framesSinceLastHUDUpdate > fpsMeasurementFrameInterval)
{
    // 更新游戏 HUD 文本
    std::stringstream ssAmmo;
    std::stringstream ssScore;
    std::stringstream ssHiScore;
    std::stringstream ssWave;
    std::stringstream ssZombiesAlive;
    // 更新弹药文本
    ssAmmo << bulletsInClip << "/" << bulletsSpare;
    ammoText.setString(ssAmmo.str());
    // 更新分数文本
    ssScore << "Score:" << score;
    scoreText.setString(ssScore.str());
    // 更新高分文本
    ssHiScore << "Hi Score:" << hiScore;
    hiScoreText.setString(ssHiScore.str());
    // 更新波次
    ssWave << "Wave:" << wave;
    waveNumberText.setString(ssWave.str());
    // 更新剩余僵尸数
    ssZombiesAlive << "Zombies:" << numZombiesAlive;
    zombiesRemainingText.setString(ssZombiesAlive.str());
    framesSinceLastHUDUpdate = 0;
}// 更新 HUD 结束
}// 更新场景结束
```

首先，这些新代码更新了精灵 healthBar 的大小，并增加了 framesSinceLastHUDUpdate 的值，随即使用一个 if 结构来判断此变量在增加后是否超过 fpsMeasurementFrameInterval 所保存的预定帧数。而在此 if 块内部才是全部的操作：首先为每个文本待设定的 Text 对象声明 stringstream 对象，随后依次利用 setString 函数，把每个 Text 对象设定为这些 stringstream 对象的结果，最后在 if 块结束前将 framesSinceLastHUDUpdate 重置为零，让计数重新开始。

现在，当我们重新绘制游戏场景时，玩家便能看到全新的 HUD 消息了。

13.3　绘制 HUD、主屏幕与升级屏幕

本节出现的三段新代码均位于游戏循环中的绘制阶段，负责在游戏处于特定状态时绘制特定的 Text 文本。

请在 PLAYING 状态中添加以下高亮显示的代码：

```
// 绘制准星

window.draw(spriteCrosshair);
// 绘制玩家
window.draw(player.getSprite());

// 转向 hudView
window.setView(hudView);
// 绘制所有 HUD 元素
window.draw(spriteAmmoIcon);
window.draw(ammoText);
window.draw(scoreText);
window.draw(hiScoreText);
window.draw(healthBar);
window.draw(waveNumberText);
window.draw(zombiesRemainingText);
}
if (state == State::LEVELING_UP)
{
}
```

这段代码中最重要的一点在于切换至 HUD 视图,这将导致随后的任何 HUD 对象将严格绘制在为其指定的屏幕坐标上。由于我们不改变 HUD 视图,因此这些位置同样不会移动。

接下来在 LEVELING_UP 状态下添加以下高亮显示的代码:

```
if (state == State::LEVELING_UP)
{
window.draw(spriteGameOver);
window.draw(levelUpText);
}
```

请在 PAUSED 状态下添加以下高亮显示的代码:

```
if (state == State::PAUSED)
{
window.draw(pausedText);
}
```

请在 GAME_OVER 状态下添加以下高亮显示的代码:

```
if (state == State::GAME_OVER)
{
window.draw(spriteGameOver);
window.draw(gameOverText);
window.draw(scoreText);
window.draw(hiScoreText);
}
```

至此,运行游戏时我们便能看到 HUD 消息可以更新了,如图 13.1 所示。

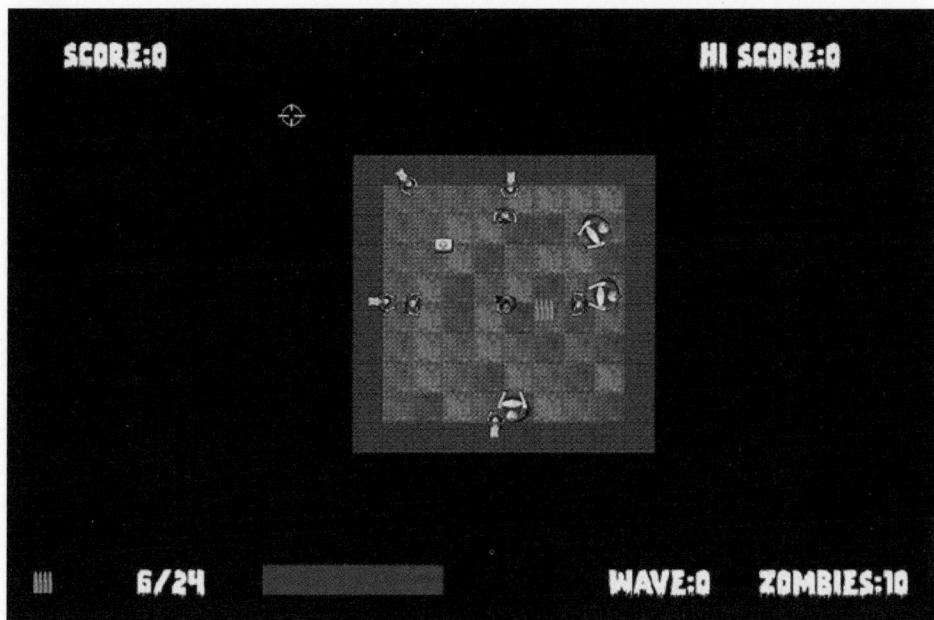

图 13.1　游戏中可以更新的 HUD

图 13.2 展示了游戏主界面及游戏结束界面，其中还显示了当前分数与高分纪录。

图 13.2　游戏主界面以及游戏结束界面内的分数以及高分纪录

图 13.3 演示了可供玩家选择的各种升级选项(当然，这些选项目前尚无任何实际效果)。

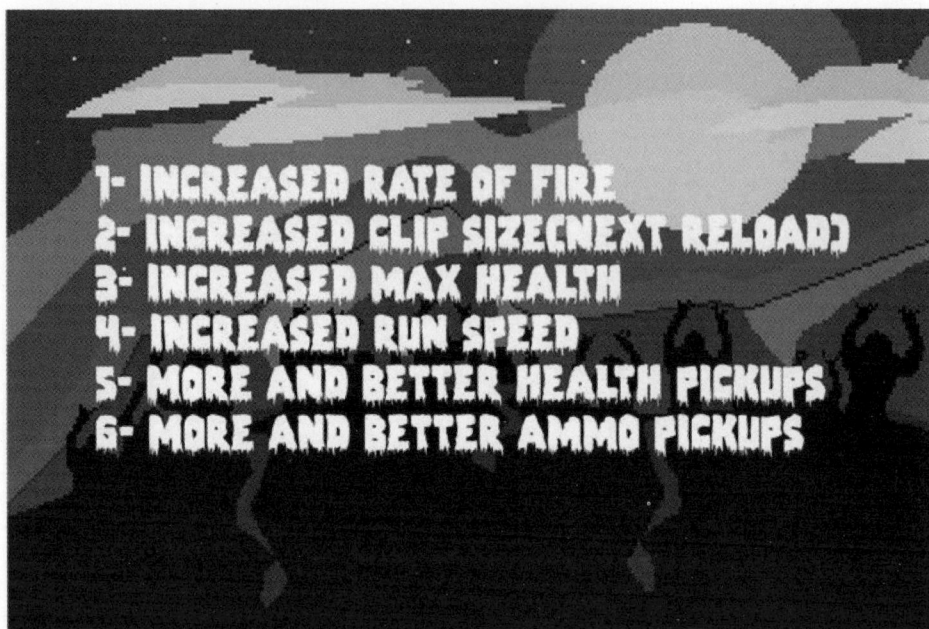

图 13.3　提供给玩家的升级选项提示

　　还有一个如图 13.4 所示的截图，主要演示了暂停界面中向玩家提示开启新游戏的那条辅助消息。

图 13.4　指示玩家在游戏暂停时开启新游戏的消息文本

> SFML View 的功能远比这里简单 HUD 所演示的效果要强大得多。SFML 网站提供了一份关于 View 的教程，可供人们发掘该类的深邃潜力，其网址为 https://www.sfml-dev.org/tutorials/2.5/graphics-view.php。此外，最后的项目将为实现小地图功能而再次引入一个 View 实例。

看到我们的游戏日益完善显然是一件令人心满意足的事情。那些菜单提示仿佛胶水一般将游戏的诸般功能整合在一起，让游戏最终得以流畅运行。但我们还有一些工作暂未完成，仍需继续努力。

13.4　本章小结

本章内容不难，学习起来也很轻松。在这一章中我们学习了通过 stringstream 将类型不同的变量的值合并为字符串以供展示的方法，也学习了通过第二个 SFML View 对象将这些文本绘制在游戏主界面并使其保持在游戏世界各对象顶层的方法。

本章随后介绍了更新 HUD 消息以及添加升级界面和主界面的方法，只是本章内的所有截图展示的是小型竞技场，尚未充分利用整个显示器的空间。

现在，Zombie Arena 游戏即将大功告成。下一章是本项目的最后一章，我们将在其中为游戏做一些收尾工作，最后补充一些游戏功能，如升级机制、音效、保存高分纪录等，并让竞技场能够扩大规模，直至与屏幕等大，甚至更大。

第**14**章

音效、文件 I/O 操作与完成游戏

在本章，我们将完成本游戏项目。本章将演示如何使用 **C++标准库**来简单地操作保存在硬盘上的文件，也会介绍为游戏添加音效的方法。尽管我们知道如何添加音效，但本章将详细介绍 play 函数在代码中的具体位置。随后在为游戏留下一些悬念之后，本游戏便大功告成。

本章将涵盖以下主题：

- 保存/载入高分纪录
- 准备音效
- 允许玩家升级自己，并为游戏创建新一波的僵尸
- 重新开始游戏
- 播放其余音效

14.1 保存并载入高分纪录

诚然，文件 **I/O**(input/output，输入/输出)是一个技术难点，也是一项常见的编程要求。幸运的是，存在相应的库来接手处理这份复杂任务，而且，正是 **C++标准库**通过其 fstream 结构为我们提供了这种必要功能，而连接 HUD 字符串的 sstream 结构同样位列其中。

为了使用 fstream，我们首先需要增加一条 include 指令，这与 sstream 相似：

```
#include <sstream>
#include <fstream>
#include <SFML/Graphics.hpp>
#include "ZombieArena.h"
#include "Player.h"
#include "TextureHolder.h"
#include "Bullet.h"
#include "Pickup.h"
using namespace sf;
```

接下来，请在 ZombieArena 文件夹内新建 gamedata 文件夹，并在其内部新建文本文件 scores.txt，这是我们保存玩家高分纪录的文件。你可以轻松打开此文件并向其中添加一个分数，只是还请不要添加过高的分数，否则无异于自讨苦吃，因为我们在调试时需要打破高分纪录并测试这是否能让游戏将高分纪录存入文件。此外，在编辑此文件之后不要忘记关闭它，否则我

们的游戏将无法访问这个文件[1]。

以下高亮显示的代码新建了 ifstream 对象 inputFile，并将我们新建的文件夹以及文本文件名传入其构造函数作为参数。同时，那个 if(inputFile.is_open()) 结构将判断对应文件是否存在且能否读取，通过这种双重判定后我们将把该文件的内容读入 hiScore 中并随即关闭此文件。下面请添加这些代码：

```
// 分数
Text scoreText;
scoreText.setFont(font);
scoreText.setCharacterSize(55);
scoreText.setColor(Color::White);
scoreText.setPosition(20, 0);

// 从文本文件中加载高分
std::ifstream inputFile("gamedata/scores.txt");
if (inputFile.is_open())
{
  // >>运算符读取数据
  inputFile >> hiScore;
  inputFile.close();
}

// 高分
Text hiScoreText;
hiScoreText.setFont(font);
hiScoreText.setCharacterSize(55);
hiScoreText.setColor(Color::White);
hiScoreText.setPosition(1400, 0);
std::stringstream s;
s << "Hi Score:" << hiScore;
hiScoreText.setString(s.str());
```

接下来，我们需要处理新的高分纪录。以下高亮显示的代码会创建一个 ofstream 对象 outputFile，将 hiScore 的新值存入其中，最后关闭文件。请将这些高亮显示的代码添加到那个处理玩家血量不大于零的区域中：

```
// 僵尸是否撞到玩家
for (int i = 0; i < numZombies; i++)
{
  if (player.getPosition().intersects(
        zombies[i].getPosition()) &&
      zombies[i].isAlive())
  {
    if (player.hit(gameTimeTotal))
    {
      // 待完成
    }
    if (player.getHealth() <= 0)
    {
      state = State::GAME_OVER;
```

---

1 有时，打开此文本文件并不会影响我们的游戏同时访问它，但这意味着不同程序能够同时修改这个文件，这会带来意料之外的(严重)问题。

```
    std::ofstream outputFile("gamedata/scores.txt");
    // <<运算符写入数据
    outputFile << hiScore;
    outputFile.close();
    }
  }
}// 僵尸攻击玩家处理完毕
```

现在运行游戏将能保存新的高分纪录。在退出并再次启动游戏后便可发现，原高分纪录依旧存在。

下一节将为游戏添加噪声效果。

14.2　准备音效

本节将为本游戏所需要的众多音效创建全部的 SoundBuffer 与 Sound 对象。为此，请先添加 SFML 相关的 include 指令：

```
#include <sstream>
#include <fstream>
#include <SFML/Graphics.hpp>
#include <SFML/Audio.hpp>
#include "ZombieArena.h"
#include "Player.h"
#include "TextureHolder.h"
#include "Bullet.h"
#include "Pickup.h"
```

前面在第 8 章中已经准备好本项目所需要的全部七个声音文件，这里需要新增七组 SoundBuffer 对象与 Sound 对象来加载它们：

```
// 上次更新 HUD 至此的帧数
int framesSinceLastHUDUpdate = 0;
// HUD 的更新间隔(以帧数计)
int fpsMeasurementFrameInterval = 1000;


// 准备击中音效
SoundBuffer hitBuffer;
hitBuffer.loadFromFile("sound/hit.wav");
Sound hit;
hit.setBuffer(hitBuffer);
// 准备击杀音效
SoundBuffer splatBuffer;
splatBuffer.loadFromFile("sound/splat.wav");
Sound splat;
splat.setBuffer(splatBuffer);
// 准备射击音效
SoundBuffer shootBuffer;
shootBuffer.loadFromFile("sound/shoot.wav");
Sound shoot;
shoot.setBuffer(shootBuffer);
// 准备装弹音效
```

```
SoundBuffer reloadBuffer;
reloadBuffer.loadFromFile("sound/reload.wav");
Sound reload;
reload.setBuffer(reloadBuffer);
// 准备装弹失败音效
SoundBuffer reloadFailedBuffer;
reloadFailedBuffer.loadFromFile("sound/reload_failed.wav");
Sound reloadFailed;
reloadFailed.setBuffer(reloadFailedBuffer);
// 准备升级音效
SoundBuffer powerupBuffer;
powerupBuffer.loadFromFile("sound/powerup.wav");
Sound powerup;
powerup.setBuffer(powerupBuffer);
// 准备拾取包音效
SoundBuffer pickupBuffer;
pickupBuffer.loadFromFile("sound/pickup.wav");
Sound pickup;
pickup.setBuffer(pickupBuffer);

// 游戏循环主体
while (window.isOpen())
```

至此，七个音效文件准备就绪，只需在代码中确定 play 函数的位置便可播放。

14.3 允许玩家升级以及新建一波僵尸

接下来，我们将允许玩家在不同波次僵尸之间进行升级。在之前工作的基础上，这项任务可以轻松完成。请将以下高亮显示的代码添加到 LEVELING_UP 状态下处理玩家输入的代码段中：

```
// 处理 LEVELING_UP 状态
if (state == State::LEVELING_UP)
{
  // 处理玩家升级操作
  if (event.key.code == Keyboard::Num1)
  {
    // 提升发射速度
    fireRate++;
    state = State::PLAYING;
  }
  if (event.key.code == Keyboard::Num2)
  {
    // 增加弹夹容量
    clipSize += clipSize;
    state = State::PLAYING;
  }
  if (event.key.code == Keyboard::Num3)
  {
    // 提升生命上限
    player.upgradeHealth();
    state = State::PLAYING;
  }
```

```
    if (event.key.code == Keyboard::Num4)
    {
      // 提升速度
      player.upgradeSpeed();
      state = State::PLAYING;
    }
    if (event.key.code == Keyboard::Num5)
    {
      // 升级医疗包
      healthPickup.upgrade();
      state = State::PLAYING;
    }
    if (event.key.code == Keyboard::Num6)
    {
      // 升级弹药包
      ammoPickup.upgrade();
      state = State::PLAYING;
    }

    if (state == State::PLAYING)
    {
```

现在，玩家将能在每次清空一波僵尸后进行升级，但目前依然没有增加僵尸的总数量，也没有扩大竞技场的大小。

接下来，我们需要修改其中从 LEVELING_UP 状态过渡至 PLAYING 状态时所运行的代码，这些代码仍属于 LEVELING_UP 状态的处理代码，位于前面新添加的代码之后。为了避免歧义，下面完整展示了这段代码，其中高亮显示的代码要么是新代码，要么是有所改动的既有代码，请进行相应的编辑：

```
    if (event.key.code == Keyboard::Num6)
    {
      ammoPickup.upgrade();
      state = State::PLAYING;
    }
    if (state == State::PLAYING)
    {
      // 增加波次
      wave++;
      // 准备关卡
      // 后文会改动以下两行代码
      arena.width = 500 * wave;
      arena.height = 500 * wave;
      arena.left = 0;
      arena.top = 0;
      // 按引用将顶点数组传入 createBackground 函数
      int tileSize = createBackground(background, arena);

      // 令玩家重新出现在竞技场中央
      player.spawn(arena, resolution, tileSize);

      // 配置拾取包
      healthPickup.setArena(arena);
      ammoPickup.setArena(arena);
```

```
    // 创建僵尸群
    numZombies = 5 * wave;
    // (如已分配) 删除之前分配的内存
    delete[] zombies;
    zombies = createHorde(numZombies, arena);
    numZombiesAlive = numZombies;

    // 播放升级音效
    powerup.play();

    // 重置时钟，以避免出现巨大的时间增量
    clock.restart();
  }
}// LEVELING_UP 状态结束
```

以上新代码首先自增了 wave 变量的值；其次修改了每波僵尸的总数量以及竞技场的大小，使二者均依赖于 wave 的新值——这种设定显然是有意义的，毕竟在有 10 个僵尸的小型竞技场中进行游戏还是很困难的，而改动后的第一波僵尸只有 5 个；最后则添加了对 powerup.play 的调用，从而播放"升级"音效。

14.4 重新开始游戏

前面竞技场的大小与每波僵尸的数量是由 wave 变量的值决定的，但在重新开始游戏时，我们需要重置弹药量及机枪相关变量，并将 wave 与 score 变量设置为 0。

为此，请定位游戏循环中事件处理的代码段并将以下高亮显示的代码添加其中：

```
// 在 GAME_OVER 状态下开始新游戏
else if (event.key.code == Keyboard::Return &&
        state == State::GAME_OVER)
{
  state = State::LEVELING_UP;
  wave = 0;
  score = 0;

  // 为下一局游戏准备枪支弹药
  currentBullet = 0;
  bulletsSpare = 24;
  bulletsInClip = 6;
  clipSize = 6;
  fireRate = 1;

  // 重置玩家状态
  player.resetPlayerStats();
}
```

现在，玩家在开始游戏后便能随着波次增加而变得越来越强力，竞技场的规模也会逐渐扩大。此外，游戏会在玩家角色死亡时停止，但那时可以重新开始游戏。

14.5　播放其余音效

本节将添加其余音效的 play 调用。由于将这些调用操作放在合适位置上是正确使用各音效的关键，因此这里会逐一介绍以免引入错误。

14.5.1　在玩家装弹时添加音效

当玩家按下 *R* 键尝试为其枪械重新装弹时将触发装弹音效或装弹失败音效，而这涉及三种情况，所以请在以下三个位置上添加以下高亮显示的代码：

```
if (state == State::PLAYING)
{
  // 装弹
  if (event.key.code == Keyboard::R)
  {
    if (bulletsSpare >= clipSize)
    {
      // 子弹充足。装弹
      bulletsInClip = clipSize;
      bulletsSpare -= clipSize;
      reload.play();
    }
    else if (bulletsSpare > 0)
    {
      // 仅剩余少量子弹
      bulletsInClip = bulletsSpare;
      bulletsSpare = 0;
      reload.play();
    }
    else
    {
      // 待完成
      reloadFailed.play();
    }
  }
}
```

现在，玩家在装弹成功或失败时均能得到听觉反馈。下面将转向介绍射击音效。

14.5.2　制作射击音效

请在处理玩家左键单击操作的代码中添加以下这行高亮显示的代码(基本上是末尾部分了)：

```
// 射击
if (sf::Mouse::isButtonPressed(sf::Mouse::Left))
{
  if (gameTimeTotal.asMilliseconds()
      - lastPressed.asMilliseconds()
        > 1000 / fireRate && bulletsInClip > 0)
  {
    // 为 shoot 函数传入玩家与准星的中心位置
    bullets[currentBullet].shoot(
      player.getCenter().x, player.getCenter().y,
```

```
        mouseWorldPosition.x, mouseWorldPosition.y);
    currentBullet++;

    if (currentBullet > 99)
    {
      currentBullet = 0;
    }

    lastPressed = gameTimeTotal;
    shoot.play();
    bulletsInClip--;
  }
}// 射击结束
```

现在，游戏将能播放射击声，它听起来感觉很不错。接下来，我们会在玩家被僵尸攻击时播放相应的音效。

14.5.3 在玩家被僵尸攻击时播放音效

在以下代码中，我们把对 hit.play 的调用封装在 if 结构中，以便判断 player.hit 是否返回 true。回想一下，player.hit 函数负责判断在当前时刻前 100 毫秒内是否存在僵尸攻击的记录。这种设计既会反复播放这种受创音，又不会让各个音节因为播放频率过高而连为一个长音。请参照以下示例添加对 hit.play 的调用：

```
// 僵尸是否撞到玩家
for (int i = 0; i < numZombies; i++)
{
  if (player.getPosition().intersects(
        zombies[i].getPosition()) &&
      zombies[i].isAlive())
  {
    if (player.hit(gameTimeTotal))
    {
      // 待完成
      hit.play();
    }
    if (player.getHealth() <= 0)
    {
      state = State::GAME_OVER;
      std::ofstream OutputFile("gamedata/scores.txt");
      OutputFile << hiScore;
      OutputFile.close();
    }
  }
}// 玩家被僵尸攻击处理完毕
```

至此，玩家在被僵尸攻击时将能听到一声刺耳的"砰"，在未能及时脱离接触时这个声音每秒大约会播放五次。这其中涉及复杂的运行逻辑，但那些逻辑则封装在 Player 类的 hit 函数中。

14.5.4 在捡到拾取包时播放音效

当玩家捡起医疗包时，我们将播放常规的拾取音效；而当玩家捡起弹药包时，我们将播放装弹音效。为此，请在碰撞检测部分添加播放相应音效的代码：

```
// 玩家是否捡到医疗包
if (player.getPosition().intersects(
        healthPickup.getPosition()) &&
    healthPickup.isSpawned())
{
  player.increaseHealthLevel(healthPickup.gotIt());
  // 播放音频
  pickup.play();
}
// 玩家是否捡到弹药包
if (player.getPosition().intersects(
        ammoPickup.getPosition()) &&
    ammoPickup.isSpawned())
{
  bulletsSpare += ammoPickup.gotIt();
  // 播放音频
  reload.play();
}
```

14.5.5 制作击中僵尸时的啪嗒声

请在检测子弹击中僵尸的代码内追加以下对 splat.play 的调用:

```
// 是否击中某个僵尸?
for (int i = 0; i < 100; i++)
{
  for (int j = 0; j < numZombies; j++)
  {
    if (bullets[i].isInFlight() && zombies[j].isAlive())
    {
      if (bullets[i].getPosition().intersects(
            zombies[j].getPosition()))
      {
        // 让子弹停下
        bullets[i].stop();
        // 确认此次命中并判断是否杀死僵尸
        if (zombies[j].hit())
        {
          // 不仅是命中，更是一次击杀
          score += 10;
          if (score >= hiScore)
          {
            hiScore = score;
          }
          numZombiesAlive--;
          // 当僵尸(再次)全部死亡时
          if (numZombiesAlive == 0)
          {
            state = State::LEVELING_UP;
          }
        }
        // 播放击中音效
        splat.play();
```

```
            }
        }
    }
}// 击中僵尸处理完毕
```

现在，我们的僵尸竞技场游戏 Zombie Arena 已彻底完成，可以玩了。在玩该游戏时，你能观察到僵尸的数量与竞技场的大小会随着波次的增加而增加，同时不要忘记仔细规划升级方式。

恭喜！

14.6 本章小结

虽然完成 Zombie Arena 项目的过程历经艰辛，但是我们在本章彻底完成了它。在这个过程中，我们首先学习了大量 C++基础知识，其中包括引用、指针、OOP、类等，不一而足；其次，我们使用 SFML 库来管理摄像机(视角/视图)、顶点数组并进行碰撞检测；再次，我们学习了如何使用精灵表单来减少对 window.draw 的调用次数(这亦有助于提升帧率)；最后，我们借助于 C++指针、STL 和 OOP 构建了单件类来管理全部纹理。

14.7 常见问题

以下是一些你可能正感到困惑的问题：

问题 1：尽管引入了类，但我发现游戏的代码还是很长，管理起来也不太容易。

回答：我们的代码确实不算无懈可击，其中最大的问题在于代码的结构。伴随着 C++学习进程的继续，我们还将学习进一步管理代码并降低其冗余度的方式，而这正是我们下一个项目(即本书最后的项目)将要完成的工作。读罢本书，你将能掌握许多管理代码的策略。

问题 2：游戏中的音效显得有些平面化，不够真实。请问有没有什么改进方式？

回答：让声音带有方向性是一种能够大幅提升玩家声音体验的方法。此外，还可以根据音源与游戏角色的距离调整音量。下一个项目便会使用 SFML 所提供的一些高级声音功能。另外，在每次射击时调整其音阶也是个常见的小技巧，这同样可以让音效更加贴近现实，不再那么单调。

第15章
Run!

欢迎来到最终项目。**Run** 是一款无限跑酷游戏，玩家所站立的平台将从后方逐渐消失，迫使玩家持续向前跑动而避免被追上。本项目将使用更多游戏编程技术，这需要我们进一步学习更多的 C++知识才能实现。相比于之前的项目，Run 最显著的特点应该是它大大强化了面向对象的理念。该游戏所用的类远多于既往游戏，好在其中大多数类的代码相当简短。此外，我们将制作的Run 游戏会将全部对象的功能及其形象封装为类，这让我们在改动这些对象时，游戏循环主体可以不发生变化。这种机制功能强大，因为利用这种机制后，我们只需要设计出描述所需游戏实体行为与外观的独立组件(类)便能够创建迥然不同的游戏。这也意味着你在自主设计游戏时完全可以采用相同的代码结构。但即便如此，这也不是这种机制的全部优势，还有更多的细节等待探索。

本章将涵盖以下主题：

- 详细描述这款游戏的具体功能及玩法。
- 按照既往方式新建项目，并编写整本书内最简单的 main 函数。
- 讨论并编写处理玩家输入的新方式：委派独立的游戏实体/对象来监听新类 InputDispatcher 所分发的消息，并以此令其处理具体的输入。
- 编写 Factory 类，该类将负责"了解"如何将所构建的诸般组件类组装为游戏对象 GameObject 可用的实体。
- 学习 C++的继承与多态机制，它们其实没有听起来那么难。
- 学习 C++智能指针。这是一种将内存管理的职责转递给编译器的机制。
- 编写最关键的 GameObject 类，其简短程度可能超乎想象。
- 编写 GameObject 实例将持有的 Component 类。这同样是一个简短类。
- 编写 Graphics 类与 Update 类，这些类将用作 Component 的具体类型。这个说法有些奇怪，但学习继承与多态将有助于我们理解这种说法。
- 我们会编写出具备基本功能的游戏循环，其中将监听玩家的输入并绘制空白屏幕，由此结束本章的内容。本书剩余章节将用于向其中填充内容。

首先，我们需要了解所要构建的游戏，而在介绍期间我还会引入一些将要掌握的游戏编程新概念。

Run 游戏的源代码可以在 `https://github.com/PacktPublishing/Beginning-C-Game-Programming-Third-Edition/tree/main/Run` 这个 **GitHub** 仓库中找到，而本

章的完整源代码则位于配套的下载资源包的 Run 文件夹中。

15.1 关于本游戏

Run 是一款非常简单的游戏,但可将它视为可玩的游戏,而这类游戏本身也并不多见。实际上,这款游戏的设计目标与其说是游戏体验,不如说是在演示游戏开发的一种可重用的结构,这也使本项目非常适合自主添加新的行为规则与玩法。在彻底掌握其工作方式之后,你甚至可以自主拓展提升这套系统,独立研发游戏。

本项目所应用的系统属于**实体组件**(entity component)这种编程模式(模式代表一种行为方式),更多相关细节将在谈及**继承**(inheritance)与**多态**(polymorphism)后介绍,但目前我们首先通过一些截图来了解构成这款游戏的组件与实体,如图 15.1 所示。

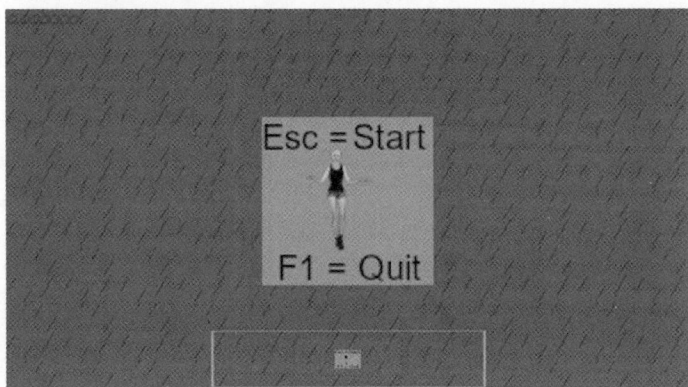

图 15.1 游戏菜单

该图是一个简单的游戏菜单。玩家可以按下 *Esc* 键开始或暂停游戏,或者按下功能键 *F1* 退出游戏。开始游戏后屏幕左上角的一个计时器开始计时,而游戏的任务目标则是尽量向右跑动而坚持下去:在游戏中,左侧的平台将渐渐消失,而右侧又会持续生成新的平台可供踏入,一旦无法及时逃离消失的平台则意味着游戏结束。之后,游戏菜单将再次出现。

请查看图 15.2。

图 15.2 降雨效果

从图15.2中可以看到玩家的游戏形象位于屏幕中心,仔细查看还可以发现她的鞋子正在喷火,这种效果说明玩家正在进行喷射推进,例如,当落下平台时,按下 *W* 键便能向上喷射推进,此时同时按下 *A* 键或 *D* 键还可以让玩家在喷射期间向左上或右上移动/跑动。需要注意的是,喷射加速时角色的横向移动速度比正常跑动或跳跃时慢得多,这会迅速增加被后方消失平台追过来的可能性,而跑动是通过 *A/D* 键实现的,而且基本上全程是按 *D* 键向右跑动。空格键用于在平台间跳跃,而喷射推进则是一种临时应急的策略,用于在跳错了位置时进行弥补,而不是获取胜利的方式。事实上,跑动与跳跃速度快,有助于生存;而加速慢,容易导致死亡。

在图 15.2 中,在玩家正左侧还能看到一个小火球。火球能击落玩家,常常让其从所在平台上摔下去,迫使玩家通过加速求得生存。火球是在游戏全程中随机生成的,可能来自左侧或右侧,而且鉴于火球很快,玩家将提前得到两次警告:在火球攻击玩家之前将出现一段根据其位置而设定的方向性警告音效。此外,还可以注意到屏幕底部的小地图,其所展示的区域远大于游戏主界面,玩家通过观察这种雷达图式的小地图便能判断随后的火球能否击中自己,并根据情况提前规避。

此外,在图 15.2 中还能看到简单的降雨效果。图 15.3 进一步介绍了游戏的功能,但在平装版的黑白图像形式下可能略显模糊。

图15.3 游戏视差

图 15.3 中的背景是城市夜景。该背景将跟随玩家动作而左右移动,其移动速度却低于前景中的平台。这将营造出视差效果,给人们留下城市位于远处的印象。

图 15.4 彻底更换了背景。我们可以使用 **OpenGL** 着色器实现可滚动的准照片级 3D 乡村效果。令人惊讶的是,我们只需几行代码就能添加这种效果,因为绝大多数工作是由着色器替我们完成的。着色器本身非常复杂,需要我们从一个专门的网站中获取,该网站上提供了很多炫酷着色器。本书会介绍着色器的性质、工作机制及其用法,但不会引导我们亲手实现它。

图 15.4　游戏着色器

15.2　新建项目

我们需要创建一个新项目。为此，请新建 **Run** 项目并将其放入 VS Projects 文件夹内，并将 fonts、graphics、music、shaders、sound 等文件夹及其内容复制于此，其具体意义将在后文中介绍。目前需要强调的是，本项目的资源与之前的项目大有不同：除了首次接触的 shaders 与 music 文件夹，graphics 文件夹内仅有一个图片文件，其中含有本项目所需要的全部图像素材[1]。目前，shaders 文件夹内的文件没有内容，仅用于占位，而第 21 章将把一些源代码复制进去。

在本书下载资料包中，我为本书随后的每一章分别创建了一个文件夹，各自对应着各章结束时代码的最终状态，所以你可以找到 Run、Run2、Run3 等文件夹，而本章完整的代码则位于 Run 文件夹内。但这并不意味着每章均需要新建项目，因为每章的内容均能无缝对接前一章。

接下来请参照之前的项目配置 Run 属性。这里仅给出简单提示，如果需要图解或详细说明，请返回参考第 1 章的相关内容。现在，请完成以下工作：

(1) 我们需要配置项目以使用放置在 SFML 文件夹内的 SFML 文件。为此，请在主菜单中单击选择"**项目**"->"**Run 和属性···**"，这将弹出"**Run 属性页**"窗口。

(2) 在"**Run 属性页**"中的"**配置**"下拉菜单中选择"**全部配置**"，并确保其右侧的下拉菜单为"**Win32**"而非"**x64**"

(3) 在左侧结构中选择"**C/C++**"->"**常规**"选项。

(4) 定位到"**附加包含目录**"编辑框，并键入 SFML 文件夹所在的分区号，再键入 \SFML\include。举例而言，如果你的 SFML 文件夹位于 D:盘，则需要键入的完整路径为 D:\SFML\include。其他分区则进行相应更改。

(5) 同样，在此窗口的左侧结构图中选择"**链接器**"->"**常规**"。

(6) 定位到"**附加库目录**"编辑框，并键入 SFML 文件夹所在的分区号，再键入\SFML\lib。举例而言，如果你的 SFML 文件夹位于 D:盘，则需要键入的完整路径为 D:\SFML\lib。其他分

---

1 事实上，可能有两张图，除了这里介绍的这个含有所有图像素材的图，还有一个单纯的城市夜景图，该图会在最后的第 21 章中用到。

区则进行相应更改。

(7) 选择"**链接器**"->"**输入**"。

(8) 定位到"**附加依赖项**"编辑框并单击其最左侧进入编辑状态，随即将以下内容完整复制过去：

```
sfml-graphics-d.lib;sfml-window-d.lib;sfml-system-d.lib;sfml-network-d.lib;
sfml-audio-d.lib;
```

请严格确认光标的位置以免写错。

(9) 单击"**确定**"按钮。

(10) 单击"**应用**"按钮，再单击"**确定**"按钮。

(11) 在 Visual Studio 主界面中，检查主菜单工具条已经设置为 **Debug** 与 **x86** 而非 **x64**。

(12) 最后，将 SFML\bin 文件夹内的 XXX-d-2.dll 和 openal32.dll 等文件复制到项目文件夹中。

接下来，我们将介绍 C++代码。

15.3　编写 main 函数

接下来将介绍 main 函数的全部代码，这同样包括完整的游戏循环。显然，这里没有碰撞检测，没有暂停、启动或停止逻辑，没有精灵与纹理，没有字体与声音，与输入处理相关的代码也只有一行。事实上，Run 项目中的一切(至少绝大多数)，如摄像机、火球、平台、游戏角色、菜单等都会以游戏对象的形式存在，甚至游戏逻辑以及雨水亦为游戏对象。本章随后的实体组件系统一节将简要介绍其实现方法。随着项目的展开，我们会逐步介绍具体方式，但目前我们还是先编写一些代码。

请将以下代码添加到 run.cpp 文件内：

```cpp
#pragma once
#include "SFML/Graphics.hpp"
#include <vector>
#include "GameObject.h"
#include "Factory.h"
#include "InputDispatcher.h"

using namespace std;
using namespace sf;

int main()
{
  // 创建全屏窗口
  RenderWindow window(
      VideoMode::getDesktopMode(),
      "Booster",
      Style::Fullscreen);

  // 持有所有图像的 VertexArray 对象
  VertexArray canvas(Quads, 0);
```

```
// 这将向所有对象分发事件
InputDispatcher inputDispatcher(&window);

// 一切均为游戏对象
// 该 vector 将持有所有游戏对象
vector <GameObject> gameObjects;

// 各游戏对象任务不同，而该类则拥有构建这些
// 对象的所有知识
Factory factory(&window);
// 这次调用将为游戏对象 vector 发送用于绘制的画布
// 并为工厂类传入输入分配器以配置游戏
factory.loadLevel(gameObjects, canvas, inputDispatcher);

// 计时器
Clock clock;

// 背景色
const Color BACKGROUND_COLOR(100, 100, 100, 255);

// 游戏循环
// 此后无需为其添加内容
// 看一看，它何其简短!
while (window.isOpen())
{
  // 测量本帧的时间消耗
  float timeTakenInSeconds = clock.restart().asSeconds();

  // 处理玩家输入
  inputDispatcher.dispatchInputEvents();

  // 清空前帧内容
  window.clear(BACKGROUND_COLOR);

  // 更新所有游戏对象
  for (auto& gameObject : gameObjects)
  {
    gameObject.update(timeTakenInSeconds);
  }

  // 将所有游戏对象绘于画布上
  for (auto& gameObject : gameObjects)
  {
    gameObject.draw(canvas);
  }
  // 展示新帧
  window.display();
}
```

```
    return 0;
}
```

首先请注意 Visual Studio 提示的三个错误，其原因在于我们引用了目前尚不存在的
InputDispatcher、GameObject 和 Factory 这三个类。我们很快会编写这三个类，但目前
我们更需要讨论这些代码(也可以说是相比于前面三个项目所缺失的那些代码)。代码的开始部分
如下所示：

```
#pragma once
#include "SFML/Graphics.hpp"
#include <vector>
#include "GameObject.h"
#include "Factory.h"
#include "InputDispatcher.h"

using namespace std;
using namespace sf;
```

这段代码中给出了常见的 include 指令，其中除了 SFML 功能还有 vector 类，这意味着
代码中至少有一个 vector 实例(事实上，该实例将负责维护所有游戏对象)。接下来的 include
指令则分别针对 InputDispatcher、GameObject 和 Factory，这正是出错之处。在本章实
际编写出这三个文件之后才能够修正这些错误。

接下来请观察 main 函数的第一部分：

```
int main()
{
    // 创建全屏窗口
    RenderWindow window(
        VideoMode::getDesktopMode(),
        "Booster",
        Style::Fullscreen);

    // 持有所有图像的 VertexArray 对象
    VertexArray canvas(Quads, 0);

    // 这将向所有对象分发事件
    InputDispatcher inputDispatcher(&window);

    // 一切均为游戏对象
    // 该 vector 将持有所有游戏对象
    vector <GameObject> gameObjects;

    // 各游戏对象任务不同，而该类则拥有构建这些
    // 对象的所有知识
    Factory factory(&window);
    // 这次调用将为游戏对象 vector 发送用于绘制的画布
    // 并为工厂类传入输入分配器以配置游戏
    factory.loadLevel(gameObjects, canvas, inputDispatcher);
```

```
// 计时器
Clock clock;

// 背景色
const Color BACKGROUND_COLOR(100, 100, 100, 255);
```

这段代码创建了 RenderWindow 实例，也是本书四个游戏的通用操作。对于随后创建的
SFML VectorArray 实例 canvas，顾名思义，该实例用作整个游戏的画布，每帧均将所有游
戏对象添入其中，而随后再整体将画布绘于屏幕上。接下来的代码声明了一个
InputDispatcher 实例，在后面具体编辑时我们便能了解其在游戏循环中发挥的作用，但目前
仅需了解我们需要将 RenderWindow 的地址传入其构造函数中。接下来，我们声明了持有
GameObject 的 vector 实例，如前所述，每个游戏实体均将封装为 GameObject 实例，而其
具体细节同样留待后文详解。

在此之后的两行代码首先声明了即将编写的 Factory 类的一个实例，其中同样接受
RenderWindow 的地址作为参数；然后调用了 factory.loalLevel 函数，此函数要求
保存游戏对象 GameObject 的 vector、用于绘制的画布以及 InputDispatcher 实例
三者作为参数。此 Factory 类是我们游戏循环的一部分，将按照正确的方式与顺序而配置
并组装大批 GameObject 实例，并将合格的示例存入前面提到的那个 vector 中以供游戏
循环使用。

前面这段代码的最后部分首先声明了 clock，以计量更新场景的时间，随即声明了 Color
实例，用于绘制临时背景。至此，对前面代码的解释已结束。

接下来我们会继续解释 main 函数的下一段内容：

```
// 游戏循环
// 此后无需为其添加内容
// 看一看，它何其简短！
while (window.isOpen())
{
  // 测量本帧的时间消耗
  float timeTakenInSeconds = clock.restart().asSeconds();

  // 处理玩家输入
  inputDispatcher.dispatchInputEvents();

  // 清空前帧内容
  window.clear(BACKGROUND_COLOR);

  // 更新所有游戏对象
  for (auto& gameObject : gameObjects)
  {
    gameObject.update(timeTakenInSeconds);
  }

  // 将所有游戏对象绘于画布上
```

```
for (auto& gameObject : gameObjects)
{
  gameObject.draw(canvas);
}

// 展示新帧
window.display();
}
```

这段代码包含基本的 while 循环，所以游戏对象的更新及绘制操作将持续进行，直到窗口关闭。然而在通过 timeTakenInSeconds 变量捕获每次循环的时间消耗后，我们发现了一些新东西。

inputDispatcher 实例调用了我们即将定义的 dispatchInputEvents 函数，可以发现，该函数将把全部的输入事件分享给有意接受事件的每个游戏对象。Factory 类负责让相关游戏对象与 inputDispatcher 建立联系，让各对象遵照其设计意图而相应处理特定的输入，进而让游戏角色能够移动，让菜单能够响应暂停、开始以及退出操作。我们随后还会将摄像机定义为游戏对象并处理鼠标滚轮动作，借此实现小地图的缩放功能。

随后是各自遍历 vector 结构中所有游戏对象的两次 for 循环[1]，二者分别调用 update 函数与 draw 函数，这便更新了画布，并随即通过 window.display() 展示游戏当前的整体状态。

main 函数的结尾部分如下，其含义不言自明：

```
  return 0;
}
```

前面的讲解让我们认识到了具体的目标，而接下来我们会编写两个新类以构建输入处理机制，使其能够更灵活地工作。

15.4 处理输入

前面的代码显然没有处理输入信号，这是因为本项目存在多种游戏对象，它们将负责具体处理其相关的系统**输入事件**(input event)。这些对象中最值得一提的是玩家相关对象，这些对象将处理玩家的移动指令。

同时游戏中仍有负责应对开启、暂停或退出游戏等指令的菜单相关对象。此外，摄像机同样是以游戏对象的形式而设计的，对应着玩家可缩放的小地图/雷达图。这种结构的重点在于每个对象仅处理其自身的输入事件，参见图 15.5。

---

1 这种 for 循环的形式与我们之前所见的有所不同。这种形式是 C++ 11 中引入的，称为"范围循环"或"基于范围的 for 循环语句"(Range-based for loop)，显然比传统的三段式 for 循环要简单一些，很适合遍历容器，但它也不是万能的。如果有兴趣，可以自主深入研究一番。

```
main()
{
    ...
    inputDispatcher.dispatchInputEvents();
    ...
}
```

InputDispatcher

玩家 GameObject

处理移动等动作

菜单GameObject

处理暂停、开启游戏等动作

任何对象都可以注册为
输入事件...

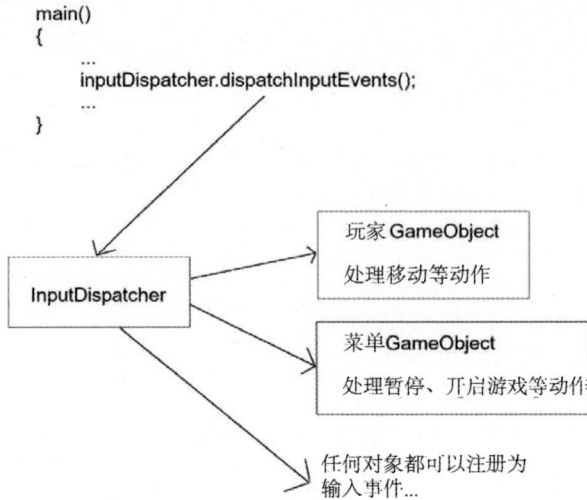

图15.5　输入处理系统图示

为此，我们需要编写 InputDispatcher 类。观察 main 函数可以发现，其中包含该类的一个实例，它负责从操作系统中接收所有输入信号，随即将这些信号分发给一些 InputReceiver 实例来处理。所有的 InputReceiver 各自位于相应的游戏对象内，而那些游戏对象既知晓其需要监听的输入事件，又了解这些事件的处理方法，只是仅在游戏循环前调用过 Factory::loadLevel 函数，之后这些 InputReceiver 实例才能为 InputDispatcher 类所识别。

接下来我们会实际编写此 InputDispatcher 类，请创建此类，并将以下代码添加到 InputDispatcher.h 中：

```cpp
#pragma once
#include "SFML/Graphics.hpp"
#include "InputReceiver.h"
using namespace sf;

class InputDispatcher
{
private:
  RenderWindow* m_Window;
  vector <InputReceiver*> m_InputReceivers;

public:
  InputDispatcher(RenderWindow* window);
  void dispatchInputEvents();
  void registerNewInputReceiver(InputReceiver* ir);
};
```

首先，在此能够发现一个错误：它引用了尚不存在的 InputReceiver 类。这不是问题，因为在完成 InputDispatcher 类后我们便会着手编写它。

在这段代码中，我们首先为 InputDispatcher 声明了私有的 RenderWindow 指针以及保存 InputReceiver 指针的 vector。每帧均会遍历此结构以向其中成员共享 window 对象所接

受的所有输入信号。接下来我们有三个函数，分别是用于初始化对象的构造函数
InputDispatcher，游戏循环每帧需要调用的 dispatchEvents 函数，以及向内部
m_InputReceivers 成员添加 InputReceiver 实例的 registerNewInputReceiver
函数。

　　查看这些函数的定义显然有助于理解这里的介绍。所以接下来请将以下代码添加到
InputDispatcher.cpp 文件内：

```
#include "InputDispatcher.h"

InputDispatcher::InputDispatcher(RenderWindow* window)
{
  m_Window = window;
}

void InputDispatcher::dispatchInputEvents()
{
  sf::Event event;
  while (m_Window->pollEvent(event))
  {
    //if (event.type == Event::KeyPressed &&
    //    event.key.code == Keyboard::Escape)
    //{
    // m_Window->close();
    //}

    for (const auto& ir : m_InputReceivers)
    {
      ir->addEvent(event);
    }
  }
}

void InputDispatcher::registerNewInputReceiver(InputReceiver* ir)
{
  m_InputReceivers.push_back(ir);
}
```

　　这里再次因为缺乏 InputReceiver 类而出现了一些错误。

　　这段代码中的构造函数仅仅初始化了内部的 RenderWindow 指针成员。接下来在
dispatchInputEvents 函数中，此 RenderWindow 实例将用于遍历全部事件，具体方法则
与前几个项目相同。同时，这个过程还会遍历 vector 成员 m_InputReceivers 内的全部
InputReceiver 实例，并以当前事件为参数调用了这些实例的 addEvent 函数。另外，这里
有些注释代码，本章后面会临时删除注释符号而运行它。

　　此后，registerNewInputReceiver 函数允许其主调代码通过传入参数的方式而向该类
注册 InputReceiver 实例，以便处理各种事件。回想一下，在调用 Factory 类的 loadLevel
函数时需要接受 InputDispatcher 实例作为参数，而此函数将创建所有的 InputReceiver
实例，并通过 registerNewInputReceiver 函数而注册在 InputDispatcher 内部，以使
这些实例能够生效。

　　接下来，我们会编写当前输入处理系统的另一大组件，即 InputReceiver 类。请新建此类，

并将以下代码添加到 `InputReceiver.h` 头文件内：

```
#pragma once
#include <SFML/Graphics.hpp>
using namespace sf;
using namespace std;

class InputReceiver
{
private:
  vector<Event> mEvents;

public:
  void addEvent(Event event);
  vector<Event>& getEvents();
  void clearEvents();
};
```

此时再查看 InputDispatcher 类，便可发现其中的错误已不存在。

这段代码中有个接受 SFML 事件的 vector 成员，该成员用于在每帧中接受来自 InputDispatcher 的输入事件。InputReceiver 包含 3 个函数，其中 addEvent 函数负责接受新事件，getEvents 函数负责返回 vector 成员，而 clearEvents 函数则负责清空 vector 实例，其作用在于不再累积上一帧的事件，保证仅仅处理当前帧。

编写这些函数的定义有助于加深理解。为此，请向 InputReceiver.cpp 文件添加以下代码：

```
#include "InputReceiver.h"

void InputReceiver::addEvent(Event event)
{
  mEvents.push_back(event);
}

vector<Event>& InputReceiver::getEvents()
{
  return mEvents;
}

void InputReceiver::clearEvents()
{
  mEvents.clear();
}
```

这段代码中，addEvent 函数通过 push_back 向 vector 中添加了一个 Event 实例，而 getEvents 则向主调代码整体返回此 vector 成员。最后的 clearEvents 函数负责清空 vector，使其做好准备在游戏循环的下一帧中接受事件。在后续章节中，我们将看到一些会持有 InputReceiver 实例的类，也会看到这些函数的实际调用过程。

接下来，我们将首次编写 Factory 类。

15.5 编写 Factory 类

请新建 Factory 类，并向 Factory.h 文件添加以下内容：

```
#pragma once
#include <vector>
#include "GameObject.h"
#include "SFML/Graphics.hpp"
using namespace sf;
using namespace std;

class InputDispatcher;

class Factory
{
private:
  RenderWindow* m_Window;

public:
  Factory(RenderWindow* window);
  void loadLevel(
      vector <GameObject>& gameObjects,
      VertexArray& canvas,
      InputDispatcher& inputDispatcher);
  Texture* m_Texture;
};
```

这段代码声明了 Factory 类及其私有的 RenderWindow 指针。注意，该指针将同样由 main 函数中的 RenderWindow 实例初始化，InputDispatcher 类亦然。Factory 类目前包含两个函数，其中构造函数 Factory 接受 RenderWindow 指针，loadLevel 函数则接受 GameObject 的 vector 引用、用于绘制的 VectorArray 引用与 InputDispatcher 指针这三个参数。这里最后声明了一个 SFML Texture 指针。

以下代码来自 main 函数，用于演示 Factory 构造函数及 loadLevel 函数的调用方法：

```
Factory factory(&window);
factory.loadLevel(
    gameObjects,
    canvas,
    inputDispatcher);
```

复习了 Factory 构造函数的调用方式后，我们便要编写该类中各函数的定义。为此，请向 Factory.cpp 文件中添加以下代码：

```
#include "Factory.h"
#include <iostream>
using namespace std;

Factory::Factory(RenderWindow* window)
{
  m_Window = window;
  m_Texture = new Texture();
  if (!m_Texture->loadFromFile("graphics/texture.png"))
  {
```

```
        cout << "Texture not loaded";
        return;
    }
}

void Factory::loadLevel(
    vector<GameObject>& gameObjects,
    VertexArray& canvas,
    InputDispatcher& inputDispatcher)
{

}
```

这段代码利用所传入的参数初始化了 RenderWindow 指针,从而能够在此类中尤其是 loadLevel 函数中访问它。此外,我们还为 Texture 实例加载了 .png 文件,而该图片文件便含有本游戏各对象所需的全部图像素材。之所以采用这种与之前游戏迥异的做法,简单说是因为绘制一个 VectexArray 要比绘制大批 SFML Sprite 实例快得多,随后两章则会给出更详细的解释。

loadLevel 函数目前为空,暂不实现。这里,我们只是希望代码在本章结束进行编译时不出现任何错误,让后续各章在其上一章的基础上稳步推进游戏的功能。

虽然目前项目的代码仍存在一些错误,但其唯一原因在于缺乏 GameObject 类。然而,为实现 GameObject 并修正这些错误,我们还需要进一步学习一些 C++ 新知识。接下来的三节将要介绍当前处理指针的方法以及 OOP 的一些高级知识,这都是实现 GameObject 类所必需的知识基础。在实现此类后,我们的代码便不再含有任何错误。

15.6 高级 OOP:继承与多态

本节将拓展关于 OOP 的知识,介绍**继承**与**多态**这两个高级 OOP 概念。随后我们会利用这两个概念来实现 GameObject 与 Component 类。

15.6.1 继承

我们已经知道,通过实例化 SFML 库中的类能够轻松重用他人的辛勤成果。但 OOP 的功能之强大远不止于此。

如果有个类包含大量实用功能,但并不完全能满足我们的具体需要,该怎么办?在这种情况下,我们可以**继承**这个实用类。顾名思义,**继承**意味着我们既可以利用某类的全部功能优势(包括封装),又能根据自己的具体需求进一步精炼或扩展其中的代码。在 Run 项目中,我们会继承一些自定义的类。

接下来,我们将介绍一些应用继承概念的代码。

15.6.2 扩展一个类

考虑到之前介绍的内容,现在我们将通过一个示例类演示继承/扩展类功能的方法,但这个入门示例只有其中的语法才值得关注。

第一步,我们需要定义一个可供继承的类,这与创建其他类的方式没有差异,以下是假想的

Soldier 类的声明：

```
class Soldier
{
private:
    // 这名军人能够承受多少伤害
    int m_Health;
    int m_Armour;
    int m_Range;
    int m_ShotPower;

public:
    void setHealth(int h);
    void setArmour(int a);
    void setRange(int r);
    void setShotPower(int p);
};
```

这段代码定义了 Soldier 类。该类含有 m_Health、m_Armour、m_Range 与 m_ShotPower 这四个私有变量，并带有 setHealth、setArmour、setRange 与 setShotPower 这四个公有函数。这四个函数分别用于设定相应私有变量的值，此处我们不再详细给出这些函数的定义。

我们还可以想象比目前结构更复杂的 Soldier 类实现，例如，另外为其定义 shoot 函数与 goProne 函数，分别用于射击与卧倒，而且如果此类是在 SFML 项目中定义的，还可以带有 Sprite 成员，并添加 update 函数与 getPosition 函数。但由于目前我们更希望学习继承，因此这种简单结构足以满足需求。

接下来我们会看到一些新内容：从 Soldier 类继承。请仔细审读以下代码，尤其是其中高亮显示的部分：

```
class Sniper : public Soldier
{
public:
    // 构造函数
    Sniper();
};
```

在 Sniper 类声明处添加的：public Soldier 字样意味着此 Sniper 类继承了 Soldier 类。但这到底是什么意思？可以说，Sniper 类也是 Soldier 类，其中带有 Soldier 类所具有的全部变量及函数。但是，继承的含义远不止于此。

另请注意，这段代码为 Sniper 类声明了构造函数，该构造函数仅针对 Sniper 类。现在，Sniper 类既可以描述为继承了 Soldier 类，又可以描述为**扩展(extend)**了它。虽然 Sniper 中属于 Soldier 类的全部功能(定义)均由 Soldier 类负责完成，但 Sniper 类自身的构造函数必须由该类自主定义。

以下是假想的 **Sniper** 类的构造函数：

```
// 在 Sniper.cpp 文件内：
Sniper::Sniper()
{
    setHealth(10);
    setArmour(10);
```

```
    setRange(1000);
    setShotPower(100);
}
```

我们还可以进一步编写 Soldier 类的若干扩展类，如 Commando 与 Infantryman 类等。这些类将各自带有 Soldier 类的全套变量与函数，但也各自需要定义相应的构造函数来初始化这些变量，使各类名副其实。例如，Commando 类内的 m_Health 与 m_ShotPower 变量可能具有高值，但其 m_Range 小得可怜,而 Infantryman 的各项数值则位于 Commando 与 Sniper 之间，稍显平庸[1]。

到目前为止，即便尚未完整介绍 OOP 的实用之处，但仅仅通过扩展/继承类或创建子类也能为真实世界中的对象及其层次关系建模。这里需要介绍一对术语：用于扩展的类又称为**超类**(super-class)，而继承了超类的类则称为**子类**(subclass)；而超类又称为**父类**(parent)，子类又称为**亚类**(child)。后文中这两组术语均会出现。

> 你可能正在对为什么需要使用继承而感到疑惑。这个问题可以这样回答：我们可以在父类中一次性编写公共的代码，而更改这些代码后，继承此父类的子类也会同样更新。此外，鉴于子类仅能使用超类的公有以及 **protected**(保护)成员变量与函数，所以在合理的设计方案下这种机制能够强化封装效果。

在上面的提示中我提到了"保护"，即 protected。它是类成员变量与成员函数的另一个访问限定符，其效果可以视作介于公有变量与私有变量之间。以下总结了三种访问限定符，其中包括 protected 限定符的更多细节：

- **公有**(public)变量与函数可以通过类的实例而不加限制地任意使用。
- **私有**(private)变量与函数仅供类内部的代码访问/使用，无法直接通过类的实例(在类外)使用。这种限定符是封装的直接体现。为此，我们需要提供取值函数(如 getSprite)/赋值函数来访问/修改私有变量。如果扩展了带有私有成员的类，那么该子类同样不能直接访问其父类的私有数据成员。
- **保护**(protected)变量与函数基本上与私有变量相同，不能直接通过类的实例在类外使用，但子类内部能够直接使用其父类的保护成员。换句话说，保护成员基本上等同于**私有**成员，但其子类不受这种限制。

为彻底掌握保护成员与变量的性质以及实用性，接下来我们先学习 OOP 的另一个概念，随后便将二者付诸实践，详加学习。

15.6.3 多态

多态能够使我们写出的代码更不依赖于正在操作的数据类型，从而让代码更清晰、更高效。前面提过的"polymorphism"一词原意为多种形状。如果所编写的对象本身可以属于不同的类型，我们便能享受到这种优势。

1　"commando" 意为"突击队"，"infantryman" 意为"步兵"。

> 但多态对我们而言到底意味着什么？如果从这个词最基本的定义出发，多态意味着任何子类均可用在要求其**超类**的代码中，而这让我们可以写出更简单也更易于理解与修改的代码。此外，我们还可以仅针对超类而非具体的子类编程，因为多态让我们可以忽略某超类被继承的次数，只要参数合适，这些代码便可正常工作。

接下来我们看一个例子。假定我们希望利用多态编写一个动物园管理游戏，其中必须给各种动物喂食并满足它们的需求。为此，我们一般需要编写 feed 函数，也需要把某种动物实例传递给这个函数作为参数。

但动物园显然应该有许多动物，如狮子、大象、三趾树懒等，不一而足。基于我们对 C++ 继承新知识的理解，我们完全可以编写一个 Animal 类，并让所有具体的动物类继承它。

如果需要编写能够接受狮子、大象、三趾树懒等实例作为参数的 feed 函数，那么一种做法是为每种具体的动物分别给出定义。但是，我们同样可以编写其参数与返回类型均能体现多态性的多态函数。以下是 feed 这个假想多态函数的定义：

```
void feed(Animal& a)
{
  a.decreaseHunger();
}
```

此函数接受 Animal 引用作为参数，从而可以接受任何一种扩展了 Animal 的类作为参数传入其中。这意味着我们可以今天编写函数，并在一周、一月或一年后编写另一个子类，而此子类仍可适配这个函数。同时，我们还可以为这些子类制定一些限制，例如，规定它们可以做什么、不可以做什么，以及如何做。因此，某一阶段的良好设计能够带来长期的影响。

但我们真的希望实例化一个实际的动物？

15.6.4 抽象类：虚函数和纯虚函数

抽象类(abstract class)是不能被实例化也因此无法创建对象的类。

> 这里还要介绍一个术语，即具体类。**具体类**(concrete class)是指任何非抽象的类。由此观之，我们前面所编写的类全部都是具体类，能够实例化为可用的对象。

那么，这是否意味着这些代码永远不会被使用呢？这听起来实在太像是让建筑师为你设计一座房子但永远不会实际建造它一样！

事实上，如果类的设计者要求该类的用户必须通过继承的方式来使用它，那么可以将其设计为抽象类。我们不能利用抽象类来创建对象，为使用它必须首先继承这个类，并利用其子类创建对象。

为了实现这一点，我们可以把类的一个函数变为**纯虚**(pure virtual)函数且不提供其定义，而继承该类的类则必须**重写**(override/overwrite)这个纯虚函数。

下面通过一个实际例子详细解释这个概念。我们将添加一个纯虚函数而让 Animal 类成为抽象类。此函数用于制造噪音，是每种动物的基本能力之一：

```
Class Animal
{
  private:
```

```
    // 私有成员

  public:
    virtual void makeNoise() = 0;
    // 更多公有成分
};
```

如你所见，我们在函数名之前添加了 C++关键字 `virtual`，并在其后追加 "=0" 字样。现在，任何扩展/继承了 `Animal` 的类必须重写 `makeNoise` 函数。这显然是有意义的，毕竟不同动物将制造不同种类的噪音。这里我们假定任何扩展了 `Animal` 类的人足够聪明，能够注意到 `Animal` 类无法制造噪声而其扩展类必须自主实现这一功能。事实上，即便意识不到这一点，让某函数成为纯虚函数也将 "建议" 人们去重写这个函数，因为不重写这个函数的代码将无法编译。

抽象类自身同样也是有用的，因为有时我们希望某种类型被用作多态类，但也需要保证此类无法用作对象。例如，`Animal` 类自身目前没有什么实际意义，我们不会泛泛谈论动物而会谈论某种具体的动物，例如，我们不会说 "啊，看看那个白色的毛茸茸的可爱动物"，也不会说 "昨天我们去宠物店买了一只动物，也买了一张动物床"，这话显然太抽象了。

所以从某种角度来说，抽象类相当于**模板**[1]，需要由任何扩展(继承)了此抽象类的具体类型使用。假如我们要制作一种工业帝国类型的游戏，其中玩家将进行商业操作并管理其员工。为此，我们可能需要一个 `Worker` 类，并扩展此类而创建出 `Miner`、`SteelWorker`、`OfficeWorker`、`Programmer` 等类，但最基础的 `Worker` 有什么功能？是否需要实例化这个类？

答案是我们一般不需要实例化 `Worker` 类，但可能需要将其用作多态类而在不同函数之间传递若干 `Worker` 的子类对象，以及用作一种能够代表所有员工具体类型的数据结构。

当某类含有纯虚函数时，扩展了该类的所有子类必须重写所有纯虚函数[2]，这意味着抽象类能够提供可见于其所有子类的公共功能。例如，`Worker` 类可能带有 `m_AnnualSalary`、`m_Productivity`、`m_Age` 这几个成员变量，同样可以提供 `getPayCheck` 函数，此函数并非纯虚函数，在其所有子类中将保持不变，而 `doWork` 函数则是纯虚函数，其子类必须重写这个函数，毕竟不同工种的工作方式可能大有不同。

> **虚(virtual)函数**与纯虚函数不同。子类可以**选择性重写**虚函数，但必须重写纯虚函数。声明虚函数的方法与纯虚函数类似，但不需要在函数名之后添加 "=0" 字样。我们的 **Run** 项目会使用几个纯虚函数。

如果虚函数、纯虚函数以及抽象类这几个概念仍然显得扑朔迷离，那么付诸实践一般是加深理解的最佳方式，这正是我们接下来的任务；但在这之前，我们还需要谈一谈设计模式以及实体组件系统。

15.7 设计模式

如果你准备使用 C++制作大型游戏，那么我估计你接下来需要制定一个为期数月乃至数年的

---

1 这里的模板取其原意，与前面第10章提到的模板类(如 `vector` 等)不同，请注意区分。

2 准确地说，如果有意创建子类的对象，那么必须重写所有纯虚函数；但如果无意创建这个子类的对象(例如，将其继续用作抽象类)，不去重写也是可以接受的，只不过这意味着更复杂的类继承层次结构和更复杂的代码。这种做法非必要不可取。

学习计划，而设计模式将占据其中的一大部分。本节仅仅是这一深邃话题的入门介绍。

　　设计模式(design pattern)是可复用的编程解决方案，而大多数游戏(包括 Run 在内)事实上会联合使用多种设计模式。需要强调的是，设计模式是特定编程问题经过时间验证的优秀解决方案。我们不必自主开发任何设计模式，只需会用一些既有设计模式来解决我们日益庞大的代码中的问题即可。

　　很多设计模式相当复杂，需要深入学习研究才能掌握，这超出了本书的讨论范畴。接下来要介绍的这个经过简化的设计模式与游戏开发相关，但强烈建议你继续学习设计模式，以便全面实现这些模式。

15.8　实体组件系统

　　接下来，我们将花五分钟的时间深陷于一种基本上无法解决的混乱局面中，之后我们将见证实体组件系统是如何帮我们化解难题的。

15.8.1　多种类型的对象难以管理的原因

　　前面几个项目为每种对象相应编写了类，如 Bat、Ball、Crawler、Zombie 等，并在 update 函数中更新了这些类，在 draw 函数中绘制了这些类，而这些对象将自主决定更新与绘制的方法。在开发 Run 项目时我们同样可以继续采用这种结构，这应该能正常工作，但这里将介绍一些让代码更易于管理的方法，从而应对复杂度有所增加的 Run 游戏。

　　原有结构存在的另一种问题在于，我们无法发挥继承的优势。例如，僵尸游戏中所有的僵尸、子弹以及玩家角色等对象的绘制方式基本相同，但我们最终得到的是基本相同的三份 draw 代码，而且将来我们需要更改调用 draw 函数或处理图像的方式，就必须同时更改这三个类，除非我们主动更改代码。

　　显然，一定有某种更好的解决方案。

15.8.2　使用泛型的 GameObject 类改进代码结构

　　假如玩家、僵尸、子弹等均属于同一种泛型类型，那我们便能够通过一个 vector 结构来组织和管理，进而在循环中依次调用其 update 函数与 draw 函数。而这正是 Run 游戏的 main 函数的做法，而我们前面所学的继承正是其中的一种实现方式。

　　乍看起来，继承像是一种完美的解决方案：我们可以创建抽象的 GameObject 类，并通过 Player、Zombie 与 Bullet 等类扩展它，而这三个类中的 draw 函数因其定义相同而可以保留在父类中，这让我们不必让代码在多处重复出现。显然，这种设想非常好。

　　但这种思路存在的问题在于，各种具体的游戏对象在某特定方面可能会有非常大的差异。例如，三种对象的移动方式不同：子弹移动的方向固定不变，僵尸永远移向玩家，而玩家角色则需要响应键盘输入。对此，试问 update 函数应当如何实现这多种多样的移动方式？也许，我们可以试试这样做：

```
update()
{
  switch(objectType)
  {
```

```
  case 1:
    // 玩家的更新机制
    break;

  case 2:
    // 僵尸的更新机制
    break;

  case 3:
    // 子弹的更新机制
    break;
  }
}
```

但 update 函数的这种实现反而会比整个 GameObject 类还大。

你应该还记得在前面的"高级 OOP:继承与多态"一节中我们曾学到,在继承一个类时我们可以重写特定的函数,这意味着我们可以为每种对象定义不同版本的 update 函数。遗憾的是,这种做法同样存在问题,即引擎类 GameEngine 不得不"知悉"其所更新对象的具体类型,或者至少要求其正在更新的对象能够调用 update 函数的正确版本。换句话说,这里真正需要的是 GameObject 对象能够在内部以某种方式正确选择其所需 update 函数的机制。

遗憾的是,进一步分析便可意识到这种解决方案存在若干无法实现的环节。我曾说过,draw 函数的代码对于 Player、Zombie 和 Bullet 这三个类是相同的,因此这个函数能够成为超类的一部分以供其全部子类所用,而不必在每种子类中进行定义。但当我们需要引入一种涉及不同绘制方式的对象(例如,能够在顶层飞跃屏幕的黄蜂僵尸)时应该怎么办?对此,draw 函数无能为力。

至此,我们已经见识了不同对象之间的差异,也意识到令其来自同一父类的必要性,并能够认识到其中所带来的问题。下面是时候学习 Run 项目所使用的真正解决方案了,为此,我们需要一种创建所有游戏对象的新思路。

15.8.3 组合优于继承

所谓组合优于继承,主要指的是在对象之间进行组合的观点。该观点最先由以下出版物提出:

Design Patterns: Elements of Reusable Object-Oriented Software

——by Erich Gamma, Richard Helm, et al.

试问,编写出可以完成对象绘制操作的类(而非函数)会有什么效果?显然,那些绘制方式相同的各种类仅需要在 GameObject 中实例化其中的一种绘制类,而需要采用其他绘制方式的类则对应需要实例化其他绘制类。现在,当某游戏对象需要执行一些特异操作时,我们仅需要把其他绘制类或者新类组合到其中便能实现这些差异效果。对象之间的相似性对应着复用代码,而其间的差异则能同时得益于封装性以及父类的抽象性。

注意,本小节的标题是"组合优于继承",而非"组合取缔继承"。组合并不能替代继承,15.6 节所介绍的知识也不会失效,只不过应该尽量通过组合而非继承来组织类间的关系。Run 项目会同时使用组合与继承。

GameObject 是一个实体,而其将组合的类称为组件(类),这些类将实际执行更新位置、屏幕绘制等操作，这种结构因此而得名"**实体组件(Entity-Component)模式**"[1]。图 15.6 演示的是本项目所使用的**实体组件**模式。

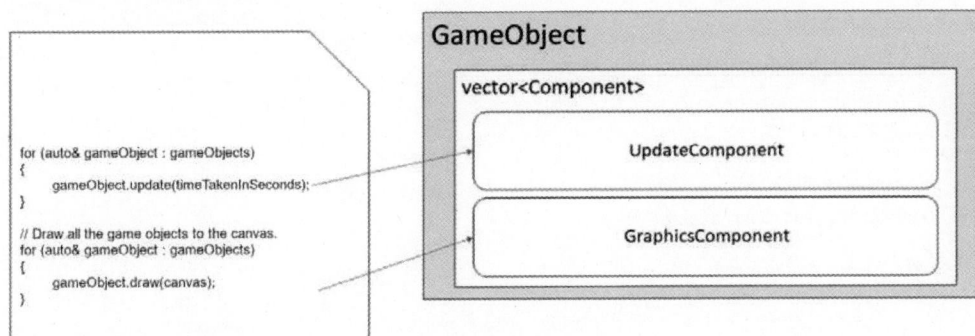

图 15.6　实体组件代码

图 15.6 左侧的代码来自 main 函数，负责遍历 GameObject 的 vector，其中将先后为所有游戏对象实例调用 update 函数与 draw 函数。图 15.6 右侧说明 GameObject 实例是由多个 Component 实例组成的。准确地说，这些 Component 实例的实际类型将派生[2]自 Component 类，如 UpdateComponent、GraphicsComponent 等。此外，这些子类还可能进一步派生出其他类，例如，BulletUpdateComponent、ZombieUpdateComponent 均派生自 UpdateComponent 类，并负责相应对象在每帧游戏中的更新操作。这种做法让我们不必使用复杂的 switch 结构来区分不同的对象，这非常符合封装原则。

这里我们应用"组合优于继承"的原则创建了一组代表行为/算法的类，而这正是所谓的**策略(strategy)模式**，我们可以使用所学的全部知识来加以践行。相比之下，实体组件是这条原则的一种相对少见但特化程度更高的实现方式，其名称即代表着这种模式的关键。这两种概念的差异一般仅在学术研究中才会进行区分，但如果有意深入调研，不妨请教 ChatGPT。此外，https://gameprogrammingpatterns.com 也是游戏编程模式的一份非常不错的参考资料。

尽管**实体组件**模式以及组合优于继承的组织方式听起来很不错，但其同样会带来问题，例如，新的 GameObject 类需要"知道"所有组件以及所有游戏对象的具体类型，但我们如何为其正确添加所需的全部组件呢？

接下来，我们将介绍一种解决方案。

15.8.4　工厂模式

诚然，若希望这种普适的 GameObject 类能够按照需要而成为子弹、玩家、入侵者或其他什么类型，我们将不得不实现能够构造这种灵活的 GameObject 实体并将合适的组件组合于其中的程序逻辑，但把这种逻辑放入 GameObject 类中显然会让此类变得异常臃肿，令应用**实体**

1　将"component"译为"组件"是游戏编程领域的习惯，这里的实体组件模式也主要应用在游戏编程中。然而，在软件工程中，"component"一般译作"构件"，虽然这种译法在游戏编程中比较少见，但在软件工程中还是很常见的。

2　前文详细介绍了继承，而所谓派生的含义则与继承一脉相承，因为两个类之间的派生与继承关系基本上是相对的：如果 A 类继承了 B 类(即 A 类为子类/亚类，B 类为父类/超类)，这可以表述为 A 类继承自 B 类、A 类由 B 类继承，同样可以说 B 类派生自 A 类、A 类派生出 B 类、B 类是 A 类的派生类。

组件模式从根本上失去意义。所以,我们需要一种构造函数,能够完成以下假想代码的工作(这些代码目前置于 GameObject 构造函数中):

```cpp
class GameObject
{
  UpdateComponent* m_UpdateComponent;
  GraphicsComponent* m_GraphicsComponent;
  // 更多组件

  // 构造函数
  GameObject(string type)
  {
    if(type == "invader")
    {
      m_UpdateComp = new InvaderUpdateComponent();
      m_GraphicsComponent = new StdGraphicsComponent();
    }
    else if(type =="ufo")
    {
      m_UpdateComponent = new
          UFOUpdateComponentComponent();
      m_GraphicsComponent = new AnimGraphicsComponent();
    }
    // 等等
    …
  }
};
```

其中,GameObject 不仅要知道当前实例所需要组合的具体组件,还要知道那些不需要组合的组件,例如,这里便无需组合用于控制玩家游戏人物的输入相关组件。

对于 Run 项目而言,我们尚且可以这样编程实现,因为最终的代码结构不会过于复杂;但对于更加复杂的游戏而言,这种做法往往让我们淹没在茫茫代码中,并最终葬送整个项目。

GameObject 类同样需要能够理解这种逻辑,但这样往往会失去应用实体组件模式及其背后的组合优于继承思想所提升的效率。

此外,当决意使用的一种新对象(例如,一种能够瞬间移至玩家附近施加攻击、随即很快退回的僵尸)时,试问应该如何实现? 诚然,再写一个 GraphicsComponent 类并不难,例如,可以称其为 TeleportGraphicsComponent,此类可以知晓这种僵尸何时可见何时隐身。还可以再写一个 UpdateComponent 组件(如 TeleportUpdateComponent),负责瞬间移动,替换常见的移动方式。但这里真正的问题在于,我们不得不在 GameObject 的构造函数中编写大量新的 if 语句,而这就不合适了。

事实上,情况甚至还可能更加严重,例如,需要让常规对象也能够瞬间移动。这时,所有的 GameObject 不仅需要换用不同类型的 GraphicsComponent 类,我们还需要回到 GameObject 类中重新编写所有 if 语句。

此外,还可以想象出更多的可能情况,而且每种情况均将扩大 GameObject 类的规模。对此,工厂模式可以解决所有这些与 GameObject 相关的麻烦,这种模式也基本上是实体组件模式的最佳拍档。

> 接下来所实现的工厂模式经过了大幅简化以便初学者上手。在完成这个项目后，强烈建议大家主动查询相关知识，进一步学习如何改进工厂模式。

游戏设计师将为游戏中的每一种对象提供规范，程序员将根据游戏设计师的规范提供工厂类以构建 GameObject 实例。当游戏设计师为实体提出新想法时，我们只需要请求一个新的规范。有时，这将涉及在工厂中添加一条使用现有组件的新生产线；有时，这意味着编写新的组件，或者可能需要更新现有的组件。关键是，无论游戏设计师多么富有创造力，GameObject 和 main 函数都能保持不变。

我们的 Factory 类基本上是其最简单的形式，但它仍然具备足够的信息来创建游戏对象，并为这些对象添加合适的组件以备游戏循环使用，而这也正是 Factory 类具体代码在创建火球、玩家、平台等游戏对象时所完成的工作，这类对象均由或异或同的组件组合而成。另外，有些游戏对象(如雨水)仅需要图像效果，而负责游戏逻辑的关卡管理器则仅需要更新而无需绘制。

当使用组合时，管理内存的责任将变得模糊不清：应该由创建类、还是由使用类、抑或其他类来管理内存？为弄清楚该问题，我们将进一步学习更多 C++知识，以便稍稍简化内存管理的过程。

15.8.5　C++智能指针

智能指针(smart pointer)是一种类，其功能基本上与常规指针相同，但增加了一项新的功能：能够自主完成指针的删除操作。前面我们并未充分利用常规指针，所以回收(删除)所分配的内存并不困难，但随着我们的代码愈加复杂，某类可能会使用其他类所分配的内存，这种情况下这段内存在完成其使命后将无法清晰判断该由哪个类负责释放它，因为这依赖于某类或某函数能否意识到其他或其他函数所分配的内存已经完成了它的使命。

这里的解决方案是使用智能指针。智能指针的具体类型并不唯一。接下来，我们将介绍两种最常用的类型，而选择合适的类型是用好智能指针的关键。首先我们介绍**共享指针类型** std::shared_ptr。

1. shared_ptr

在此我们要介绍的第一种智能指针，称为**共享智能指针**(shared smart pointer)，简称共享指针。除了内部管理一段内存，这种共享指针将通过记录引用这段内存的次数来安全地删除它。具体而言，如果将这种指针传入一个函数，则其计数值会加 1，而计数值会在这个函数返回时减 1；如果把指针压入一个 vector，那么计数值同样会增加 1，而计数值会在这个 vector 因跳出其作用域而释放或调用了其 clear 函数时减 1。计数值归零意味着不再有任何外部对象需要访问此智能指针所指向的内存空间，因此该智能指针实例便调用 delete 而回收内存。所有智能指针在底层都是通过常规指针实现的，但使用智能指针则不必主动决定回收指针的位置与时机。接下来我们将分析一段使用 shared_ptr 的代码。

以下代码创建了一个新的共享指针 myPointer 并令其指向 MyClass 实例[1]：

1　事实上，std::shared_ptr<MyClass> …… 才是共享智能指针这种类型的完整语法，所以这里实际上省略了 std::，而这是通过添加 using namespace std;语句实现的。

```
shared_ptr<MyClass> myPointer;
```

其中 shared_ptr<MyClass>是具体的类型,而 myPointer 则是对象名称。以下是初始化此 myPointer 对象的方法:

```
myPointer = make_shared<MyClass>();
```

调用 make_shared 函数时,其内部会调用 new 运算符来分配内存,而结尾处的一对小括号则代表构造函数。如果 MyClass 的构造函数需要接受一个 int 参数,那么这行代码会如下所示:

```
myPointer = make_shared<MyClass>(3);
```

其中的 3 是随意写的。

当然,可以照此而在同一行代码中声明并初始化共享智能指针:

```
shared_ptr<MyClass> myPointer = make_shared<MyClass>();
```

正是因为 myPointer 属于 shared_ptr 类型,所以其内部自身含有一个计数器,该计数器将记录有多少个结构正在引用其所分配的内存。每次创建智能指针的一个副本均将令此计数器加 1。而将此对象传入函数、放入 vector 或 map 等容器以及单纯的复制都属于这种复制过程。

我们可以按照常规指针的语法来使用智能指针,这甚至偶尔会让人们忘记它实际上并不是一个常规指针。以下代码为 myPointer 调用了其 myFunction 函数:

```
myPointer->myFunction();
```

使用共享智能指针会引入一些额外的性能与空间开销——我们的代码将运行得稍稍慢一些,也会多占据更多内存——毕竟智能指针需要一个变量来记录引用的次数(即引用计数),在其即将跳出作用域之前也必须检查引用计数的值。但这些开销非常小,而且大多数开销出现在创建智能指针时,所以只有最极端的场景中才需要考虑它。我们一般会在游戏循环外部创建智能指针,而通过智能指针调用函数的效率与常规指针相同。

有时,我们不希望某智能指针被多次引用,在这种情况下,**独享智能指针**才是最好的选择。

2. unique_ptr

如果希望某段内存空间仅被引用一次,就可以使用**独享智能指针**(unique smart pointer),简称独享指针。独享指针不但摆脱了前面共享智能指针所需要的绝大多数开销,还尝试创建独享指针的副本,此时编译器会立刻给出警告,让代码要么无法通过编译,要么终将崩溃并给出明显的错误信息,从而有效地防止了不应被复制指针的复制操作。对此,你可能怀疑这种禁止复制的规则是否意味着无法向函数传入这种指针,也无法将其放入 vector 等数据结构之内。为了弄清楚这一点,下面直接通过代码来解释独享指针的工作机制。

以下代码创建了一个独享指针 myPointer 并令其指向 MyClass 实例[1]:

```
unique_ptr<MyClass> myPointer = make_unique<MyClass>();
```

下面我们试着向 vector 结构中添加独享指针。此时应注意 vector 的类型必须正确。而以下代码声明了能够持有 MyClass 独享指针的 vector 结构:

---

1 独享指针的完整语法同样需要加上 std::。

```
vector<unique_ptr<MyClass>> myVector;
```

这个 vector 对象叫作 myVector，只有类型属于 MyClass 的独享指针的数据才能放入其中。虽然前面强调过无法复制这种指针(毕竟在某内存空间仅允许引用一次时才应该使用 unique_ptr 结构)，但这并不意味着这种指针不可移动(move)，以下是一个例子：

```
// 必须应用move()，否则此vector将持有一个副本，
// 这是不允许的
mVector.push_back(move(myPointer));
// mVector.push_back(myPointer); // 无法编译
```

这段代码指出，可以使用 move 函数向 vector 中放入独享指针。注意，使用 move 函数没有让编译器打破规则而复制独享指针，因为这实际上是将 myPointer 内的那段内存空间的维护职责转交给了 myVector 实例。此后，如果直接使用 myPointer，代码虽然能够正常通过编译但会让程序崩溃，并给出**空指针访问错误**(Null pointer access violation error message)。该错误由以下高亮显示的代码行引起：

```
unique_ptr<MyClass> myPointer = make_unique<MyClass>();
vector<unique_ptr<MyClass>> myVector;
// 应该使用move()，否则此vector将持有一个副本，这是
// 不允许的
mVector.push_back(move(myPointer));
// mVector.push_back(myPointer); // 无法编译
myPointer->myFunction();// 崩溃！
```

这条规则同样适用于向函数传入独享指针的情况，这种情况下同样需要使用 move 函数来转移内存的维护职责。随后我们会再介绍一些类似的情况，在随后继续开发 Run 项目时也会遇到更多例子。

15.8.6 转换智能指针

我们常常将派生类的智能指针存入针对基类的数据结构，或将其传入接受基类参数的函数中，例如，前面所派生的各种 Componet 类便是如此，这也正是多态的意义所在。为此，我们需要转换智能指针，但随后访问派生类的功能或数据时会发生什么情况呢？

这种场景其实十分关键，在游戏对象内部处理其各种组件便是很好的例子。我们有抽象的 Component 类，并从中派生出 GraphicsComponent、UpdateComponent 等类。我们虽然会向函数传入这些组件基类的智能指针，但需要使用的反而是其派生类的功能。鉴于所有组件都是按照基类 Component 实例保存的，这种操作似乎无法完成，而通过从基类到派生类的转换却能够解决这个问题。

以下代码将属于基类 Component 实例的 myComponent 转换为 UpdateComponent 实例，以便调用其 update 函数：

```
shared_ptr<UpdateComponent> myUpdateComponent =
    static_pointer_cast<UpdateComponent>(MyComponent);
```

在等号前声明的是 UpdateComponent 类的共享指针，而等号后的 static_pointer_cast 函数通过尖括号结构<UpdateComponent>而指定了转换的目标类型，并通过小括号(MyComponent)指定待转换的实例。此后，我们便能使用 UpdateComponent 类的所有函数，

包括 update 函数，如下所示：

```
myUpdateComponent->update(fps);
```

将某类智能指针转换为另一类智能指针可以有两种方式，其一正是前面所演示的 static_pointer_cast，其二则是使用 dynamic_pointer_cast。两者的区别在于后者可以在不确定这种转换能否成功时使用：使用 dynamic_pointer_cast 后，通过判断其转换结果是否为空指针便可鉴别这次转换是否失败；相比之下，应该在确定所转换的类型正是待转换实例的实际类型时使用 static_pointer_cast。对于我们的 Run 项目，其中有几处会使用 static_pointer_cast 结构。接下来，我们将继续编写我们的游戏。

15.9 编写游戏对象

前面通过三节的内容介绍了实现 GameObject 类所需要的 C++知识，让我们首次领略了 C++设计模式的强大功能，并额外学习了有助于实现这些模式的 C++智能指针。现在，实现游戏对象类的时机已经成熟了。

15.9.1 编写 GameObject 类

GameObject 类依赖于 Component 类来工作，而 Component 类则依赖于 Graphics 类与 Update 类。所以，接下来我们会编写这四个类。

记得前面讨论实体组件系统时我们曾提过 Component 类，也提到了 GraphicsComponent、UpdateComponent 等派生自 Component 类的类结构。这里为了展示代码，我们用 Graphics 代指 GraphicsComponent，并用 Update 代指 UpdateComponent。

下面新建 GameObject，并为 GameObject.h 头文件添加以下代码：

```
#pragma once
#include "SFML/Graphics.hpp"
#include "Component.h"
#include <vector>

using namespace sf;
using namespace std;

class GameObject
{
private:
  vector <shared_ptr<Component>> m_Components;

public:
  void addComponent(shared_ptr<Component> newComponent);
  void update(float elapsedTime);
  void draw(VertexArray& canvas);
};
```

这段代码存在错误，因为尚且缺乏 Component 类，但如你所想，我们很快会编写它。

这段代码中的 vector 结构 m_Components 已持有 Component 实例，我们不会将任何抽象类 Component 的实例放入其中，而会放入派生类 Graphics 与 Update 的实例，而这种操作实际是由我们所编写的 addComponent 函数执行的。代码中还声明了 update 与 draw 函数，它们是游戏循环已经调用过的两个函数。为了加深印象，以下重复了游戏循环中的相关调用代码 (请不要将其添加到当前文件中)：

```
// 更新所有游戏对象
for (auto& gameObject : gameObjects)
{
  gameObject.update(timeTakenInSeconds);
}

// 将所有游戏对象绘于画布上
for (auto& gameObject : gameObjects)
{
  gameObject.draw(canvas);
}
```

　　很快，我们便可以将这套系统真正组装完毕。

　　接下来，我们会编写 GameObject 类的三个函数，为此向 GameObject.cpp 文件添加以下代码：

```
#include "GameObject.h"
#include "SFML/Graphics.hpp"
#include <iostream>
#include "Update.h"
#include "Graphics.h"

using namespace std;
using namespace sf;

void GameObject::addComponent(
    shared_ptr<Component> newComponent)
{
  m_Components.push_back(newComponent);
}

void GameObject::update(float elapsedTime)
{
  for (auto component : m_Components)
  {
    if (component->m_IsUpdate)
    {
      static_pointer_cast<Update>
          (component)->update(elapsedTime);
    }
  }
}

void GameObject::draw(VertexArray& canvas)
{
  for (auto component : m_Components)
  {
    if (component->m_IsGraphics)
    {
      static_pointer_cast<Graphics>
          (component)->draw(canvas);
```

```
        }
     }
  }
```

该文件因为缺少 Component、Update 与 Graphics 三个类而存在错误,其中后两者派生自 Component 类。我们会在分析这些新代码之后开始编写这三个类。

这段代码中的 addComponent 函数仅包含一行代码,其中使用 vector 的 push_back 函数向 m_Components 添加派生组件的一个新实例,而 update 函数同样简短,首先遍历了所有组件[1]:

```
for (auto component : m_Components)
{
```

随即检查当前组件是否属于更新组件:

```
if (component->m_IsUpdate)
{
```

如果属于更新组件便会调用 update 函数,让此实例执行其专属的 update 操作。而且,这个实例可以是我们游戏中的任何对象——玩家、火球、菜单等——再次强调,它可以是任何对象。

draw 函数的作用与 update 函数类似,但有所不同,它专门负责查找图形组件并调用其 draw 函数来进行渲染。

这段代码暗示着 Component 类需要包含两个布尔型变量,即 m_IsUpdate 与 m_IsGraphics,所以接下来我们便编写 Component 类。

15.9.2 编写 Component 类

Component 类是本书中最简短的类,它不包含任何函数而仅供扩展,而且事实上,我们会把 component.cpp 文件留空,相比于前面实体组件系统的演示,这里仅会再为其添加少许内容。事实上,Component 类将用作**多态**类型;Graphics 类与 Update 类则将扩展 Component 类,属于**抽象**类(带有纯虚函数),游戏中所有相关的具体类都将扩展自这些抽象类。下面新建 Component 类,并向头文件 Component.h 添加以下代码:

```
#pragma once
#include <iostream>
using namespace std;

class Component
{
public:
  bool m_IsGraphics = false;
  bool m_IsUpdate = false;
};
```

这段代码创建了 Component 类,并为其添加了两个公有布尔变量:m_IsGraphics 与 m_IsUpdate,这两个成员会在添加新组件类时被初始化,随后则在执行更新或绘制操作前进行测试。

---

1 注意,这里与 main 函数中遍历 gameObjects 的那两个 for 循环在形式上有一点不同:这里的 auto 不带有&。带有&意味着效率更高的引用,不带有 & 便不是引用。如果你有兴趣,可以自行搜索范围循环的相关知识。

component.cpp 文件将保持空白，因为 Component 类没有主动定义任何函数。如果愿意，你也可以删除它。

虽然 Component 类很简单，其派生类却十分复杂。下面我们将先后编写 Graphics 类与 Update 类。

15.9.3 编写 Graphics 类

我们把由 Component 派生的这个类称为 Graphics，而下一个类同样派生自 Component，称为 Update。虽然 GraphicsComponent 与 UpdateComponent 才是这两个类真正的名称，但单词 component 略长，所以改称 Graphics 与 Update。接下来，我会将 Graphics 与 Update 称为组件，这也是二者的本质，虽然不能从其名称中看出这一点。

现在创建以 Component 为基类的 Graphics 类。为此，可以在**"添加类"**(New class)对话框中的**"基类"**(Base class)栏填入 Component，这会额外生成一些代码。不过，直接编写 Graphics.h 头文件也能达到相同的效果。接下来，请将以下代码添加到 Graphics.h 文件中：

```
#pragma once
#include "Component.h"
#include <SFML/Graphics.hpp>

using namespace sf;
class Update;

class Graphics : public Component
{
private:
public:
  Graphics();
  virtual void assemble(
      VertexArray& canvas,
      shared_ptr<Update> genericUpdate,
      IntRect texCoords) = 0;
  virtual void draw(VertexArray& canvas) = 0;
};
```

这段代码不含有任何成员变量，而仅仅声明了两个公有函数。请仔细观察这些函数，其声明中前带 virtual 后跟= 0，这显然是有意义的：任何扩展了该类的派生类必须实现这两个函数(即必须提供其定义)。其中第一个函数是 assemble，它是 Graphics 类的第一个接口。后面我们会编写 Graphics 的大量派生类，如 PlayerGraphics、RainGraphics、PlatformGraphics 等，这些派生类均会提供此 assemble 函数的专属实现，且其具体过程各有不同，这也是我们选择将其设计为纯虚函数的原因。

在继续我们的讲解之前请注意 assemble 函数的签名，从中可以看出该函数所需参数的类型：首先是 VectexArray 引用，负责为所需要的图像添加纹理坐标；随后是 Update 实例的一个共享指针，它对应着与其自身相应的 Graphics 实例，而后面我们将介绍从此 Update 实例中获取所需数据的方法(简言之，我们会通过静态转换方式来访问相应子类的函数，这在前面 "转换智能指针"小节中有介绍)；最后则是一个 **SFML** IntRect 实例，代表当前对象的纹理坐标。Factory 类的 loadLevel 函数将调用此 assemble 函数。

游戏循环在遍历对象时会调用接受 VertexArray 的 draw 函数，以令其更新自己的位置。接下来在 Graphics.cpp 文件中添加以下代码：

```cpp
#include "Graphics.h"
Graphics::Graphics()
{
  m_IsGraphics = true;
}
```

这段代码中的构造函数仅执行一件工作：将布尔变量 m_IsGraphics 的值设为 true。现在，每当创建 Graphics 派生类的一个实例时，编译器便会调用这个构造函数，从而正确地设定 Component 类所声明的那两个公有变量。GameObject 对象在尝试调用 draw 函数前会检查此 m_IsGraphics 变量的值，这便是此变量的意义。

15.9.4 编写 Update 类

接下来新建 Update 类，并将 Component 作为其基类。为此，你可以自主选择是否利用"**基类**"一栏，殊途同归。

将以下代码添加到 Update.h 文件内：

```cpp
#pragma once
#include "Component.h"
#include "SFML/Graphics.hpp"

class LevelUpdate;
class PlayerUpdate;

class Update : public Component
{
private:
public:
  Update();
  virtual void assemble(
      shared_ptr<LevelUpdate> levelUpdate,
      shared_ptr<PlayerUpdate> playerUpdate) = 0;
  virtual void update(float timeSinceLastUpdate) = 0;
};
```

这段代码中包含两个纯虚函数：assemble 与 update。其中 assemble 函数将供 Factory 类的 loadLevel 函数使用，而从其签名来看，assemble 函数会使用 levelUpdate 与 playerUpdate 这两个共享智能指针作为参数。我们暂未编写这个函数，但可以剧透的是，LevelUpdate 类与 PlayerUpdate 类均继承了 Update 类，分别负责记录游戏状态与玩家状态，而 Update 的每个派生对象均需要这两种状态。

虽然 Update 类引用了两个目前尚不存在的类，但可以通过在 Update.h 文件开始的附近添加前置声明的方式来接受这种缺失，方法如下：

```cpp
class LevelUpdate;
class PlayerUpdate;
```

假如我们在实现这些类之前便为其创建了智能指针，代码自然无法通过编译，但鉴于前置声明，仅在函数签名中使用二者便不会出现错误。

请将以下代码添加到 `Update.cpp` 文件中：

```cpp
#include "Update.h"
Update::Update()
{
  m_IsUpdate = true;
}
```

这段代码使用了与 `Graphics` 类相同的技巧来设定其父类 `Component` 公有布尔变量的值，以便让 `GameObject` 类知晓其当前所用组件的具体类型(指 `Graphics` 组件或 `Update` 组件)。

15.9.5　运行代码

现在我们的代码不再含有错误，可以运行了，但其结果仅为一个灰色的屏幕，退出游戏也比较麻烦，需要使用 *Ctrl+Alt+Delete* 组合键。在任务管理器中选择 `Run.exe` 并单击**"结束任务"** (End task)按钮，强行关闭程序。

如果需要临时添加一些代码来缓解这种不便，请先在 `InputDispatcher.cpp` 文件中定位到以下代码：

```cpp
//if (event.type == Event::KeyPressed &&
//    event.key.code == Keyboard::Escape)
//{
// m_Window->close();
//}
```

去除上面各代码行前的注释符号，这样可以让 `InputDispatcher` 类处理按下 *Esc* 键的情况，即我们能够通过按下 *Esc* 键而关闭窗口。`InputDispatcher` 类的设计意图仅在于分发输入消息而非直接处理，但在后面为本项目实现菜单类之前可以暂时保留这种作弊手段。此时运行游戏，你便可以好好欣赏一下灰色的屏幕，并通过方便地按下 *Esc* 键退出程序。

15.9.6　下一步的工作

第 17 章将详细介绍本项目的新绘制机制(但这里所谓的"新"仅限于本书，因为这种机制完全可以追溯到游戏开发的拓荒阶段)。

查看 `graphics` 文件夹便可发现其仅包含一张图片，此外，目前我们完全没有调用过 `window.draw` 函数。随后我们会讨论为什么要尽量限制这种调用，并将实现摄像机类，该类将代替我们进行绘制操作。

之所以需要推迟这种讨论，是因为使用具体的代码将大大提升讨论的效果。我们已经在僵尸项目中实践过顶点数组与纹理坐标的概念，已不再对其感到陌生，因此下一章将开始实现游戏逻辑，并实现玩家相关类的第一部分。此外，既然我们前面已处理过音频，下一章就将实现 `SoundEngine` 类，该类会在既有音频操作的基础上添加循环播放短调的功能。

以下总结了我们在本章中所学的知识以及全部的工作。

15.10　本章小结

首先，我们详细探索了新游戏的效果及其玩法。其次，我们按照既往方式新建了项目并编写了本书内最短的一个 main 函数(游戏循环主体)。

接下来，我们开始编写处理玩家输入的新方法，将特定的职责委派给独立的游戏实体/对象，并令其从新建的 InputDispatcher 类中监听消息。

随后，我们编写了 Factory 类。该类需要"知晓"如何通过组装所有不同的组件而形成可用的派生对象，这是将这些派生对象放入/组合为 GameObject 实例的前提。

我们还学习了 C++**继承、多态**，并了解了如何将内存管理职责转交给编译器的**智能指针**。

接下来，我们编写了关键的 GameObject 类。本书剩余篇幅还会编写若干类，而 Component 类基本上是所有这些类的父类，这些类的实例也将被对应的 GameObject 对象持有。最后我们编写了 Graphics 类与 Update 类，二者均派生自/扩展了 Component 类，是后者的子类。

至此，我们已做好充分的准备，将在下一章中添加音效以及游戏逻辑，并学习对象间交互的方法。

第**16**章

声音、游戏逻辑、对象间通信 与玩家

本章将快速实现本游戏的声音效果。之前已经做过类似的工作,所以实现起来不算难,而且仅用几行代码便能让我们的 Run 项目播放音乐。后面章节将为本项目添加**方向性**(directional)音效(又称作空间化音效),而本章则会把与声音有关的所有代码封装为 SoundEngine 类。在实现噪音后,本章会转而开始实现玩家类。玩家角色的完整功能是通过两个新类实现的,这两个类分别扩展了 Update 类与 Graphics 类,而且通过扩展这两个类创建新游戏对象也正是我们接下来为完成 Run 项目而进行的工作。此外,我们还将介绍通过指针进行对象间通信的一种简单方法。本章的完整代码位于 Run2 文件夹中。

本章将涵盖以下主题:

● 编写 SoundEngine 这个声音相关类,它还可以循环播放音乐
● 编写负责处理所有游戏逻辑的类,并学习其与游戏其他各种对象进行通信的方法
● 编写玩家:我们将使用图像组件与更新组件来编写玩家类的第一部分,并将该部分作为初版
● 编写工厂类以令其能够使用所有新类:我们会进一步编写工厂类的代码,使其能够掌握组装不同游戏对象的方法,并能在对象间分享特定的数据
● 运行游戏

接下来,我们将从编写声音类开始介绍。

16.1 编写 SoundEngine 类

你应该还记得,前面三个项目使用的声音代码每处基本上只有几行。不过,第 20 章会添加指向性音效,那时自然需要更多的代码。为提升这些代码的维护效率,我们会编写一个类,使其统一管理需要播放的所有音频与音乐文件。

以下代码看起来都很熟悉,其中新出现的音乐播放代码也不算突兀,何况我们在其他游戏中已经这样做过。所以请新建此 SoundEngine 类,并向该类的头文件添加以下代码:

```
#pragma once
```

```
#include <SFML/Audio.hpp>
using namespace sf;

class SoundEngine
{
private:
  static Music music;
  static SoundBuffer m_ClickBuffer;
  static Sound m_ClickSound;
  static SoundBuffer m_JumpBuffer;
  static Sound m_JumpSound;

public:
  SoundEngine();
  static SoundEngine* m_s_Instance;
  static bool mMusicIsPlaying;
  static void startMusic();
  static void pauseMusic();
  static void resumeMusic();
  static void stopMusic();
  static void playClick();
  static void playJump();
};
```

这段代码中有一个 SFML Music 对象、一个 SoundBuffer 对象，以及一个用于播放每种音频文件的 Sound 对象。在 SoundEngine 类的公共区段则定义了用于开始播放、暂停、停止、恢复播放音乐的函数，还有两个用于播放某段音频的函数。显然，在掌握这些函数的工作机制后，我们便能够轻松地为游戏任意添加音效。

接下来向 SoundEngine.cpp 文件添加以下代码：

```
#include "SoundEngine.h"
#include <assert.h>

SoundEngine* SoundEngine::m_s_Instance = nullptr;
bool SoundEngine::mMusicIsPlaying = false;
Music SoundEngine::music;
SoundBuffer SoundEngine::m_ClickBuffer;
Sound SoundEngine::m_ClickSound;
SoundBuffer SoundEngine::m_JumpBuffer;
Sound SoundEngine::m_JumpSound;

SoundEngine::SoundEngine()
{
  assert(m_s_Instance == nullptr);
  m_s_Instance = this;
  m_ClickBuffer.loadFromFile("sound/click.wav");
  m_ClickSound.setBuffer(m_ClickBuffer);
  m_JumpBuffer.loadFromFile("sound/jump.wav");
  m_JumpSound.setBuffer(m_JumpBuffer);
}

void  SoundEngine::playClick()
{
  m_ClickSound.play();
}
```

```
void SoundEngine::playJump()
{
  m_JumpSound.play();
}

void SoundEngine::startMusic()
{
  music.openFromFile("music/music.wav");
  m_s_Instance->music.play();
  m_s_Instance->music.setLoop(true);
  mMusicIsPlaying = true;
}

void SoundEngine::pauseMusic()
{
  m_s_Instance->music.pause();
  mMusicIsPlaying = false;
}

void SoundEngine::resumeMusic()
{
  m_s_Instance->music.play();
  mMusicIsPlaying = true;
}

void SoundEngine::stopMusic()
{
  m_s_Instance->music.stop();
  mMusicIsPlaying = false;
}
```

音效基本上是按照之前的方式实现的，这里只是将其封装为类：这里，构造函数负责向其 SoundBuffer 与 Sound 成员加载音频并建立关联关系，而具体的播放函数则负责播放对应的 Sound 对象。

下面我们研究实现音乐的机制。从技术上讲，虽然可以把音乐文件加载为通常的 Sound 对象，但由于音乐往往比一段音频长得多，直接加载可能不会有什么好结果，所以 SFML 提供了 Music 类。

接下来，我们在 startMusic 函数中使用了 openFromFile 函数，这不是在一次性载入音乐文件，而是通过媒体流的方式逐步加载它；随即我们调用了 music.play 函数，这将启动流并开始播放音乐；之后则调用了 music.setLoop 函数并传入 true 参数以循环播放。

在 pauseMusic、resumeMusic 与 stopMusic 等函数中，我们分别调用了 SFML 提供的 pause、resume 与 stop 函数。注意，其中我们还相应设定了布尔变量 m_MusicIsPlaying 的值，以表征音乐的播放状态。

在本项目即将结束时我们还会向此 SoundEngine 类添加一些代码，以实现方向性音效，这能让我们分辨出火球是来自左侧还是右侧。

16.2　编写游戏逻辑

我们会把游戏的控制逻辑封装为游戏中的一个对象，并为其提供与其他游戏对象的内外双向通信机制(向外指该类能主动联系其他对象，向内则是其他对象联系该类)。这种通信是借助于关键值指针完成的，例如，所有游戏对象均会带有指向游戏逻辑控制对象(和/或其成员变量)的成员指针，以便从中获取游戏是否处于暂停等状态信息。

这种把游戏逻辑单独封装为类的思想其实非常有趣。假定你的游戏有三种模式，此时如果将所有逻辑都整合在 main 函数中，那么我们就必须使用非常复杂而混乱的 if-else 和 if-else 结构；但如果将逻辑封装为类，那么工厂类就可以简单地根据玩家所指定的游戏模式选取一个游戏对象。虽然 Run 游戏目前仅有一种模式，但我们在理解了代码之后，就会发现在不同的类中创建不同的逻辑其实非常简单。

由于我们不需要所谓的 LevelGraphics 类，因此本项目中不存在这个类。此外，本项目随后会为制造下雨效果创建游戏对象，那时会扩展基类 Graphics 而实现 RainGraphics 类，但不必从 Update 派生对象。所以这个系统非常灵活，虽然我们创建的大多数游戏对象兼具更新组件与绘制组件，但这并非强制要求。

编写 LevelUpdate 类

请以 Update 类为基类新建 LevelUpdate 类，并向其头文件 LevelUpdate.h 中添加以下代码：

```
#pragma once
#include "Update.h"
using namespace sf;
using namespace std;

class LevelUpdate : public Update
{
private:
  bool m_IsPaused = true;
  vector <FloatRect*> m_PlatformPositions;
  float* m_CameraTime = new float;
  FloatRect* m_PlayerPosition;
  float m_PlatformCreationInterval = 0;
  float m_TimeSinceLastPlatform = 0;
  int m_NextPlatformToMove = 0;
  int m_NumberOfPlatforms = 0;
  int m_MoveRelativeToPlatform = 0;
  bool m_GameOver = true;

  void positionLevelAtStart();

public:
  void addPlatformPosition(FloatRect* newPosition);
  void connectToCameraTime(float* cameraTime);
  bool* getIsPausedPointer();
  int getRandomNumber(int minHeight, int maxHeight);

  // 来自 Update : Component
```

```
    void update(float fps) override;
    void assemble(
        shared_ptr<LevelUpdate>  levelUpdate,
        shared_ptr<PlayerUpdate> playerUpdate) override;
};
```

此类包含大量成员变量，介绍如下：

- 布尔变量 m_IsPaused 仅负责记录是否暂停了游戏。任何需要这种信息的游戏对象都维护着指向此值的一个指针。

- m_PlatformPositions 是一个 vector 结构，其中持有 FloatRect 实例的指针。顾名思义，这些实例代表游戏场景中所有平台的位置与大小，而这些指针在初始化后将指向相应的平台实例。了解这一点很重要，因为这意味着我们的游戏逻辑类将能够直接操作平台(参见本章后面有关该类函数的代码)，而在后续章节中编写平台类时我们便能看到具体的操作方式。

- 变量 m_CameraTime 是一个简单的 float 指针，其值的含义是这次游戏所持续的秒数(包括毫秒)，是玩家挑战成功赢取高分的关键。很快，我们会在屏幕左上角显示此时间。

- m_PlayerPosition 是 FloatRect 实例的指针，代表玩家的位置。现在，游戏逻辑类 LevelUpdate 可以直接访问玩家类，所以逻辑类能够根据玩家的当前位置进行决策，例如，判断玩家是否落后太多以致游戏结束，等等。

- float 型变量 m_PlatformCreationInterval 代表新建平台的时间间隔。很快我们便能发现，游戏并没有新建任何平台而仅仅是在重复使用一组平台，而此间隔值将由上次新建/重用的平台的长度决定。这种设定很有意义，因为在长平台上玩家自然会多跑一会儿，而让时间间隔与平台的长度相关也有助于提升游戏的公平性。

- float 型变量 m_TimeSinceLastPlatform 通常与上一个变量 m_Platform-CreationInterval 协同工作，前者不小于后者便意味着需要在上一平台之前新建/重用平台了。

- int 变量 m_NextPlatformToMove 代表当前将要重用的平台在 m_Platform-Positions 中的具体序号。

- int 变量 m_NumberOfPlatforms 是已新建的平台的数量。我们的代码既支持小数目(如 5)，又支持大数目(如 500)，但让游戏能够顺利玩起来的最小数字是在 Factory 类的 LoadLevel 函数中使用的那个数字，该数字的效率也是最高的。

- int 变量 m_MoveRelativeToPlatform 是 m_PlatformPositions 结构内部的一个序号，对应着下一个平台将要移至的位置。当跑上某段平台并发现前方已无路可走时，如果下一段平台能够及时出现显然是非常好的，所以下一段平台需要出现在当前平台能够跳到的位置之上。

- 布尔变量 m_GameOver 记录当前游戏是否结束，而在首次运行时将用于判断是否开始了新游戏。此变量显然与 m_IsPaused 不同。

下面我们介绍 LevelUpdate 类的各个函数：

- 第一个函数是私有的，称为 positionLevelAtStart，负责在开始新游戏时设定全部游戏对象的位置。

- addPlatformPosition 函数接受 FloatRect 指针 newPosition，并负责摆放各个平台。

- connectToCameraTime 函数接受 float 指针，该指针用于同步 m_CameraTime，也正是通过这种机制，我们才得以更新在屏幕上显示给玩家的文本消息。这些文本消息是 CameraGraphics 类内部通过使用 SFML Text 类而绘制的，我们将在下一章实现该函数。
- 函数 getIsPausedPointer 返回布尔型指针。准确地说，该函数将返回 m_IsPaused 变量的地址，从而让任何需要知道游戏暂停与否这种状态的游戏对象获取此信息。由于需要这种信息的游戏对象有很多，因此本项目随后会多次使用这个函数。
- getRandomNumber 函数接受两个 int 值参数并返回其间的一个随机数。本项目经常使用这个函数，例如，该函数常用于确定当前准备重用的平台的具体位置。

该类最后则是从 Update 类继承并需要重写的两个函数：

- update 函数接受上一次游戏循环所持续的时间。这非常重要，因为此函数内的所有动作均需要计时，这也与其他三个游戏相同。
- 如前所述，assemble 函数将在工厂类中使用，负责组装当前组件。完成 LevelUpdate 类的编写后，下一项任务是编写玩家类，其中我们便要了解在 Factory 类中进行组装的方法。

接下来，我们将开始编写 LevelUpdate.cpp 文件。与 LevelUpdate.h 文件类似，该文件包含很多函数，因此需要分批次添加这些函数以便进行解释。首先向其中添加以下代码：

```cpp
#include "LevelUpdate.h"
#include <random>
#include "SoundEngine.h"
#include "PlayerUpdate.h"

using namespace std;

void LevelUpdate::assemble(
    shared_ptr<LevelUpdate> levelUpdate,
    shared_ptr<PlayerUpdate> playerUpdate)
{
  m_PlayerPosition = playerUpdate->getPositionPointer();

  //临时代码
  SoundEngine::startMusic();
}

void LevelUpdate::connectToCameraTime(float* cameraTime)
{
  m_CameraTime = cameraTime;
}

void LevelUpdate::addPlatformPosition(FloatRect* newPosition)
{
  m_PlatformPositions.push_back(newPosition);
  m_NumberOfPlatforms++;
}

bool* LevelUpdate::getIsPausedPointer()
```

```
  {
    return &m_IsPaused;
  }
```

这段代码首先添加了所需要的 include 指令，注意其中存在一些错误，毕竟我们目前还没有编写与玩家相关的类 PlayerUpdate。

在 assemble 函数中，我们调用了 playerUpdate->getPositionPointer，这暗示着在创建 PlayerUpdate 类时，我们需要为其提供 getPositionPointer 函数，这是下一节的任务，而现在仅需知道，此后 LevelUpdate 实例永远能够获取玩家的位置。接下来是一次临时的调用操作，通过调用 startMusic 而首次在游戏中听到音乐。后续章节将实现菜单类，以控制音乐的播放、停止及暂停等动作。

在 connectToCameraTime 函数中，我们用 cameraTime 这个地址初始化了 m_CameraTime 变量。目前暂时不会调用这个函数，但该定义让我们在有此需要时可以直接调用它。

addPlatformPosition 函数使用参数接受了一个平台的位置，随后使用 push_back 函数将这个位置存入 m_PlatformPositions 中，后者是一个 vector 实例对象。此外，还自增了 m_NumberOfPlatforms 变量的值，从而令其维护当前所拥有平台的数量。每当我们在工厂类中新建平台时都会调用这个函数。

getPausedPointer 函数返回变量 m_IsPaused 的地址，对于那些请求并保存了这个地址的任何结构而言，这是在提供一种能够随时访问游戏暂停状态的方式。

接下来，向 LevelUpdate.cpp 文件添加 positionLevelAtStart 函数的定义：

```
void LevelUpdate::positionLevelAtStart()
{
  float startOffset = m_PlatformPositions[0]->left;
  for (int i = 0; i < m_NumberOfPlatforms; ++i)
  {
    m_PlatformPositions[i]->left = i * 100 + startOffset;
    m_PlatformPositions[i]->top = 0;
    m_PlatformPositions[i]->width = 100;
    m_PlatformPositions[i]->height = 20;
  }

  m_PlayerPosition->left =
      m_PlatformPositions[m_NumberOfPlatforms / 2]->left + 2;
  m_PlayerPosition->top =
      m_PlatformPositions[m_NumberOfPlatforms / 2]->top - 22;
  m_MoveRelativeToPlatform = m_NumberOfPlatforms - 1;
  m_NextPlatformToMove = 0;
}
```

positionLevelAtStart 函数内的第一行代码通过使用 vector 结构中第一个平台的左侧坐标值初始化了 float 型变量 startOffset，而接下来的循环则遍历此 vector 中的所有平台项，其序号从 0(含)直至 m_NumberOfPlatforms，并在循环体中将对应平台的横向坐标设定为 i * 100 + startOffset，纵向坐标设为零，再将其宽度与高度分别定为 100 与 20。这些操作原本可以由工厂类完成，但在这里完成便能让玩家在重新开始游戏时，所有平台等高等长且首尾相连地横在屏幕中。由于游戏正式开始后各平台的位置是随机变化的，因此以这种方式作为游戏的初始状态显然是很友好的。

在 for 循环之外的两行代码中,我们通过[m_NumberOfPlatforms / 2]来定位 vector 内几近中央的位置,并将玩家放置在此位置所对应平台的左侧边界上。这里我们使用了两个魔幻数字,分别是横向的+2 与纵向的-22,二者的意义在于确保玩家能够脚踏实地而不会悬于平台上方。在我们实现 Factory 类后,你可以改进这些魔幻之处。

下一行代码将 m_MoveRelativeToPlatform 初始化为 vector 中的最后一个平台,这样做很有意义,毕竟我们永远希望把新平台放置在当前最右侧平台之外。而最后一行代码则将 vector 中的第一个平台设定为接下来将会移动的平台,这意味着最左侧的平台将被移至右侧最远端,而玩家则会在中央重新出现。

接下来,我们需要添加负责创建随机数的 getRandomNumber 函数,本项目中,每当需要在某区间内创建一个随机数时便会使用这个函数并传入两个端点值。请将以下代码添加到 LevelUpdate.cpp 文件中:

```cpp
int LevelUpdate::getRandomNumber(int minHeight, int maxHeight)
{
    // 使用当前时间为随机数生成器设定种子
    random_device rd;
    mt19937 gen(rd());

    // 定义选定区间上的平均分布
    uniform_int_distribution<int>
        distribution(minHeight, maxHeight);

    // 在选定区间内随机创建一个高度值
    int randomHeight = distribution(gen);
    return randomHeight;
}
```

这个函数利用一种比前面各章更现代化的方法来创建随机数。其中的第一行代码创建了随机设备对象 rd,其功能是为随机数生成器设定种子。这里 random_device 属于一种非确定随机源,经常依赖于硬件值而实现,其可靠性远高于前面项目所使用的方法。

接下来,我们使用随机种子 rd 初始化了**梅森旋转伪随机数生成器**(Mersenne Twister pseudo-random number generator),即 mt19937 对象,而梅森旋转算法是用于生成高质量随机数的一种常用算法。

接下来,我们为生成随机整数创建了一个 uniform_int_distribution 实例 distribution(这种实例用于在指定区间内生成均匀分布的随机数),并指定了生成区间为 minHeight(含)~ maxHeight(含)。

下一行代码通过刚刚定义的 distribution 对象以及梅森旋转对象创建了一个随机数,并将此结果保存在变量 randomHeight 中。

最后,此函数将所生成的随机数返回给主调代码。这里的重点在于,如果调用了这个函数,你将得到一个位于所传入的两个数字之间的随机数。

LevelUpdate 类最后的函数是 update 函数。在每帧中,GameObject 类均会调用这个函数,而具体的调用过程又会在每一帧被游戏循环所控制。此 update 函数负责处理游戏的整体逻辑,本身相对复杂,我们需要分解此函数以便解释,但我更推荐一次性复制粘贴或编写完整的函数，毕竟在分步输入时很容易混淆该函数的结构。接下来请审读并添加这些代码：

```cpp
void LevelUpdate::update(float timeSinceLastUpdate)
{
  if (!m_IsPaused)
  {
    if (m_GameOver)
    {
      m_GameOver = false;
      *m_CameraTime = 0;
      m_TimeSinceLastPlatform = 0;
      positionLevelAtStart();
    }

    *m_CameraTime += timeSinceLastUpdate;
    m_TimeSinceLastPlatform += timeSinceLastUpdate;

    if (m_TimeSinceLastPlatform > m_PlatformCreationInterval)
    {
      m_PlatformPositions[m_NextPlatformToMove]->top =
        m_PlatformPositions[m_MoveRelativeToPlatform]->top +
          getRandomNumber(-40, 40);
      // 下一个平台会在多远处创建
      // 小于前者则意味着大间隔
      if (m_PlatformPositions[m_MoveRelativeToPlatform]->top
            < m_PlatformPositions[m_NextPlatformToMove]->top)
      {
        m_PlatformPositions[m_NextPlatformToMove]->left =
          m_PlatformPositions[m_MoveRelativeToPlatform]->left +
            m_PlatformPositions[m_MoveRelativeToPlatform]->width +
              getRandomNumber(20, 40);
      }
      else
      {
        m_PlatformPositions[m_NextPlatformToMove]->left =
          m_PlatformPositions[m_MoveRelativeToPlatform]->left +
            m_PlatformPositions[m_MoveRelativeToPlatform]->width +
              getRandomNumber(0, 20);
      }

      m_PlatformPositions[m_NextPlatformToMove]->width =
        getRandomNumber(20, 200);
      m_PlatformPositions[m_NextPlatformToMove]->height =
        getRandomNumber(10, 20);

      // 基于新建平台的长度设定下次新建平台前的等待时间
      m_PlatformCreationInterval =
          m_PlatformPositions[m_NextPlatformToMove]->width / 90;
      m_MoveRelativeToPlatform = m_NextPlatformToMove;
      m_NextPlatformToMove++;
      if (m_NextPlatformToMove == m_NumberOfPlatforms)
      {
        m_NextPlatformToMove = 0;
      }
      m_TimeSinceLastPlatform = 0;
    }
```

```
    // 玩家是否落后于最后的平台
    bool laggingBehind = true;
    for (auto platformPosition : m_PlatformPositions)
    {
      if (platformPosition->left < m_PlayerPosition->left)
      {
        laggingBehind = false;
        break;// 至少还有一个平台位于玩家身后
      }
      else
      {
        laggingBehind = true;
      }
    }

    if (laggingBehind)
    {
      m_IsPaused = true;
      m_GameOver = true;
      SoundEngine::pauseMusic();
    }
  }
}
```

接下来，我们将把这段长长的代码分解为若干部分加以解读，但在学习时，尤其是在观察其中的 if 语句与循环结构时，请务必确保代码的完整性不被破坏，否则将为理解以下讨论带来不必要的麻烦。首先，update 函数接受游戏循环上一次执行的时间消耗，这正是其参数 timeSinceLastUpdate 存在的意义。

update 函数的第一部分包括以下 if 结构，其中的代码仅在没有暂停游戏时运行。update 函数内所有的实际代码均位于此 if 结构内，所以当游戏暂停时将不会更新任何内容：

```
if (!m_IsPaused)
{
```

接下来，update 函数中的几行代码如下，它们仅在游戏结束时运行，即仅在游戏程序刚启动但暂未开始新游戏，以及游戏角色刚刚死亡但暂未重新开始游戏时运行：

```
if (m_GameOver)
{
  m_GameOver = false;
  *m_CameraTime = 0;
  m_TimeSinceLastPlatform = 0;
  positionLevelAtStart();
}
```

这段代码将 m_GameOver 设为 false，重置生成新平台的控制变量与计时器，最后调用前面讨论过的 positionLevelAtStart 函数。这段代码的总体效果在于它仅会运行一次，并(在其余代码执行后)完成启动新游戏的所有必要工作。

此后，update 函数中有一个 if 结构，如下所示：

```
*m_CameraTime += timeSinceLastUpdate;
m_TimeSinceLastPlatform += timeSinceLastUpdate;
```

```
if (m_TimeSinceLastPlatform > m_PlatformCreationInterval)
{
  m_PlatformPositions[m_NextPlatformToMove]->top =
    m_PlatformPositions[m_MoveRelativeToPlatform]->top +
      getRandomNumber(-40, 40);
```

这段代码首先把 update 函数上次执行至此刻的时间间隔(即 timeSinceLastUpdate 的值)累加到 m_CameraTime 之上,而累加后的 m_CameraTime 也正是最终将展示给玩家的游戏时间。随后变量 m_TimeSinceLastPlatform 使用相同的方式进行累加。

如果 m_TimeSinceLastPlatform 的值大于 m_PlatformCreationInterval 的值,这便意味着是时候将玩家身后的一个平台移到其前方了,从而会执行接下来的那个 if 结构中的语句,其中玩家身后最近的那个平台(由 m_NextPlatformToMove 指定)将被随机放置在玩家前方最远处(由 m_MoveRelativeToPlatform 指定),但目前这行代码仅仅用于改动新平台的高度值。

此外,在前面这个代表需要新建平台的 if 结构中还有个 if-else 结构,用于管理放置的横向位置,这里再次给出这段代码:

```
// 下一个平台会在多远处创建
// 小于前者则意味着大间隔
if (m_PlatformPositions[m_MoveRelativeToPlatform]->top
      < m_PlatformPositions[m_NextPlatformToMove]->top)
{
  m_PlatformPositions[m_NextPlatformToMove]->left =
    m_PlatformPositions[m_MoveRelativeToPlatform]->left +
      m_PlatformPositions[m_MoveRelativeToPlatform]->width +
        getRandomNumber(20, 40);
}
else
{
  m_PlatformPositions[m_NextPlatformToMove]->left =
    m_PlatformPositions[m_MoveRelativeToPlatform]->left +
      m_PlatformPositions[m_MoveRelativeToPlatform]->width +
        getRandomNumber(0, 20);
}
```

在前面的 if-else 结构中,if 块在竖直方向上检查上一行代码放置下一个平台(新平台)的上下放置关系。这里,如果新平台位于下方,则执行与 if 相关的代码;如果位于上方,则执行与 else 相关的代码。后者在设定新平台的水平间隔时会使用更小的区间段,这是有道理的,因为如果新平台位于玩家所在平台的上方,那么可跳跃的距离自然会更小。

接下来将执行下面这些代码:

```
m_PlatformPositions[m_NextPlatformToMove]->width =
  getRandomNumber(20, 200);
m_PlatformPositions[m_NextPlatformToMove]->height =
  getRandomNumber(10, 20);

// 基于新建平台的长度设定等待时间,其后再创建下一平台
m_PlatformCreationInterval =
  m_PlatformPositions[m_NextPlatformToMove]->width / 90;
m_MoveRelativeToPlatform = m_NextPlatformToMove;
m_NextPlatformToMove++;
```

```
if (m_NextPlatformToMove == m_NumberOfPlatforms)
{
  m_NextPlatformToMove = 0;
}
m_TimeSinceLastPlatform = 0;
```

这段代码首先为新平台选定了一个随机的宽度与高度，并根据随机宽度为 m_Platform-CreationInterval 赋值。下一行代码则增加了下一个准备移动的平台在 vector 中的序号，并使用一条 if 语句来判断此序号是否超过 vector 内的最后位置，并在超过时将那个序号值置零(代表 vector 中的第一个位置)。

这段代码的最后一行将 m_TimeSinceLastPlatform 置零，以便重新记录此循环进行的次数，直至最终需要移动另一块平台，那时又会重复整个过程。

接下来，这段代码是 if (!m_IsPaused) 结构中所剩余的全部代码，也是 update 函数的最后一段代码，负责检查消失的平台是否追上了玩家(追上玩家则意味着游戏结束)：

```
// 玩家是否落后于最后的平台
bool laggingBehind = true;
for (auto platformPosition : m_PlatformPositions)
{
  if (platformPosition->left < m_PlayerPosition->left)
  {
    laggingBehind = false;
    break;// 至少还有一个平台位于玩家身后
  }
  else
  {
    laggingBehind = true;
  }
}
if (laggingBehind)
{
  m_IsPaused = true;
  m_GameOver = true;
  SoundEngine::pauseMusic();
}
```

这段代码首先将布尔变量 laggingBehind 设为 true，接下来的 for 循环将遍历平台的每个位置并检查当前平台的左端点是否小于玩家。存在能够给出积极回应的平台则意味着存在落后于玩家的平台，玩家便还有机会，并将 laggingBehind 设为 false。

但如果循环结束时 laggingBehind 仍为 true，则意味着所有平台均位于玩家之前，这将结束本局游戏。此时，游戏将暂停，并将 m_GameOver 设为 true，音乐亦将暂停播放。很快我们便会编写菜单类，让玩家在游戏失败后能够重新开始。

在 update 的最后，我们用终止花括号关闭了前面的 if 决策结构(不再重复大括号)。

现在，我们已编写完了 update 函数并解释了其全部代码，但项目仍然因为缺少 PlayerUpdate 而存在错误，以致无法运行。此外，我们同样没有创建 LevelUpdate 类的任何实例。

在下一节中，我们将从 Update 类派生出 PlayerUpdate 类，并从 Graphics 派生出 PlayerGraphics 类，从而得到玩家角色的基本结构。随后，为完成本章的代码，我们还会向工厂类添加一些代码，以组装不同的组件并将其放入 GameObject 中，从而实现在每帧内循环遍历。此外，我们还让 PlayerUpdate 类使用 InputReceiver 类，并了解这两个玩家相关类具体控制游戏角色的方法。

16.3　编写玩家类(初版)

本节将开始创建可控制的游戏角色。具体而言，我们将让此角色能够出现在屏幕上，而这需要再次用到 PlayerUpdate 类与 PlayerGraphics 类，以便为其添加键盘控制与动画效果。

为此，请新建 PlayerUpdate 与 PlayerGraphics 两个类，其中前者使用 Update 作为基类，而后者则以 Graphics 为基类。完成本节的工作后，我们便能够得到可视化的游戏角色，但其功能尚不完善。

16.3.1　编写 PlayerUpdate 类

接下来，我们先定义 PlayerUpdate 类。为此，请将以下代码添加到 PlayerUpdate.h 文件中：

```
#pragma once
#include "Update.h"
#include "InputReceiver.h"
#include <SFML/Graphics.hpp>

using namespace sf;

class PlayerUpdate : public Update
{
private:
  const float PLAYER_WIDTH = 20.f;
  const float PLAYER_HEIGHT = 16.f;

  FloatRect m_Position;
  bool* m_IsPaused = nullptr;
  float m_Gravity = 165;
  float m_RunSpeed = 150;
  float m_BoostSpeed = 250;
  InputReceiver m_InputReceiver;
  Clock m_JumpClock;
  bool m_SpaceHeldDown = false;
  float m_JumpDuration = .50;
  float m_JumpSpeed = 400;

public:
  bool m_RightIsHeldDown = false;
  bool m_LeftIsHeldDown = false;
  bool m_BoostIsHeldDown = false;
  bool m_IsGrounded;
  bool m_InJump = false;

  FloatRect* getPositionPointer();
  bool* getGroundedPointer();
  void handleInput();
```

```
    InputReceiver* getInputReceiver();

    // 来自 Update : Component
    void assemble(
        shared_ptr<LevelUpdate> levelUpdate,
        shared_ptr<PlayerUpdate> playerUpdate) override;
    void update(float fps) override;
};
```

该类包含很多变量和五个函数。接下来我们会逐一解释它们:

- `float` 型常量 `PLAYER_WIDTH` 与 `PLAYER_HEIGHT` 分别定义了在游戏单位下玩家的宽度与高度。

- `FloatRect` 实例 `m_Position` 持有玩家的位置。我们很快会看到有许多游戏实体需要访问它,因此我们将这个位置共享给这些实体。例如,平台以此量进行碰撞检测,而上一节的 `LevelUpdate` 类则使用此位置来判断玩家是否落后于平台,并进而判断落后程度是否达到游戏结束的条件。

- 布尔变量 `m_IsPaused` 负责与 `LevelUpdate` 类中那个可展示游戏是否暂停的同名成员变量进行通信。

- 当玩家没有站在某平台上时,`float` 型变量 `m_Gravity` 用于向下拉动玩家,并在推进状态时影响其向上的推力。当玩家站在平台上时,`float` 型变量 `m_RunSpeed` 代表玩家向左或向右移动的速度,而当玩家通过推进而向上移动时,`float` 型变量 `m_BoostSpeed` 将控制其推进率。

- 接下来是 `InputReceiver` 实例 `m_InputReceiver`,很快我们将看到 `Factory` 类如何让此实例与 `InputDispatcher` 联系,进而允许 `PlayerUpdate` 类访问所有键盘和鼠标事件。

- `Clock` 实例 `m_JumpClock`、布尔变量 `m_SpaceHeldDown` 与 `float` 型变量 `m_JumpDuration` 将与 `m_JumpSpeed` 联合使用,负责微调玩家跳跃的距离与高度。

- 公有区段的第一个变量是布尔变量 `m_RightIsHeldDown`,随后还有更多布尔变量 `m_LeftIsHeldDown`、`m_BoostIsHeldDown`、`m_IsGrounded` 与 `m_InJump`。这些变量均负责响应玩家的键盘输入,这会影响 `update` 函数的具体行为。

- 函数 `getPositionPointer` 将返回一个 `FloatRect` 指针。对于调用此函数的任何类而言,该指针可作为一种访问 `PlayerUpdate` 类内部成员 `m_Position` 的方法。在工厂中有这般需要的类会调用此函数。

- `getGroundedPointer` 函数返回一个布尔指针,将与其他实例共享玩家角色当前是否落地的状态,而这种状态则是内部布尔变量 `m_IsGrounded` 存在的意义。

- 函数 `handleInput` 将使用 `InputReceiver` 实例来处理每帧内所接收的所有输入数据,而这些数据是 `InputDispatcher` 在游戏循环中发送过来的。

- `getInputReceiver` 函数返回 `InputReceiver` 指针。虽然这是个仅需要一行代码便可实现的函数,但它是 `main` 函数中 `InputDispatcher` 实例能够与 `PlayerUpdate` 类共享全部事件的基础。

- `assemble` 函数是 `Update` 类中同名纯虚函数的 `PlayerUpdate` 实现。该函数的参数包括 `levelUpdate` 与 `playerUpdate`,分别属于 `shared_ptr<LevelUpdate>` 与

shared_ptr<PlayerUpdate>类型。有了这两个参数意味着我们可以调用 **LevelUpdate**
类的一些公有函数来调整 PlayerUpdate。当然，不必将 PlayerUpdate 传给其自身，
这里的做法仅仅是实体组件系统最简单的一种实现，所以显得有些质朴。

- update 函数则是 Update 类同名纯虚函数的 PlayerUpdate 实现，其唯一参数为游戏
循环的执行时间，而这个时间将用于在该函数中实现一些更有意思的效果。

接下来我们会介绍 PlayerUpdate.cpp。我们需要向此文件添加大量代码。为清晰起见，
这将分为三个部分来进行。首先请将以下代码添加到该文件中：

```
#include "PlayerUpdate.h"
#include "SoundEngine.h"
#include "LevelUpdate.h"

FloatRect* PlayerUpdate::getPositionPointer()
{
  return &m_Position;
}

bool* PlayerUpdate::getGroundedPointer()
{
  return &m_IsGrounded;
}

InputReceiver* PlayerUpdate::getInputReceiver()
{
  return &m_InputReceiver;
}
```

这是 PlayerUpdate 类的第一部分，其中先添加必要的 include 指令。随后的
getPositionPointer 函数仅仅返回了持有玩家位置的 **FloatRect** 实例的地址，
getGroundedPointer 则返回了指示玩家当前是否站在某平台上的布尔变量的地址。有意思的
是，平台将负责(通过这个地址)设定该布尔变量，而 PlayerGraphics 类则会(通过这个地址)
根据此状态量来决定游戏角色的动画效果。getInputReceiver 函数负责返回
InputReceiver 实例的地址，从而让 InputDispatcher 能够进行通信并发送所需的全部
事件数据。

接下来是 PlayerUpdate 类的第二部分，请添加以下代码：

```
void PlayerUpdate::assemble(
    shared_ptr<LevelUpdate> levelUpdate,
    shared_ptr<PlayerUpdate> playerUpdate)
{
  SoundEngine::SoundEngine();

  m_Position.width = PLAYER_WIDTH;
  m_Position.height = PLAYER_HEIGHT;
  m_IsPaused = levelUpdate->getIsPausedPointer();
}
```

这部分是 assemble 函数的定义——如前所述，其中没有使用 PlayerUpdate 参数——该
函数初始化了 SoundEngine 类，令其做好播放声音的准备，随即初始化了位置和高度。更有意
思的是，LevelUpdate 智能指针则会调用其 getIsPausedPointer 并初始化 m_IsPaused。

现在，`PlayerUpdate` 类能够随时获取游戏的暂停状态。

接下来，请将 `PlayerUpdate` 类的第三部分也是其(在本章中)最后的代码添加到此文件中：

```cpp
void PlayerUpdate::handleInput()
{
  m_InputReceiver.clearEvents();
}

void PlayerUpdate::update(float timeTakenThisFrame)
{
  handleInput();
}
```

这里添加的代码是 `PlayerUpdate` 类的第三部分，也是该类在本章中的最后部分，其中的 `handleInput` 函数调用了 `m_InputReceiver` 实例的 `clearEvents` 函数以清空键鼠输入等系统事件，从而能够处理下一个游戏循环。目前这没有什么实际效果，毕竟我们还没有读入任何事件，但到第 18 章后情况将有所不同。最后，我们添加了 `update` 函数，其唯一一动作是调用我们刚刚编写的 `handleInput` 函数，但同样在第 18 章，我们将编写出功能完善且反应灵敏的玩家角色。

16.3.2　编写 PlayerGraphics 类

前面为玩家角色添加了基本骨架，接下来我们将扩展 `Graphics` 类得到 `PlayerGraphics` 以实现其外观。与 `PlayerUpdate` 类相同，我们会从 `PlayerGraphics` 类的基本功能出发，并在后续开发中逐步完善其功能。目前请向 `PlayerGraphics.h` 添加如下代码：

```cpp
#pragma once
#include "Graphics.h"

// 我们很快会回到这里
//class Animator;

class PlayerUpdate;
class PlayerGraphics : public Graphics
{
private:
  FloatRect* m_Position = nullptr;
  int m_VertexStartIndex = -999;

  // 我们很快会回到这里
  //Animator* m_Animator;

  IntRect* m_SectionToDraw = new IntRect;
  IntRect* m_StandingStillSectionToDraw = new IntRect;
  std::shared_ptr<PlayerUpdate> m_PlayerUpdate;

  const int BOOST_TEX_LEFT = 536;
  const int BOOST_TEX_TOP = 0;
  const int BOOST_TEX_WIDTH = 69;
  const int BOOST_TEX_HEIGHT = 100;

  bool m_LastFacingRight = true;
```

```
public:
  // 来自 Component : Graphics
  void assemble(VertexArray& canvas,
    shared_ptr<Update> genericUpdate,
    IntRect texCoords) override;
  void draw(VertexArray& canvas) override;
};
```

注意，这段代码注释了所引用的 Animator 结构。该类将在第 18 章实现，其中会让玩家角色动起来并模仿跑步动作，也会让火球火焰动起来。不过，目前为了排除代码中的所有错误，让 Run 项目能够运行，我们不得不注释掉这里的 Animator 类。

这段代码中含有以下成员：

- FloatRect 指针 m_Position 代表玩家的位置，被初始化为 nullptr。int 变量 m_VertexStartIndex 代表 VertexArray 中的一个位置，表示玩家角色的四边形之首。现在我们能够知道在移动玩家角色时所需要的四个顶点在相应 VertexArray 实例中的序号，即 m_VertexStartIndex(含)至 m_VertexStartIndex+3(含)。

- 变量 m_SectionToDraw 是个 IntRect 指针，是玩家动画的当前帧在纹理图集中的具体纹理坐标。第 18 章将编写 Animator 类来操作这些坐标。

- IntRect 指针 m_StandingStillSectionToDraw 也持有纹理坐标，表示在非跑动状态下的玩家角色。

- m_PlayerUpdate 对象是 PlayerUpdate 实例的指针，属于 shared_ptr <PlayerUpdate>类型。PlayerGraphics 类因为持有它而能够访问 PlayerUpdate 的公有部分(调用公有函数、访问公有变量)。

- 整型常量 BOOST_TEX_LEFT、BOOST_TEX_TOP、BOOST_TEX_WIDTH、BOOST_TEX_ HEIGHT 表示推进状态下游戏角色在纹理图集中的坐标。

- 布尔变量 m_LastFacingRight 的初始值为 true，负责记录玩家所面向的方向，在制作动画效果时使用。

- assemble 函数实现了 Graphics 类的同名纯虚函数，其前两个参数是 VertexArray 引用 canvas 与 shared_ptr<Update>对象 genericUpdate。其中第二个参数的用法很有意思，因为在 Update 的每个派生类中，我们均会将 genericUpdate 转换为相应的 Update 派生类型，这让我们能够访问其公有函数。assemble 函数还需要接受第三个参数，即 IntRect 实例 texCoords，该参数代表纹理图集中当前图像的纹理坐标。

- draw 函数接受 VertexArray 的一个引用，会在每帧中调用，从而让 draw 函数能够按照每帧游戏的具体需求移动顶点或纹理坐标。

接下来，我们将编写这些函数并开始使用前面讨论的变量。为此，请将以下代码添加到 PlayerGraphics.cpp 文件中：

```
#include "PlayerGraphics.h"
#include "PlayerUpdate.h"

void PlayerGraphics::assemble(
    VertexArray& canvas,
    shared_ptr<Update> genericUpdate,
    IntRect texCoords)
{
```

```
    m_PlayerUpdate = static_pointer_cast<PlayerUpdate>(genericUpdate);
    m_Position = m_PlayerUpdate->getPositionPointer();
    m_VertexStartIndex = canvas.getVertexCount();
    canvas.resize(canvas.getVertexCount() + 4);
    canvas[m_VertexStartIndex].texCoords.x =
        texCoords.left;
    canvas[m_VertexStartIndex].texCoords.y =
        texCoords.top;
    canvas[m_VertexStartIndex + 1].texCoords.x =
        texCoords.left + texCoords.width;
    canvas[m_VertexStartIndex + 1].texCoords.y =
        texCoords.top;
    canvas[m_VertexStartIndex + 2].texCoords.x =
        texCoords.left + texCoords.width;
    canvas[m_VertexStartIndex + 2].texCoords.y =
        texCoords.top + texCoords.height;
    canvas[m_VertexStartIndex + 3].texCoords.x =
        texCoords.left;
    canvas[m_VertexStartIndex + 3].texCoords.y =
        texCoords.top + texCoords.height;
}

void PlayerGraphics::draw(VertexArray& canvas)
{
    const Vector2f& position = m_Position->getPosition();
    const Vector2f& scale = m_Position->getSize();
    canvas[m_VertexStartIndex].position =
        position;
    canvas[m_VertexStartIndex + 1].position =
        position + Vector2f(scale.x, 0);
    canvas[m_VertexStartIndex + 2].position =
        position + scale;
    canvas[m_VertexStartIndex + 3].position =
        position + Vector2f(0, scale.y);
}
```

　　我们曾在设定僵尸游戏的背景时为 SFML VertexArray 结构设定了顶点与纹理坐标，这让我们对以上代码中的部分内容并不陌生。事实上，Graphics 的所有派生类均会以相同或相近的方式工作。

　　但我们现在的游戏环境与僵尸游戏有所不同，所以还需要仔细审读刚刚添加的代码。上面的代码可以细分为四个部分。

　　首先，我们应该观察函数签名：

```
void PlayerGraphics::assemble(
    VertexArray& canvas,
    shared_ptr<Update> genericUpdate,
    IntRect texCoords)
{
...
}
```

　　在 PlayerGraphics.cpp 文件中，我们首先看到的便是 assemble 函数的签名(忽略 include 指令)。再次提醒，此函数是 Graphics 类中同名纯虚函数的 PlayerGraphics 实现，它接受 canvas、genericUpdate 与 texCoords 这三个参数，其类型依次是 VertexArray 引用、shared_ptr<Update> 实例与 IntRect 实例，其中 texCoords 将持有对应形象在纹理图集中的坐标。

其次，在 assemble 的花括号内(即函数体中)有以下代码：

```
m_PlayerUpdate = static_pointer_cast<PlayerUpdate>(genericUpdate);
m_Position = m_PlayerUpdate->getPositionPointer();
m_VertexStartIndex = canvas.getVertexCount();
canvas.resize(canvas.getVertexCount() + 4);
canvas[m_VertexStartIndex].texCoords.x =
    texCoords.left;
canvas[m_VertexStartIndex].texCoords.y =
    texCoords.top;
canvas[m_VertexStartIndex + 1].texCoords.x =
    texCoords.left + texCoords.width;
canvas[m_VertexStartIndex + 1].texCoords.y =
    texCoords.top;
canvas[m_VertexStartIndex + 2].texCoords.x =
    texCoords.left + texCoords.width;
canvas[m_VertexStartIndex + 2].texCoords.y =
    texCoords.top + texCoords.height;
canvas[m_VertexStartIndex + 3].texCoords.x =
    texCoords.left;
canvas[m_VertexStartIndex + 3].texCoords.y =
    texCoords.top + texCoords.height;
```

PlayerGraphics.cpp 文件中的第二部分是 assemble 函数的这些代码，其中使用 static_pointer_cast 函数将基类 Update 实例转换为其子类 PlayerUpdate 实例并使用变量 m_PlayerUpdate 保存了转换结果。接下来，我们通过调用 canvas.getVertexCount 初始化了 m_VertexStartIndex，并通过调用 canvas.resize 令此 VertexArray 结构腾出一个四边形的空间，进而在接下来的八行代码中利用所传入的 IntRect 实例 texCoords，分别初始化了 canvas 内玩家角色的纹理坐标。

最后是以下代码：

```
void PlayerGraphics::draw(VertexArray& canvas)
{
  const Vector2f& position = m_Position->getPosition();
  const Vector2f& scale = m_Position->getSize();
  canvas[m_VertexStartIndex].position = position;
  canvas[m_VertexStartIndex + 1].position =
      position + Vector2f(scale.x, 0);
  canvas[m_VertexStartIndex + 2].position =
      position + scale;
  canvas[m_VertexStartIndex + 3].position =
      position + Vector2f(0, scale.y);
}
```

PlayerGraphics.cpp 文件内的最后部分是 draw 函数。目前，我们仅仅使用 m_Position->getPosition 函数来初始化 Vector2f 实例 position，并用 getSize 函数

初始化 Vector2f 实例 scale，而这两个实例随后会用于设定玩家形象在 VertexArray 中顶点的位置。

在后续章节中，我们首先会添加负责观察游戏场景的摄像机类、可供玩家跑动的平台类以及 Animator 类，随后会完成 PlayerUpdate 类中的更新以及输入处理部分，并让 PlayerGraphics 类能够实现动画效果。

16.4 编写工厂类以使用所有新类型

Factory 是一个很重要的类，负责创建 Update 及 Graphics 二者所有派生类的智能指针。在调用所有这些类的构造函数及其 assemble 函数时，该类还会根据需要在这个过程中共享我们某些类的指针成员，例如，向 LevelUpdate 实例分享指向玩家类以及平台位置的指针。

记录纹理坐标

首先，将以下常量添加到 Factory.h 文件内 Factory 类的私有区段：

```
const int PLAYER_TEX_LEFT = 0;
const int PLAYER_TEX_TOP = 0;
const int PLAYER_TEX_WIDTH = 80;
const int PLAYER_TEX_HEIGHT = 96;

const float CAM_VIEW_WIDTH = 300.f;

const float CAM_SCREEN_RATIO_LEFT = 0.f;
const float CAM_SCREEN_RATIO_TOP = 0.f;
const float CAM_SCREEN_RATIO_WIDTH = 1.f;
const float CAM_SCREEN_RATIO_HEIGHT = 1.f;

const int CAM_TEX_LEFT = 610;
const int CAM_TEX_TOP = 36;
const int CAM_TEX_WIDTH = 40;
const int CAM_TEX_HEIGHT = 30;

const float MAP_CAM_SCREEN_RATIO_LEFT = 0.3f;
const float MAP_CAM_SCREEN_RATIO_TOP = 0.84f;
const float MAP_CAM_SCREEN_RATIO_WIDTH = 0.4f;
const float MAP_CAM_SCREEN_RATIO_HEIGHT = 0.15f;

const float MAP_CAM_VIEW_WIDTH = 800.f;
const float MAP_CAM_VIEW_HEIGHT = MAP_CAM_VIEW_WIDTH / 2;

const int MAP_CAM_TEX_LEFT = 665;
const int MAP_CAM_TEX_TOP = 0;
const int MAP_CAM_TEX_WIDTH = 100;
const int MAP_CAM_TEX_HEIGHT = 70;

const int PLATFORM_TEX_LEFT = 607;
const int PLATFORM_TEX_TOP = 0;
```

```
const int PLATFORM_TEX_WIDTH = 10;
const int PLATFORM_TEX_HEIGHT = 10;

const int TOP_MENU_TEX_LEFT = 770;
const int TOP_MENU_TEX_TOP = 0;
const int TOP_MENU_TEX_WIDTH = 100;
const int TOP_MENU_TEX_HEIGHT = 100;

const int RAIN_TEX_LEFT = 0;
const int RAIN_TEX_TOP = 100;
const int RAIN_TEX_WIDTH = 100;
const int RAIN_TEX_HEIGHT = 100;
```

这些常量代表纹理图集中所有图元的纹理坐标,将在本项目随后的开发过程中逐渐发挥作用。一般而言,虽然这种固化的定义足以满足我们的实现目标,但这些值更应该从文件中加载。

最后,我们会在 Factory 类中实例化并配置那些新建的类来真正使用它们。为此,请将以下高亮显示的指令添加到 Factory.cpp 文件中:

```
#include "Factory.h"

#include "LevelUpdate.h"
#include "PlayerGraphics.h"
#include "PlayerUpdate.h"
#include "InputDispatcher.h"
```

以下代码将实例化 LevelUpdate 实例并随即将其放入 GameObject 实例中。请将这段代码添加到 Factory.cpp 内的 loadLevel 函数中:

```
// 构建游戏对象 level
GameObject level;
shared_ptr<LevelUpdate> levelUpdate =
    make_shared<LevelUpdate>();
level.addComponent(levelUpdate);
gameObjects.push_back(level);
```

这一小段代码不乏值得讨论的内容,但我们很快将发现其似乎没有想象中那么复杂:它首先创建了 GameObject 实例 level,接着创建了 LevelUpdate 类型的智能指针 levelUpdate,之后为 level 实例调用了其 addComponent 函数并传入 levelUpdate 作为参数,最后则调用了 gameObjects.push_back 函数,将 level 存入其中。这些工作很重要,因为这意味着我们终于拥有了一个能够正常工作的 GameObject 对象,而且此对象可以在游戏循环的每一帧中进行遍历。

机敏的读者可能已经注意到目前尚未调用 assemble 函数,这正是我们接下来要完成的工作。为此,继续向此 loadLevel 函数添加以下代码,以在 GameObject 实例内部实例化 PlayerGraphics 类与 PlayerUpdate 类:

```
// 构建 player 对象
GameObject player;
shared_ptr<PlayerUpdate> playerUpdate =
    make_shared<PlayerUpdate>();
```

```
playerUpdate->assemble(levelUpdate, nullptr);

player.addComponent(playerUpdate);

inputDispatcher.registerNewInputReceiver(
    playerUpdate->getInputReceiver());

shared_ptr<PlayerGraphics> playerGraphics =
    make_shared<PlayerGraphics>();
playerGraphics->assemble(
    canvas,
    playerUpdate,
    IntRect(PLAYER_TEX_LEFT, PLAYER_TEX_TOP,
        PLAYER_TEX_WIDTH, PLAYER_TEX_HEIGHT));
player.addComponent(playerGraphics);

gameObjects.push_back(player);

// 让 LevelUpdate 能够访问此 player
levelUpdate->assemble(nullptr, playerUpdate);
```

这段代码创建了另一个 GameObject 实例 player，并创建了 PlayerUpdate 智能指针 playerUpdate。接下来，它为 playerUpdate 调用 assemble 函数并传入所需参数，其中包括 LevelUpdate 智能指针与 nullptr(代表 PlayerUpdate 智能指针)。不得不承认，我们这里所实现的实体组件系统非常简单，而 PlayerUpdate 类显然不需要其自身的副本。

随后我们调用了 player.addComponent 函数，再以 PlayerUpdate::getInputReceiver 函数的返回值作为参数为 InputDispatcher 调用了其 registerNewInputReceiver 函数。现在，我们不仅为 gameObjects 准备好了另一个可以添入其中的 GameObject 实例(即对象 player)以供游戏循环进行遍历，还令此实例与 SFML 提供的所有操作系统事件建立了联系。

代码随后转向 PlayerGraphics。我们实例化了 PlayerGraphics 并调用了 assemble 函数，其参数为 VertexArray、LevelUpdate 实例以及纹理坐标。随后通过 addComponent 函数将此图像组件添加到 player 中，并通过 push_bach 函数将这个代表玩家角色的 player 存入 gameObjects。

最后一行代码在 levelUpdate 上调用了 assemble 函数，之前我们无法这样做，这不能在没有 PlayerUpdate 实例的时候完成。事实上，这种依赖关系正是 Factory 类所必须知晓的。

16.5 运行游戏

如果现在运行游戏，那么会因为仍未绘制 VertexArray，依旧只能看到空空如也的灰色屏幕。下一章将介绍通过两次绘制 VertexArray 创建常规视图与小地图的方法。我们将通过为游戏编写代表摄像机与视图的类来实现这一点。但目前，只需在 Run.cpp 文件内的 main 函数中添加以下高亮显示的代码。注意，应将这行高亮显示的代码置于 window.display 之前：

```
// 下一章前的临时代码
```

```
window.draw(canvas, factory.m_Texture);
```

```
// 展示新帧
window.display();
```

　　此时运行游戏，便能在屏幕左上角看到一个非常小的静态玩家角色(但需要贴近观察)。我不会提供这种状态的截图，因为实在太小了，而后文将给出解决办法。此外，你还能听到一小段循环播放的音乐。如果你更倾向于在测试代码时保持安静，请回到 LevelUpdate::assemble 函数并将以下两行代码注释掉(诚然，这两行代码仅供测试用)：

```
// 临时代码
SoundEngine::startMusic();
```

　　在为游戏编写菜单类时我们会真正处理音乐的播放与暂停操作。

　　如果你希望更好地观察游戏中的人物图像，请临时编辑 PlayerUpdate.cpp 中的 assemble 函数以扩大其图像的大小，以下两行高亮显示的代码演示了具体做法：

```
void PlayerUpdate::assemble(
    shared_ptr<LevelUpdate> levelUpdate,
    shared_ptr<PlayerUpdate> playerUpdate)
{
  SoundEngine::SoundEngine();
  m_Position.width = PLAYER_WIDTH * 10;
  m_Position.height = PLAYER_HEIGHT * 10;
  m_IsPaused = levelUpdate->getIsPausedPointer();
}
```

　　此时运行游戏，你将能清晰地看到玩家出现在屏幕左上角，见图 16.1。

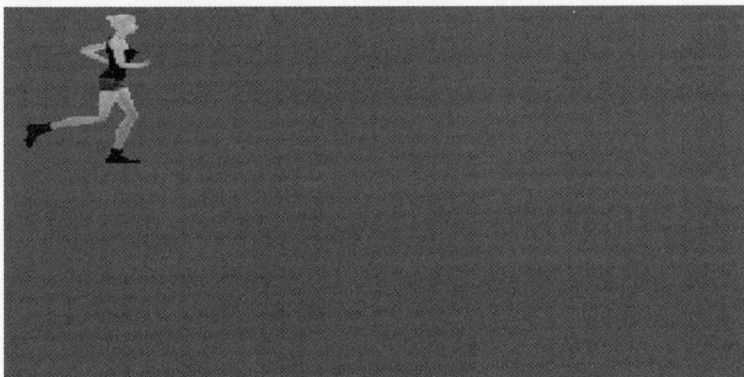

图 16.1　放大的玩家形象

　　在继续学习前，请不要忘记删除前面刚刚添加的"* 10"字样。

　　我们还可以继续添加一些代码，让此图像变得可控，但本章的篇幅已经有些长了，而且为更好地演示其效果，我们还需要占用一些篇幅来编写摄像机对象，所以本章的介绍到此为止。

16.6 本章小结

本章完成了大量工作。我们添加了能够循环播放音乐的音效类，编写了能够处理所有游戏逻辑的类并将其封装在一个 GameObject 结构中以供游戏循环遍历。

我们设计并使用了一个图像组件和一个更新组件，随后将其组合为一个游戏对象，从而初步设计出具备基本功能的玩家游戏角色。这是实体组件系统的核心，而 Run 游戏中的每种实体基本上均会重复这个过程。

我们还继续编写了 Factory 类，负责组装所有游戏对象并进行数据共享。

下一章将聚焦于图像与绘制工作，并编写 CameraGraphics 类与 CameraUpdate 类，它们分别是 Graphics 与 Update 的派生类。

第17章

图像、摄像机与动作

我们有必要深入谈论本项目的图像机制。本章将编写负责绘制工作的摄像机类，所以在本章讨论图像也非常合适。在本项目中，如果你打开 Graphics 文件夹便可发现其中只包含一个图片文件。此外，我们目前完全没有调用过 window.draw。本章中，我们将首先讨论为什么要尽量避免调用 draw，随即转而实现代替我们完成绘制工作的摄像机类。本章结束时，我们将能运行游戏并亲身体验摄像机的效果，其中包括主视图、雷达视图与计时器文本。

Run3 文件夹中包含本章的完整代码。

本章将涵盖以下主题：

- 摄像机、draw 函数调用与 SFML View 类
- 编写摄像机相关类
- 为游戏添加摄像机实例
- 运行游戏

17.1 摄像机、draw 函数调用与 SFML View 类

在前面各项目中，所有实体基本上是作为**精灵**而绘制为图像的(只有一次例外)，这种方式能够应对有几个乃至数百个实体需要绘制的场景。由于 SFML 绘制每帧游戏场景的速度与调用 window.draw 的次数直接相关，因此这种数量级非常重要，调用次数过多将损耗性能。这不是 SFML 的缺陷，而是 OpenGL 显卡使用方法的直接体现。

具体而言，当我们调用 draw 函数时，其背后均需要通过大量操作来设定 OpenGL 从而完成绘制任务。下面借用 SFML 网站的官方介绍：

> (draw 函数)的每次调用都涉及设定 OpenGL 的状态、重置矩阵、更改纹理等工作。即使仅仅绘制两个三角形(作为一个精灵)，也依旧如此。

因此，尽可能使用顶点数组并通过一次 draw 调用来同时渲染多个图像是一种非常好的想法，值得我们为了实践它而整体改变操作图像的机制：与其使用百余精灵及若干纹理，不如使用一个顶点数组配以含有所有图元的单一纹理结构；与其为每个游戏对象创建精灵，不如在顶点数组中为其各自设定序号。此外，不要忘记在屏幕中显示分数、时间(指显示在屏幕左上角的游戏持续时

间)以及其他文本时我们会调用 draw 函数。SFML 库中的文本相关类非常实用,所以不要尝试停止使用它们,而且 Run 项目中仅有一处涉及文本操作。

菜单相关文本是静态的,不需要进行计算,所以可以利用整合在纹理图集中的图元进行绘制。当存在大量文本需要显示时,为了尽量降低调用 draw 函数的次数,可以仿照常规图片的方式来处理文本,将字母表、0~9 的数字以及所需要的全部标点符号放入纹理图集中。这种做法虽然比直接使用 SFML Text 类要复杂一些,但尚可接受。

只要当前帧需要绘制的每个字符(数字、字母等)均位于顶点数组中并分配有序号(以及相应坐标),我们便能解析需要绘制的字符串,设定每个顶点的纹理坐标。本项目有不少这种需求,待项目结束时你将拥有足够的经验,那时自然不再感到为难。至少我们已经在僵尸游戏中为实现背景图而用过顶点数组,并且在上一章中已联合使用顶点数组与纹理坐标来绘制玩家角色。

下面我们将编写摄像机。当有需要时,将由摄像机负责调用 draw 函数。本项目将涉及两个摄像机:常规摄像机(又称主摄像机)将调用 draw 函数两次,分别对应顶点数组与左上角的计时器;小地图摄像机则仅调用 draw 函数一次,为玩家呈现出准雷达图的效果。这是从另一个角度展示的游戏世界,与常规游戏世界稍有不同。

为此,每个摄像机均需要访问相同的 RenderWindow 实例且会调整 SFML View 实例的设置,因为这些设置可以根据具体需求来定义摄像机在屏幕上的位置、长宽比及缩放比例。

17.2 编写摄像机相关类

本游戏将使用两个摄像机对象,而它们各自含有 Update 与 Graphics 的派生实例。其中从前者派生的类是 CameraUpdate 类,负责移动视角以跟随玩家,并通过 InputReceiver 实例而与操作系统交互;而从后者派生的类则是 CameraGraphics 类,该类既会引用 CameraUpdate 的内部数据,又将持有纹理图集、RenderWindow 实例与 SFML Text 的副本对象,从而完成所有绘制工作。第 21 章会引入更多的绘制功能(以及更多 draw 调用)并添加视差背景,还会添加令人眼前一亮的着色器效果。

17.2.1 编写 CameraUpdate 类

下面我们将新建代表摄像机的 CameraUpdate 与 CameraGraphics 两个类,二者分别继承 Update 与 Graphics。同时,这两个类将被封装/组合在 GameObject 实例中,供游戏循环使用,这也是符合预期的。

将以下代码添加到 CameraUpdate.h 文件中:

```
#pragma once
#include "Update.h"
#include "InputReceiver.h"
#include <SFML/Graphics.hpp>
using namespace sf;

class CameraUpdate : public Update
{
private:
  FloatRect m_Position;
  FloatRect* m_PlayerPosition;
```

```
    bool m_ReceivesInput = false;
    InputReceiver* m_InputReceiver = nullptr;

public:
    FloatRect* getPositionPointer();
    void handleInput();
    InputReceiver* getInputReceiver();
    // 来自 Update : Component
    void assemble(shared_ptr<LevelUpdate> levelUpdate,
        shared_ptr<PlayerUpdate> playerUpdate) override;
    void update(float fps) override;
};
```

这段代码中的 `FloatRect` 实例 `m_Position` 代表摄像机的位置。浮点矩形非常适合表示某视图在游戏世界中的高、左、长、宽四个参数，而像素坐标则是整型的。

`m_PlayerPosition` 是 `FloatRect` 指针，将用 `PlayerUpdate` 类中的同名 `FloatRect` 实例的地址初始化。现在，无论玩家在游戏世界中位于何处，`CameraUpdate` 类均能跟随玩家。

布尔变量 `m_ReceivesInput` 的作用在于指定接受输入的摄像机，因为只有一个摄像机实际接受输入。我们不必付出额外开销就能让主视图接受并处理移动指令，小地图亦然，因为主摄像机需要跟随玩家，其本身不由玩家主动控制。默认情况下，此布尔变量的初始值为 `false`。

`InputReceiver` 指针 `m_InputReceiver` 用于在 `InputDispatcher` 中注册，其默认值为 `nullptr`，因为前面提到过，只有一个摄像机需要注册。

`getPositionPointer` 函数返回的 `FloatRect` 地址定义了当前摄像机的视角，允许 `CameraGraphics` 类通过此返回值而追踪记录 `CameraUpdate`。总而言之，`CameraUpdate` 类将跟随玩家，而 `CameraGraphics` 则跟随 `CameraUpdate` 类。

`handleInput` 函数将在游戏循环每次迭代时，由 `update` 函数为需要处理玩家鼠标输入事件的摄像机实例而调用。

工厂类会要求 `InputDispatcher` 实例调用 `getInputReceiver` 函数，让 `InputDispatcher` 保存摄像机类 `InputReceiver` 的地址。

`assemble` 函数是 `CameraUpdate` 从基类 `Update` 继承的第一个虚函数，它将配置 **CameraUpdate** 类使其实例可供使用，其参数依旧为 `shared_ptr<LevelUpdate>` 实例 `levelUpdate`，以及 `shared_ptr<PlayerUpdate>` 实例 `playerUpdate`，很快我们便会介绍这两个参数的具体功能。

每帧均要调用 `update` 函数一次，其参数为游戏循环主体的持续时间。

接下来，我们便要学习利用以上变量实现该类各个函数的方法了，而这些实现同样需要分为几个部分来解释。首先，请将以下代码添加到 `CameraUpdate.cpp` 文件中：

```
#include "CameraUpdate.h"
#include "PlayerUpdate.h"

FloatRect* CameraUpdate::getPositionPointer()
{
    return &m_Position;
}

void CameraUpdate::assemble(
    shared_ptr<LevelUpdate> levelUpdate,
```

```
    shared_ptr<PlayerUpdate> playerUpdate)
{
  m_PlayerPosition =
      playerUpdate->getPositionPointer();
}

InputReceiver* CameraUpdate::getInputReceiver()
{
  m_InputReceiver = new InputReceiver;
  m_ReceivesInput = true;
  return m_InputReceiver;
}
```

这里 getPositionPointer 函数仅仅返回了变量 m_Position 的地址,而 assemble 函数则仅仅将玩家位置变量的地址存为 m_PlayerPosition,从而能够随时访问它。

getInputReceiver 函数首先创建了一个 InputReceiver 实例,随即将 m_ReceivesInput 设为 true,最后返回那个新实例的地址。现在,调用此函数将初始化一个 InputReceiver 实例并将其共享出去,这使 Factory 类能在两个摄像机实例中选择一个来处理输入。由于 m_ReceivesInput 的默认值是 false,所以外界在将其设定为 true 后,该类的每个实例均将知晓是否需要由它来处理输入。这就是说,每个实例将被告知是否需要接收输入并相应做准备,它们自身无需进行决断。

对于 CameraUpdate 类的下一部分,请紧接之前的代码添加以下代码:

```
void CameraUpdate::handleInput()
{
  m_Position.width = 1.0f;

  for (const Event& event : m_InputReceiver->getEvents())
  {
    // 处理鼠标滚轮的缩放要求
    if (event.type == sf::Event::MouseWheelScrolled)
    {
      if (event.mouseWheelScroll.wheel == sf::Mouse::VerticalWheel)
      {
        // 根据delta改变缩放量
        m_Position.width *=
            (event.mouseWheelScroll.delta > 0) ? 0.95f : 1.05f;
      }
    }

    m_InputReceiver->clearEvents();
  }
}
```

这段代码定义了 handleInput 函数,它负责监听鼠标滚轮的滚动状态。这里,m_Position.width 被设为 1,其含义详见后面的介绍。接下来的代码按照既往游戏的方式遍历所有事件,只是这里通过调用 m_InputReceiver->getEvents 函数来捕获所有事件。

这里在事件循环内部仅仅关注滚轮滚动事件(sf::Event::MouseWheelScrolled)。当发生这种事件时,将执行以下 if 语句:

```
if (event.type == sf::Event::VerticalWheel)
```

　　它会检测鼠标滚轮是否滚动，并在鼠标滚动时执行以下语句：

```
m_Position.width *=
    (event.mouseWheelScroll.delta > 0) ? 0.95f : 1.05f;
```

　　这行代码根据鼠标滚轮的滚动方向调整 m_Position.width 的值，而 event.mouseWheelScroll.delta 的值代表滚轮的滚动量，此值为正则代表滚轮向上滚动，为负则代表向下滚动。

　　表达式(event.mouseWheelScroll.delta > 0)后是一个三元条件运算符?:，用于判断滚动量是否为正，如果是，则此表达式的结果为 true，否则为 false，而该判断结果将决定所选定的值：

- delta > 0 意味着滚轮向上滚动，此时将选择 0.95f。
- delta <= 0 意味着滚轮向下滚动，此时将选择 1.05f。

　　所选定的值(0.95f 或 1.05f)将乘以 m_Position.width，而后者已在前面初始化为 1。整体而言，滚动量为正则让 m_Position.width 降低 5%，滚动量为负则让其增加 5%，而若没有滚动，则 m_Position.width 依旧取 1。接下来，我们可以在 update 函数中详细了解此值的含义。

　　handleInput 函数的最后一行代码为下一帧游戏清空所有事件。

　　CameraUpdate 类还差最后一段代码，所以请为其定义 update 函数：

```
void CameraUpdate::update(float fps)
{
  if (m_ReceivesInput)
  {
    handleInput();
    m_Position.left = m_PlayerPosition->left;
    m_Position.top = m_PlayerPosition->top;
  }
  else
  {
    m_Position.left = m_PlayerPosition->left;
    m_Position.top = m_PlayerPosition->top;
    m_Position.width = 1;
  }
}
```

　　update 函数首先检查是否由当前实例接受输入，并让负责接受的实例调用 handleInput 函数，所以某 CameraUpdate 实例如果调用过它的 getInputReceiver 函数便会执行这段代码。在接下来的 if 块中，m_Position 的 left 与 top 成员被设定为玩家的对应值，但请注意其中没有进行的操作：我们没有改动 width，所以前面的 handleInput 函数为此成员所设定的值将保留下来。这样，当 CameraGraphics 类在每帧中为 SFML View 设定参数时，便能够让视图的缩放与鼠标滚轮操作保持同步，从而实现通过滚轮控制缩放的目标。

　　在 else 块中我们基本上执行了与前面 if 块相同的操作，只是主动将 m_Position.width 设为 1。现在，当此 else 块执行时，CameraGraphics 将不进行任何缩放操作。接下来，我们将实现 CameraGraphics 类。

17.2.2 编写 CameraGraphics 类(第一部分)

前面我们已介绍了 CameraUpdate 类的工作方式,其中介绍了该类有条件地响应滚轮动作并将结果保存为其宽度成员 width 的过程。我们还介绍了该类将玩家的位置保存在其 left 与 top 成员中的方法。此外,我们还意识到 CameraUpdate 类会利用所有这些值。接下来,我们将学习把这些事实整合在一起的方法。为此,请将以下代码添加到 CameraGraphics.h 文件中:

```cpp
#pragma once
#include "SFML/Graphics.hpp"
#include "Graphics.h"
using namespace sf;

class CameraGraphics : public Graphics
{
private:
  RenderWindow* m_Window;
  View m_View;
  int m_VertexStartIndex = -999;
  Texture* m_Texture = nullptr;
  FloatRect* m_Position = nullptr;
  bool m_IsMiniMap = false;

  // 针对小地图的缩放
  const float MIN_WIDTH = 640.0f;
  const float MAX_WIDTH = 2000.0f;

  // 针对时间 UI
  Text m_Text;
  Font m_Font;
  int m_TimeAtEndOfGame = 0;
  float m_Time = 0;

public:
  CameraGraphics(
      RenderWindow* window,
      Texture* texture,
      Vector2f viewSize,
      FloatRect viewport);
  float* getTimeConnection();

  // 来自 Component : Graphics
  void assemble(
      VertexArray& canvas,
      shared_ptr<Update> genericUpdate,
      IntRect texCoords) override;
  void draw(VertexArray& canvas) override;
};
```

这又是一个长类,需要逐步解析一下。首先,CameraGraphics.h 文件的私有区段声明了 RenderWindow 指针 m_Window 与 View 实例 m_View。虽然这两个实例很少出现在 Graphics 的派生类中,但由于每帧均需要更新并绘制 VertexArray 内的顶点位置以及纹理坐标,因此我们需要为 CameraGraphics 类提供这两个实例——由于摄像机能够控制视图的移动及其缩放以及进一步的绘制工作，因此这种设定自有道理——此外，这里未限制摄像机的数量，我们甚至可以将屏幕一分为四而制作四人游戏，类推；也可以使用一个全屏摄像机和一个小地图(雷达图)，而这正是 Run 项目的做法。

整型变量 m_VertexStartIndex 保存摄像机图像四个顶点在数组中的起始序号。你可能感到疑惑：既然摄像机仅仅负责绘制顶点数组，那么它为什么还需要自身的四顶点图像？诚然，摄像机并不经常需要这个四边形及纹理坐标，这种认识没有错，但我们的摄像机基本上是以近乎透明的矩形作为边界，从而在游戏中让小地图独立于主视图。

Texture 指针 m_Texture 保存图像中一切图元的纹理。m_Position 则是 FloatRect 指针，代表当前摄像机的视角在游戏世界中的大小与坐标。

布尔变量 m_IsMiniMap 有助于我们区分主视图与小地图的代码。当然，构建两个独立的类也非常简单(例如，分别称作 MainCameraGraphics 与 RadarCameraGraphics)，这还能在代码中省去几条 if 语句。

常量 MIN_WIDTH 与 MAX_WIDTH 锁定了游戏视图的最小值与最大值，用于编写小地图的缩放控制代码。

接下来的 Text、Font 成员与 float 型变量 m_Time 用于在屏幕左上角显示时间。每帧游戏会调用 draw 函数三次，其中两个摄像机各需要一次，而绘制文本虽然同样需要调用但仅限于主视图。随后的第 21 章在添加视差背景时还会引入第四次调用。

整型变量 m_TimeAtEndOfGame 将在游戏结束后协助显示时间。

在 CameraGraphics.h 的公有部分，我们首先声明了该类的构造函数。此构造函数接受的参数包括用于初始化 RenderWindow 指针的 window、Texture 指针以及设定摄像机视角与视点的变量。这里，**视点**(viewport)是 SFML 中的一个概念，负责定义在屏幕上显示某摄像机视角的具体位置。很快我们会编辑同名的 .cpp 文件，那时便能进一步理解这些描述。为确保大家能够理解视点的概念及其与视图视角之间的差异，我们会在本章随后的 SFML View 类一节详细讨论，但目前还应当继续添加一些代码，以便为后续的讨论提供更多上下文。

getTimeConnection 函数返回 m_Time 的地址，会被 LevelUpdate 类调用，并赋予 LevelUpdate 类更改此 m_Time 具体值的能力，而此值将进一步影响出现在屏幕左上角的文本信息。

assemble 函数是我们经常重写的一个函数，它接受 VertexArray 引用、基类 Update 的智能指针与纹理坐标。而接下来的 draw 函数同样重写了 Graphics 的同名函数，它只需要 VertexArray 便能完成其使命。

下面我们会定义这些函数以加深理解，随后则按照前面的承诺进一步挖掘 SFML View 类的内涵。为此，请将以下代码添加到 CameraGraphics.cpp 文件中：

```
#include "CameraGraphics.h"
#include "CameraUpdate.h"

CameraGraphics::CameraGraphics(
    RenderWindow* window,
    Texture* texture,
    Vector2f viewSize,
    FloatRect viewport)
{
  m_Window = window;
```

```
m_Texture = texture;
m_View.setSize(viewSize);
m_View.setViewport(viewport);

// 小地图的视点小于1
if (viewport.width < 1)
{
  m_IsMiniMap = true;
}
else
{
  // 只有全屏视角拥有时间文本
  m_Font.loadFromFile("fonts/KOMIKAP_.ttf");
  m_Text.setFont(m_Font);
  m_Text.setFillColor(Color(255, 0, 0, 255));
  m_Text.setScale(0.2f, 0.2f);
}
}
```

这里我们仅为 CameraGraphics 类添加了构造函数，其中我们首先初始化了 RenderWindow 与 Texture 指针，通过调用 setSize 并传入 viewSize 参数来设定视图的大小，通过调用 setViewport 函数并传入 viewport 参数来设定视点。接下来，我们会暂停对 CameraGraphics 类的讲解，利用几页的篇幅先详细介绍一下 SFML View 类。

17.2.3 SFML View 类

图 17.1 中的这些示例应该能够更加详细地解释视点的具体含义。

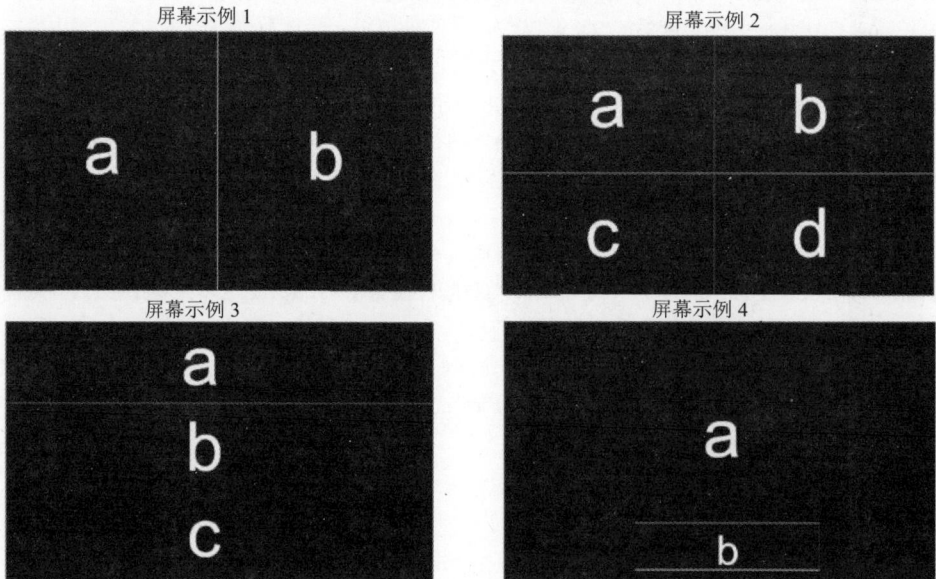

图 17.1 视点的概念

图 17.1 展示了几种设置 View 实例具体视点的方法，以控制 draw 函数调用在屏幕上影响的区域的位置与大小。前面三个项目所用的都是全屏显示，这也是默认的设置。

在 SFML 中，视点由 SFML `FloatRect` 结构定义，此结构的 `left` 与 `top` 成员负责定义视点的左上角点，而其 `width` 与 `height` 成员则相应定义视点的宽度与高度。这里，视点与视图大小之间的差异很重要。

`setSize` 函数决定视图大小，即某个视图所展示的世界的大小(以世界坐标单位计)，但视点的高度与宽度则决定这个视图实际占据屏幕的面积。小视点可以展示大世界，而大视点也能仅仅展示一块很小的世界，具体将由游戏性质来控制。另需说明的是，视点是定义在归一化坐标中的，这种坐标的最小可能值为 0，而最大值为 1。

因此，占据整个屏幕的默认视点的 `top` 与 `left` 成员取值为 0，而 `height` 与 `width` 则取值为 1。查看更多的例子将有助于加深理解。

请回到图 17.1 中的**示例** 1(example 1)，其中标有 **a** 的视点从屏幕左上角(0)开始，占据整个高度(1)但宽为屏幕的一半(0.5)，所以其对应的归一化坐标为 `left = 0`，`top = 0`，`width = 0.5`，`height = 1`。视点 **b** 的四个坐标为 `left = 0.5`，`top = 0`，`width = 0.5`，`height = 1`，因为其横向从屏幕中部开始(0.5)，纵向则从顶端开始(0)，另一端则分别到头(1)。

接下来考察**示例** 2(example 2)，请花费一点时间理解以下这些具体的坐标值：

- 视点 **a**：`left = 0`，`top = 0`，`width = 0.5`，`height = 0.5`
- 视点 **b**：`left = 0.5`，`top = 0`，`width = 0.5`，`height = 0.5`
- 视点 **c**：`left = 0`，`top = 0.5`，`width = 0.5`，`height = 0.5`
- 视点 **d**：`left = 0.5`，`top = 0.5`，`width = 0.5`，`height = 0.5`

所有这些视点的宽度与高度均为 0.5，因为其宽度与高度均为屏幕的一半。此外，屏幕左侧的两个视点所对应的 `left` 值均为 0，而右侧两个视点的 `left` 值则为 0.5，类推。

以下是**示例** 3(example 3)中各个视点的数值，这里不再一一解释，请参照前面的讨论来理解：

- 视点 **a**：`left = 0`，`top = 0`，`width = 1`，`height = 0.33`
- 视点 **b**：`left = 0`，`top = 0.33`，`width = 1`，`height = 0.33`
- 视点 **c**：`left = 0`，`top = 0.66`，`width = 1`，`height = 0.33`

最后的**示例** 4(example 4)最接近于我们游戏内视点的表达效果。视点 **a** 从左上角起全屏展示，其各坐标均取默认值(`left = top = 0`，`width = height = 1`)，而视点 **b** 则代表小地图/雷达，四个坐标依次为：`left = 0.2`，`top = 0.8`，`width = 0.6`，`height = 0.19`。在向 `Factory` 类添加代码时我们能发现，当为视点传值时，还需要考虑屏幕的分辨率及其宽高比。此外，由于视点 **b** 其实占据了视点 **a** 的一部分真实面积，因此必须保证在视点 **a** 之后绘制视点 **b**，否则后者将被前者完全遮盖。

接下来让我们回到代码上来。

17.2.4 编写 CameraGraphics 类(第二部分)

通过前面的演示，我们了解到(在 Run 游戏中)任何方向上小于 1 的视点均不是全屏视图，因此可以通过 `if(viewport.width<1)` 识别小地图所对应的摄像机——诚然，我们偶尔会犯错，传入了错误的数值，但代码仍然认为是正确的，因此我们需要通过小于 1 的判断来识别小地图——随后，这条 `if` 语句将 `m_IsMiniMap` 设定为 `true`。

而其相应的 `else` 结构则在处理主摄像机时执行，它会加载字体并设定其大小、颜色与缩放比例，这与前面其他项目基本相同，只是前面提到过，小地图不必使用或显示时间，因此其中没有 Font 与 Text 两种实例。

以下代码定义了 assemble 函数。接下来，将这些代码添加到 CameraGraphics.cpp 文件内：

```cpp
void CameraGraphics::assemble(
    VertexArray& canvas,
    shared_ptr<Update> genericUpdate,
    IntRect texCoords)
{
  shared_ptr<CameraUpdate> cameraUpdate =
      static_pointer_cast<CameraUpdate>(genericUpdate);
  m_Position = cameraUpdate->getPositionPointer();
  m_VertexStartIndex = canvas.getVertexCount();

  canvas.resize(canvas.getVertexCount() + 4);
  const int uPos = texCoords.left;
  const int vPos = texCoords.top;
  const int texWidth = texCoords.width;
  const int texHeight = texCoords.height;
  canvas[m_VertexStartIndex].texCoords.x =
      uPos;
  canvas[m_VertexStartIndex].texCoords.y =
      vPos;
  canvas[m_VertexStartIndex + 1].texCoords.x =
      uPos + texWidth;
  canvas[m_VertexStartIndex + 1].texCoords.y =
      vPos;
  canvas[m_VertexStartIndex + 2].texCoords.x =
      uPos + texWidth;
  canvas[m_VertexStartIndex + 2].texCoords.y =
      vPos + texHeight;
  canvas[m_VertexStartIndex + 3].texCoords.x =
      uPos;
  canvas[m_VertexStartIndex + 3].texCoords.y =
      vPos + texHeight;
}
```

在新添加的 assemble 函数中，第一行代码使用 static_pointer_cast 将基类 Update 共享指针转换为 CameraUpdate 共享指针，让 CameraGraphics 类能够调用 CameraUpdate 类的所有公有函数。而接下来的第二行代码利用了这一功能，调用了 CameraUpdate 类的 getPositionPointer 函数，并以其返回值初始化 m_Position，这让我们能够获取摄像机应当绘制的区域位置。

assemble 函数中剩余的代码负责保存摄像机图像的序号，并将这四个顶点相应的纹理坐标初始化到 VertexArray 结构中。这些纹理坐标对应着非常透明的一个矩形，它是主视图与小地图之间的分隔线。

以下是 getTimeConnection 函数的代码，请将其添加到 CameraGraphics.cpp 文件内：

```cpp
float* CameraGraphics::getTimeConnection()
{
  return &m_Time;
}
```

这个 getTimeConnection 函数非常简短，它仅仅返回了变量 m_Time 的地址。现在，只要 LevelUpdate 类调用了此函数并保存了其返回值便可更新 m_Time 的值，进而能够在每帧内刷新 draw 函数所绘制的时间。既然这里提到了 draw 函数，接下来我们便会给出其定义，这也是目前 CameraGraphics 类的最后部分。为此，请将以下代码添加到 CameraGraphics.cpp 文件内：

```cpp
void CameraGraphics::draw(VertexArray& canvas)
{
  m_View.setCenter(m_Position->getPosition());

  Vector2f startPosition;
  startPosition.x = m_View.getCenter().x - m_View.getSize().x / 2;
  startPosition.y = m_View.getCenter().y - m_View.getSize().y / 2;
  Vector2f scale;
  scale.x = m_View.getSize().x;
  scale.y = m_View.getSize().y;

  canvas[m_VertexStartIndex].position =
      startPosition;
  canvas[m_VertexStartIndex + 1].position =
      startPosition + Vector2f(scale.x, 0);
  canvas[m_VertexStartIndex + 2].position =
      startPosition + scale;
  canvas[m_VertexStartIndex + 3].position =
      startPosition + Vector2f(0, scale.y);

  if (m_IsMiniMap)
  {
    if (m_View.getSize().x < MAX_WIDTH && m_Position->width > 1)
    {
      m_View.zoom(m_Position->width);
    }
    else if (m_View.getSize().x > MIN_WIDTH && m_Position->width < 1)
    {
      m_View.zoom(m_Position->width);
    }
  }
  m_Window->setView(m_View);

  // 仅为主视图绘制时间 UI
  if (!m_IsMiniMap)
  {
    m_Text.setString(std::to_string(m_Time));
    m_Text.setPosition(m_Window->mapPixelToCoords(Vector2i(5, 5)));
    m_Window->draw(m_Text);
  }

  // 绘制主画布
  m_Window->draw(canvas, m_Texture);
}
```

在上面的 draw 函中,有部分代码是同时为两个摄像机编写的,有部分代码是为小地图摄像机编写的(if (m_IsMiniMap)),有部分代码是为常规摄像机编写的(if (!m_IsMiniMap))。

此函数的开始部分包含了两个摄像机均需执行的大部分代码,这里再次给出了这部分代码:

```
m_View.setCenter(m_Position->getPosition());

Vector2f startPosition;
startPosition.x = m_View.getCenter().x - m_View.getSize().x / 2;
startPosition.y = m_View.getCenter().y - m_View.getSize().y / 2;
Vector2f scale;
scale.x = m_View.getSize().x;
scale.y = m_View.getSize().y;

canvas[m_VertexStartIndex].position = startPosition;
canvas[m_VertexStartIndex + 1].position =
    startPosition + Vector2f(scale.x, 0);
canvas[m_VertexStartIndex + 2].position =
    startPosition + scale;
canvas[m_VertexStartIndex + 3].position =
    startPosition + Vector2f(0, scale.y);
```

这段代码两个摄像机均会执行,它利用 View 实例的大小与中心位置初始化了 Vector2f 变量 startPosition,随即使用 View 实例的大小初始化了 Vector2f 变量 scale,而这两个变量随后将用于定位 VertexArray 中的相关顶点。

接下来是仅供小地图执行的一段代码:

```
if (m_IsMiniMap)
{
 if (m_View.getSize().x < MAX_WIDTH && m_Position->width > 1)
 {
  m_View.zoom(m_Position->width);
 }
 else if (m_View.getSize().x > MIN_WIDTH && m_Position->width < 1)
 {
  m_View.zoom(m_Position->width);
 }
}
```

在这段仅供小地图摄像机执行的代码中,首先是一个 **if** 结构,其中则封装了另一个 if-else if 结构。当 m_IsMiniMap 为 true 时,外部的 if 块会执行,从而首先进入内部的 if 块,其中的代码仅在 View 实例的大小没有超过上限且 m_Position->width 大于 1 时执行,这时会放大视图(缩小对象)。不要忘记,前面的 CameraUpdate 类负责把所需要的缩放量存入 m_Position->width。

内层 else if 结构在缩放量不低于下限且 m_Position->width 小于 1 时执行,这时会缩小视图(扩大对象)。

注意,在这段代码后将为两个摄像机设定合适的视角,其默认值显然是 CameraUpdate 类的 update 函数起始处所设定的 1,这也意味着常规视图永不缩放,而如果不动滚轮,两个视图自然保持不变。

```
m_Window->setView(m_View);
```

下一段代码则仅供主视图使用，这里也再次给出了这部分代码：

```
if (!m_IsMiniMap)
{
  m_Text.setString(std::to_string(m_Time));
  m_Text.setPosition(m_Window->mapPixelToCoords(Vector2i(5, 5)));
  m_Window->draw(m_Text);
}
```

在这段主视图的代码中，屏幕左上角的文本是通过 setString 与 setPosition 配置的，完成配置后将使用 RenderWindow 指针来调用其 draw 函数。

每帧内仅会为每个 CameraGraphics 类实例各调用一次 draw 函数，不再采用僵尸游戏中那种十余次调用的做法。之所以能够如此，是因为所有的游戏对象均位于同一个 VertexArray 结构中。显然，这种做法更加高效，也让我们的游戏能够运行在更低配置的 PC 设备上，或者可以在出现性能瓶颈前继续添加更多游戏对象。

出于完备性考虑，下面重复给出了前面代码的最后部分，即一次 draw 函数调用：

```
m_Window->draw(canvas, m_Texture);
```

为了实践本节所实现的这两个摄像机类，我们需要先后在 Factory 类中实例化摄像机类，将其封装到 GameObject 实例中，并把它整体添加到我们在游戏循环中遍历的 vector 结构中。

17.3　为游戏添加摄像机实例

我们将有两个摄像机，分别针对游戏主视图与小地图。

打开 Factory.cpp 文件，在其顶部添加以下两行高亮显示的 include 指令：

```
#include "Factory.h"
#include "LevelUpdate.h"
#include "PlayerGraphics.h"
#include "PlayerUpdate.h"
#include "InputDispatcher.h"

#include "CameraUpdate.h"
#include "CameraGraphics.h"
```

接下来我们编写第一个摄像机的代码。这些新代码位于 loadLevel 函数接近结束的位置(准确地说是位于玩家处理代码之后)，其中前四行代码(包括一行注释)同时针对两个摄像机。这里首先添加的是常规的全屏摄像机，而第二个摄像机(即小地图摄像机)则在后面处理，以免被遮盖。下面请动手添加这些代码：

```
// 针对两个摄像机
const float width = float(VideoMode::getDesktopMode().width);
const float height = float(VideoMode::getDesktopMode().height);
const float ratio = width / height;

// 主视图
```

```
GameObject camera;
shared_ptr<CameraUpdate> cameraUpdate =
    make_shared<CameraUpdate>();
cameraUpdate->assemble(nullptr, playerUpdate);
camera.addComponent(cameraUpdate);

shared_ptr<CameraGraphics> cameraGraphics =
    make_shared<CameraGraphics>(
        m_Window,
        m_Texture,
        Vector2f(CAM_VIEW_WIDTH, CAM_VIEW_WIDTH / ratio),
        FloatRect(CAM_SCREEN_RATIO_LEFT, CAM_SCREEN_RATIO_TOP,
            CAM_SCREEN_RATIO_WIDTH, CAM_SCREEN_RATIO_HEIGHT));

cameraGraphics->assemble(
    canvas,
    cameraUpdate,
    IntRect(CAM_TEX_LEFT, CAM_TEX_TOP,
        CAM_TEX_WIDTH, CAM_TEX_HEIGHT));

camera.addComponent(cameraGraphics);

gameObjects.push_back(camera);

levelUpdate->connectToCameraTime(
    cameraGraphics->getTimeConnection());
// 主视图结束
```

现在再看这段代码，它应该不再令你感到异常陌生了。这段代码首先给出了两个摄像机均需使用的一些代码，其中 width、height、ratio 三个常量会根据运行游戏的屏幕分辨率而初始化，代表两个摄像机均会引用的一些值。随后则是主视图的代码。

首先，我们创建了 GameObject 实例 camera，随即创建了 CameraUpdate 类的共享指针。接下来我们调用 assemble 函数并传入 playerUpdate 这个共享指针作为参数，并通过 addComponent 函数将 cameraUpdate 结构添加到 camera 中。

之后，我们创建了 CameraGraphics 共享指针，其构造函数是以 RenderWindow 指针、Texture 指针、摄像机与视点的大小作为参数而调用的。随后调用 assemble 函数并传入 VertexArray、cameraUpdate(使用其父类 Update 的形式)、纹理坐标等参数，将 CameraGraphics 实例添加到 GameObject 实例 camera 中，最后将 camera 存入 gameObjects。

然后，我们在 LevelUpdate 实例上调用 connectToCameraTime 函数，其参数是 CameraGraphics 实例调用 getTimeConnection 后的返回结果。这将在两个实例之间建立联系。

接下来，请添加小地图代码:

```
// 小地图
GameObject mapCamera;
```

```
shared_ptr<CameraUpdate> mapCameraUpdate =
    make_shared<CameraUpdate>();
mapCameraUpdate->assemble(nullptr, playerUpdate);
mapCamera.addComponent(mapCameraUpdate);

inputDispatcher.registerNewInputReceiver(
    mapCameraUpdate->getInputReceiver());

shared_ptr<CameraGraphics> mapCameraGraphics =
    make_shared<CameraGraphics>(
    m_Window,
    m_Texture,
    Vector2f(MAP_CAM_VIEW_WIDTH,
        MAP_CAM_VIEW_HEIGHT / ratio),
    FloatRect(MAP_CAM_SCREEN_RATIO_LEFT,
        MAP_CAM_SCREEN_RATIO_TOP,
        MAP_CAM_SCREEN_RATIO_WIDTH,
        MAP_CAM_SCREEN_RATIO_HEIGHT));

mapCameraGraphics->assemble(canvas,
    mapCameraUpdate,
    IntRect(MAP_CAM_TEX_LEFT, MAP_CAM_TEX_TOP,
        MAP_CAM_TEX_WIDTH, MAP_CAM_TEX_HEIGHT));

mapCamera.addComponent(mapCameraGraphics);

gameObjects.push_back(mapCamera);
// 小地图结束
```

这段代码使用的技术基本上与前面主视图使用的相同，其差异无非是大小与视点的具体数值不同。这里所选用的大小稍大些，因为它所展示的世界更大，但视点则稍小些，因为小地图会被压入屏幕的一块小区域内。当游戏包含图像时，这种效果会更加一目了然。

17.4　运行游戏

至此，我们的摄像机已能够将 VertexArray 绘于屏幕上，从而可以删除上一章为 main 函数所添加的两行临时代码了。具体而言，请在 Run.cpp 文件中定位并删除以下代码：

```
...
// 下一章前的临时代码
window.draw(canvas, factory.m_Texture);
...
```

现在我们可以运行游戏，并体验摄像机的实际效果，如图 17.2 所示。

图17.2 运行中的摄像机

此图中可见，玩家形象已被放大并置于屏幕中心。

此外，滚动滚轮还会让小地图进行相应缩放，只是目前其中暂无可供展示的内容。

下一章将首先添加平台，随即还会为玩家角色添加动画效果与键盘控制机制。事实上，`PlayerUpdate` 类中的 `InputReceiver` 实例已能够接受所有事件，我们仅需要添加响应方式即可。

17.5 本章小结

本章告诉我们，调用 draw 函数的次数越少，越能提高工作效率，而这可以通过让游戏中的所有实体共用一个 `VertexArray` 结构来实现，只是目前我们仍有一个独立的 SFML Text 实例需要调用 draw 函数。此外，本章通过继承 Update 与 Graphics 的方式为摄像机设计了两个新类，这正是实体组件模式的应用。之后本章介绍了在这两个类之间以及在摄像机类与玩家类之间高效分享数据的方法。

接下来，本章介绍了在工厂中添加摄像机的方法：通过向 assemble 函数传入所需的参数(即 Update 与 Graphics 派生类的实例)，我们便能配置摄像机并令其按照设计目标工作。

现在我们已经实现了摄像机，也在第 16 章中设计了负责处理游戏逻辑的 `LevelUpdate` 类，所以接下来无论为游戏添加什么功能，我们都能够立刻体验其实际效果。下一章将为游戏添加平台，并让玩家能够根据键盘输入进行响应。

第 **18** 章

编写平台、玩家动画与控制机制

本章将编写有关平台、玩家动画及其控制机制的代码。在我看来，我们已完成了其中最困难的部分，所以本章大部分工作的投入产出比会很高。而且，本章的趣味性很强，将介绍平台如何支撑玩家落地并让玩家跑动，随后还将演示如何通过循环播放动画帧而实现平滑跑动的效果。

本章将涵盖以下主题：

- 实现平台：如你所想，这需要两个类，分别派生于 Update 与 Graphics 类
- 为玩家相关类添加新功能
- 编写 Animator 类
- 编写玩家角色的动画过程：为角色添加平滑跑动的动画效果

本章的完整代码位于 Run4 文件夹中。

18.1 实现平台

首先请添加本章所需的两个类，它们分别是扩展了 Update 类的 PlatformUpdate 类与 Graphics 类的 PlatformGraphics 类。虽然前面已经实现了玩家类，但在这里完成平台类后还会为玩家类添加更多代码。此外，我们还需要编写 Animator 类来负责控制玩家的动画效果。随着本项目继续推进，Animator 类还将负责火球的动画。现在可以创建一个空白的 Animator 类，也可以留待本章随后实际实现它。

18.1.1 编写 PlatformUpdate 类

平台的主要功能是处理与玩家的碰撞。如果玩家角色的脚碰到了平台的顶部，那么她就不应该穿过去；如果角色的右侧碰到了平台的左侧，那么也不应该穿过去，以此类推。图 18.1 展示了 PlatformUpdate 类将要实现的功能。

图18.1　平台与玩家角色的各种接触

　　在图 18.1 中，线段表示 PlatformUpdate 类需要进行碰撞检测的位置，而玩家角色的那几个图样则代表她在与平台有所重叠时各个方向上所能到达的极限位置。在发生碰撞时，她会被移至最近的无重叠位置(即线段之外)，从而营造出硬性平台的效果。

　　请将以下代码添加到 PlatformUpdate.h 文件中：

```cpp
#pragma once
#include "Update.h"
#include "SFML/Graphics.hpp"
using namespace sf;

class PlatformUpdate : public Update
{
private:
  FloatRect m_Position;
  FloatRect* m_PlayerPosition = nullptr;
  bool* m_PlayerIsGrounded = nullptr;

public:
  FloatRect* getPositionPointer();

  // 来自 Update : Component
  void update(float fps) override;
  void assemble(
    shared_ptr<LevelUpdate> levelUpdate,
    shared_ptr<PlayerUpdate> playerUpdate) override;
};
```

　　这段代码为平台与玩家角色的位置分别声明了变量，还声明了一个布尔变量，表示其是否站立于平台上——如果没有站在当前平台上，则无法在其上跑动，所以我们需要这个布尔变量。另外请思考，关于计算玩家是否着地的逻辑，还有哪里能比在平台类中实现更为合适呢？

　　在公有区段，我们有 getPositionPointer 函数。此函数返回 FloatRect 实例，代表当前平台的位置，负责向第 16 章设计的 LevelUpdate 传递位置信息以执行操作。

　　接下来是必不可少的 update 函数与 assemble 函数。前面已经多次介绍了二者的签名，这里不再重复，其具体代码实现才更值得分析。

　　请将以下代码添加到 PlatformUpdate.cpp 文件中：

```cpp
#include "PlatformUpdate.h"
#include "PlayerUpdate.h"

FloatRect* PlatformUpdate::getPositionPointer()
{
  return &m_Position;
}

void PlatformUpdate::assemble(
    shared_ptr<LevelUpdate> levelUpdate,
    shared_ptr<PlayerUpdate> playerUpdate)
{
  m_PlayerPosition = playerUpdate->getPositionPointer();
  m_PlayerIsGrounded = playerUpdate->getGroundedPointer();
}
```

　　这段代码的开头是 getPositionPointer 函数，它能够返回变量 m_Position 的地址。

　　随后是 assemble 函数，其中先以玩家的位置初始化了变量 m_PlayerPosition，这是借助于共享指针 playerUpdate 并调用了它的 getPositionPointer 函数实现的。之后，我们利用 PlayerUpdate 类的一个成员变量的地址来初始化 m_PlayerIsGrounded，这是通过成员函数 getGroundedPointer 实现的。现在，对 m_PlayerPosition 与 m_PlayerIsGrounded 所进行的任何操作均将立刻呈现在玩家类中。

　　接下来我们会编写 update 函数，该函数会在游戏循环的每帧内执行。

为 PlatformUpdate 类编写 update 函数

　　请将以下代码添加到 PlatformUpdate.cpp 文件中以完成 PlatformUpdate 类：

```cpp
void PlatformUpdate::update(float fps)
{
  if (m_Position.intersects(*m_PlayerPosition))
  {
    Vector2f playerFeet(
        m_PlayerPosition->left + m_PlayerPosition->width / 2,
        m_PlayerPosition->top + m_PlayerPosition->height);
    Vector2f playerRight(
        m_PlayerPosition->left + m_PlayerPosition->width,
        m_PlayerPosition->top + m_PlayerPosition->height / 2);
    Vector2f playerLeft(
        m_PlayerPosition->left,
        m_PlayerPosition->top + m_PlayerPosition->height / 2);
    Vector2f playerHead(
```

```
        m_PlayerPosition->left + m_PlayerPosition->width / 2,
        m_PlayerPosition->top);

    if (m_Position.contains(playerFeet))
    {
      if (playerFeet.y > m_Position.top)
      {
        m_PlayerPosition->top =
          m_Position.top - m_PlayerPosition->height;
        *m_PlayerIsGrounded = true;
      }
    }
    else if (m_Position.contains(playerRight))
    {
      m_PlayerPosition->left =
          m_Position.left - m_PlayerPosition->width;
    }
    else if (m_Position.contains(playerLeft))
    {
      m_PlayerPosition->left =
          m_Position.left + m_Position.width;
    }
    else if (m_Position.contains(playerHead))
    {
      m_PlayerPosition->top =
          m_Position.top + m_Position.height;
    }
  }
}
```

这个 update 函数负责完成大部分工作，值得仔细解释。整体而言，这些代码均用于检测玩家是否与平台相撞，并进一步检测玩家与平台发生碰撞的具体部位。首先，此函数最外侧的 if 结构包括其中所有内容，负责判断玩家与平台之间是否存在任何形式的重叠：

```
if (m_Position.intersects(*m_PlayerPosition))
```

这行代码负责进行初步判断。如果玩家与平台之间存在任何形式的重叠，我们便需要通过进一步检测来判断这种重叠是否意味着真正的碰撞。但当不存在任何重叠时，update 函数的所有内容便会被跳过，不予执行。

如果存在重叠，那么接下来的几行代码将定义玩家的几个不同部位，这些部位用于判断发生碰撞的具体部位：

```
Vector2f playerFeet(
    m_PlayerPosition->left + m_PlayerPosition->width / 2,
    m_PlayerPosition->top + m_PlayerPosition->height);
Vector2f playerRight(
    m_PlayerPosition->left + m_PlayerPosition->width,
    m_PlayerPosition->top + m_PlayerPosition->height / 2);
Vector2f playerLeft(
    m_PlayerPosition->left,
    m_PlayerPosition->top + m_PlayerPosition->height / 2);
Vector2f playerHead(
    m_PlayerPosition->left + m_PlayerPosition->width / 2,
    m_PlayerPosition->top);
```

这段代码定义了 playerFeet、playerRight、playerLeft 与 playerHead 这四个
Vector2f 实例。我们在构造它们时需要获取合适的数值并传入其构造函数，而那些值是借助于
指针 m_PlayerPosition 得到的，它指向 PlayerUpdate 类的 m_Position 变量。

接下来先是一个 if 结构，随后则是三条 else if 语句，分别针对在头、右端、左端与脚上
发生碰撞的情况：

```
if (m_Position.contains(playerFeet))
{
  if (playerFeet.y > m_Position.top)
  {
    m_PlayerPosition->top =
        m_Position.top - m_PlayerPosition->height;
    *m_PlayerIsGrounded = true;
  }
}
else if (m_Position.contains(playerRight))
{
  m_PlayerPosition->left =
      m_Position.left - m_PlayerPosition->width;
}
else if (m_Position.contains(playerLeft))
{
  m_PlayerPosition->left =
      m_Position.left + m_Position.width;
}
else if (m_Position.contains(playerHead))
{
  m_PlayerPosition->top =
      m_Position.top + m_Position.height;
}
```

这段代码中，如果发现脚有碰撞，则令脚从上方与平台相接；如果发现右侧有碰撞，则令角
色与平台左侧相接；如果发现左侧有碰撞，则令角色与平台右侧相接；如果发现头部有碰撞，则
令头从底部与平台相接。这些操作使平台成为玩家角色不可穿透的硬性对象实体。重新分析并研
究前面的图片有助于理解其中的原理。

目前，火球等其他游戏实体能够穿透平台，这对我们的游戏而言并不突兀。虽然同样能够获
取火球以及其他游戏对象的位置并进行碰撞检测，但这种操作似乎没有什么意义。

接下来，我们需要为平台指定外观。

18.1.2　编写 PlatformGraphics 类

接下来，我们编写 PlatformGraphics 类，该类将给出 PlatformUpdate 类中数据的可
视化显示。为此，请将以下代码添加到 PlatformGraphics.h 文件中：

```
#pragma once
#include "Graphics.h"
#include "SFML/Graphics.hpp"
using namespace sf;

class PlatformGraphics : public Graphics
{
private:
```

```
   FloatRect* m_Position = nullptr;
   int m_VertexStartIndex = -1;

public:
   //来自 Graphics : Component
   void draw(VertexArray& canvas) override;
   void assemble(
       VertexArray& canvas,
       shared_ptr<Update> genericUpdate,
       IntRect texCoords) override;
};
```

这段代码的私有区段有一个 FloatRect 指针 m_Position,它通过 PlatformUpdate 类来保存平台的当前位置。你应该还记得,游戏逻辑类 LevelUpdate 中包含一个 vector 结构,其中包括平台的所有可能位置,而此类会定期重新设定平台的位置。

int 型变量 m_VertexStartIndex 代表 VertexArray 的一个序号,这是此平台图像的第一个顶点。

公有区段中仍旧包含继承自 Graphics 类的两个函数:draw 函数接受 VertexArray 引用作为参数,而 assemble 函数将用于准备平台,会在工厂内部被每个平台实例调用。在完成此平台类后,我们便开始编写工厂代码。

接下来我们定义两个重写函数。请将以下代码添加到 PlatformGraphics.cpp 文件中:

```
#include "PlatformGraphics.h"
#include "PlatformUpdate.h"

void PlatformGraphics::draw(VertexArray& canvas)
{
 const Vector2f& position = m_Position->getPosition();
 const Vector2f& scale = m_Position->getSize();

 canvas[m_VertexStartIndex].position = position;
 canvas[m_VertexStartIndex + 1].position =
     position + Vector2f(scale.x, 0);
 canvas[m_VertexStartIndex + 2].position =
     position + scale;
 canvas[m_VertexStartIndex + 3].position =
     position + Vector2f(0, scale.y);
}
```

这个刚刚添加的 draw 函数仅利用 m_Position 所指向的内容初始化了 VertexArray 内几个顶点的序号——虽然平台在绝大多数帧中并不移动,但它最终仍会移动,所以我们仍需要初始化 VertexArray。

> 如果存在千余平台,那么我们可以为 PlatformUpdate 类添加一个布尔变量,用于指示当前帧内该平台是否发生了移动,然后,只有在平台确实移动了的情况下,才执行这段代码,这显然是一种优化方式。虽然这种优化不是我们游戏所必需的,但我认为你应该明白这一点。

请为 PlatformGraphics.cpp 文件添加 assemble 函数,完成 PlatformGraphics 类的编写工作:

```
void PlatformGraphics::assemble(VertexArray& canvas,
    shared_ptr<Update> genericUpdate,
    IntRect texCoords)
{
  shared_ptr<PlatformUpdate> platformUpdate =
      static_pointer_cast<PlatformUpdate>(genericUpdate);

  m_Position = platformUpdate->getPositionPointer();

  m_VertexStartIndex = canvas.getVertexCount();
  canvas.resize(canvas.getVertexCount() + 4);

  const int uPos = texCoords.left;
  const int vPos = texCoords.top;
  const int texWidth = texCoords.width;
  const int texHeight = texCoords.height;

  canvas[m_VertexStartIndex].texCoords.x = uPos;
  canvas[m_VertexStartIndex].texCoords.y = vPos;
  canvas[m_VertexStartIndex + 1].texCoords.x =
      uPos + texWidth;
  canvas[m_VertexStartIndex + 1].texCoords.y =
      vPos;
  canvas[m_VertexStartIndex + 2].texCoords.x =
      uPos + texWidth;
  canvas[m_VertexStartIndex + 2].texCoords.y =
      vPos + texHeight;
  canvas[m_VertexStartIndex + 3].texCoords.x =
      uPos;
  canvas[m_VertexStartIndex + 3].texCoords.y =
      vPos + texHeight;
}
```

在上面的 assemble 函数中，所传入的基类 Update 实例被转换为 PlatformUpdate 实例，这让我们能够调用 platformUpdate->getPositionPointer 并以其返回值初始化 m_Position 指针。

接下来，我们会确认并保存图像对应四个顶点的起始序号，然后通过添加四个顶点来调整 VertexArray 的大小。

最后，我们使用 VertexArray 中合适的位置初始化了纹理坐标值。现在，我们的 PlatformGraphics 类便可以使用了。

18.1.3　在工厂中创建平台

接下来我们会为 Factory.cpp 文件添加代码以创建平台。首先，请添加以下 include 指令：

```
#include "PlatformUpdate.h"
#include "PlatformGraphics.h"
```

下面这段代码应被添加到摄像机代码之前、玩家代码之后(高亮显示的代码为前导的玩家代码，不是需要添加的新代码)：

```
// 让 LevelUpdate 能够访问此 player
levelUpdate->assemble(nullptr, playerUpdate);

// 针对平台
for (int i = 0; i < 8; ++i)
{
  GameObject platform;
  shared_ptr<PlatformUpdate> platformUpdate =
      make_shared<PlatformUpdate>();
  platformUpdate->assemble(nullptr, playerUpdate);
  platform.addComponent(platformUpdate);

  shared_ptr<PlatformGraphics> platformGraphics =
      make_shared<PlatformGraphics>();

  platformGraphics->assemble(
    canvas,
    platformUpdate,
    IntRect(PLATFORM_TEX_LEFT, PLATFORM_TEX_TOP,
        PLATFORM_TEX_WIDTH, PLATFORM_TEX_HEIGHT));
  platform.addComponent(platformGraphics);
  gameObjects.push_back(platform);

  levelUpdate->addPlatformPosition(
      platformUpdate->getPositionPointer());
}
// 平台结束
```

为 Factory.cpp 添加的这段新代码位于一个将会反复执行八次的 for 循环结构中。反复执行的次数对应着平台数，而且虽然可以尝试其他次数，但八次的效果已相当不错。接下来，我们会详细解释循环体的具体操作。

首先，我们定义了新的 GameObject 对象 platform，并定义了 PlatformUpdate 共享指针 platformUpdate。随后调用了后者的 assemble 函数并传入 playerUpdate 作为参数，再调用 addComponent 将 platformUpdate 添加到 platform 中。

其次，我们创建了 PlatformGraphic 共享指针，并参照 Graphics 派生类的统一行为以 VertexArray、platformUpdate 和纹理坐标为参数调用了 assemble 函数，其中 platformUpdate 是作为基类 Update 传入的。

再次，我们为 platform 对象添加了 PlatformGraphics 实例，并为 gameObjects 对象调用其 push_back 函数以将 platform 存入其中。

最后，我们使用了 levelUpdate，调用其 addPlatformPosition 函数并传入 platformUpdate->getPositionPointer 的返回值，从而让 LevelUpdate 类能够直接操作新建平台的位置。接下来，外侧的 for 循环则保证这些过程还将继续重复七次。

现在让我们运行游戏，查看当前的进度。

18.2　运行游戏

请临时将 LevelUpdate.h 文件中的一行代码改为以下形式：

```
bool m_IsPaused = false;
```

将 m_IsPaused 改为 false 便可创建平台。现在，请运行游戏，效果如图 18.2 所示。

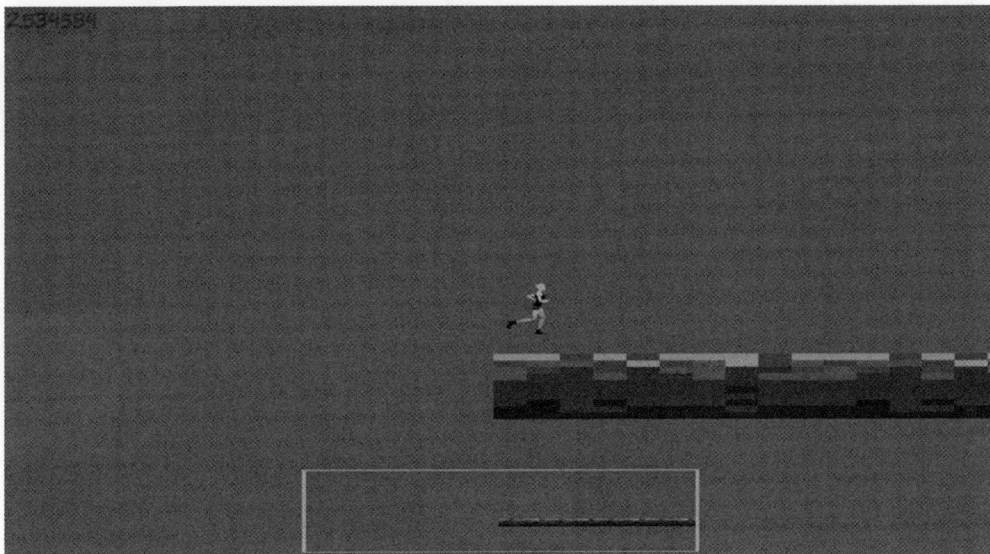

图 18.2　查看平台

注意左上角的计时器在运行，并且当平台重新出现在玩家角色前方时，它们在玩家后方就消失了。

现在请将 m_IsPaused 改回 true，我们要让玩家角色动起来了。

18.3　为玩家添加新功能

目前玩家无法执行任何操作，但接下来我们会从两个方面改变它：我们将通过 InputReceiver 来响应键盘输入，该操作发生在 handleInput 函数中，最终让玩家角色能够移动；之后，我们将实现移动过程的动画效果。

编写玩家控制机制

PlayerUpdate.h 中已经定义了所需要的全部变量，我们仅需要在 PlayerUpdate.cpp 中令其发挥作用即可。以下是 handleInput 函数的完整代码，请相应编辑此文件：

```cpp
void PlayerUpdate::handleInput()
{
  if (event.type == Event::KeyPressed)
  {
    if (event.key.code == Keyboard::D)
    {
      m_RightIsHeldDown = true;
    }
    if (event.key.code == Keyboard::A)
    {
```

```
        m_LeftIsHeldDown = true;
      }
      if (event.key.code == Keyboard::W)
      {
        m_BoostIsHeldDown = true;
      }
      if (event.key.code == Keyboard::Space)
      {
        m_SpaceHeldDown = true;
      }
    }

    if (event.type == Event::KeyReleased)
    {
      if (event.key.code == Keyboard::D)
      {
        m_RightIsHeldDown = false;
      }
      if (event.key.code == Keyboard::A)
      {
        m_LeftIsHeldDown = false;
      }
      if (event.key.code == Keyboard::W)
      {
        m_BoostIsHeldDown = false;
      }
      if (event.key.code == Keyboard::Space)
      {
        m_SpaceHeldDown = false;
      }
    }

    m_InputReceiver.clearEvents();
  }
```

这段代码中有两条 if 语句,其中第一条在按下键盘上的一些按键时执行,而第二条则在松开某键时执行。具体而言,我们会分别响应 W、A、D 与空格等键,进而根据(上/下)移动方向将相应的布尔变量设为 true。由于负责调用此 handleInput 的正是 update 函数,因此 update 函数在调用此函数后便能根据其设定的布尔变量来执行相应动作。

接下来,我们会为 PlayerUpdate 类的 update 函数添加代码,只是这需要通过若干阶段来完成,因为这个函数很长,我们需要将它拆成几个小片段以便解释。请注意,我们已经移动了原先那行函数调用代码的位置。如此一来,从头开始编辑此函数反而更简单。同时,虽然在下面的解释中我们拆分了 update 函数,但先添加该函数的所有代码再逐一解释每个部分的效果可能会更好,这也是前面项目中的一贯做法。如果对 update 函数中代码的顺序或位置有任何疑问,请参考 Run4 文件夹内的 PlayerUpdate.cpp 文件。

update 函数的所有代码均位于以下这个结构中。请首先添加这些代码:

```
void PlayerUpdate::update(float timeTakenThisFrame)
{
  if (!*m_IsPaused)
  {
    // 其余全部代码
```

```
   }
 }
```

这段代码先检查是否暂停游戏，如果是，则不会执行 update 函数的任何代码。请将这些代码添加到 "// 其余全部代码" 之后：

```
m_Position.top += m_Gravity * timeTakenThisFrame;
handleInput();

if (m_IsGrounded)
{
  if (m_RightIsHeldDown)
  {
    m_Position.left += timeTakenThisFrame * m_RunSpeed;
  }
  if (m_LeftIsHeldDown)
  {
    m_Position.left -= timeTakenThisFrame * m_RunSpeed;
  }
}
```

注意，这段代码将分别测试我们在前面 handleInput 函数中设定的各个布尔变量的值，并相应改变 m_Position 的值。

其中的第一行代码永远会执行(除非游戏暂停)，负责在游戏世界中向下推动玩家，而推动的幅度由重力幅度(m_Gravity)与游戏循环的执行时间(timeTakenThisFrame)的乘积决定。

接下来将调用 handleInput 函数设定所有布尔变量，随后的 if 条件将检测玩家是否站立于某平台上。之所以需要这种检测，是因为我们希望仅在玩家站在平台上时才去响应左右跑动的动作，毕竟人类无法在空中跑动。所以，当玩家站在平台上并且按下向左(*A*)或向右(*D*)的键时，m_Position 会根据游戏循环的时间以及玩家速度来向左或向右移动。

下面我们需要提供更多运动方式。为此，请添加以下代码：

```
if (m_BoostIsHeldDown)
{
  m_Position.top -= timeTakenThisFrame * m_BoostSpeed;
  if (m_RightIsHeldDown)
  {
    m_Position.left += timeTakenThisFrame * m_RunSpeed / 4;
  }
  if (m_LeftIsHeldDown)
  {
    m_Position.left -= timeTakenThisFrame * m_RunSpeed / 4;
  }
}
```

这段代码仅仅在按下推进按钮(*W*)时执行，玩家将根据具体推力(m_BoostSpeed)与当前帧的执行时间在游戏世界中向上运动。此外，如果在向上推进期间同时按下了 *A* 或 *D* 键，则玩家也会向左或向右移动，仿佛她仍在平台上跑动，但此时的移动量要除以 4，这大大降低了推进状态下左右移动的效果。这种设定使得推进仅限于应对从平台上坠下或起跳以躲避飞来的火球等紧急情况，杜绝了通过持续向右推进运动而赢得高分的作弊手段。

接下来请添加下面这段代码：

```
// 处理跳跃
if (m_SpaceHeldDown && !m_InJump && m_IsGrounded)
{
  SoundEngine::playJump();
  m_InJump = true;
  m_JumpClock.restart();
}

if (!m_SpaceHeldDown)
{
  //mInJump = false;
}
```

这段代码通过判断玩家是否在立于平台时按下空格键来处理玩家的跳跃尝试。当满足这两个条件时，游戏会播放跳跃音效，并将 m_InJump 设为 true，再让时钟(m_JumpClock)重新计时以测定玩家的跳跃时间。

接下来是 update 函数的最后部分，请添加这段代码：

```
if (m_InJump)
{
  if (m_JumpClock.getElapsedTime().asSeconds() <
      m_JumpDuration / 2)
  {
    // 向上
    m_Position.top -= m_JumpSpeed * timeTakenThisFrame;
  }
  else
  {
    // 向下
    m_Position.top += m_JumpSpeed * timeTakenThisFrame;
  }
  if (m_JumpClock.getElapsedTime().asSeconds() >
      m_JumpDuration)
  {
    m_InJump = false;
  }
  if (m_RightIsHeldDown)
  {
    m_Position.left += timeTakenThisFrame * m_RunSpeed;
  }
  if (m_LeftIsHeldDown)
  {
    m_Position.left -= timeTakenThisFrame * m_RunSpeed;
  }
}// if(m_InJump)结束

m_IsGrounded = false;
```

布尔变量 m_InJump 负责标识玩家角色当前是否处于跳跃状态，而这段代码全部用于控制玩家角色在处于跳跃状态时的动作。在断定她正在跳跃后所运行的第一行代码是一条 if 语句，负责判断跳跃状态是否过半：

```
if (m_JumpClock.getElapsedTime().asSeconds() <
    m_JumpDuration / 2)
```

如果没有过半，则玩家角色将由此 if 块控制并向上运动；如果已过半，则对应的 else 块将控制她向下运动。

此 else 块后的代码将判断是否应该结束跳跃状态，下面再次给出这段代码：

```
if (m_JumpClock.getElapsedTime().asSeconds() >
        m_JumpDuration)
{
  m_InJump = false;
}
```

随后是跳跃代码的最后部分，将针对左右方向进行判断，并在按下空格键时相应让她左右移动。注意，她在跳跃时左右移动的速度与其跑动速度相同，这显然是很科学的设定，但应该尽量跑动与跳跃而避免使用推进功能，这一点更值得强调。

18.4　运行游戏

此时，你又可以将 LevelUpdate.h 文件中的一行代码改为以下状态(如果其仍为原状)：

```
bool m_IsPaused = false;
```

运行游戏后，你将发现玩家角色能够在平台上滑动，也能跳跃，还具有推进功能，但不带有任何动画效果，如图 18.3 所示。

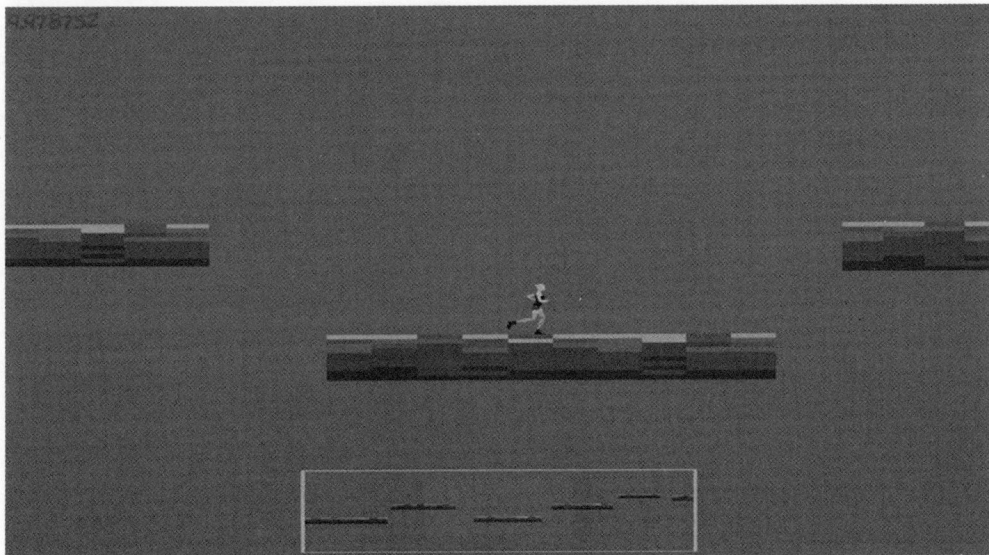

图 18.3　不带动画的移动效果

显然，Run 游戏不是一个纯粹的滑冰游戏，所以接下来我们要让玩家角色动起来。这将分为两个阶段进行：我们首先会创建从纹理图集中挑选动画分帧画面(即选定一组纹理坐标)的 Animator 类，其次向 PlayerGraphics 类添加代码以使用它。

18.5   编写 Animator 类

首先, 我们要实现 **Animator** 类。除玩家类外, 此类还供 **FireballGraphics** 与 **RainGraphics** 使用。事实上, 对于涉及多帧动画的一个类而言, 只要其各帧满足大小相同、均匀排列以及纵坐标相等这三个条件, 那么它便能利用 Animator 类实现动画效果。我们的 Animator 类可以通过配置而逆向播放动画, 很快我们便会发现这在玩家向相反方向运动时非常有用, 甚至还可以实现太空漫步的效果(这将留待读者自行探索)。此外, **Animator** 类还支持将帧率与总帧数延迟到运行时而进行动态设定。

下面新建此 Animator 类(如果还没有创建的话), 并将以下代码添加到 Animator.h 文件中:

```cpp
#pragma once
#include<SFML/Graphics.hpp>
using namespace sf;

class Animator
{
private:
  IntRect m_SourceRect;
  int m_LeftOffset;
  int m_FrameCount;
  int m_CurrentFrame;
  int m_FramePeriod;
  int m_FrameWidth;
  int m_FPS = 12;
  Clock m_Clock;

public:
  Animator(
      int leftOffset,
      int topOffset,
      int frameCount,
      int textureWidth,
      int textureHeight,
      int fps);
  IntRect* getCurrentFrame(bool reversed);
};
```

接下来我们将逐一分析此 Animator.h 文件中的代码。首先, IntRect 实例 m_SourceRect 将保存动画的当前帧在纹理图集中的整型坐标。变量 m_LeftOffset 则定义了动画当前帧左侧边界的横向坐标值。很快, 我们会发现为此变量增加 m_FrameWidth 后便可到达下一组纹理坐标。

接下来, int 型变量 m_FrameCount 保存动画的总帧数, 而 m_CurrentFrame 变量则对应着当前要绘制的帧的序号。int 型变量 m_FramePeriod 表示每帧动画所持续的时间, 该值是通过将 1 除以帧数来计算的。int 型变量 m_FrameWidth 代表动画帧的宽度, 它在指定某动画后是恒定不变的。

m_FPS 变量代表帧率, 即每秒播放的动画帧数。Clock 实例 m_Clock 则负责记录时间, 以便计算动画的帧率。

Animator 类的构造函数带有许多参数，依次是 int leftOffset、int topOffset、int frameCount、int textureWidth、int textureHeight、int fps。这些参数分别对应着该类中基本同名的成员变量，并在构造函数体中完成赋值。

getCurrentFrame 负责计算当前需要绘制的动画帧，并将此帧在纹理图集中的纹理坐标通过 IntRect 指针而返回。其布尔参数 reversed 则负责通知此函数是否需要逆向播放动画，当它为 true 时该函数会在纹理图集中从右向左地计算当前帧。

下面在 Animator.cpp 中编写这些函数的定义。以下是此类构造函数的代码，请将其添加到 Animation.cpp 文件中：

```cpp
#include "Animator.h"

Animator::Animator(
    int leftOffset,
    int topOffset,
    int frameCount,
    int textureWidth,
    int textureHeight,
    int fps)
{
  m_LeftOffset = leftOffset;

  m_CurrentFrame = 0;
  m_FrameCount = frameCount;

  m_FrameWidth = (float)textureWidth / m_FrameCount;
  m_SourceRect.left = leftOffset;
  m_SourceRect.top = topOffset;
  m_SourceRect.width = m_FrameWidth;
  m_SourceRect.height = textureHeight;
  m_FPS = fps;

  m_FramePeriod = 1000 / m_FPS;
  m_Clock.restart();
}
```

Animator 类的构造函数首先使用 leftOffset、currentFrame 与 frameCount 进行初始化。其中帧宽度的计算方式是纹理总宽度除以总帧数，而 IntRect 实例 m_SourceRect 的起始值代表当前纹理坐标，是通过左右偏移量、帧宽度、纹理高度初始化的。考虑到动画的全部帧是横向均匀排列的，这种做法自有其道理。

接下来向 Animator.cpp 文件中添加 getCurrentFrame 函数：

```cpp
IntRect* Animator::getCurrentFrame(bool reversed)
{
  // 逆向播放时，所绘制纹理的序号需要加1，
  // 这是为了反转(横向翻转)纹理的各个像素点
  // 从右向左绘制

  if (m_Clock.getElapsedTime().asMilliseconds() > m_FramePeriod)
  {
    m_CurrentFrame++;
    if (m_CurrentFrame >= m_FrameCount + reversed)
    {
```

```
    m_CurrentFrame = 0 + reversed;
  }

  m_Clock.restart();
}

m_SourceRect.left = m_LeftOffset +
    m_CurrentFrame * m_FrameWidth;

return &m_SourceRect;
}
```

getCurrentFrame 函数的第一条 if 语句检查是否应该前进至下一帧,如果需要到下一帧,则自增 m_CurrentFrame 的值。下一条 if 语句确保我们没有超出最后一帧,因为到达最后一帧时此结构将把 m_CurrentFrame 重置为零。倒数第二行语句初始化了 m_SourceRect 中的纹理坐标,最终将 m_SourceRect 的地址返回给调用代码。

接下来,我们将编写 PlayerGraphics 类,为其添加调用这些新函数的代码。

18.6　编写玩家动画

本节将使用我们刚刚编写的 Animator 类。显然,我们会使用 getCurrentFrame 函数实现动画,但有时还需要额外引用纹理图集中的某些单独帧,例如,玩家推进时的帧,见图 18.4。

图 18.4　推进中的玩家角色

此外我们发现,虽然 Animator 类能够翻转动画各帧的播放顺序,但当玩家面向左侧时我们同样需要左右翻转纹理图。本节的代码将展示如何判断是否需要翻转图并展示实际的翻转操作,例如,上面的推进图有时需要如图 18.5 所示进行绘制。

图 18.5　翻转的推进角色

这种功能很简单,能够轻松实现,我们很快便能对玩家角色的所有帧进行实际操作。实际上,

PlayerGraphics.h 文件已经提供了所有必需项，我们只需要取消下面这行代码前的注释符号，使其生效即可：

```
// 我们很快会回到这里
class Animator;
```

还需要取消下面这行代码前的注释符号，使其生效：

```
// 我们很快会回到这里
Animator* m_Animator;
```

如此，我们便添加了 Animator 类的前置声明，随后又添加了此类的一个指针实例。

现在，我们需要向 PlayerGraphics.cpp 文件添加一些代码。首先，请为其添加一条 include 指令：

```
#include "Animator.h"
```

既然拥有了 Animator 类，那么此文件内 assemble 函数的大多数代码便失去了意义。以下是该函数的新定义，完全可以用它替换原有的代码：

```
void PlayerGraphics::assemble(
    VertexArray& canvas,
    shared_ptr<Update> genericUpdate,
    IntRect texCoords)
{
  m_PlayerUpdate = static_pointer_cast<PlayerUpdate>(genericUpdate);
  m_Position = m_PlayerUpdate->getPositionPointer();
  m_Animator = new Animator(
    texCoords.left,
    texCoords.top,
    6,    // 总计6帧
    texCoords.width * 6,
    texCoords.height,
    12); // FPS

  // 获取动画的第一帧
  m_SectionToDraw = m_Animator->getCurrentFrame(false);
  m_StandingStillSectionToDraw = m_Animator->getCurrentFrame(false);

  m_VertexStartIndex = canvas.getVertexCount();
  canvas.resize(canvas.getVertexCount() + 4);
}
```

这是新版的 assemble 函数。首先，该函数通过将 Update 实例转换为 PlayerUpdate 实例并调用其 getPositionPointer 函数，获取了玩家的位置。

其次，该函数调用 new 运算符初始化了 Animator 实例，此时要求传入所需的参数，这些参数的意义依次是左/上纹理坐标、总计 6 帧、总宽度与总高度、帧率为每秒 12 帧。前面编写的 Animator 类将利用这些数据进行计算，从而在每次调用 getCurrentFrame 时提供正确的动画帧。虽然我们可以让此 getCurrentFrame 成为 PlayerGraphics 类的成员函数，但这样做不利于实现火球与下雨的动画效果。只要有 Animator 类，我们就可以按照需求随意重用它，轻松实现火球与下雨的效果。

下一行代码通过调用 getCurrentFrame 函数初始化了 IntRect 实例 m_SectionToDraw。

接着，再次调用同一个函数初始化了 m_StandingStillSectionToDraw，而注释中所提到的第一帧则对应着此角色处于静止状态时的形象。

assemble 函数的最后部分以 canvas.getVertexCount 返回值与1的差值初始化了图像四个顶点的首帧，并通过 canvas.resize 函数扩展了它的容量。

draw 函数则完全发生了变化，所以可以将原本在 PlayerUpdate.cpp 文件内的这个函数整体替换为后面的新代码。虽然 draw 函数很长，却不必将其拆为多个函数，所以这里保留了这个长函数，并在解释时将其分解。如果你认为下面展示代码的方式让你难以确定代码的位置与结构，那么我推荐通过 Run4 内的 PlayerGraphics.cpp 文件来获取完整的 draw 函数。整体而言，这些代码并不复杂，只是为了绘制此角色，我们需要考虑很多情况，例如，她可以移动、跳跃、推进、站立、面向左或向右，等等，而这些选项及其组合会影响绘制方式。接下来，我们先添加并运行 draw 函数的完整代码，实际体验一番，然后再回来学习这些代码的工作原理。

draw 函数的第一部分代码如下:

```cpp
void PlayerGraphics::draw(VertexArray& canvas)
{
  const Vector2f& position = m_Position->getPosition();
  const Vector2f& scale = m_Position->getSize();

  canvas[m_VertexStartIndex].position = position;
  canvas[m_VertexStartIndex + 1].position =
      position + Vector2f(scale.x, 0);
  canvas[m_VertexStartIndex + 2].position =
      position + scale;
  canvas[m_VertexStartIndex + 3].position =
      position + Vector2f(0, scale.y);

  if (m_PlayerUpdate->m_RightIsHeldDown &&
      !m_PlayerUpdate->m_InJump &&
      !m_PlayerUpdate->m_BoostIsHeldDown &&
      m_PlayerUpdate->m_IsGrounded)
  {
    m_SectionToDraw = m_Animator->getCurrentFrame(false);
  }

  if (m_PlayerUpdate->m_LeftIsHeldDown &&
      !m_PlayerUpdate->m_InJump &&
      !m_PlayerUpdate->m_BoostIsHeldDown &&
      m_PlayerUpdate->m_IsGrounded)
  {
    m_SectionToDraw = m_Animator->getCurrentFrame(true);
  }
  else  // 反转
  {
    // 判断玩家的朝向以防在跳跃或推进时有所改变
    // 该值将用作最后的动画选项
    if (m_PlayerUpdate->m_LeftIsHeldDown)
    {
      m_LastFacingRight = false;
    }
    else
    {
```

```
        m_LastFacingRight = true;
    }
}
```

这部分代码首先设定了顶点，判断是从动画前一帧的左侧还是从右侧获取这一帧，并相应设定 m_LastFacingRight 的值。而在下面的几部分代码中，我们会把合适的帧放入 VertexArray 实例中备用。

请继续将以下代码添加到 draw 函数中：

```
const int uPos = m_SectionToDraw->left;
const int vPos = m_SectionToDraw->top;
const int texWidth = m_SectionToDraw->width;
const int texHeight = m_SectionToDraw->height;

if (m_PlayerUpdate->m_RightIsHeldDown &&
    !m_PlayerUpdate->m_InJump &&
    !m_PlayerUpdate->m_BoostIsHeldDown)
{
  canvas[m_VertexStartIndex].texCoords.x = uPos;
  canvas[m_VertexStartIndex].texCoords.y = vPos;
  canvas[m_VertexStartIndex + 1].texCoords.x =
      uPos + texWidth;
  canvas[m_VertexStartIndex + 1].texCoords.y =
      vPos;
  canvas[m_VertexStartIndex + 2].texCoords.x =
      uPos + texWidth;
  canvas[m_VertexStartIndex + 2].texCoords.y =
      vPos + texHeight;
  canvas[m_VertexStartIndex + 3].texCoords.x =
      uPos;
  canvas[m_VertexStartIndex + 3].texCoords.y =
      vPos + texHeight;
}
```

draw 函数的这部分代码检测玩家是否在没有跳跃没有推进时按下了右向移动键，即判断玩家是否在向右跑动。如果是这种情况，那么我们仅需要继续循环播放面向正常方向的动画帧。同时，考虑到前面已经将 getCurrentFrame 的返回坐标存储在 m_SectionToDraw 中，这里会进一步将其复制到 uPos、vPos、texWidth 与 texHeight 几个常量中，并相应设定 VertexArray 的纹理坐标。

请再把以下代码添加到 draw 函数中：

```
else if (m_PlayerUpdate->m_LeftIsHeldDown &&
        !m_PlayerUpdate->m_InJump &&
        !m_PlayerUpdate->m_BoostIsHeldDown)
{
  canvas[m_VertexStartIndex].texCoords.x = uPos;
  canvas[m_VertexStartIndex].texCoords.y = vPos;
  canvas[m_VertexStartIndex + 1].texCoords.x =
      uPos - texWidth;
  canvas[m_VertexStartIndex + 1].texCoords.y =
      vPos;
```

```
canvas[m_VertexStartIndex + 2].texCoords.x =
    uPos - texWidth;
canvas[m_VertexStartIndex + 2].texCoords.y =
    vPos + texHeight;
canvas[m_VertexStartIndex + 3].texCoords.x =
    uPos;
canvas[m_VertexStartIndex + 3].texCoords.y =
    vPos + texHeight;
}
```

draw 函数的这段代码中的 else if 语句会在玩家按下左向移动键且没有跳跃没有推进时执行，这与前面的 if 语句的情况基本相反，对应着玩家向左跑动的情况。乍看起来，这段代码似乎相同，但其中在处理纹理横坐标宽度的方法上存在差异：这里第二个顶点与第三个顶点的 x 坐标的计算方式如下：

```
= uPos - texWidth;
```

而第一个与第四个顶点的 x 坐标的计算方式则如下所示：

```
= uPos;
```

这样做的效果是让纹理图元的右侧像素出现在顶点四边形的左侧，从右向左移动的纹理像素点则对应着从左向右移动的图像像素点。这基本上实现了横向翻转图像的效果，也正是角色面向左侧时所需要的效果。

请继续将以下代码添加到 draw 函数中：

```
else if (m_PlayerUpdate->m_RightIsHeldDown &&
        m_PlayerUpdate->m_BoostIsHeldDown)
{
    canvas[m_VertexStartIndex].texCoords.x = BOOST_TEX_LEFT;
    canvas[m_VertexStartIndex].texCoords.y = BOOST_TEX_TOP;
    canvas[m_VertexStartIndex + 1].texCoords.x =
        BOOST_TEX_LEFT + BOOST_TEX_WIDTH;
    canvas[m_VertexStartIndex + 1].texCoords.y =
        BOOST_TEX_TOP;
    canvas[m_VertexStartIndex + 2].texCoords.x =
        BOOST_TEX_LEFT + BOOST_TEX_WIDTH;
    canvas[m_VertexStartIndex + 2].texCoords.y =
        BOOST_TEX_TOP + BOOST_TEX_HEIGHT;
    canvas[m_VertexStartIndex + 3].texCoords.x =
        BOOST_TEX_LEFT;
    canvas[m_VertexStartIndex + 3].texCoords.y =
        BOOST_TEX_TOP + BOOST_TEX_HEIGHT;
}
```

这部分代码中的 else if 结构负责检测玩家是否同时按下了右向移动键与推进键。如果是，那么此结构将使用整型常量 BOOST_TEX_LEFT、BOOST_TEX_TOP、BOOST_TEX_WIDTH 与 BOOST_TEX_HEIGHT 作为纹理坐标，它们对应着纹理图集中的推进图像。

请再将以下代码添加到 draw 函数中：

```
else if (m_PlayerUpdate->m_LeftIsHeldDown &&
        m_PlayerUpdate->m_BoostIsHeldDown)
```

```
{
  canvas[m_VertexStartIndex].texCoords.x =
      BOOST_TEX_LEFT + BOOST_TEX_WIDTH;
  canvas[m_VertexStartIndex].texCoords.y = 0;
  canvas[m_VertexStartIndex + 1].texCoords.x =
      BOOST_TEX_LEFT;
  canvas[m_VertexStartIndex + 1].texCoords.y = 0;
  canvas[m_VertexStartIndex + 2].texCoords.x =
      BOOST_TEX_LEFT;
  canvas[m_VertexStartIndex + 2].texCoords.y = 100;
  canvas[m_VertexStartIndex + 3].texCoords.x =
      BOOST_TEX_LEFT + BOOST_TEX_WIDTH;
  canvas[m_VertexStartIndex + 3].texCoords.y = 100;
}
```

这段 else if 结构检测玩家是否正在向左推进。这里同样使用代表推进状态的常量，同时在绘于屏幕时横向翻转坐标，从右向左读取角色的像素点使其面朝左侧，类似于玩家向左跑动的情况。

请继续再将以下代码添加到 draw 函数中：

```
else if (m_PlayerUpdate->m_BoostIsHeldDown)
{
  canvas[m_VertexStartIndex].texCoords.x =
      BOOST_TEX_LEFT;
  canvas[m_VertexStartIndex].texCoords.y =
      BOOST_TEX_TOP;
  canvas[m_VertexStartIndex + 1].texCoords.x =
      BOOST_TEX_LEFT + BOOST_TEX_WIDTH;
  canvas[m_VertexStartIndex + 1].texCoords.y =
      BOOST_TEX_TOP;
  canvas[m_VertexStartIndex + 2].texCoords.x =
      BOOST_TEX_LEFT + BOOST_TEX_WIDTH;
  canvas[m_VertexStartIndex + 2].texCoords.y =
      BOOST_TEX_TOP + BOOST_TEX_HEIGHT;
  canvas[m_VertexStartIndex + 3].texCoords.x =
      BOOST_TEX_LEFT;
  canvas[m_VertexStartIndex + 3].texCoords.y =
      BOOST_TEX_TOP + BOOST_TEX_HEIGHT;
}
```

这个 else if 结构仅在按下推进键时才会执行，所用常量与向右推进相同。

最后，请将以下代码添加到 draw 函数中：

```
else
{
  if (m_LastFacingRight)
  {
    canvas[m_VertexStartIndex].texCoords.x =
        m_StandingStillSectionToDraw->left;
    canvas[m_VertexStartIndex].texCoords.y =
        m_StandingStillSectionToDraw->top;
    canvas[m_VertexStartIndex + 1].texCoords.x =
```

```
                m_StandingStillSectionToDraw->left + texWidth;
            canvas[m_VertexStartIndex + 1].texCoords.y =
                m_StandingStillSectionToDraw->top;
            canvas[m_VertexStartIndex + 2].texCoords.x =
                m_StandingStillSectionToDraw->left + texWidth;
            canvas[m_VertexStartIndex + 2].texCoords.y =
                m_StandingStillSectionToDraw->top + texHeight;
            canvas[m_VertexStartIndex + 3].texCoords.x =
                m_StandingStillSectionToDraw->left;
            canvas[m_VertexStartIndex + 3].texCoords.y =
                m_StandingStillSectionToDraw->top + texHeight;
        }
        else
        {
          canvas[m_VertexStartIndex].texCoords.x =
              m_StandingStillSectionToDraw->left + texWidth;
          canvas[m_VertexStartIndex].texCoords.y =
              m_StandingStillSectionToDraw->top;
          canvas[m_VertexStartIndex + 1].texCoords.x =
              m_StandingStillSectionToDraw->left;
          canvas[m_VertexStartIndex + 1].texCoords.y =
              m_StandingStillSectionToDraw->top;
          canvas[m_VertexStartIndex + 2].texCoords.x =
              m_StandingStillSectionToDraw->left;
          canvas[m_VertexStartIndex + 2].texCoords.y =
              m_StandingStillSectionToDraw->top + texHeight;
          canvas[m_VertexStartIndex + 3].texCoords.x =
              m_StandingStillSectionToDraw->left + texWidth;
          canvas[m_VertexStartIndex + 3].texCoords.y =
              m_StandingStillSectionToDraw->top + texHeight;
        }
    }
}
```

这是 draw 函数最后的一段代码，其中含有为前面 if 结构与所有 else if 结构提供的最后的 else 子句[1]，对应着其余各种情况均不发生时才会执行的最后选择，负责处理玩家站立不动的情况。整体来看，此 else 块中是一个 if-else 结构，在 m_LastFacingRight 为 true 时会执行其中的 if 块，否则执行 else 块。同时，两种情况均会使用 m_Standing-StillSectionToDraw 来设定纹理坐标，只是 else 块会翻转横坐标以让玩家角色朝向左侧。

现在，我们可以享受我们努力的成果并运行游戏了。

18.7 运行游戏

请将 LevelUpdate.h 文件中的一行代码临时改为如下形式：

```
bool m_IsPaused = false;
```

---

1 子句是语句的子结构，它们本身不构成完整的语句，需要与其他子句或结构结合使用，例如，这里的 else，前面介绍 switch 时的 case 与 default 也是子句的例子。

将 m_IsPaused 设为 false，开始创建平台。

现在，请运行代码，动画效果如图 18.6 所示。

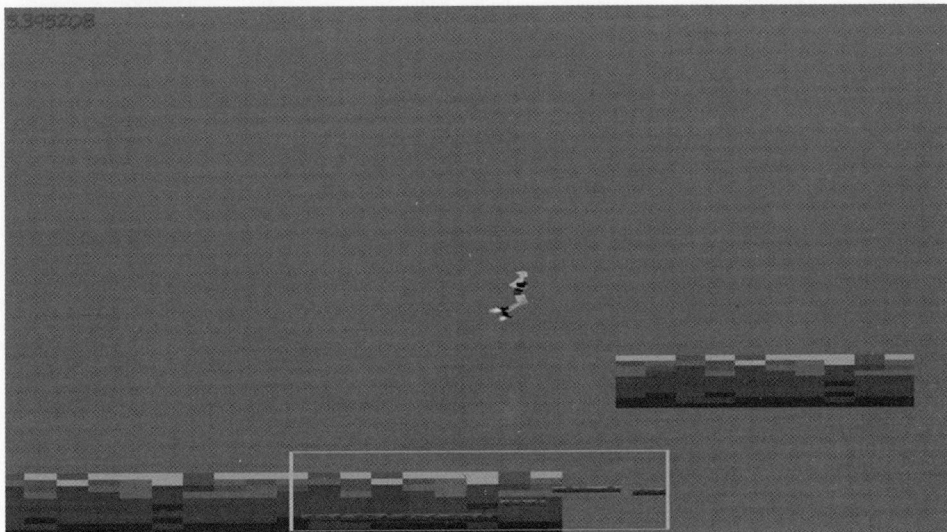

图 18.6　验收动画效果

现在玩家可以尽情跑动/推进/跳跃，直到心满意足为止；不要忘记测试向左跑动，检查被我们翻转了的动画是否依旧效果不错。

此后，请将 m_IsPaused 改回 true，因为我们很快会编写一个菜单来实现这个功能。

18.8　本章小结

本章编程实现了平台，如你所想，这需要添加两个分别派生自 Update 与 Graphics 的类。此外，我们还添加了控制玩家角色的方法，编写了 Animator 类并在 PlayerGraphics 类中使用该类，从而让玩家角色能够平滑地左右跑动。下一章将首先构建一个菜单来控制游戏的暂停、恢复与退出，然后我们还会赐予玩家一些雨水。

第**19**章

创建菜单与实现下雨效果

本章将实现两大重要功能：其一是提供一个游戏菜单界面，让玩家通过其中的相应选项实现开始、暂停、重新开始与退出游戏等功能；其二是实现简单的下雨效果。你可能会认为下雨效果没有必要，甚至不适合 Run 游戏，但这个技巧简单又有趣，很值得学习。在本章中，我们为实现这两个功能会再次编写 Graphics 与 Update 的派生类并将其组合为 GameObject 实例，且仍需要保证这两个派生类能与游戏中其他实体协作。这些工作可能更有趣味，也更值得期待。

本章将涵盖以下主题：
- 构建交互式菜单
- 编写 MenuUpdate 类
- 编写 MenuGraphics 类
- 在工厂中构建菜单
- 实现下雨效果
- 编写 RainGraphics 类
- 在工厂中实现下雨效果

文件夹 Run5 将展示本章结束时的代码。

19.1 构建交互式菜单

可以将游戏菜单以两种状态展示给玩家，如图 19.1 所示。

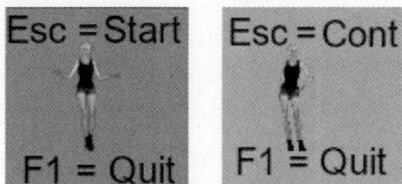

图 19.1 两种菜单状态

该图展示的是两种菜单样式，其中左侧的菜单告知玩家可以按下 *Esc* 键开始游戏，或按下 *F1* 功能键退出游戏；而右侧的菜单则指示按下 *Esc* 键可继续游戏，按下 *F1* 键可退出游戏。这种微妙差异源自在游戏进行时按下 *Esc* 键即可暂停游戏，而两种菜单中的 *F1* 键均可退出游戏，但 *F1*

键在游戏进行时无效。

19.1.1　编写 MenuUpdate 类

下面我们将新建两个类以控制游戏菜单，其中第一个类是 MenuUpdate，派生自 Update；第二个类是 MenuGraphics，派生自 Graphics。

接下来便开始实际编程。请将以下代码添加到 MenuUpdate.h 文件中：

```
#pragma once
#include "Update.h"
#include "InputReceiver.h"
#include <SFML/Graphics.hpp>

using namespace sf;
using namespace std;

class MenuUpdate : public Update
{
private:
  FloatRect m_Position;
  InputReceiver m_InputReceiver;
  FloatRect* m_PlayerPosition = nullptr;
  bool m_IsVisible = false;
  bool* m_IsPaused;
  bool m_GameOver;
  RenderWindow* m_Window;

public:
  MenuUpdate(RenderWindow* window);
  void handleInput();
  FloatRect* getPositionPointer();
  bool* getGameOverPointer();
  InputReceiver* getInputReceiver();

  //来自 Update : Component
  void update(float fps) override;
  void assemble(
     shared_ptr<LevelUpdate> levelUpdate,
     shared_ptr<PlayerUpdate> playerUpdate) override;
};
```

以下我们依次介绍这段代码中的每个变量与函数：

- FloatRect 变量 m_Position 用于保存横纵位置与菜单大小。
- InputReceiver 实例 m_InputReceiver 与 PlayerUpdate、CameraUpdate 两个类的同名成员性质相同。根据前面的讨论，该实例的具体作用在于响应 *Esc* 键与 *F1* 键。
- FloatRect 指针 m_PlayerPosition 代表玩家的位置，而菜单将基于此位置显示在屏幕上。
- 布尔变量 m_IsVisible 让菜单类能够在展示与隐藏菜单之间进行选择。
- 布尔指针 m_IsPaused 用于保存 LevelUpdate 中同名成员变量的地址，而该变量代表游戏是否暂停。此外，我们可以通过连用 m_IsVisible、m_GameOver 与该变量来决定显示菜单的时机，并确定所使用的图像。此变量后便是 m_GameOver，它也是个布尔变量。

- RenderWindow 指针 m_Window 让菜单类拥有关闭游戏窗口、结束游戏执行的能力。
- MenuUpdate 类的构造函数负责初始化，处理 assemble 函数无法处理的一些细节工作，进而让此类的实例做好准备，可以完成其设计目标。
- handleInput 函数负责处理操作系统事件，会在每帧内由 update 函数调用一次，用于处理主游戏循环中 InputDispatcher 实例发送的操作系统事件。
- getPositionPointer 函数返回 FloatRect 指针，对应着菜单的位置与大小。
- getGameOverPointer 函数返回一个布尔变量，该变量代表玩家是否因为失败而让游戏结束。
- getInputReceiver 函数将返回其 InputReceiver 实例的地址，该地址将会发送给 InputDispatcher。
- 每帧游戏循环均会执行此重写的 update 函数。很快我们便能看到放入其中的代码。

如你所想，重写的 assemble 函数的返回类型为 void，且带有 shared_ptr<LevelUpdate> 实例 levelUpdate 与 shared_ptr<PlayerUpdate>实例 playerUpdate 这两个参数。很快我们将编写此函数，详尽展示其专属而不乏相似之处的具体功能。

现在我们要介绍 MenuUpdate 类的具体实现，它位于文件 MenuUpdate.cpp 中，所有代码会分为四部分来讲解。为了让这些代码能够正常工作，我们首先需要添加以下 include 指令：

```cpp
#include "MenuUpdate.h"
#include "LevelUpdate.h"
#include "PlayerUpdate.h"
#include "SoundEngine.h"
```

接下来向 MenuUpdate.cpp 文件添加以下代码段：

```cpp
MenuUpdate::MenuUpdate(RenderWindow* window)
{
  m_Window = window;
}

FloatRect* MenuUpdate::getPositionPointer()
{
  return &m_Position;
}

bool* MenuUpdate::getGameOverPointer()
{
  return &m_GameOver;
}

InputReceiver* MenuUpdate::getInputReceiver()
{
  return &m_InputReceiver;
}
```

以上是 MenuUpdate.cpp 文件中的第一段代码。其中，构造函数初始化了内部的 RenderWindow 指针，这正是玩家按下 *F1* 键结束游戏时我们的代码将会操作的对象。随后的 getPositionPointer 函数返回 m_Position 的地址，而另一个关注菜单位置的类显然是负责绘制菜单的 MenuGraphics。

接下来，getGameOverPointer 函数返回布尔变量 m_GameOver 的地址，而 getInputReceiver 函数则用于获取其内部 InputReceiver 实例的地址，这与 PlayerUpdate、CameraUpdate 这两个类相同。getInputReceiver 函数同样供 InputDispatcher 使用，让后者能够知晓每帧内操作系统事件的发送目标。

下面将 assemble 函数添加到 MenuUpdate.cpp 文件中：

```cpp
void MenuUpdate::assemble(
    shared_ptr<LevelUpdate> levelUpdate,
    shared_ptr<PlayerUpdate> playerUpdate)
{
 m_PlayerPosition = playerUpdate->getPositionPointer();
 m_IsPaused = levelUpdate->getIsPausedPointer();
 m_Position.height = 75;
 m_Position.width = 75;
 SoundEngine::startMusic();
 SoundEngine::pauseMusic();
}
```

MenuUpdate.cpp 文件的第二部分代码是准备该类实例以供使用的 assemble 函数。首先该函数以玩家的位置初始化 m_PlayerPosition，并将 m_IsPaused 初始化为 LevelUpdate 实例中同名布尔变量的地址，该布尔变量表示游戏是否处于暂停状态。其次则使用魔幻数字 75 来定义菜单的高度与宽度。最后开始播放音乐并立刻暂停。现在，玩家继续游戏或暂停游戏时会同时控制音乐的播放与暂停状态。

下面将第三部分代码(即 handleInput 函数)添加到 MenuUpdate.cpp 文件中：

```cpp
void MenuUpdate::handleInput()
{
 for (const Event& event :
        m_InputReceiver.getEvents())
 {
   if (event.type == Event::KeyPressed)
   {
    if (event.key.code == Keyboard::F1 && m_IsVisible)
    {
     if (SoundEngine::mMusicIsPlaying)
     {
      SoundEngine::stopMusic();
     }
     m_Window->close();
    }
   }

   if (event.type == Event::KeyReleased)
   {
    if (event.key.code == Keyboard::Escape)
    {
     m_IsVisible = !m_IsVisible;
     *m_IsPaused = !*m_IsPaused;

     if (m_GameOver)
     {
```

```
            m_GameOver = false;
        }

        if (!*m_IsPaused)
        {
          SoundEngine::resumeMusic();
          SoundEngine::playClick();
        }
        if (*m_IsPaused)
        {
          SoundEngine::pauseMusic();
          SoundEngine::playClick();
        }
      }
    }
  }

  m_InputReceiver.clearEvents();
}
```

这段代码是 handleInput 函数，它看起来应该不算陌生，其中的事件循环在所有四个项目中基本上是类似的。具体而言，这里的 for 循环将遍历游戏当前帧内的所有输入事件，其中的代码从形式上讲则封装为两条 if 语句。

第一条 if 语句测试是否在显示菜单时正在按下 *F1* 键。如果是，将停止播放(若音乐仍在播放)，并使用 RenderWindow 指针关闭窗口，结束游戏。

第二条 if 语句及其内部嵌套的 if 语句共同检测是否释放 *Esc* 键。如果是，则反转 m_IsPaused 的值(m_IsPaused 若为 true 则令其为 false，若为 false 时则变为 true)，这也正是我们所需要的：每当玩家按下 *Esc* 键，游戏均在暂停状态与运行状态之间切换。接下来同样对 m_IsVisible 执行相同的反转过程以显示或隐藏菜单。

现在，这些布尔状态变量的值已设定完毕，将对后面代码的具体操作产生影响。具体而言，如果游戏结束(m_GameOver 为 true)，则将 m_GameOver 设回 false；如果游戏没有暂停，则恢复播放音乐，并播放一次点击声；最后，如果游戏暂停，则同样暂停音乐，也播放一次点击声。

在事件 for 循环结束后，m_InputReceiver 中的所有事件将通过 clearEvents 被清空，这是在为下一次游戏循环做准备。

最后，在 MenuUpdate.cpp 文件中，为 update 函数添加以下代码：

```
void MenuUpdate::update(float fps)
{
  handleInput();

  if (*m_IsPaused && !m_IsVisible) // 游戏结束了!
  {
    m_IsVisible = true;
    m_GameOver = true;
  }

  if (m_IsVisible)
  {
    // 跟随玩家
```

```
    m_Position.left =
        m_PlayerPosition->getPosition()-x - m_Position.width / 2;
    m_Position.top =
        m_PlayerPosition->getPosition()-y - m_Position.height / 2;
  }
  else
  {
    m_Position.left = -999;
    m_Position.top = -999;
  }
}
```

这段代码是 MenuUpdate 类的 update 函数。该函数首先调用了前面编写的 handleInput 函数,其次是第一个 if 结构,其中的代码在游戏暂停而菜单尚未显示时执行,负责将 paused 与 m_GameOver 各自设为 true。

update 函数中的第二条 if 语句在菜单可见时执行,这显然需要确保菜单确实呈现在屏幕中。为此,代码分别将 m_Position.left 与 m_Position.top 两个成员初始化为玩家角色位置的 left 与 top 成员并各自减去此形象的宽度与高度。现在,菜单便能遮蔽玩家角色并出现在屏幕中央了。

最后的 else 子句在游戏未暂停时执行,其中把 m_Position.left 与 m_Position.top 各自设定为-999,表示将菜单隐藏起来。

现在,我们可以转而编写 MenuGraphics 类,并学习该类与 MenuUpdate 之间的互补机制。

19.1.2　编写 MenuGraphics 类

首先,请将以下代码添加到 MenuGraphics.h 文件中:

```cpp
#pragma once
#include "Graphics.h"
#include "SFML/Graphics.hpp"

class MenuGraphics : public Graphics
{
private:
  FloatRect* m_MenuPosition = nullptr;
  int m_VertexStartIndex;
  bool* m_GameOver;
  bool m_CurrentStatus = false;
  int uPos;
  int vPos;
  int texWidth;
  int texHeight;

public:
  // 来自 Graphics : Component
  void draw(VertexArray& canvas) override;
  void assemble(VertexArray& canvas,
      shared_ptr<Update> genericUpdate,
      IntRect texCoords) override;
};
```

在这段代码中,FloatRect 指针 m_MenuPosition 被初始化为 nullptr,但此变量的值很快将取为 MenuUpdate 类中成员 m_Position 的地址。

在每帧中将绘制的菜单同样是个四边形，对应着 VertexArray 中的四个顶点，而整数 m_VertexStartIndex 将代表这些顶点的起始序号。

布尔型指针 m_GameOver 将初始化为 MenuUpdate 类中同名成员的地址。

布尔变量 m_CurrentStatus 用于记录状态并制定决策，而这是通过把它初始化为 m_GameOver 并测试其值的变化来实现的。在看到 MenuGraphics.cpp 的内容后，我们便能更好地理解这一点。

int 型变量 uPos 与 vPos 分别保存横纵纹理坐标，而 texWidth 与 texHeight 则对应着纹理的宽度与高度。

接下来是第一个公有函数，即重写的 draw 函数，我们已经很熟悉此函数的签名了。随后我们便会看到其具体实现。

我们也多次见过了具备这般参数的 assemble 函数，其中的代码将负责组装 MenuGraphics 类。

接下来，将此 assemble 函数添加到 MenuGraphics.cpp 文件中：

```cpp
#include "MenuGraphics.h"
#include "MenuUpdate.h"

void MenuGraphics::assemble(
    VertexArray& canvas,
    shared_ptr<Update> genericUpdate,
    IntRect texCoords)
{
    m_MenuPosition = static_pointer_cast<MenuUpdate>(
        genericUpdate)->getPositionPointer();
    m_GameOver = static_pointer_cast<MenuUpdate>(
        genericUpdate)->getGameOverPointer();
    m_CurrentStatus = *m_GameOver;

    m_VertexStartIndex = canvas.getVertexCount();
    canvas.resize(canvas.getVertexCount() + 4);

    // 保存两个坐标以便后面操作它们
    uPos = texCoords.left;
    vPos = texCoords.top;
    texWidth = texCoords.width;
    texHeight = texCoords.height;

    canvas[m_VertexStartIndex].texCoords.x = uPos;
    canvas[m_VertexStartIndex].texCoords.y =
        vPos + texHeight;
    canvas[m_VertexStartIndex + 1].texCoords.x =
        uPos + texWidth;
    canvas[m_VertexStartIndex + 1].texCoords.y =
        vPos + texHeight;
    canvas[m_VertexStartIndex + 2].texCoords.x =
        uPos + texWidth;
    canvas[m_VertexStartIndex + 2].texCoords.y =
        vPos + texHeight + texHeight;
    canvas[m_VertexStartIndex + 3].texCoords.x =
        uPos;
```

```
    canvas[m_VertexStartIndex + 3].texCoords.y =
        vPos + texHeight + texHeight;
}
```

这个 assemble 函数的第一条语句如下所示：

```
m_MenuPosition = static_pointer_cast<MenuUpdate>(
    genericUpdate)->getPositionPointer();
```

其中 static_pointer_cast 函数把当前类型为 Update 的 genericUpdate 实例转换为 MenuUpdate 智能指针，随即在同一行代码中调用 getPositionPointer 函数，最后将其返回值保存到 m_MenuPosition 中。下一行代码使用了相同的转换技术，但调用的是 getGameOverPointer 函数，最后将返回结果保存到 m_GameOver 中。

接下来的代码解引用 m_GameOver 并将对应的整型值保存到 m_CurrentStatus 中。随后 m_VertexStartIndex 变量则以 VertexArray 结构的当前大小初始化，再通过 canvas.resize 扩展了它的容量以存入四个顶点。

完成后，我们把所传入的纹理坐标的具体数值保存到 uPos、vPos、texWidth 与 texHeight 中，这些数值很快会传入 Factory 类。随后的八行代码直接将纹理坐标值初始化到 VertexArray 结构中。之所以需要在 VertexArray 之外独立保存原始的纹理坐标，是因为我们很快会为 update 函数添加代码来操作这些坐标，让所显示的菜单在游戏暂停时与游戏结束时有所不同。

最后，对于 MenuGraphics.cpp，请添加如下所示的 draw 函数的代码，最终完成 MenuGraphics 类的编写工作：

```
void MenuGraphics::draw(VertexArray& canvas)
{
  if (*m_GameOver && !m_CurrentStatus)
  // 当前状态已变为游戏结束状态
  {
    // 加倍 v 坐标以使用下面的纹理
    m_CurrentStatus = *m_GameOver;
    canvas[m_VertexStartIndex].texCoords.x =
        uPos;
    canvas[m_VertexStartIndex].texCoords.y =
        vPos + texHeight;
    canvas[m_VertexStartIndex + 1].texCoords.x =
        uPos + texWidth;
    canvas[m_VertexStartIndex + 1].texCoords.y =
        vPos + texHeight;
    canvas[m_VertexStartIndex + 2].texCoords.x =
        uPos + texWidth;
    canvas[m_VertexStartIndex + 2].texCoords.y =
        vPos + texHeight + texHeight;
    canvas[m_VertexStartIndex + 3].texCoords.x =
        uPos;
    canvas[m_VertexStartIndex + 3].texCoords.y =
        vPos + texHeight + texHeight;
  }
  else if (!*m_GameOver && m_CurrentStatus)
  {
    m_CurrentStatus = *m_GameOver;
```

```
        canvas[m_VertexStartIndex].texCoords.x =
            uPos;
        canvas[m_VertexStartIndex].texCoords.y =
            vPos;
        canvas[m_VertexStartIndex + 1].texCoords.x =
            uPos + texWidth;
        canvas[m_VertexStartIndex + 1].texCoords.y =
            vPos;
        canvas[m_VertexStartIndex + 2].texCoords.x =
            uPos + texWidth;
        canvas[m_VertexStartIndex + 2].texCoords.y =
            vPos + texHeight;
        canvas[m_VertexStartIndex + 3].texCoords.x =
            uPos;
        canvas[m_VertexStartIndex + 3].texCoords.y =
            vPos + texHeight;
    }

    const Vector2f& position = m_MenuPosition->getPosition();
    canvas[m_VertexStartIndex].position = position;
    canvas[m_VertexStartIndex + 1].position =
        position + Vector2f(m_MenuPosition->getSize().x, 0);
    canvas[m_VertexStartIndex + 2].position =
        position + m_MenuPosition->getSize();
    canvas[m_VertexStartIndex + 3].position =
        position + Vector2f(0, m_MenuPosition->getSize().y);
}
```

此 draw 函数具有 if 分支及其 else if 分支，其中前者在 m_GameOver 为 true 且 m_CurrentStatus 为 false 时才会执行，而后者在 m_GameOver 与 m_CurrentStatus 同时为 false 时才会执行。

我们首先研究这个 if 分支。在这个分支中，m_CurrentStatus 被设定为解引用变量 m_GameOver 的结果，随即设定了 VertexArray 内部的相关纹理坐标，且设定方式与前面 assemble 函数中的相同，而这些值则具体代表了纹理图集里位于下方的菜单图样(所谓"下方"，请参看纹理图集 texture.png)。

接下来，我们研究 else if 分支的作用。同样，该语句首先将 m_CurrentStatus 同步为 m_GameOver，其次设定了 VertexArray 内的四个纹理坐标，但请留意其中所有的纵坐标，因为相比于 if 分支，这里少了 + texHeight，所以这些坐标对应着纹理图集中位于上方的菜单图样。如此，玩家每次输掉游戏便会翻转纹理坐标，重新开始游戏后每次暂停游戏时亦然。因此，这些坐标总是在暂停菜单与结束菜单之间切换。

当然，我们目前还没有放置任何顶点，但必须这样做，毕竟菜单可隐可现，MenuUpdate 类因而需要定期修改菜单的具体位置。前面讨论的 if 与 else if 结构之后的代码会用到指针 m_MenuPosition，它指向 MenuUpdate 类中的 FloatRect 实例，并通过该指针的值决定 VertexArray 中各顶点的位置。此外，为了使代码不那么冗长，我们首先调用 m_MenuPosition->getPosition 创建了一个 Vector2f 常量。

19.1.3　在工厂中构建菜单

现在，我们将两个新建的菜单类与 GameObject 实例组合起来，创建一个可用的游戏菜单。

为此，请为这两个菜单类添加 include 指令：

```
#include "MenuUpdate.h"
#include "MenuGraphics.h
```

接下来，在 Factory.cpp 文件中的 loadLevel 函数的终止花括号之前追加以下代码：

```
// 菜单
GameObject menu;
shared_ptr<MenuUpdate> menuUpdate =
    make_shared<MenuUpdate>(m_Window);
menuUpdate->assemble(levelUpdate, playerUpdate);
inputDispatcher.registerNewInputReceiver(
    menuUpdate->getInputReceiver());
menu.addComponent(menuUpdate);

shared_ptr<MenuGraphics>menuGraphics =
    make_shared<MenuGraphics>();
menuGraphics->assemble(
    canvas,
    menuUpdate,
    IntRect(TOP_MENU_TEX_LEFT, TOP_MENU_TEX_TOP,
        TOP_MENU_TEX_WIDTH, TOP_MENU_TEX_HEIGHT));
menu.addComponent(menuGraphics);

gameObjects.push_back(menu);
// 菜单结束
```

我们对这段代码并不陌生，其中依次完成了以下工作：

(1) 新建 GameObject 实例 menu。

(2) 创建 MenuUpdate 智能指针 menuUpdate。

(3) 以 levelUpdate 与 playerUpdate 这两个智能指针作为参数调用 menuUpdate 对象的 assemble 函数。

(4) 以 menuUpdate->getInputReceiver 的返回值作为参数调用 inputDispatcher->registerNewInputReceiver，让 menu 对象做好接收新事件的准备。

(5) 为 GameObject 实例 menu 添加 menuUpdate。

(6) 创建 MenuGraphics 智能指针。

(7) 将 VertexArray、LevelUpdate 实例以及所需要的全部纹理坐标作为参数，调用 menuGraphics 对象的 assemble 函数。

(8) 为 GameObject 实例 menu 添加/组合 MenuGraphics 实例。

(9) 最后，将代表菜单的 menu 对象添加到 gameObjects 中。

如是，而已。菜单宣告完成。

19.2 运行游戏

现在你可以运行游戏。此时按下 *Esc* 键将出现如图 19.2 所示的菜单。

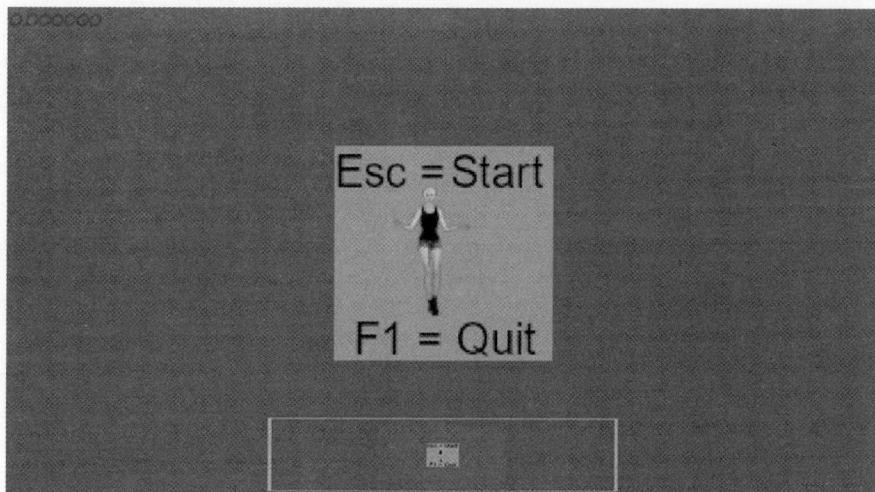

图 19.2　菜单

如图 19.2 所示，按下 *F1* 键可以退出游戏。但此时如果尝试按下 *Esc* 键开始游戏，也同样会退出，这显然不是所预期的行为。为此，我们需要进行两处小小的改动。

首先需要删除前面在项目伊始时添加到 InputDispatcher.cpp 文件中的临时代码，具体如下：

```
if (event.type == Event::KeyPressed &&
    event.key.code == Keyboard::Escape)
{
  m_Window->close();
}
```

现在又可以运行游戏了，通过按下 *Esc* 键可以开始或暂停游戏，并在显示菜单时按下 *F1* 键退出游戏。现在，InputDispatcher 类不再处理任何事件，它仅仅负责将事件分发给菜单、玩家以及小地图等结构中的 InputReceiver 实例。

我们还需要防止游戏自动开始，这需要修改 LevelUpdate.h 文件。首先请找到下面这行代码：

```
bool m_IsPaused = false;
```

并将其改为如下状态：

```
bool m_IsPaused = true;
```

至此，游戏的暂停、开始与退出均将符合预期。

19.3　实现下雨效果

实现下雨功能仅需要一个图像组件——应该说这并不奇怪，正如游戏逻辑仅需要 Update 组件。虽然 RainGraphics 类的状态会发生变化，但这种变化不依赖于游戏循环的运行时间，也不依赖于玩家输入。事实上，RainGraphics 内部带有时钟，也带有 Animator 实例，而所有的状态变化均由后者控制。同时，由于每个 RainGraphics 实例仅占据屏幕的一小部分，因此我们需要创建该类的多个实例，而且这些实例会根据玩家角色而定位，也会在游戏世界中随玩家角色移动，从而营造出雨水纷纷的效果。

19.3.1　编写 RainGraphics 类

纹理图集中的雨水图样看起来如图 19.3 所示。

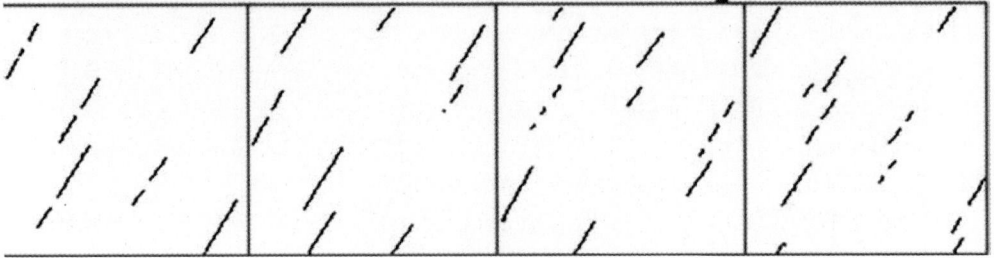

图 19.3　图集中的雨水图样

其中我使用边框代表不同的动画帧，并将透明背景改为白色背景。由于每帧雨水动画均为 100 像素×100 像素，所以雨水的精灵表单总计为 400 像素×100 像素，所有帧一字排列以便 Animator 类循环播放，我们之前也使用这个类来控制玩家角色动画。

新建 RainGraphics 类，并在 RainGraphics.h 文件中添加以下代码：

```cpp
#pragma once
#include "Graphics.h"

class Animator;

class RainGraphics : public Graphics
{
private:
  FloatRect* m_PlayerPosition;
  int m_VertexStartIndex;
  Vector2f m_Scale;
  float m_HorizontalOffset;
  float m_VerticalOffset;
  Animator* m_Animator;
  IntRect* m_SectionToDraw;

public:
  RainGraphics(
      FloatRect* playerPosition,
      float horizontalOffset,
      float verticalOffset,
      int rainCoveragePerObject);

  // 来自 Graphics : Component
  void draw(VertexArray& canvas) override;
  void assemble(
      VertexArray& canvas,
```

```
        shared_ptr<Update> genericUpdate,
        IntRect texCoords) override;
};
```

在 RainGraphics.h 文件的代码中，FloatRect 指针 m_PlayerPosition 对应着玩家的位置，让雨水能够跟随玩家移动，仿佛漫画中那种被一朵乌云缠住不放的倒霉形象。m_VertexStartIndex 代表雨水在 VertexArray 中相关顶点的起始序号，m_Scale 成员代表动画帧的大小，float 型变量 m_HorizontalOffset 与 m_VerticalOffset 则分别代表雨水图样在纹理图集中纵横坐标的起始值。m_Animator 是我们的 Animator 实例，而 IntRect 指针 m_SectionToDraw 则保存当前动画帧的纹理坐标。以上便是该类全部的成员变量。

RainGraphics 的构造函数接受一些参数以初始化这里所谈及的一些成员变量，而 int 型变量 rainCoveragePerObject 则协助缩放每个雨水实例。随后的 draw 函数与 assemble 函数的签名与之前介绍的完全相同，二者的实现才值得讨论。

接下来，我们把 RainGraphics.cpp 文件拆分为三个部分，分别对应着构造函数、assemble 函数与 draw 函数。首先将以下代码添加到 RainGraphics.cpp 文件中：

```
#include "RainGraphics.h"
#include "RainGraphics.h"
#include "Animator.h"

RainGraphics::RainGraphics(
    FloatRect* playerPosition,
    float horizontalOffset,
    float verticalOffset,
    int rainCoveragePerObject)
{
    m_PlayerPosition = playerPosition;
    m_HorizontalOffset = horizontalOffset;
    m_VerticalOffset = verticalOffset;
    m_Scale.x = rainCoveragePerObject;
    m_Scale.y = rainCoveragePerObject;
}
```

构造函数首先初始化了对应着玩家位置的指针，随即初始化了横纵偏移量以供动画类 Animator 使用，最后以相同的值初始化了 IntRect 成员对象 m_Scale 的 x 与 y 成员。很快我们便将实际利用这些量。

接下来添加以下 assemble 函数：

```
void RainGraphics::assemble(
    VertexArray& canvas,
    shared_ptr<Update> genericUpdate,
    IntRect texCoords)
{
    m_Animator = new Animator(
        texCoords.left,
        texCoords.top,
        4,   // 总帧数
        texCoords.width * 4,
        texCoords.height,
        8); // FPS
```

```
    m_VertexStartIndex = canvas.getVertexCount();
    canvas.resize(canvas.getVertexCount() + 4);
}
```

assemble 函数首先调用 new 并传入所需参数以初始化 Animator 指针,从中可见,这段动画总计 4 帧,并指定帧率为 8 帧/秒。

接下来我们记录了起始序号,并让 VertexArray 增加了四个位置以容纳雨水的四个顶点,这也是前面多次执行的操作。但是,请不要忘记我们需要 RainGraphics 类的多个实例。

最后将以下 draw 函数添加到 RainGraphics.cpp 文件中:

```
void RainGraphics::draw(VertexArray& canvas)
{
    const Vector2f& position = m_PlayerPosition->getPosition() -
        Vector2f(m_Scale.x / 2 + m_HorizontalOffset,
            m_Scale.y / 2 + m_VerticalOffset);

    // 移动雨水以跟随玩家
    canvas[m_VertexStartIndex].position = position;
    canvas[m_VertexStartIndex + 1].position =
        position + Vector2f(m_Scale.x, 0);
    canvas[m_VertexStartIndex + 2].position =
        position + m_Scale;
    canvas[m_VertexStartIndex + 3].position =
        position + Vector2f(0, m_Scale.y);

    // 循环各帧
    m_SectionToDraw = m_Animator->getCurrentFrame(false);

    // 记录所绘纹理的位置
    const int uPos = m_SectionToDraw->left;
    const int vPos = m_SectionToDraw->top;
    const int texWidth = m_SectionToDraw->width;
    const int texHeight = m_SectionToDraw->height;

    canvas[m_VertexStartIndex].texCoords.x =
        uPos;
    canvas[m_VertexStartIndex].texCoords.y =
        vPos;
    canvas[m_VertexStartIndex + 1].texCoords.x =
        uPos + texWidth;
    canvas[m_VertexStartIndex + 1].texCoords.y =
        vPos;
    canvas[m_VertexStartIndex + 2].texCoords.x =
        uPos + texWidth;
    canvas[m_VertexStartIndex + 2].texCoords.y =
        vPos + texHeight;
    canvas[m_VertexStartIndex + 3].texCoords.x =
        uPos;
```

```
        canvas[m_VertexStartIndex + 3].texCoords.y =
            vPos + texHeight;
    }
```

draw 函数的第一部分根据玩家位置而移动雨水，所以无论玩家走向何处，雨水将如影随形。注意，这里的第一行代码使用了 m_HorizontalOffset 与 m_VerticalOffset，这可以确保 RainGraphics 的各个实例不会相互遮蔽。你可能还记得在之前的实现中，这两个偏移量是从外部传入构造函数中的，这可能让你有所猜测：当在 Factory 类中创建 RainGraphics 类的多个实例时会同时设定其偏移量。

接下来，draw 函数调用了 Animator 类的 getCurrentFrame 函数以获取当前的纹理坐标，最后通过八条语句来设定雨水图样四个顶点的 x 与 y 成员。

19.3.2　在工厂中实现下雨效果

首先，我们需要向 Factory.cpp 文件添加下面这条 include 指令：

```
#include "RainGraphics.h"
```

接下来，这段代码将创建多个 RainGraphics 实例，请将其添加到 plafform 代码段之后且在 camera 代码段之前：

```
// 雨水
int rainCoveragePerObject = 25;
int areaToCover = 350;
for (int h = -areaToCover / 2;
    h < areaToCover / 2;
    h += rainCoveragePerObject)
{
  for (int v = -areaToCover / 2;
      v < areaToCover / 2;
      v += rainCoveragePerObject)
  {
    GameObject rain;

    shared_ptr<RainGraphics> rainGraphics = make_shared<RainGraphics>(
      playerUpdate->getPositionPointer(), h, v,
        rainCoveragePerObject);

    rainGraphics->assemble(
        canvas,
        nullptr,
        IntRect(RAIN_TEX_LEFT, RAIN_TEX_TOP,
          RAIN_TEX_WIDTH, RAIN_TEX_HEIGHT));

    rain.addComponent(rainGraphics);
    gameObjects.push_back(rain);
  }
}
//雨水结束
```

这段代码执行的是一些常规操作：创建 GameObject 实例与 RainGraphics 实例、为前者添加后者并放入 gameObjects 中。这些内容看起来很熟悉，而我们还在花费时间研究这些代码，所以这其中显然有一些值得讨论的新内容。

这里的新内容在于我们首先额外声明了一些变量，以控制 RainGraphics 多个实例的大小与位置，这些变量是：

```
int rainCoveragePerObject = 25;
int areaToCover = 350;
```

接下来，注意下面这个 for 循环的结构，它会迭代并创建多个实例：

```
for (int h = -areaToCover / 2;
    h < areaToCover / 2;
    h += rainCoveragePerObject)
```

此 for 循环的条件意味着变量 h 将以 25 为步长而从-175(含)涨至 175(RainGraphics 实例中所用的数值采用的是世界单位，没有取像素值)。接下来，内层 for 循环初始化其控制变量 v 的方式与外部 for 循环相同。最后，还要注意调用 RainGraphics 类的构造函数的方法，也就是：

```
shared_ptr<RainGraphics> rainGraphics = make_shared<RainGraphics>(
    playerUpdate->getPositionPointer(), h, v,
        rainCoveragePerObject);
```

以上这些做法的整体效果是围绕玩家角色创建了 14×14(196)个 RainGraphics 实例。

19.4　运行游戏

现在，我们可以验收前面工作的成果并运行游戏了。我们实现的下雨效果如图 19.4 所示。

图 19.4　下雨效果

现在，我们已顺利实现了下雨效果！

19.5　本章小结

本章首先编写了 MenuUpdate 类与 MenuGraphics 类，实现了支持两种外观的交互式菜单。随后，我们在工厂中创建了菜单，其创建方法与前几章为游戏添加新功能的方法完全相同。

在本章结束前，我们创建了 Graphics 的新派生类 RainGraphics，该类能够营造出简单而实用的下雨效果。按照惯例，工厂同样会将其封装在 GameObject 实例中，之后再将 GameObjeect 实例压入 gameObjects。至此，我们的游戏能正常工作了。

下一章将为游戏添加火球，这些火球会从左侧或右侧飞来，对玩家造成干扰。

第**20**章
火球与空间化

本章将添加所有的音效与 HUD。虽然前几个项目同样完成了声音效果,但这一次将稍有不同,因为本章将探索声音**空间化**这个复杂的概念,并学习 SFML 是如何让这个复杂的概念变得简单易用的。

本章将涵盖以下主题:
- 空间化的概念
- 使用 SFML 实现空间化
- 升级 `SoundEngine` 类
- 编写能够制造空间化音效的火球相关类(需要继承 `Graphics` 与 `Update`)
- 在工厂中创建一些火球
- 运行代码

本章的完整代码可在文件夹 Run6 中找到。

20.1 空间化的概念

空间化(spatialization)是一种行为方式,能够使事物遵照其空间属性而行止。日常生活中,空间化可谓无处不在,例如,在摩托车从左向右行驶的过程中,我们能听到它的引擎声先变大再变小,从一侧到另一侧,而且在摩托车经过我们之后,它的声音将明显以另一个耳朵为主,并最终消失于远方。假如某天早晨我们醒来时发现世界不再是空间化的,那将是一段极端怪异的体验。

如果电子游戏能够更贴近现实,那么玩家将得到更好的沉浸式体验,例如,僵尸游戏中僵尸的吼声如果在僵尸位于远方时相对微弱,在僵尸越来越近时能够逐渐变大,那么这种僵尸游戏自然更加生动。

不难想象,空间化的数学相当复杂,为计算特定扬声器中声音的音量,我们需要考虑距离以及玩家(收听方)与声源(发送方)之间的相对方向。

幸运的是,SFML 已经替我们完成了所有这些复杂的任务,我们仅仅需要熟悉几个术语便能利用 SFML 创建空间化音效。

发送方、衰减与收听方

SFML 为完成空间化音效需要了解一些信息。首先,SFML 需要知道游戏世界中声音的来处(音源),这被称为**发送方**(emitter)。游戏中的发送方可以是僵尸或车辆,而在 Run 项目中则是火球。既然游戏已保存有每个对象的位置,那么为 SFML 指定发送方其实非常简单。

接下来需要考虑**衰减**(attenuation),它代表波能量的损失率。你可以简单地让所谓波能量特指声波,用衰减这个术语来描述声音音量降低的快慢程度。这种说法虽然在技术上并不精确,但对于本章以及我们的 Run 游戏而言已经足够。

最后需要考虑的因素是**收听方**(listener)。SFML 在空间化音效时需要设定其空间化的参考点,即游戏中"耳朵"的位置。对此,大多数游戏的逻辑是选取玩家角色作为游戏的耳朵。

接下来我们先研究一些假想的代码,随后再将其付诸实践。

20.2 利用 SFML 实现空间化

SFML 提供了一些函数供我们处理发送方、衰减与收听方。下面我们先研究一些假想的代码,然后再实际为 Run 项目添加空间化音效。

首先,我们按照前面已多次使用的方式加载一个可供播放的音频文件:

```
// 照常声明 SoundBuffer
SoundBuffer zombieBuffer;
// 照常声明 Sound 对象
Sound zombieSound;
// 照常从文件加载声音
zombieBuffer.loadFromFile("sound/zombie_growl.wav");
// 为二者建立关联
zombieSound.setBuffer(zombieBuffer);
```

接下来可以参照以下代码,用 setPosition 函数指定发送方的位置:

```
// 设定发送方的横纵坐标
// 这里,发送方是个僵尸
// Zombie Arena 项目可以使用 getPosition().x 与
// getPosition().y
// 这些值是随意选定的
float x = 500;
float y = 500;
zombieSound.setPosition(x, y, 0.0f);
```

正如这段代码中的注释所言,获取发送方位置的具体方法一般依赖于游戏的具体类型。在 Zombie Arena 游戏中设定位置并不难,但要在 Run 游戏中设定这个位置,却有几个难关需要攻克。

以下代码可以设定衰减等级:

```
zombieSound.setAttenuation(15);
```

确定实际的衰减等级并不容易,玩家的音效衰减体验也可能与严格利用科学公式而得到的距离衰减效应有所差异。事实上,精确的衰减率通常是通过实验得到的,衰减率越高,音量衰减的速度越快，声音在较远距离时会更快地衰减到静音。

　　此外，我们还希望在发送方周围设定一个音量完全不衰减的区域，此区域中总能达到最高的音量。如果只在超出某特定距离之外才需要考虑衰减，那便可以使用这种设定，它也适用于不希望为多个音源反复计算衰减效果的场景。这种设定是通过调用 setMinDistance 函数实现的，参见以下代码：

```
zombieSound.setMinDistance(150);
```

　　这条语句的效果是仅在收听方与发送方之间的距离大于 150 像素/单位[1]时才会计算衰减效果。

　　SFML 还提供了其他一些很有用的函数，setLoop 函数便是其中之一。当传入 true 参数时，此函数要求 SFML 循环播放音效：

```
zombieSound.setLoop(true);
```

　　这段音频将永远播放下去，直到我们使用以下代码才会停止：

```
zombieSound.stop();
```

　　我们有时希望了解某音频的状态(播放中/已停止)，这可以通过 getStatus 函数来实现，参见以下代码：

```
if (zombieSound.getStatus() == Sound::Status::Stopped)
{
  // 音频尚未播放

  // 采取相应措施
}

if (zombieSound.getStatus() == Sound::Status::Playing)
{
  // 音频正在播放

  // 采取相应措施
}
```

　　关于使用 SFML 实现空间化音效还有另一个方面需要介绍，即收听方。试问，收听方在哪里？这可以通过以下代码来设定[2]：

```
// 收听方在哪里?
// 获取 x 与 y 的方法依赖于游戏
// Zombie Arena 或 Thomas Was Late 这两个项目均可使用 getPosition()
Listener::setPosition(m_Thomas.getPosition().x,
    m_Thomas.getPosition().y, 0.0f);
```

　　这段代码将让所有音频在播放时均以该位置作为参考。这正是远方火球的爆裂声或僵尸来袭所需要的功能，但对跳跃声等常规音频而言，这反而是个问题。我们虽然可以将玩家位置设为发送方，但使用 SFML 可以简化操作：每当需要播放"正常"声音(即无空间化效果)时，我们可以

---

[1] 事实上，在 SFML 官方文档中没有强调最小距离的单位，所以这可以是屏幕坐标系下的 150 像素，也可以是世界坐标系下的 150 单位，甚至是其他结构。由于 SFML 不严格要求它所提供的空间化音效符合物理规则，可以说这个大小仅有相对意义，单位可能不重要。

[2] 这段注释提到了 Thomas Was Late。它是本书第二版中的游戏项目(m_Thomas 对象同样如此)，在当前第三版中已被废弃。

参照以下代码简单地调用 `setRelativeToListener` 函数，从而按照前面那种无空间化效果的方式播放音频：

```
jumpSound.setRelativeToListener(true);
jumpSound.play();
```

在创建任何空间化音效前，再次调用 `Listener::setPosition` 函数便能重新为对应音频设定"耳朵"的位置。

现在，我们已掌握了足够的知识，能够利用 SFML 声音函数实际制作空间化音效了。

20.3 升级 SoundEngine 类

下面我们为 SoundEngine 类添加一些新功能，实际引入空间化效果。

此类的第一处升级在于一些新的成员变量。请将以下两个成员添加到 SoundEngine.h 文件内的私有区段中：

```
static SoundBuffer mFireballLaunchBuffer;
static Sound mFireballLaunchSound;
```

这样，我们就为播放音频添加了一个能够加载声音的 `SoundBuffer` 实例，并添加了一个将与其关联的 `Sound` 实例。这里没有什么新技巧，但请记住，`mFireballLaunchBuffer` 只能加载单声道音频，否则将无法创建出空间化的效果。

接下来，将此函数声明添加至 SoundEngine.h 文件内的公有区段中：

```
static void playFireballLaunch(
    Vector2f playerPosition,
    Vector2f soundLocation);
```

这声明了 `playFireballLaunch` 函数。该函数接受两个 `Vector2f` 参数，其中第一个参数代表玩家的位置，而第二个参数则用于模拟音源位置。

接下来在 SoundEngine.cpp 文件中，参照以下内容将其中高亮显示的声明代码添加到 SoundEngine 构造函数之前：

```
SoundBuffer SoundEngine::m_ClickBuffer;
Sound SoundEngine::m_ClickSound;

SoundBuffer SoundEngine::m_JumpBuffer;
Sound SoundEngine::m_JumpSound;

SoundBuffer SoundEngine::mFireballLaunchBuffer;
Sound SoundEngine::mFireballLaunchSound;
```

在 SoundEngine.cpp 文件中，这段代码构建了 SoundEngine.h 中的几个静态变量——静态变量是类属变量而非该类各实例所拥有的变量，这也正是我们所需要的，因为我们不希望代码使用不同的 `Sound` 实例或 `Music` 实例。

现在，将以下初始化代码添加至 SoundEngine.cpp 中构造函数的终止花括号之前：

```
Listener::setDirection(1.f, 0.f, 0.f);
Listener::setUpVector(1.f, 1.f, 0.f);
Listener::setGlobalVolume(100.f);
```

```
mFireballLaunchBuffer.loadFromFile(
    "sound/fireballLaunch.wav");

mFireballLaunchSound.setBuffer(mFireballLaunchBuffer);
```

这段代码为 Listener 实例设定了方向值，同时设定了正矢量[1]与全局音量。这些都是全局性质量，将影响所有声音。

接下来，将下面的 playFireballLaunch 函数添加到 SoundEngine.cpp 文件中：

```
void SoundEngine::playFireballLaunch(
    Vector2f playerPosition,
    Vector2f soundLocation)
{
  mFireballLaunchSound.setRelativeToListener(true);

  if (playerPosition.x > soundLocation.x)  // 来自左侧
  {
    Listener::setPosition(0, 0, 0.f);
    mFireballLaunchSound.setPosition(-100, 0, 0.f);
    mFireballLaunchSound.setMinDistance(100);
    mFireballLaunchSound.setAttenuation(0);
  }
  else  // 来自右侧
  {
    Listener::setPosition(0, 0, 0.f);
    mFireballLaunchSound.setPosition(100, 0, 0.f);
    mFireballLaunchSound.setMinDistance(100);
    mFireballLaunchSound.setAttenuation(0);
  }

  mFireballLaunchSound.play();
}
```

这段代码首先以 true 为参数调用了 setRelativeToListener 函数，这是我们这里空间化音效机制能够生效的前提[2]。接下来是一个 if-else 结构，其中的 if 块通过比较玩家与火球的横坐标来判断声音是否来自左侧。

这里的 if 与 else 两块结构均将玩家角色的纵坐标设定为 0，并把最短距离设为 100，衰减率设为 0。二者之间的区别在于声音来自左侧时，setPosition 的横坐标被设为 100，对应着 if 块；而来自右侧时则为-100，对应着 else 块。

在此 if-else 结构之后，我们为 mFireballLaunchSound 调用了 play。很快我们便会调用此 playFireballLaunch 函数。

这样，我们便添加了空间化音效。接下来，我们会为 Run 项目添加火球类，它将使用这种音效。

1　SFML 仅仅针对二维场景，但为了实现空间化音效，显然需要考虑三维情况。主方向与正矢量不同，以人举例时，正矢量相当于头顶(即向上)的方向，而主方向则是脸的朝向(即向前)。在三维情况中，只有同时确定了另外的两个方向后才能进行左右这种一维判定。

2　这里看似与前面针对该函数的介绍有所冲突，实则对应着不同的内涵，本身是没有问题的。我们的 Run 项目实现空间化音效的方式简单而实用，而这种设定是让这种机制能够生效的前提，否则可能会影响空间化的效果。对此，欢迎读者进行深入调研。

20.4 火球

现在，我们将要新建火球类以使用这些新的音效函数。请创建 FireballUpdate 类与 FireballGraphics 类，二者分别派生自 Update 与 Graphics。

20.4.1 编写 FireballUpdate 类

编写 FireballUpdate 类的第一步是在 FireballUpdate.h 文件内添加以下代码：

```
#pragma once
#include "Update.h"
#include <SFML/Graphics.hpp>
using namespace sf;

class FireballUpdate : public Update
{
private:
  FloatRect m_Position;
  FloatRect* m_PlayerPosition;
  bool* m_GameIsPaused = nullptr;
  float m_Speed = 250;
  float m_Range = 900;
  int m_MaxSpawnDistanceFromPlayer = 250;
  bool m_MovementPaused = true;
  Clock m_PauseClock;
  float m_PauseDurationTarget = 0;
  float m_MaxPause = 6;
  float m_MinPause = 1;
  //float mTimePaused = 0;
  bool m_LeftToRight = true;

public:
  FireballUpdate(bool* pausedPointer);
  bool* getFacingRightPointer();
  FloatRect* getPositionPointer();
  int getRandomNumber(int minHeight, int maxHeight);
  // 来自 Update : Component
  void update(float fps) override;
  void assemble(
     shared_ptr<LevelUpdate> levelUpdate,
     shared_ptr<PlayerUpdate> playerUpdate)
     override;
};
```

在 FireballUpdate 头文件的区段中，我们首先声明了 m_Position、m_PlayerPosition 与 m_GameIsPaused 这三个成员，三者依次表示火球的位置、玩家位置的指针与 LevelUpdate 中表征游戏暂停状态的布尔变量的地址。

float 型参数 m_Speed 与 m_Range 将被初始化为随机数字，用于决定火球的飞行速度及其旅程的最大长度。m_MaxSpawnDistanceFromPlayer 则设为 250，代表火球与玩家角色之间距离的最大值。布尔变量 m_MovementPaused 将与 m_GameIsPaused 协同工作，负责在游戏暂停、恢复、开始、退出时让火球保持同步，让火球随之静止或运动。

　　Clock 实例 m_PauseClock 将计量火球重新发射前的休眠时间，当累积的休眠时间达到 float 型变量 m_PauseDurationTarget 的值时便会发射火球。由于后者是随机设定的，这便在不同火球之间引入了随机变化。

　　float 型变量 m_MaxPause 与 m_MinPause 是固定不变的，二者定义了随机生成休眠时间的范围，单位为秒。布尔变量 m_LeftToRight 会在 true 与 false 之间切换，将决定火球来自玩家的左侧或右侧。

　　在公有区段，我们有以下成员：

- 构造函数接受一个布尔指针，让火球类知晓游戏是否暂停。
- getFacingRightPointer 函数返回一个指针，该指针对应着火球的运动方向，将与 FireballGraphics 类共享，用于正确绘制火焰(朝向正确)。
- getPositionPointer 返回火球位置的指针，该指针将与 FireballGraphics 类共享，用于正确绘制火焰(位置正确)。
- getRandomNumber 函数接受两个整数并传回二者之间的一个随机数。
- 最后同样是来自 Update 类的两个重写函数 update 与 assemble。

FireballUpdate.cpp 文件很长，我们会将它拆分为几个部分来讲解。首先将以下第一部分代码添加到该文件中：

```cpp
#include "FireballUpdate.h"
#include <random>
#include "SoundEngine.h"
#include "FireballUpdate.h"
#include "PlayerUpdate.h"

FireballUpdate::FireballUpdate(bool* pausedPointer)
{
  m_GameIsPaused = pausedPointer;
  m_PauseDurationTarget = getRandomNumber(m_MinPause,
      m_MaxPause);
}

bool* FireballUpdate::getFacingRightPointer()
{
  return &m_LeftToRight;
}

FloatRect* FireballUpdate::getPositionPointer()
{
  return &m_Position;
}

void FireballUpdate::assemble(
    shared_ptr<LevelUpdate> levelUpdate,
    shared_ptr<PlayerUpdate> playerUpdate)
{
  m_PlayerPosition = playerUpdate->getPositionPointer();

  m_Position.top = getRandomNumber(
    m_PlayerPosition->top - m_MaxSpawnDistanceFromPlayer,
    m_PlayerPosition->top + m_MaxSpawnDistanceFromPlayer);
```

```
    m_Position.left =
        m_PlayerPosition->left - getRandomNumber(200, 400);
    m_Position.width = 10;
    m_Position.height = 10;
}
```

在这段代码中，FireballUpdate 类的构造函数将 m_GameIsPaused 同步为 LevelUpdate 类中标识游戏暂停状态的变量，并随机初始化了 m_PauseDurationTarget。既然火球类的每个实例都是随机初始化的，那么不同火球的到达时间也不一样，这样就不会在 Run 游戏中形成一面无法逾越的火墙。

getFacingRightPointer 函数返回的是变量 m_LeftToRight 的地址，Fireball-Graphics 类在绘制火球纹理时将使用这个函数来控制绘制方式。下面的 getPositionPointer 函数则返回 FloatRect 实例 m_Position 的地址，供 FireballGraphics 类记录火球的位置，防止设错 VertexArray 中顶点的世界坐标。

assemble 函数首先会初始化玩家角色位置的地址，毕竟火球类需要检测其是否撞到她，发生撞击后还要让她下坠。接下来此函数根据玩家当前的位置(出于公平考虑)与 getRandomNumber 函数(在区间内提供随机性)初始化了火球的左界与上界。此后，assemble 函数则通过其最后两行代码，将火球的宽度与高度分别设为10(即 10×10 的火球，世界单位)。

以下是 FireballUpdate 类实现体的第二部分，请将其添加到 FireballUpdate.cpp 文件中：

```
int FireballUpdate::getRandomNumber(int minHeight, int maxHeight)
{
    // 以当前时刻设定随机数生成器的种子
    std::random_device rd;
    std::mt19937 gen(rd());

    // 定义指定区间上的均匀分布
    std::uniform_int_distribution<int>
        distribution(minHeight, maxHeight);

    // 在指定区间上创建随机高度
    int randomHeight = distribution(gen);
    return randomHeight;
}
```

这段 getRandomNumber 函数使用了与 LevelUpdate 类的 random 函数相同的代码，其意义在于返回所传入参数之间的一个随机数。

以下定义 update 函数的代码是 FireballUpdate 类的最后部分，请将这些代码添至 FireballUpdate.cpp 中：

```
void FireballUpdate::update(float fps)
{
    if (!*m_GameIsPaused)
    {
        if (!m_MovementPaused)
        {
            if (m_LeftToRight)
            {
                m_Position.left += m_Speed * fps;
```

```
        if (m_Position.left - m_PlayerPosition->left > m_Range)
        {
          m_MovementPaused = true;
          m_PauseClock.restart();
          m_LeftToRight = !m_LeftToRight;
          m_Position.top = getRandomNumber(
              m_PlayerPosition->top - m_MaxSpawnDistanceFromPlayer,
              m_PlayerPosition->top + m_MaxSpawnDistanceFromPlayer);

          m_PauseDurationTarget =
              getRandomNumber(m_MinPause, m_MaxPause);
        }
    }
    else
    {
      m_Position.left -= m_Speed * fps;

      if (m_PlayerPosition->left - m_Position.left > m_Range)
      {
        m_MovementPaused = true;
        m_PauseClock.restart();
        m_LeftToRight = !m_LeftToRight;
        m_Position.top = getRandomNumber(
            m_PlayerPosition->top - m_MaxSpawnDistanceFromPlayer,
            m_PlayerPosition->top + m_MaxSpawnDistanceFromPlayer);

        m_PauseDurationTarget =
            getRandomNumber(m_MinPause, m_MaxPause);
      }
    }

    // 火球是否击中玩家
    if (m_PlayerPosition->intersects(m_Position))
    {
      // 撞倒玩家
      m_PlayerPosition->top =
          m_PlayerPosition->top + m_PlayerPosition->height * 2;
    }
  }
  else
  {
    if (m_PauseClock.getElapsedTime().asSeconds() >
            m_PauseDurationTarget)
    {
      m_MovementPaused = false;
      SoundEngine::playFireballLaunch(
          m_PlayerPosition->getPosition(),
          m_Position.getPosition());
    }
  }
}
}
```

这段代码很长，下面将它拆分为五个部分来解释。第一个部分包括以下代码：

```cpp
if (!*m_GameIsPaused)
{
  if (!m_MovementPaused)
  {
```

这部分代码将确保游戏没有暂停，火球也没有因为处于休眠期、需要等待下一次发射而停止飞行。只有这样游戏才会继续运行。

以下是第二部分，其中包括以下代码：

```cpp
if (m_LeftToRight)
{
  m_Position.left += m_Speed * fps;
  if (m_Position.left - m_PlayerPosition->left > m_Range)
  {
    m_MovementPaused = true;
    m_PauseClock.restart();
    m_LeftToRight = !m_LeftToRight;
    m_Position.top = getRandomNumber(
        m_PlayerPosition->top - m_MaxSpawnDistanceFromPlayer,
        m_PlayerPosition->top + m_MaxSpawnDistanceFromPlayer);

    m_PauseDurationTarget =
        getRandomNumber(m_MinPause, m_MaxPause);
  }
}
```

这段代码完全被封装在一条 if 语句中，仅在火球从左至右运动时执行。火球的位置将根据飞行速度与上一帧的时间消耗而更新。接下来，在判断火球运动方向的 if 块中还内嵌了一个 if 结构，该结构负责检查火球与玩家之间的距离是否大于 m_Range，并在大于时执行一系列工作，分别是终止当前火球、重置时钟、反转飞行方向、随机选择火球的新高度与休眠期长度。这样，在经过 m_PauseDuration 后，火球将从相反的方向重新发射。

第三部分包含以下代码：

```cpp
else
{
  m_Position.left -= m_Speed * fps;
  if (m_PlayerPosition->left - m_Position.left > m_Range)
  {
    m_MovementPaused = true;
    m_PauseClock.restart();
    m_LeftToRight = !m_LeftToRight;
    m_Position.top = getRandomNumber(
        m_PlayerPosition->top - m_MaxSpawnDistanceFromPlayer,
        m_PlayerPosition->top + m_MaxSpawnDistanceFromPlayer);
    m_PauseDurationTarget =
        getRandomNumber(m_MinPause, m_MaxPause);
  }
}
```

这部分代码的工作基本上与前面 if 块的工作相同，而唯一的差异在于火球是从右向左飞行的，而且当火球过于远离玩家角色时，便会做好再次从左向右飞的准备。

第四部分代码如下：

```
// 火球是否击中玩家
if (m_PlayerPosition->intersects(m_Position))
{
  // 撞倒玩家
  m_PlayerPosition->top =
      m_PlayerPosition->top + m_PlayerPosition->height * 2;
}
```

这部分代码检测火球是否击中玩家角色。如果是，则玩家角色将被打落两倍身形高度。这很容易迫使玩家不得不通过推进而重新回到平台上，也会让后方正在消失的平台追过来。

第五部分代码如下：

```
else
{
  if (m_PauseClock.getElapsedTime().asSeconds() >
        m_PauseDurationTarget)
  {
    m_MovementPaused = false;
    SoundEngine::playFireballLaunch(
      m_PlayerPosition->getPosition(),
      m_Position.getPosition());
  }
}
```

这部分的 else 块仅在不执行前面的 if 结构时才会执行，其中包含另一个 if 结构，负责判断 m_PauseClock 所记录的流逝时间是否超过随机生成的 m_PauseDurationTarget。如果是，则将 m_MovementPaused 设为 false，令火球做好重新飞向玩家的准备。同时为了警告玩家，代码还会调用 playFireballLaunch 函数并传入相关参数，让 SoundEngine 类播放方向性音效。

20.4.2　编写 FireballGraphics 类

本节将编写 FireballGraphics 类。为理解其中的代码，再次查看纹理图集中的图样应该会有所帮助。三种火球图样如图 20.1 所示。

图 20.1　三种火球图样

从左至右，我们能够看到三帧火焰动画，它们非常适合前面实现的 Animator 类使用。此外，与 PlayerGraphics 类相同的是，我们有时还需要翻转纹理像素以配合产生火球从右向左飞行时的运动状态。从技术上讲，我们还可以反转动画的播放过程，虽然这将改变动画效果并避免了出现“迈克尔·杰克逊”效应，但其意义对于火焰动画而言却并不明显。

1. 编写 FireballGraphics.h 文件

请向 FireballGraphics.h 文件添加以下代码:

```
#pragma once
#include "Graphics.h"

class Animator;
class PlayerUpdate;

class FireballGraphics : public Graphics
{
private:
  FloatRect* m_Position;
  int m_VertexStartIndex;
  bool* m_FacingRight = nullptr;
  Animator* m_Animator;
  IntRect* m_SectionToDraw;
  std::shared_ptr<PlayerUpdate> m_PlayerUpdate;

public:
  // 来自 Graphics : Component
  void draw(VertexArray& canvas) override;
  void assemble(
      VertexArray& canvas,
      shared_ptr<Update> genericUpdate,
      IntRect texCoords) override;
};
```

这里首先是必要的 include 指令,以及 Animator 类与 PlayerUpdate 类的前置声明,以便在这个头文件中使用它们,随后则是所有的私有成员声明。

代表位置的 FloatRect 指针 m_Position 是第一个私有变量。第二个私有变量是整型的 m_VertexStartIndex,用于存储 VertexArray 中首个顶点的位置,该成员对于 Graphics 的所有派生类基本相同。接下来的布尔指针 m_FacingRight 是 FireballUpdate 类中代表火球当前朝向的那个布尔变量的地址。

Animator 实例将负责循环播放与火球相关的三帧动画,而 IntRect 指针 m_SectionToDraw 则用于存储当前动画帧的纹理坐标。m_PlayerUpdate 的类型是 shared_ptr<PlayerUpdate>,此智能指针允许 FireballGraphics 类调用 FireballUpdate 的所有公有函数。

接下来是所有的公有成员声明,但该类仅需要重写 draw 与 assemble 这两个函数。这里不再重复介绍其各个参数,其内部的具体工作才更值得讨论。

2. 编写 FireballGraphics.cpp 文件

我们将分几个阶段来编写 FireballGraphics.cpp 文件。首先,将 include 指令与 assemble 函数添入其中:

```
#include "FireballGraphics.h"
#include "Animator.h"
#include "FireballUpdate.h"

void FireballGraphics::assemble(
```

```
    VertexArray& canvas,
    shared_ptr<Update> genericUpdate,
    IntRect texCoords)
{
  shared_ptr<FireballUpdate> fu =
      static_pointer_cast<FireballUpdate>(genericUpdate);

  m_Position = fu->getPositionPointer();
  m_FacingRight = fu->getFacingRightPointer();
  m_Animator = new Animator(
      texCoords.left,
      texCoords.top,
      3,    // 总计 3 帧
      texCoords.width * 3,
      texCoords.height,
      6);  // FPS

  // 获取第一帧动画
  m_SectionToDraw = m_Animator->getCurrentFrame(false);
  m_VertexStartIndex = canvas.getVertexCount();
  canvas.resize(canvas.getVertexCount() + 4);

  const int uPos = texCoords.left;
  const int vPos = texCoords.top;
  const int texWidth = texCoords.width;
  const int texHeight = texCoords.height;

  canvas[m_VertexStartIndex].texCoords.x =
      uPos;
  canvas[m_VertexStartIndex].texCoords.y =
      vPos;
  canvas[m_VertexStartIndex + 1].texCoords.x =
      uPos + texWidth;
  canvas[m_VertexStartIndex + 1].texCoords.y =
      vPos;
  canvas[m_VertexStartIndex + 2].texCoords.x =
      uPos + texWidth;
  canvas[m_VertexStartIndex + 2].texCoords.y =
      vPos + texHeight;
  canvas[m_VertexStartIndex + 3].texCoords.x =
      uPos;
  canvas[m_VertexStartIndex + 3].texCoords.y =
      vPos + texHeight;
}
```

　　这段代码首先将 Update 实例转换为 FireballUpdate 实例并立刻调用
getPositionPointer 与 getFacingRightPointer 两个成员函数,这是为了获取火球的世
界坐标及其朝向。代码随后初始化了 Animator 实例,并通过调用 getCurrentFrame 函数得
到了起始帧的纹理坐标。assemble 函数剩余的所有代码与我们在 Graphics 的其他派生类中见
到的类似。我们保存了图元四边形的起始序号,扩展了 VertexArray 以额外容纳四个顶点,并
初始化了这四个新顶点的起始纹理坐标。

　　接下来请添加 draw 函数:

```cpp
void FireballGraphics::draw(VertexArray& canvas)
{
  const Vector2f& position = m_Position->getPosition();
  const Vector2f& scale = m_Position->getSize();
  canvas[m_VertexStartIndex].position = position;
  canvas[m_VertexStartIndex + 1].position =
      position + Vector2f(scale.x, 0);
  canvas[m_VertexStartIndex + 2].position =
      position + scale;
  canvas[m_VertexStartIndex + 3].position =
      position + Vector2f(0, scale.y);

  if (*m_FacingRight)
  {
    m_SectionToDraw = m_Animator->getCurrentFrame(false);
    const int uPos = m_SectionToDraw->left;
    const int vPos = m_SectionToDraw->top;
    const int texWidth = m_SectionToDraw->width;
    const int texHeight = m_SectionToDraw->height;

    canvas[m_VertexStartIndex].texCoords.x =
        uPos;
    canvas[m_VertexStartIndex].texCoords.y =
        vPos;
    canvas[m_VertexStartIndex + 1].texCoords.x =
        uPos + texWidth;
    canvas[m_VertexStartIndex + 1].texCoords.y =
        vPos;
    canvas[m_VertexStartIndex + 2].texCoords.x =
        uPos + texWidth;
    canvas[m_VertexStartIndex + 2].texCoords.y =
        vPos + texHeight;
    canvas[m_VertexStartIndex + 3].texCoords.x =
        uPos;
    canvas[m_VertexStartIndex + 3].texCoords.y =
        vPos + texHeight;
  }
  else
  {
    // 火焰的绘制顺序对火球没什么影响,
    // 但前面必须得在前面
    m_SectionToDraw = m_Animator->getCurrentFrame(true);

    // 反转
    const int uPos = m_SectionToDraw->left;
    const int vPos = m_SectionToDraw->top;
    const int texWidth = m_SectionToDraw->width;
    const int texHeight = m_SectionToDraw->height;

    canvas[m_VertexStartIndex].texCoords.x =
        uPos;
```

```
canvas[m_VertexStartIndex].texCoords.y =
    vPos;
canvas[m_VertexStartIndex + 1].texCoords.x =
    uPos - texWidth;
canvas[m_VertexStartIndex + 1].texCoords.y =
    vPos;
canvas[m_VertexStartIndex + 2].texCoords.x =
    uPos - texWidth;
canvas[m_VertexStartIndex + 2].texCoords.y =
    vPos + texHeight;
canvas[m_VertexStartIndex + 3].texCoords.x =
    uPos;
canvas[m_VertexStartIndex + 3].texCoords.y =
    vPos + texHeight;
  }
}
```

此 draw 函数可以分解为三个区段：起始区段、if 块区段与 else 块区段。首先，起始区段
负责更新顶点的位置。除非游戏暂停，否则基本上每帧都需要移动这些位置(当然，火球在休眠期
间也不必改动坐标，而休眠时长则是随机的，不能预测)。随后的 if 块判断火球是否向右飞行，
并在向右飞行时设定各个顶点的纹理坐标；否则便会执行最后的 else 块，横向翻转动画帧并设
定各顶点的纹理坐标，让火球向左飞行。

接下来，我们便会使用这两个新类。

20.4.3 在工厂中创建一些火球实例

本节将为 Factory 类添加一些代码，以在游戏中创建火球。为此，首先将如下两条新的
include 指令添加到 Factory.cpp 中：

```
#include "FireballGraphics.h"
#include "FireballUpdate.h"
```

下面在平台相关代码之后、雨水相关代码之前为工厂类添加以下代码：

```
// 火球
for (int i = 0; i < 12; i++)
{
GameObject fireball;
shared_ptr<FireballUpdate> fireballUpdate =
    make_shared<FireballUpdate>(
        levelUpdate->getIsPausedPointer());

fireballUpdate->assemble(levelUpdate, playerUpdate);
fireball.addComponent(fireballUpdate);

shared_ptr<FireballGraphics> fireballGraphics =
    make_shared<FireballGraphics>();
fireballGraphics->assemble(canvas,
    fireballUpdate,
    IntRect(870, 0, 32, 32));
```

```
    fireball.addComponent(fireballGraphics);
    gameObjects.push_back(fireball);
}
// 火球结束
```

这段代码含有一段会重复执行 12 次的 for 循环结构，每循环一次都会创建一个火球实例，并为 gameObjects 添加一个 GameObject 元素，其中具体的创建流程如下：

(1) 创建 GameObject 实例。

(2) 创建 Update 派生类的智能指针。在调用 new 时还需要为构造函数传入必要参数。

(3) 调用 assemble 函数。

(4) 通过 addComponent 函数，将 Update 派生类的实例添加到 GameObject 中。

(5) 对 Graphics 的派生类重复以上操作。

现在，我们便能实际看到火球了！

20.5 运行代码

现在，我们的火球已经准备就绪！运行游戏便能欣赏刚刚实现的火球效果，如图 20.2 所示(但不要忘记借助于雷达图与空间化音效来避开它们)。

图 20.2 火球

我们还能听到方向性音效，这种音效能够说明火球的来向，而小地图会提前提醒你是否需要避开它们。

20.6　本章小结

　　本章首先介绍了空间化的概念，它能在游戏中为声音添加方向。接下来介绍了 SFML 处理空间化的理论方案，并进而引导我们对 `SoundEngine` 类进行升级以创建空间化噪声。最后，我们编程实现了火球类(分别派生自 `Graphics` 与 `Update`)，该类既能播放空间化音效，又能在游戏中发射火球。下一章将添加视差背景及着色器效果，后者尤其令人拍案叫绝。

第**21**章

视差背景与着色器

本章是我们编写游戏的最后一章，在添加完所有功能后游戏便能玩起来了。以下是我们结束整款游戏的具体做法：

- 学习 **OpenGL**、着色器与**图形库着色语言**
- 通过实现可滚动的背景与着色器完成 CameraGraphics 类
- 为游戏实现着色器，其中使用了他人编写的代码
- 运行完成的游戏

本章完成后的代码可在 Run7 文件夹中找到。接下来，我们首先学习 **OpenGL**、着色器与 GLSL。

21.1 学习 OpenGL、着色器与 GLSL

开放图形库(Open Graphics Library，**OpenGL**)是处理 2D 与 3D 图像的一个编程库，可以运行在所有主流桌面操作系统上，还为移动设备专门提供了 **OpenGL** ES 版本。

OpenGL 首次发布于 1992 年，至今已经过三十余年的精炼与改进。此外，显卡生产商在设计硬件时往往会有意识地让其与 OpenGL 兼容。提及这些知识并不是在为你上一堂历史课，而是在说明改进 OpenGL 的尝试一般是非常愚蠢的，我们只需要在桌面 2D(以及 3D 游戏)中使用它即可。如果希望游戏不限于在 Windows 平台上运行，那么 OpenGL 更是当仁不让之选。而且，我们实际上已经在使用 OpenGL 了，因为 SFML 使用的是 OpenGL。

着色器是运行在 GPU 本体上的程序。我们将在随后的几小节中学习更多相关知识。

21.1.1 可编程流水线与着色器

我们可以借助于 OpenGL 访问所谓的**可编程流水线**(programmable pipeline)。可编程流水线能让我们通过 RenderWindow 实例的 draw 函数发送着色器程序，这个程序会在每帧中绘制出来。此外，我们也能编写在调用 draw 后运行在 GPU 内并独立操作每个像素的代码。这是一个非常强大的功能。

这些运行在 GPU 上的额外代码称为**着色器程序**(shader program)，可细分为几种类型。我们可以在**顶点着色器**(vertex shader)中编写代码以操作图像的几何参数(位置)，也可以编写代码独立操作每个像素的外观，而这则是所谓**片段着色器**(fragment shader)的功能。着色器还有其他种类，如

几何着色器、计算着色器等，在此不再展开讨论[1]。

本节虽然不会深入探讨着色器，但会使用**图形库着色语言**(Graphics Library Shading Language, **GLSL**)，并研究一些简单的着色器代码，所以为了理解这里讨论的内容，我们需要对这种语言有一些基本的了解。在 Run 项目中，我们会利用他人编写的复杂 GLSL 着色器代码，实现令人印象深刻的效果。

OpenGL 将万事万物理解为点、线或三角形等基本几何结构，并可以将颜色与纹理附着于这些结构中，再利用这些元素的组合形成我们在现代游戏中所看到的各种复杂图样。这些基本元素同样称为**基元**(primitive)，即 OpenGL 基元，可以通过 SFML 基元、VertexArray 以及 Sprite 和 Shape 类来访问它们。

除基元外，OpenGL 还使用矩阵。矩阵是执行算术运算的一种方法与结构，其应用跨度极大，从移动(平移)坐标这种低难度的高中水平计算到难度极高的高等数学运算(如游戏坐标到 OpenGL 屏幕坐标的转换操作，后者在 GPU 内部使用)。所幸的是，SFML 在背后为我们完成了这种复杂的工作，而且 SFML 同样允许我们直接操作 OpenGL。

> 如果有意了解 OpenGL 的更多知识，可以从访问 http://learnopengl.com/#!Introduction 开始。如果有意直接使用 OpenGL，可以通过 https://www.sfml-dev.org/tutorials/2.6/ window-opengl.php 获取更多信息。

一个游戏可以含有多个着色器，而且可以将不同着色器固着于不同的游戏对象，从而营造出所需要的效果。本游戏仅使用了一个顶点着色器，通过一次独立的 draw 调用将其应用到游戏背景上——SFML 在调用 draw 时还允许为其设定着色器，而这种设定将影响这次 draw 调用的所有内部操作。

但是，在你掌握为 draw 设定着色器的方法之后便能理解，同时添加更多着色器基本上没有意义。

我们将按照以下步骤来实现它：

(1) 再次编辑 CameraGraphics 类，为其添加着色器结构，并在合适的 draw 调用处放入着色器。这将在随后的"完成 CameraGraphics 类"一节完成。

(2) 获取运行在 GPU 上的着色器程序。这将在随后的"为游戏实现着色器"一节完成。

(3) 运行游戏，体验着色器的效果。

GLSL 是一种语言，带有其独特的类型及相应的变量可供声明与使用。我们还会让着色器程序的变量与 C++代码进行交互。从后文可见，GLSL 的部分语法与 C++类似。

21.1.2 编写假想的片段着色器

本节将展示一些简单的假想代码，请不要将本节的这些代码添加到 Run 项目中。以下这些代码来自 fragShader.frag，是一个相对简单的着色器[2]：

```
// attributes from vertShader.vert
varying vec4 vColor;
varying vec2 vTexCoord;
```

---

1 2.6.1 版的 SFML 库支持顶点着色器、片段着色器与几何着色器，暂未找到其可以支持其他类型着色器的示例。

2 着色器代码不是本书讨论的重点，其中的注释不再翻译，下同。

```
// uniforms
uniform sampler2D uTexture;
uniform float uTime;
void main() {
  float coef = sin(gl_FragCoord.y * 0.1 + 1 * uTime);
  vTexCoord.y += coef * 0.03;
  gl_FragColor = vColor * texture2D(uTexture, vTexCoord);
}
```

这里前四行代码(不包括注释)定义了此片段着色器将要使用的变量，但它们不是普通的变量。首先我们看到的是 varying 类型，意味着这种变量的作用域仅限于着色器内部；而接下来是 uniform 变量，这是我们 C++代码能够直接操作的变量，具体的操作方式可见于后文中介绍的那个更复杂的着色器。

除了 varying 与 uniform 的类型说明，这些变量各自具有更常规的类型，这些类型定义了具体的数据，解释如下：

- vec4 是四维矢量
- vec2 是二维矢量
- sampler2D 用于保存纹理
- float 类似于 C++中的同名数据类型

接下来是会实际执行的 main 函数。进一步查看此 main 函数的内部代码可以发现，该函数使用了前面介绍的所有变量。大略地说，这些代码主要通过一些数学函数来设定纹理坐标(vTexCoord)与像素/片段(glFragColor)的颜色，其具体解释超出了本书讨论的范畴。我们只需要了解，在调用 draw 函数时会对所有相关像素都执行这段代码，其整体效果是所绘制的图像会泛起涟漪。

21.1.3　编写假想的顶点着色器

本小节将展示顶点着色器的一段简化代码，这些代码同属假想代码，不会为我们的 Run 游戏所用。以下代码来自假想的 vertShader.vert 文件，不必亲自编写：

```
//varying "out" variables to be used in the fragment shader
varying vec4 vColor;
varying vec2 vTexCoord;

void main() {
  vColor = gl_Color;
  vTexCoord = (gl_TextureMatrix[0] * gl_MultiTexCoord0).xy;
  gl_Position = gl_ModelViewProjectionMatrix * gl_Vertex;
}
```

在这段代码中，首先请注意名称以"v"开头的两个 varying 变量，它们正是前面片段着色器所操作的变量。随后的 main 函数将操作每个顶点的位置，其具体原理超出了本书的讨论范围，因为这背后涉及相当复杂的数学知识。如果对此感兴趣，请进一步研究 GLSL。

下一节将介绍如何准备并加载实际的着色器程序，以及为各帧传递数据值(uniform 变量)的方法。我们将会使用的着色器要比这里介绍的假想着色器先进得多。

21.2　完成 CameraGraphics 类

在本节中，我们将回顾、修改并扩展 CamaraGraphics 类。首先，我们需要向 CameraGraphics.h 文件添加背景以及着色器变量，它们应位于该类私有区段的最后，具体代码如下：

```
// 着色器以及视差背景
Shader m_Shader;
bool m_ShowShader = false;
bool m_BackgrounsAreFlipped = false;
Clock m_ShaderClock;

Vector2f m_PlayersPreviousPosition;
Texture m_BackgroundTexture;
Sprite m_BackgroundSprite;
Sprite m_BackgroundSprite2;
```

在这段代码中，首先是一个 SFML Shader(即着色器实例 m_Shader)与一个布尔变量 m_ShowShader，后者用于跟踪何时显示前者。在 Run 游戏中，我们将以 10 秒为间隔，轮流使用此着色器与视差背景。

接下来的布尔变量 m_BackgrounsAreFlipped 用于判断背景纹理是否经过横向翻转，用于将背景图的多个背景实例拼接起来，营造平滑滚动的效果。

Clock 实例 m_ShaderClock 很有意思，因为它将用作着色器 uniform 量的输入值。

Vector2f 实例 m_PlayersPreviousPosition 将获取玩家在上次更新前的位置当我们为 CameraGraphics.cpp 文件添加更多代码时，就会看到它的用处。

Texture 实例 m_BackgroundTexture 是一张单独的背景图，它与包含其他所有内容的纹理图集完全分开。接下来的 Sprite 对象 m_BackgroundSprite 用于显示背景图像，而 m_BackgroundSprite2 则用于显示此图像的逆向副本。

接下来，在 CameraGraphics.cpp 文件的 CameraGraphics 类的构造函数中，将以下新代码添加到该构造函数最后的终止花括号之前：

```
// 初始化背景精灵
m_BackgroundTexture.loadFromFile(
    "graphics/backgroundTexture.png");
m_BackgroundSprite.setTexture(m_BackgroundTexture);
m_BackgroundSprite2.setTexture(m_BackgroundTexture);

m_BackgroundSprite.setPosition(0, -200);

// 初始化着色器
m_Shader.loadFromFile(
    "shaders/glslsandbox109644",
    sf::Shader::Fragment);
if (!m_Shader.isAvailable())
{
  std::cout << "The shader is not available\n";
}
```

```
m_Shader.setUniform(
    "resolution", sf::Vector2f(2500, 2500));
m_ShaderClock.restart();
```

这段代码加载背景纹理，并令其与两个精灵建立关联关系，而其中的第一个精灵背景将填充玩家角色后方的整个屏幕。

接下来，我们使用 loadFromFile 函数加载着色器，通过调用 isAvailable 函数验证其是否可用，随即通过 setUniform 函数设定着色器代码中相应 uniform 变量的值。resolution 的值对应于着色器代码中声明的同名变量，我们将 Vector2f 实例传入其中，并在着色器代码中使用它。

最后，我们令 m_ShaderClock 重新开始计时。

接下来，请首先定位到此类 draw 函数中的以下这行代码：

```
m_Window->setView(m_View);
```

以及以下代码：

```
// 仅为主视图绘制时间 UI
if (!m_IsMiniMap)
{
```

下面我们需要在这两段代码之间添加新代码。以下我将这两段代码高亮显示，其间所有格式正常的代码反而是需要添加的新代码。将这些代码一次性添加到文件内，这有助于避免在多次出现的 if、else 与花括号之间造成混乱。随后我们会分段介绍这些代码。

```
m_Window->setView(m_View);

/// 背景项
Vector2f movement;
movement.x = m_Position->left - m_PlayersPreviousPosition.x;
movement.y = m_Position->top - m_PlayersPreviousPosition.y;
if (m_BackgrounsAreFlipped)
{
  m_BackgroundSprite2.setPosition(
    m_BackgroundSprite2.getPosition().x +
      movement.x / 6,
    m_BackgroundSprite2.getPosition().y +
      movement.y / 6);

  m_BackgroundSprite.setPosition(
    m_BackgroundSprite2.getPosition().x +
      m_BackgroundSprite2.getTextureRect().getSize().x,
    m_BackgroundSprite2.getPosition().y);

  if (m_Position->left > m_BackgroundSprite.getPosition().x +
        (m_BackgroundSprite.getTextureRect().getSize().x / 2))
  {
    m_BackgrounsAreFlipped = !m_BackgrounsAreFlipped;
    m_BackgroundSprite2.setPosition(
      m_BackgroundSprite.getPosition());
  }
}
else
{
```

```
  //cout << mBackgrounsAreFlipped << endl;
  m_BackgroundSprite.setPosition(
      m_BackgroundSprite.getPosition().x - movement.x / 6,
      m_BackgroundSprite.getPosition().y + movement.y / 6);

  m_BackgroundSprite2.setPosition(
      m_BackgroundSprite.getPosition().x +
          m_BackgroundSprite.getTextureRect().getSize().x,
      m_BackgroundSprite.getPosition().y);

  if (m_Position->left > m_BackgroundSprite2.getPosition().x +
          (m_BackgroundSprite2.getTextureRect().getSize().x / 2))
  {
    m_BackgrounsAreFlipped = !m_BackgrounsAreFlipped;
    m_BackgroundSprite.setPosition(
        m_BackgroundSprite2.getPosition());
  }
}

m_PlayersPreviousPosition.x = m_Position->left;
m_PlayersPreviousPosition.y = m_Position->top;

// 设定每帧需要更新的其他参数
m_Shader.setUniform("time",
    m_ShaderClock.getElapsedTime().asSeconds());

sf::Vector2i mousePos =
    m_Window->mapCoordsToPixel(m_Position->getPosition());
m_Shader.setUniform("mouse",
    sf::Vector2f(mousePos.x, mousePos.y + 1000));

if (m_ShaderClock.getElapsedTime().asSeconds() > 10)
{
  m_ShaderClock.restart();
  m_ShowShader = !m_ShowShader;
}

if (!m_ShowShader)
{
  m_Window->draw(m_BackgroundSprite, &m_Shader);
  m_Window->draw(m_BackgroundSprite2, &m_Shader);
}
else// 显示视差背景
{
  m_Window->draw(m_BackgroundSprite);
  m_Window->draw(m_BackgroundSprite2);
}

// 仅为主视图绘制时间UI
if (!m_IsMiniMap)
```

为了方便理解这一大段新的绘制代码，下面我们单列一个小节来分段解析它。

新绘制代码的分段解析

在这段新代码中，我们首先看到的是以下内容：

```
/// 背景项
Vector2f movement;
movement.x = m_Position->left - m_PlayersPreviousPosition.x;
movement.y = m_Position->top - m_PlayersPreviousPosition.y;
```

这几行代码声明了 `Vector2f` 实例 `movement`，并将其 x 与 y 值设为上一帧中玩家的位置。接下来是下面这段代码：

```
if (m_BackgrounsAreFlipped)
{
  m_BackgroundSprite2.setPosition(
      m_BackgroundSprite2.getPosition().x +
        movement.x / 6,
      m_BackgroundSprite2.getPosition().y +
        movement.y / 6);

  m_BackgroundSprite.setPosition(
      m_BackgroundSprite2.getPosition().x +
        m_BackgroundSprite2.getTextureRect().getSize().x,
      m_BackgroundSprite2.getPosition().y);

  if (m_Position->left > m_BackgroundSprite.getPosition().x +
        (m_BackgroundSprite.getTextureRect().getSize().x / 2))
  {
    m_BackgrounsAreFlipped = !m_BackgrounsAreFlipped;
    m_BackgroundSprite2.setPosition(
        m_BackgroundSprite.getPosition());
  }
}
```

当 `m_BackgrounsAreFlipped` 为 true 时将执行此 if 块内的代码，否则便执行下一段的 else 块。这个 if 块首先设定了 `m_BackgroundSprite2` 的位置，随后才设定 `m_BackgroundSprite` 的位置。前者是根据玩家在上一帧中的位置而定位的，但除以 6。这虽然是个魔幻数字，但效果不错：调高此值会降低背景滚动的速度，而降低此值则会让背景滚动得更快。接下来，`m_BackgroundSprite` 会根据 `m_BackgroundSprite2` 的右边界来定位。

这段代码的最后部分是一条 if 语句，该语句会在摄像机的横向坐标值比 `m_BackgroundSprite` 左边界与其纹理宽度的一半之和还要大时执行，它将反转 `m_BackgrounsAreFlipped` 的值，背景精灵的位置也会随之改变。这会让摄像机聚焦于 `m_BackgroundSprite` 的中心而完全不考虑 `m_BackgroundSprite2`，此时，也正是选定优先绘制哪一幅背景图的绝佳时机。随着摄像机向右移动，城市也将显得无边无界。

接下来是刚才讨论的那段代码的另一部分：

```
else
{
  //cout << mBackgrounsAreFlipped << endl;
  m_BackgroundSprite.setPosition(
      m_BackgroundSprite.getPosition().x - movement.x / 6,
      m_BackgroundSprite.getPosition().y + movement.y / 6);
```

```
    m_BackgroundSprite2.setPosition(
        m_BackgroundSprite.getPosition().x +
            m_BackgroundSprite.getTextureRect().getSize().x,
        m_BackgroundSprite.getPosition().y);

    if (m_Position->left > m_BackgroundSprite2.getPosition().x +
            (m_BackgroundSprite2.getTextureRect().getSize().x / 2))
    {
        m_BackgrounsAreFlipped = !m_BackgrounsAreFlipped;
        m_BackgroundSprite.setPosition(
            m_BackgroundSprite2.getPosition());
    }
}
```

这段代码首先绘制第一背景，再绘制第二背景，所以实现了翻转背景的效果。这将持续到摄像机重新聚焦于第二背景的时候，那时会再次翻转。

接下来我们有这段代码：

```
m_PlayersPreviousPosition.x = m_Position->left;
m_PlayersPreviousPosition.y = m_Position->top;

// 设定每帧需要更新的其他参数
m_Shader.setUniform("time",
    m_ShaderClock.getElapsedTime().asSeconds());

sf::Vector2i mousePos =
    m_Window->mapCoordsToPixel(m_Position->getPosition());
m_Shader.setUniform("mouse",
    sf::Vector2f(mousePos.x, mousePos.y + 1000));
```

这段代码首先将玩家的位置保存在 m_PlayersPreviousPosition 中(这正是我们在 draw 函数开始时确定背景图如何移动的方法)。接下来，我们在着色器 Shader 实例上调用了 setUniform 函数，并传入 uniform 变量的名称及其新值以修改它，而新值则是当前的时刻，来自 Clock 实例(以秒计)。随后，我们获取鼠标的像素坐标并将其传给着色器，从而设定着色器内部代表鼠标位置的 uniform 变量。

接下来是下面这几行代码：

```
if (m_ShaderClock.getElapsedTime().asSeconds() > 10)
{
    m_ShaderClock.restart();
    m_ShowShader = !m_ShowShader;
}
```

这段代码检测从上次重置时钟至此是否超过10秒，如果是，则令时钟重新开始计时，并反转布尔变量 m_ShowShader 的值以交替显示着色器与视差背景。

接下来是我们游戏中最长代码块的最后部分：

```
if (!m_ShowShader)
{
    m_Window->draw(m_BackgroundSprite, &m_Shader);
    m_Window->draw(m_BackgroundSprite2, &m_Shader);
}
```

```
else// 显示视差背景
{
  m_Window->draw(m_BackgroundSprite);
  m_Window->draw(m_BackgroundSprite2);
}
```

这段代码会根据是否使用着色器而相应显示背景。

21.3　为游戏实现着色器

目前，剩下的唯一任务是，着色器准备加载的代码文件还是空的。这段代码可以公开访问，但由于不是作者，可能没有分发的权限，因此不会在此提供。请访问 https://glslsandbox.com/e#109644.0，单击左上角的 SHOW CODE 按钮，并将那段接近四百行的代码复制到项目文件 shaders/glsldandbox109644 中，同时请不要忘记为公开这段代码的天才程序员留言，以表敬意。保存此文件，然后我们便能继续前进(对这段着色器代码的解析已超出本书的讨论范畴)。

下一节将向我们展示此着色器的真正荣光。

21.4　运行完成的游戏

运行游戏，我们能感受最新添加的背景以及乡村背景中火球飞行的效果，二者每 10 秒切换一次，如图 21.1 所示。

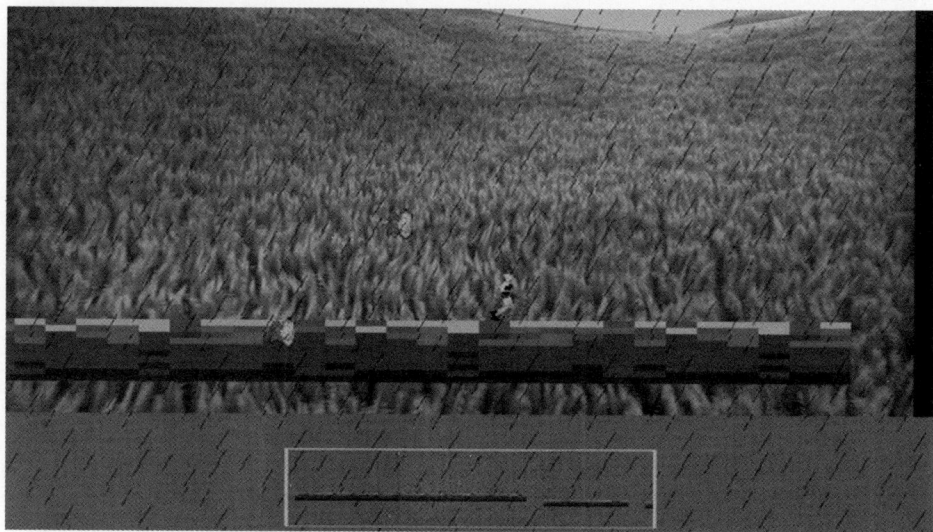

图21.1　着色器

哇！你应该不会反对，着色器程序的功能确实令人印象深刻。

坚持 10 秒，画面便会切换为我们的滚动背景，见图 21.2。

至此，我们的游戏大功告成。

图21.2　背景图

21.5　本章小结

当你第一次翻开这本书的扉页时，可能觉得最后一页遥不可及，我只是希望你在阅读过程中不会太过艰难。

但值得庆幸的是，你已经读到了这里，也基本上对C++游戏编程有了一定的见解。

本节有两个重要任务：既祝贺你喜获成果，又需要强调这一页不应该成为你旅途的终点。如果你像我一样热衷于实现新的游戏功能，应该想要继续学习更多相关知识。

21.6　延伸阅读

即使学完了这本书，我们也只是触及了C++的皮毛，这可能让你有所惊讶。事实上，本书中介绍的诸般话题远远不够深入，而且存在很多我们根本没有讨论的话题，有些话题则更重要。下面我会介绍随后的学习任务，你在一探究竟时，还请做好这种思想准备。

如果你执意获取正式的资格认证，那么唯一一途径在于接受正规教育，显然代价非常高昂且耗时颇长，而我对此所能提供的帮助也非常有限。

但是，如果有意在工作中学习，那么当你最终发布了自己研发的游戏后，可能自己便已经意识到下一步应该做什么。

面对每个项目，也许最艰难的决策在于选定代码的组织结构。我认为，可以尝试从http://gameprogrammingpatterns.com/获取组织C++游戏代码的相关信息，它绝对是最好的信息源。虽然其中的有些讨论会涉及本书之外的概念，但绝对不是无法掌握的，只要能够理解类、封装、纯虚函数及单件模式，你便可以深入挖掘一番。

着色器是游戏开发中体量较大的一块内容，不是我们这本简单的入门教程所能涉足的领域。如果你希望成为着色器专家，我推荐亚马逊上的这本 *Anton's OpenGL 4 Tutorials* 电子书。出于一些原因，这本书在搜索结果中被弱化了，所以可能需要在亚马逊搜索框中输入完整的名称才能够找到它。这本书较便宜，也比大多数同类书籍更具综合性。此外，SFML 处理着色器的方式与直接在 OpenGL 中使用着色器有所不同，能够认识到这一点也很重要。你可以通过

https://www.sfml-dev.org/tutorials/2.6/graphics-shader.php 这个网页了解 SFML 抽象着色器的方法，其内容既可以扩充有关 OpenGL 的知识(见下方)，又有助于你坚持使用 SFML(这也是更可行的方式)。

关于 OpenGL，市面上有海量的教材可供选择。如果你喜欢视频教程，我推荐 Udemy 网站上的 *Computer Graphics with Modern OpenGL and C++*；如果希望参阅教科书，可以试一试 *OpenGL Programming Guide or Learn OpenGL: Learn modern OpenGL graphics programming in a step-by-step fashion*。

当然，你可能有意拓宽自己的视野并希望尝试一些不同的事情，例如，打算制作一款高水平的 3D 游戏，这时你应该钻研诸如 Unreal Engine 这样的引擎，而这款游戏引擎也使用 C++语言。对于 2D 游戏而言(略含 3D 内容)，请学习 Godot 引擎。

本书已反复提及 SFML 网站，如果你仍未曾访问，请务必去看一看：http://www.sfml-dev.org/。

如果你偶然接触到一些无法理解(甚至闻所未闻)的 C++主题，那么可以参阅一些最简洁、最有条理性的 C++教程，它们位于 http://www.cplusplus.com/doc/tutorial/。ChatGPT 也是一个不错的选择，它非常适合回答诸如"解释这段代码"与"如何让这段代码变得更好/更快"这样的问题。

此外，还有三本关于 SFML 的书你可能会感兴趣。这些书都是好书，其目标读者群体却迥然不同。不过，这些书稍稍有些过时，但我认为它们仍很实用。这三本书如下(其渐渐从初学者水平过渡到高度技术化)：

- *SFML Blueprints*，Maxime Barbier 著：https://www.packtpub.com/game-development/sfml-blueprints
- *SFML Game Development By Example*，Raimondas Pupius 著：https://www.packtpub.com/game-development/sfml-game-development-by-example
- *SFML Game Development*，Jan Haller、Henrik Vogelius Hansson 与 Artur Moreira 著：https://www.packtpub.com/game-development/sfml-game-development

也许你也准备为自己的游戏添加更多生动逼真的 2D 物理效果。SFML 与物理引擎 Box2d 能够很好地协作，后者的主页为 http://box2d.org/，而 http://www.iforce2d.net/ 上则提供了在 C++中使用此引擎的最佳教程。

如果你感觉自己在 C++游戏圈中已经落后于人，还请不要担心。在 25 年前我也有过同样的担忧，但如今制作的 C++游戏远多于往昔。如果有意追寻尖端技术，可以研究一下区块链。区块链技术将催生 Web3 游戏，而这种游戏会利用区块链技术为玩家带来沉浸程度更深且反馈信息更丰富的游戏体验。在 Web3 游戏中，玩家会拥有个人游戏资产，这些资产甚至可以在其他游戏中交易或使用，从而创建出更加开放且更有竞争力的游戏生态系统。试想有人在玩宝可梦游戏并在数字钱包中赢得一张宝可梦数字卡牌，如果它本身很稀有甚至独一无二，便能与其他玩家在线交易，或者在学校操场上线下交易，而这正是区块链游戏的信誉保证。遗憾的是，相关尝试大多沦为平庸的游戏，有些甚至演变为金融诈骗，但我敢打赌，搞定这项技术便能引爆人们对这种技术的兴趣，利润也自然滚滚而来。无论如何，你现在上手 C++游戏编程都还不算太晚，毕竟许多事业也才刚刚起步。

最重要的是，非常感谢你购买了这本书！请继续制作游戏吧！